BASIC MASTER SERIES

ベーシックマスター

生化学

BIOCHEMISTRY

大山　隆　監修
西川　一八・清水　光弘　共編

Biochemia
Bioquímica
Биохимия
Biokemian
Biochimica
Biochemie
Biochemistry

Ohmsha

監修者
大山　隆（早稲田大学）

編者
西川一八（岐阜大学）
清水光弘（明星大学）

執筆者
伊東　信（九州大学大学院）
大山　隆（早稲田大学）
奥村克純（三重大学大学院）
菅家　太
　（富士フイルム和光純薬 株式会社）
塩井祐三（静岡大学）
清水光弘（明星大学）
染谷明正（順天堂大学）
田中晶善（三重大学）
中東憲治（慶應義塾大学）
西川一八（岐阜大学）
仁科博史（東京医科歯科大学）
原田昌彦（東北大学大学院）
姫野俵太（弘前大学）
平沢　敬（東京工業大学）
堀　弘幸（愛媛大学大学院）
向井博之（タカラバイオ 株式会社）
山田純司（東京薬科大学）
横川隆志（岐阜大学）
渡辺洋平（甲南大学）

（五十音順）

本書を発行するにあたって，内容に誤りのないようできる限りの注意を払いましたが，本書の内容を適用した結果生じたこと，また，適用できなかった結果について，著者，出版社とも一切の責任を負いませんのでご了承ください．

本書に掲載されている会社名，製品名は，一般に各社の登録商標または商標です．

本書は，「著作権法」によって，著作権等の権利が保護されている著作物です．本書の複製権・翻訳権・上映権・譲渡権・公衆送信権（送信可能化権を含む）は著作権者が保有しています．本書の全部または一部につき，無断で転載，複写複製，電子的装置への入力等をされると，著作権等の権利侵害となる場合があります．また，代行業者等の第三者によるスキャンやデジタル化は，たとえ個人や家庭内での利用であっても著作権法上認められておりませんので，ご注意ください．

本書の無断複写は，著作権法上の制限事項を除き，禁じられています．本書の複写複製を希望される場合は，そのつど事前に下記へ連絡して許諾を得てください．

出版者著作権管理機構
（電話 03-5244-5088，FAX 03-5244-5089，e-mail：info@jcopy.or.jp）

JCOPY ＜出版者著作権管理機構 委託出版物＞

はしがき

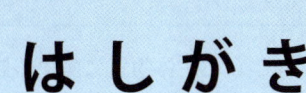

　みなさんは，「生化学」をどのような学問分野と捉えているだろうか．東京化学同人の生化学辞典第4版には，「化学的手段によって生命現象を解明する学問」と書かれている．そして，「生物体がどんな物質から成り立っているか，それらの物質がいかにして合成され分解されるか，これらの化学物質が生体システムの中でどんな機能を営んでいるかを究明する科学の一分野」と説明されている．また，Oxford Dictionary of Biochemistry and Molecular Biology 第2版（Oxford University Press）には，「The branch of science dealing with the chemical compounds, reactions, and other processes that occur in living organisms」と解説されている．つまり一言で言えば，「生化学は，生体物質の構造・機能・代謝などを研究する学問」なのである．

　生化学は，19世紀末から20世紀初頭にかけて，ひとつの学問分野として歩み始めた．そして，20世紀には急速に発展し，今では，生命科学を支える重要な基礎科学のひとつになっている．生化学が発展する過程では関連領域でさまざまな歴史的出来事が起こった．20世紀中盤にはDNAの二重らせん構造が発見され（1953年），続いて分子生物学が勃興し，1970年代には遺伝子の組換えとクローニングが可能になった．20世紀終盤になるとゲノム科学が開花し，2003年にはついにヒトゲノムの全塩基配列が解読された．また，この間にクローン羊ドリーが誕生している（1996年）．そして2007年には，ヒトの誘導多能性幹細胞（iPS細胞）が誕生した．これらの出来事は，生化学のみならず生命科学全般に大きな影響を及ぼした．とりわけ，遺伝子組換えとクローニングという革新的技術の影響は大きく，これらは遺伝学の方法論を一変させたばかりか，生命科学を科学史上例をみないほど劇的に発展させる原動力となった．生命科学の発展は現在も続いており，生化学に関係する知見・情報も増加の一途を辿っている．

　2007年の1月頃と記憶している．オーム社から，「ベーシックマスター　生化学」の出版計画が持ちかけられた．同社のベーシックマスターシリーズは，"最新の研究成果を盛り込んだ初学者向けの教科書"，"容易に全体像を把握できるコンパクトな教科書"を謳い文句に，2006年から刊行されている．しかし，そのような明確

iii

はしがき

な方針があっても，生化学は，もともと生体物質に関する膨大な知見を有している．それに加えて，上述のように20世紀中盤以降に蓄積された知見・情報は膨大である．したがって，コンパクトな教科書をつくることはもはや不可能に近い．現在出版されている生化学分野の書籍は，どれも判型が大きく，頁数も多いが，その理由はそこにある．筆者自身，授業にはこのタイプの洋書の翻訳版を教科書として使ってきた．

筆者は，大判の書籍にたいした問題を感じていなかったが，最近，学生は異なった見方をしていることがわかった．"問題点"を訊ねたところ，多くの学生から「高価すぎる」，「持ち運びにくい（バッグに入らない；女子学生）」，などの声が返ってきた．確かにそうだ．その種の書籍を改めて見直してみると，生化学を初めて学ぶ学生にとっては"too much"な項目や記述が多いことにも気付く．前置きが長くなったが，オーム社の申し出は，学生の立場に立った教科書をつくる良いチャンスではあるので，お引き受けすることにした．しかし，ひとりでその作業を進めることは筆者には少し荷が重いので，西川一八先生と清水光弘先生に協力していただくことにした．お二人とも，生化学の教育に多くの経験を積んでおられ，授業の巧さには定評がある．両先生は，重要分野を欠落させることなく，体系的でコンパクトな章立てをしてくださった．そして各章の執筆に関しては，日頃学生と接していて彼らが苦手とする項目をよく知っておられる，現役の研究者にお願いすることができた．それでも，各先生にはいろいろと細かい注文をつけさせていただいた．どの先生もご多忙な中を，快く対応してくださったことに改めて感謝したい．

さて，今回特に力を入れたのが，初学者にも理解しやすいテキストにすることである．この点は，本書発刊の意図とも深く関わってくる部分である．そのため，時には学生の意見を聞くなどして，難解な部分を改善する努力をしたつもりである．しかし，限られた時間の中でこれだけのテキストを完全にまとめあげることは難しい．手を加えたい箇所がまだ残されていることも事実である．読者からのご批判やご叱責も取り入れながら，本書をさらに良いものにしていきたいと思っている．ともあれ，本書がみなさんにとって役に立つことを心から願っている．

2008年10月

監修者として　大　山　　隆

目　次

第 1 章　生化学の基盤　　　　　　　　　　　西川　一八

- 1.1 生化学とは？ …………………………………………………………… 2
  - 1.1.1 生化学とはどんな学問か　2
  - 1.1.2 本書の構成　3
- 1.2 生物の分類と細胞の構造 ……………………………………………… 4
  - 1.2.1 生物の分類　4
  - 1.2.2 細胞の構造と機能　6
- 1.3 水の性質と水溶液の化学 ……………………………………………… 8
  - 1.3.1 水の構造と特性　8
  - 1.3.2 溶媒としての水　12
  - 1.3.3 水の電離と緩衝液　14
- 1.4 主な生体分子と官能基 ………………………………………………… 18
  - 1.4.1 生命を構成する元素　18
  - 1.4.2 生体有機分子中の官能基　19
  - 1.4.3 生体分子の相互作用と非共有結合　20
  - 1.4.4 主な生体分子の種類　21
  - 1.4.5 本書におけるリン酸化合物などの表記について　22
- 1.5 生化学反応とエネルギー ……………………………………………… 23
  - 1.5.1 エネルギーと化学熱力学　23
  - 1.5.2 熱力学の第二法則と化学反応の自発性　24
  - 1.5.3 ギブズ自由エネルギーと生体内の化学反応　25
- 演習問題 …………………………………………………………………… 25

目　次

第 2 章　アミノ酸とタンパク質　　　　　　　清水　光弘

2.1　アミノ酸の種類と構造 …………………………………… 28
  2.1.1　疎水性アミノ酸　　31
  2.1.2　親水性アミノ酸　　32
  2.1.3　硫黄を含むアミノ酸　　33
2.2　アミノ酸の解離と等電点 ………………………………… 34
2.3　ペプチド結合 ……………………………………………… 37
2.4　タンパク質の階層構造 …………………………………… 38
  2.4.1　タンパク質の一次構造　　38
  2.4.2　タンパク質の二次構造　　39
  2.4.3　タンパク質の三次構造　　41
  2.4.4　タンパク質の四次構造　　44
  2.4.5　タンパク質の変性とフォールディング　　46
2.5　タンパク質の構造と機能 ………………………………… 47
  2.5.1　球状タンパク質と繊維状タンパク質　　47
  2.5.2　膜タンパク質と複合タンパク質　　48
  2.5.3　アロステリックタンパク質　　49
  2.5.4　タンパク質の化学修飾　　51
演習問題 ………………………………………………………… 53

第 3 章　糖　　　質　　　　　　　　　　　　伊東　信

3.1　単　　糖 …………………………………………………… 58
3.2　オリゴ糖（少糖）………………………………………… 64
3.3　多　　糖 …………………………………………………… 66
3.4　複　合　糖　質 …………………………………………… 68
  3.4.1　糖タンパク質　　68
  3.4.2　糖脂質　　71
  3.4.3　プロテオグリカン（グリコサミノグリカン）　　74
演習問題 ………………………………………………………… 76

第 4 章　ヌクレオチドと核酸　　　　　　横川　隆志

4.1　核酸の成分と構成 …………………………………………… 80
4.1.1　ヌクレオチドの構造　80
4.1.2　ポリヌクレオチドの構造　82
4.2　DNA と RNA の構造 ………………………………………… 83
4.2.1　DNA の三次構造モデル（B 型構造）　83
4.2.2　DNA の半保存的複製　85
4.2.3　DNA 構造の合理性　85
4.2.4　DNA のほかのらせん構造（A 型構造，Z 型構造）　87
4.2.5　二本鎖 RNA の三次構造　88
4.2.6　一本鎖 RNA が形成する二次構造の特徴　89
4.2.7　RNA の三次構造（tRNA を例として）　90
4.2.8　DNA や RNA は巨大高分子である　92
4.3　核酸の性質 ……………………………………………………… 93
4.3.1　核酸水溶液の紫外吸収スペクトル　93
4.3.2　核酸の変性と再生　94
4.3.3　ハイブリッドの形成　95
4.3.4　DNA は遺伝情報の記録媒体として優れた性質をもつ　96
4.4　ヌクレオチドのその他の機能 ……………………………… 98
4.4.1　エネルギー提供分子としてのヌクレオチド　98
4.4.2　補酵素としてのヌクレオチド　99
4.4.3　情報伝達物質としてのヌクレオチド　100
演習問題 …………………………………………………………………… 100

第 5 章　脂質と膜　　　　　　　　　　　染谷　明正

5.1　脂質の定義 ……………………………………………………… 104
5.2　脂質の種類と構造 ……………………………………………… 104
5.2.1　単純脂質　105
5.2.2　複合脂質　109

5.2.3 エイコサノイド（アラキドン酸代謝物）　113
5.2.4 その他の生体に重要な脂質　114
5.3 リポタンパク質 …………………………………………………… 115
5.4 生体膜の分子構築 ………………………………………………… 115
5.4.1 生体膜の性質　115
5.4.2 生体膜を形成する脂質分子　116
5.4.3 生体膜タンパク質　117
5.5 シグナル伝達分子としての脂質 ………………………………… 117
5.5.1 細胞間でシグナルを伝達する脂質　118
5.5.2 細胞内でシグナルを伝達する脂質　118
演習問題 ……………………………………………………………… 119

第6章 酵　素　田中　晶善・奥村　克純

6.1 酵素の性質と触媒機構 …………………………………………… 122
6.1.1 酵素分子とその構造　122
6.1.2 酵素の特異性　123
6.1.3 酵素の分類と名称　124
6.1.4 酵素分子の多様性とアイソザイム　124
6.1.5 触媒の性質　125
6.1.6 触媒機構の例　126
6.2 酵素反応速度論 …………………………………………………… 127
6.2.1 酵素反応の速度　127
6.2.2 ミカエリス・メンテンの式　128
6.2.3 ミカエリス・メンテン機構　129
6.2.4 K_m と V の求め方　131
6.2.5 活性の比較と k_{cat}/K_m の意味　132
6.2.6 酵素反応速度と温度, pH　133
6.3 酵素反応の阻害と調節 …………………………………………… 135
6.3.1 阻害剤　135
6.3.2 さまざまな阻害の形式　136
6.3.3 酵素反応の調節　140

演習問題 ……………………………………………… 143

第 7 章　低分子生理活性物質と金属イオン
渡辺　洋平

7.1　補酵素とビタミン ……………………………………… 148
- 7.1.1　補酵素とは　　148
- 7.1.2　補酵素とビタミンの関係　　148
- 7.1.3　水溶性ビタミンとその補酵素作用　　149
- 7.1.4　脂溶性ビタミンとその作用　　156
- 7.1.5　その他の分子の補酵素作用　　157

7.2　生体金属イオン ………………………………………… 160
- 7.2.1　生物のもつ金属イオン　　160
- 7.2.2　金属イオンの働き　　160

演習問題 ……………………………………………… 162

第 8 章　糖質の代謝
中東　憲治

8.1　解糖とアルコール発酵 ………………………………… 166
- 8.1.1　解糖とは　　166
- 8.1.2　解糖系の各反応　　168
- 8.1.3　解糖系の産物の行き先　　171
- 8.1.4　グルコース以外のヘキソース代謝　　175

8.2　糖新生 …………………………………………………… 175
- 8.2.1　糖新生の役割　　175
- 8.2.2　糖新生の各反応　　176
- 8.2.3　糖新生に利用できる代謝物　　178
- 8.2.4　糖新生と解糖の調節　　179

8.3　ペントースリン酸経路 ………………………………… 180
- 8.3.1　ペントースリン酸経路の概要　　180
- 8.3.2　ペントースリン酸経路の役割　　180
- 8.3.3　ペントースリン酸経路の各反応　　182

目　次

演習問題 ……………………………………………………… 184

第 9 章　クエン酸回路と電子伝達系　　　平沢　敬

9.1　アセチル-CoA の生成とクエン酸回路（TCA サイクル）……………………………………………… 188
　9.1.1　アセチル-CoA の生成　　188
　9.1.2　クエン酸回路　　191
　9.1.3　クエン酸回路の調節　　193
　9.1.4　同化代謝におけるクエン酸回路の役割　　194
　9.1.5　クエン酸回路中間代謝物質の補充反応　　194

9.2　電子伝達系と ATP 生成 ……………………………… 196
　9.2.1　電子伝達系　　196
　9.2.2　酸化的リン酸化　　198
　9.2.3　ミトコンドリアの輸送系　　199
　9.2.4　ATP 生成の制御　　200

9.3　酸化ストレス：活性酸素種と抗酸化分子 …………… 202
　演習問題 ……………………………………………………… 204

第 10 章　光　合　成　　　塩井　祐三

10.1　葉緑体と光エネルギー ……………………………… 210
　10.1.1　光合成反応の場としての葉緑体　　210
　10.1.2　光合成色素　　211
　10.1.3　電子伝達体　　213

10.2　明　反　応 …………………………………………… 215
　10.2.1　光エネルギーの吸収とエネルギーの伝達　　215
　10.2.2　電子伝達系　　216
　10.2.3　光リン酸化による ATP の合成　　218

10.3　炭素固定と光呼吸 …………………………………… 219
　10.3.1　カルビン-ベンソン回路と光呼吸　　219
　10.3.2　C_4-ジカルボン酸回路（C_4 植物）　　223

10.3.3 CAM 植物　　225

演習問題 …………………………………………………………… 227

第11章　脂質の代謝　　山田　純司

11.1　脂肪酸の分解 ……………………………………………… 230
　11.1.1　脂肪酸の活性化と β 酸化　　230
　11.1.2　ケトン体の生成と利用　　232
11.2　脂肪酸の生合成 …………………………………………… 234
　11.2.1　脂肪酸の新規生合成　　234
　11.2.2　脂肪酸の鎖長延長と不飽和化　　238
11.3　その他の脂質の合成 ……………………………………… 241
　11.3.1　中性脂肪とリン脂質の生合成　　241
　11.3.2　コレステロールと胆汁酸の生合成　　243

演習問題 …………………………………………………………… 247

第12章　窒素同化とアミノ酸代謝　　姫野　俵太

12.1　窒素固定と同化 …………………………………………… 250
　12.1.1　窒素同化　　250
　12.1.2　窒素固定　　250
　12.1.3　共生的窒素固定　　252
12.2　アミノ酸の生合成 ………………………………………… 252
　12.2.1　アミノ酸の生合成　　252
　12.2.2　必須アミノ酸　　258
12.3　窒素の排泄と尿素サイクル ……………………………… 259
　12.3.1　アミノ酸の分解　　259
　12.3.2　尿素回路　　260
　12.3.3　窒素の排泄　　263

演習問題 …………………………………………………………… 265

目　次

第13章　ヌクレオチドの代謝　　　堀　弘幸

13.1　プリンとピリミジンの生合成 …………………………… 268
  13.1.1　プリンの合成　　268
  13.1.2　AMPとGMPの合成　　270
  13.1.3　ATP・GTPへの変換　　271
  13.1.4　プリンヌクレオチド合成の調節　　272
  13.1.5　プリンのサルベージ経路　　273
  13.1.6　ピリミジンの合成　　274
  13.1.7　UTP・CTPの合成　　276
  13.1.8　ピリミジン合成の調節　　276
  13.1.9　デオキシリボヌクレオチドの合成　　277
  13.1.10　デオキシリボヌクレオチド合成の調節　　278
  13.1.11　チミンの合成　　280
13.2　ヌクレオチドの分解 ……………………………………… 281
  13.2.1　プリン塩基から尿酸へ　　281
  13.2.2　尿酸態窒素の排泄　　283
  13.2.3　ピリミジン塩基の分解　　283
 演習問題 ……………………………………………………… 287

第14章　DNA複製と遺伝子発現　　　原田　昌彦・大山　隆

14.1　分子生物学のセントラルドグマ ………………………… 290
  14.1.1　遺伝子の本体としてのDNA　　290
  14.1.2　DNA二重らせんの発見とセントラルドグマ　　291
14.2　遺伝子組換え技術の登場 ………………………………… 293
14.3　DNAの複製と修復 ……………………………………… 294
  14.3.1　ゲノムの構造　　294
  14.3.2　複製開始点と複製の基本様式　　295
  14.3.3　DNAポリメラーゼ　　295
  14.3.4　原核生物におけるDNA複製　　296
  14.3.5　真核生物のDNA複製　　298

14.3.6　テロメアの複製　　　300
　　　14.3.7　DNA損傷の修復　　　300
14.4　転写と翻訳 ………………………………………… 304
　　　14.4.1　転写と翻訳による遺伝情報の発現と遺伝暗号　　304
　　　14.4.2　転写の基本メカニズム　　　307
　　　14.4.3　翻訳の基本メカニズム　　　312
　　　14.4.4　クロマチンによる遺伝情報発現の制御と
　　　　　　　エピジェネティクス　　　318
　演習問題 ………………………………………………… 323

第15章　シグナル伝達の分子機構　　　仁科　博史

15.1　細胞膜受容体 ………………………………………… 326
　　　15.1.1　イオンチャンネル型受容体　　　327
　　　15.1.2　Gタンパク質共役型受容体　　　328
　　　15.1.3　キナーゼ関連型受容体　　　329
15.2　細胞内に生成されるセカンドメッセンジャー ………… 330
　　　15.2.1　サイクリックAMP　　　331
　　　15.2.2　ジアシルグリセロールとイノシトール1,4,5-トリスリン酸
　　　　　　　333
　　　15.2.3　カルシウムイオン（Ca^{2+}）　　　334
　　　15.2.4　cGMPと一酸化窒素（NO）　　　335
15.3　タンパク質のリン酸化とシグナル伝達 ……………… 337
　　　15.3.1　チロシンキナーゼ受容体　　　337
　　　15.3.2　細胞質のチロシンキナーゼと会合する
　　　　　　　細胞膜1回貫通受容体　　　339
　　　15.3.3　チロシンリン酸化によって発動する細胞内シグナル伝達系
　　　　　　　340
　　　15.3.4　細胞の増殖・分化を制御するMAPキナーゼカスケード
　　　　　　　342
　　　15.3.5　細胞周期の調節とがん遺伝子　　　342
　演習問題 ………………………………………………… 344

付録　実験キットの生化学　　向井博之・菅家　太

1. DNA 抽出キット ………………………………………… 348
2. タンパク質の蛍光標識キット …………………………… 350
3. ELISA キット ……………………………………………… 351
4. リアルタイム PCR キット ……………………………… 354
5. 血清総タンパク測定試薬（ビウレット法） …………… 357
6. 尿酸測定試薬 ……………………………………………… 359
7. グルコース測定試薬 ……………………………………… 361

生化学全般に関する参考図書 ………………………………… 365
演習問題解答 …………………………………………………… 367
索　　引 ………………………………………………………… 389

Column
- D 型アミノ酸の生理機能　　31
- 21 番目と 22 番目のアミノ酸　　34
- ポストゲノムにおけるタンパク質研究：プロテオームと構造ゲノム科学，天然変性タンパク質　　43
- sweet or bitter　　66
- ABO 式血液型と糖鎖　　70
- インフルエンザウイルスの感染とタミフル　　73
- リボザイムと RNA ワールド仮説　　99
- シグナル伝達において注目されている脂質　　119
- その他の解糖系　　183
- 代謝フラックス解析　　203
- 緑色（クロロフィル）のもうひとつの役割　　226
- 高脂血症と動脈硬化　　246
- アミノ酸に由来する生理活性アミン　　263
- 細胞分裂とチミジル酸（dTMP）合成　　286
- 人工合成ポリヌクレオチドを用いた遺伝暗号の解読　　306
- RNA 干渉　　322
- がん抑制遺伝子 PTEN　　344

第1章
生化学の基盤

本章について

　生化学はその名のとおり，生命にかかわる分子とその反応を対象とする化学である．本章では，後の各章で扱う概念や実験の基盤となる重要な化学的概念について基本的な知識を整理しておこう．まず，1.1節では学問としての生化学の特徴と本書の構成について述べる．1.2節では生物の分類について概観し，生化学反応が起きる「場」としての細胞の構造について学習する．1.3節では生体の主要成分である水を取り上げる．その物理・化学的な性質の特殊性が生体分子，ひいては細胞や生物全体の機能と密接に結び付いていることを理解しよう．また，水溶液中の解離平衡，溶液のpH，緩衝液などについても説明する．1.4節では本書に出てくる主な生体分子と官能基について概略を紹介し，また生体分子の立体構造形成や相互作用に重要な"弱い"化学結合についても説明する．最後の1.5節では生化学反応の特徴と，その反応の進行方向を決定する概念である，自由エネルギー，エンタルピー，エントロピーなどについてごく初歩的な解説をする．

第1章
生化学の基盤

1.1 生化学とは？

1.1.1 生化学とはどんな学問か

　生命科学は20世紀後半から飛躍的な発展を遂げ，21世紀に入ってもその進歩はとどまるところを知らない．これは比較的新興の学問である分子生物学が発達させたテクノロジーを利用できるようになって，生体物質の構造や機能，それらの相互作用に関する知識が驚異的に増大したおかげである．遺伝子工学の実用化により細菌や酵母の菌体内でヒトのタンパク質さえも合成できるようになったばかりか，現在では「生命の改造」をも視野に入れた研究が行われ始めている．この新しい手法によって得られた圧倒的な量の情報は，理学・工学・農学・医学・薬学といった理系の学問のみならず，法学・経済学などの文系学問にも多大な影響を与えている．
　しかし，ここで忘れてならないことは，分子生物学は「生命の化学」である生化学の基礎と技術を背景に成立し発展してきたという事実である．生化学と分子生物学はいずれも生命現象を分子レベルで理解しようとする学問分野であり，現況では両者の境界はあいまいで，例えば，大学の講座名や学会名でそれがカバーする研究内容を区別することは難しい．無理を承知で強引に分けるなら，生化学は生体物質の精製や構造と機能，その代謝に焦点を当てて発展してきた学問であり，分子生物学は生体物質の中でも比較的分子量の大きいタンパク質や核酸，および遺伝情報などを主として扱う学問であるということになる．いずれにせよ，増大し続ける膨大な情報に対処していくためには，これから生命科学を学ぼうとする者はまず生化学の基本的原理や事項を正しく習得しておくことが不可欠であろう．
　生化学は本来解析的（還元主義的）な科学である．まず細胞を破壊し，抽出物を分画して目的成分を単離することから始まる．つまり，全体を小さな部分に分け，それぞれの部分を個別に調べることで，全体像を把握しようとするものである．もちろん，分別した成分の活性の総和から生物全体としての形質や生物活性がすべて説明できるわけではないが，混入した余分な因子の影響を除外し，明確な結論を得るには解析的な研究が欠かせない．事実，われわれの現在の生化学的知識の大部分

は細胞から抽出し分画した成分，ときには単離精製した分子を用いた**試験管内**（*in vitro*）での研究から得られたものである．ただし，生体外での実験条件は必ずしも**生体内**（*in vivo*）の条件に近いとは限らないので，実験結果を生きた細胞に適用する際は生体系としての生理に十分注意を払い，ほかの生化学的，生理学的，あるいは遺伝学的な観察結果も併せ考えることを忘れてはならない．

1.1.2 本書の構成

生化学がカバーする範囲は広く，しかも分子生物学との境界が不明瞭であるが，その中心的な課題は以下のいくつかにまとめることができる．
① 生体分子とその集合体の構造およびその構築原理．
② 生体分子の構造と機能（生物活性）の相関．その代表例として，酵素触媒の分子機構や生体分子間の分子識別の機構．
③ 生体分子の代謝経路と生体組織の構築機構．
④ 生化学反応の制御機構．調和のとれた生体反応を保つ機構．
⑤ 遺伝情報の発現と次世代への伝達の機構．
⑥ 細胞や生物の成長，分化，増殖の機構．

本書が「ベーシックマスター」シリーズの1分冊であり，初学者にとっても「わかりやすい，実際に使いやすい，必要十分な教科書」を目指していることから，本書の内容についてはこのうち，①～③の生体分子の構造と機能（性質）および代謝（生合成と異化）について重点的に取り上げることにした．具体的には，第2章～第5章と第7章に各種生体分子の構造と性質，第6章に酵素触媒の分子機構，第8章～第14章には各種生体分子の生合成（代謝）を配置した．④の生化学反応の制御機構は本書のレベルを超えており，⑤と⑥についてはむしろ分子生物学の教科書で取り上げるほうが適切であると判断したからである．しかし，⑤の初歩的な内容についてはタンパク質や核酸の生合成機構として，本書第14章でも取り上げている．是非とも既刊の「ベーシックマスター　分子生物学（オーム社）」と併用されることをお勧めする．なお，第15章のシグナル伝達の分子機構は本書のレベルとしてはやや高度であるが，あえて取り上げた．ほかの各章を修了した後の「応用問題」として，現代生化学の最先端分野の一角をうかがい知る一助としていただきたい．

1.2 生物の分類と細胞の構造

1.2.1 生物の分類

生物を一言で定義することは困難であるが，われわれが普通に「生物」としてイメージするものは ① 細胞から構成されており，② 自己増殖能力と ③ エネルギー変換能力および ④ 恒常性維持能力を備えている．現在，地球上には数百万種類以上の生物が存在するといわれるが，それらは**原核生物**（prokaryote）と**真核生物**（eukaryote）に大別される．真核生物は**核**（nucleus）をもつ比較的大きな**真核細胞**（eukaryotic cell）からなり，遺伝物質である DNA は核の内部に収納されている．もう一方の原核生物は核をもたない**原核細胞**（prokaryotic cell）からなり，DNA は各種のタンパク質と結合して**核様体**（nucleoid）を形成している．従来は，原核生物とはすなわち**細菌**（bacteria）のみであると考えられていたが，最近になってリボソーム RNA の塩基配列に基づく系統樹解析などから，原核生物は**真正細菌**（eubacteria）と**古細菌**（archaea）の二つに分類できることがわかってきた．前者には大腸菌や光合成細菌など多くの細菌が含まれ，後者にはメタン菌，高度好塩菌，高度好熱菌などの細菌が含まれる．生体分子の構造比較から生物種間

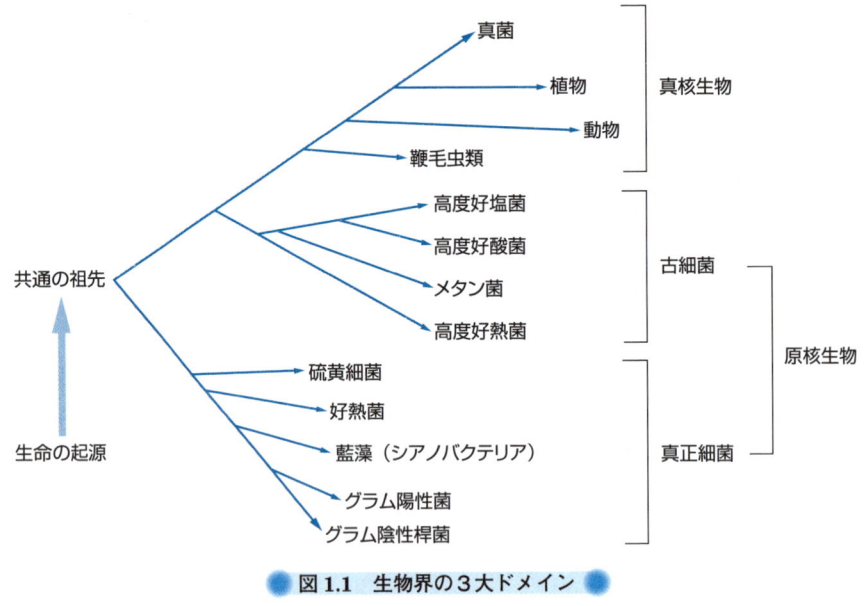

図1.1 生物界の3大ドメイン

の進化的関連性が解明された結果，現在では生物界を真正細菌，古細菌，真核生物の三つのドメインに分ける分類法が一般的となってきた（図1.1）．

〔1〕真正細菌

細菌は生育環境も栄養摂取能力も異なる多様な集団であり，全体として地球上の**バイオマス**（biomass：**生物量**）の大きな部分を占める．細菌の中には病原菌（結核，赤痢，コレラなど）として忌避されるものもいるが，大部分の細菌は地球における炭素，窒素，硫黄などを含む栄養分の循環に不可欠な役割を果たしている．また，大腸菌などの細菌は培養が容易で成長速度が速く，代謝の柔軟性も大きいために，基本的な生化学素過程の研究に重用されている．また，最近では遺伝子操作を駆使した有用物質の生産など，バイオテクノロジーにも利用されている．

〔2〕古細菌

古細菌が生物界のひとつのドメインとして独立したのはごく最近のことである．古細菌の外見は真正細菌と似ているが，タンパク質合成のシステムなど多くの点でむしろ真核生物に近い存在であることがわかってきた（図1.1参照）．一部の古細菌はほかの生物ならすぐに死滅するような過酷な環境（極端な高温や低温，高塩濃度など）においても繁殖することができる．これら好極限性細菌の研究は地球上の生命の歴史に関して重要な洞察を与えるだけでなく，酵素などの構造と機能を極限状況に適応させるためのヒントを提供してくれる．また，これらの研究成果は食品加工や洗濯洗剤などといった酵素の産業利用にも活用され始めている．

〔3〕真核生物

原核生物と真核生物の最大の違いは核の有無であるが，ほかにも以下のような重要な相違点がある．① 真核生物の細胞は原核生物の細胞よりもかなり大きい（細胞直径で約10倍，体積では数百〜千倍）．② 真核生物の構造はきわめて複雑である．核のほかに**細胞小器官**（オルガネラ：organelle）と呼ばれる構造体が多数存在して細胞内は区画化され，それぞれが特定の機能を担っている．これにより，複雑な調節機構が可能となる．③ 真核生物の多くは多細胞生物として存在している．これは単なる細胞の集まりではなく，多くの細胞が高度に秩序だった生存システムとしてひとつにまとまった全体をつくり上げている．

〔4〕ウイルス

ウイルス（virus）は自然界においてほかの生物から独立しては生きられず，生物の定義を完全には満たさない．しかし，限定的ではあるが独自の遺伝情報（DNAまたはRNA）をもち，特定の宿主に感染して増殖するので生物と無生物との境

界にまたがる存在として扱われている．ウイルスはその単純さゆえにさまざまな生命現象の分子レベルでの解析に利用されてきた．例えば，**バクテリオファージ**（bacteriophage：細菌に感染するウイルス）の研究から，遺伝の基本的メカニズムについて非常に多くの知見が得られた．動物ウイルスの研究からは，病原性との関連をはじめとする細胞代謝の詳細を知ることができる．最近では遺伝子治療にも利用されている．

1.2.2 細胞の構造と機能

原核生物は図 1.2 のように単純な構造をしている．細胞の中には RNA とタンパク質との複合体である**リボソーム**（ribosome）の顆粒が多数散在しており，タンパク質合成装置として働いている．核はないが，遺伝物質である DNA はタンパク質と結合して凝縮し，核様体を形成している．細胞は脂質を主成分とする**細胞膜**（cell membrane）で包まれ，さらにその外側の**細胞壁**（cell wall）によって保護されている．細胞壁の成分（多糖類や脂質を含むタンパク質）が病原性に関与することもある．細菌によっては細胞膜から長い鞭毛や短い繊毛が突出しており，運動性や付着性を担っている．また，細菌の中には生育環境が悪くなると胞子をつくり，休眠状態に入るものがあるが，胞子は熱や乾燥に非常に強いため，長期間生き続けることができる．

真核生物では細胞膜（**原形質膜**：plasma membrane ともいう）に包まれた**細胞質**（cytoplasm）に細胞小器官と総称される多くの構造体が見られる（図 1.3）．核膜（細胞膜と類似した組成の脂質膜）に囲まれた核は最大の細胞小器官であり，内部に DNA とタンパク質との複合体（chromatin，**クロマチン**，**染色質**）を含む．

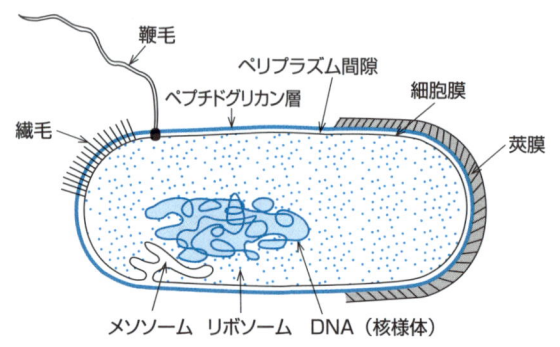

図 1.2 原核生物（細菌）の細胞の構造（模式図）

1.2 生物の分類と細胞の構造

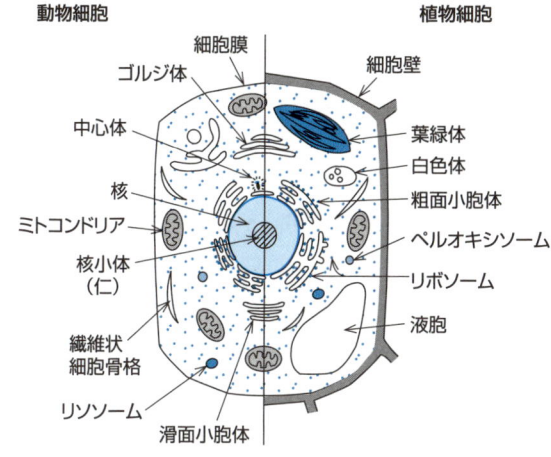

図1.3 真核生物の細胞の構造（模式図）

染色体（chromosome）は細胞分裂時期にクロマチンが凝縮したもので，分裂期以外は染色質として核内に分散している．核には**核小体**（nucleolus：仁）があり，リボソーム RNA の合成に関与している．核は核膜により細胞質と区分されているので，核と細胞質の間の分子の往来は多数の核膜孔を通して行う．真核細胞の細胞質には，幾層にも張り巡らされた膜状構造（**小胞体**：endoplasmic reticulum：ER）が一面に見られる．表面にリボソームがたくさん付着したものは**粗面小胞体**（rough ER）と呼ばれ，タンパク質合成の場となっている．また，**滑面小胞体**（smooth ER）と呼ばれる，リボソームの付着していない ER や，遊離状態のリボソームも細胞質内に存在する．細胞をすりつぶした後では小胞体は小さい袋状のものに分断され，**ミクロソーム**（microsome）と呼ばれる．**ゴルジ体**（Golgi body，あるいは**ゴルジ装置**：Golgi apparatus）は，糖鎖などの修飾基のタンパク質への付加や，合成されたタンパク質の細胞内分配や細胞外への分泌に関与する．**ミトコンドリア**（mitochondria）は酸素を使う好気呼吸の場で，第 9 章で説明するクエン酸回路，電子伝達系，酸化的リン酸化系など ATP を生産するエネルギー代謝の中心である．この小器官は二層の膜構造（内膜と外膜）をもっており，内膜には多くの酵素や電子伝達タンパク質が埋め込まれている．ミトコンドリアは，核から独立した自前の DNA とタンパク質合成システムをもち，ミトコンドリア内で働く数種類のタンパク質を合成している．しかし，すべての必要品を自己調達できるわけではないので，残りは核遺伝子の情報を使って細胞質で合成されたものが膜を

通して輸送されてくる．このようにミトコンドリアは不完全ながら独自のDNAやタンパク質合成システムをもっているので，おそらく進化の過程で別の微小細胞が真核細胞の祖先に侵入し，細胞内共生したものであろうと考えられている．**ペルオキシソーム**（peroxysome）は細胞に有害な過酸化物を分解する．**リソソーム**（lysosome）内のpHは酸性に保たれており，タンパク質，多糖類，脂質，核酸などを分解するさまざまな分解酵素が詰まっている．すなわち，細胞内の消化器官である．植物細胞に特有な小器官としては，光合成を行う**葉緑体**（chloroplast，→第10章）や有色体などの色素体がある．葉緑体も独自の遺伝子をもち，不完全ながら一部のタンパク質の合成を行うため，ミトコンドリアと同様，細胞内共生器官らしいとされる．養分や色素などが蓄えられている**液胞**（vacuole）あるいは貯蔵顆粒は細胞機能の維持に必須ではなく，細胞質の外側にあって細胞を保護している細胞壁とともに後形質と呼ばれる．

1.3　水の性質と水溶液の化学

　最初の生命体は原始の海の中で誕生したという説が広く受け入れられており，現存の生物でも細胞質量の60〜90％は水が占めている．「生命は水の中の存在である」といってよいだろう．では，生命にとってなぜ水がそれほどまでに重要なのだろうか．それは，水が生命の媒体となるのに適した優れた特性をもっているからである．生化学の勉強に着手するに当たって，まず生命現象における水の決定的な役割を理解することから始めよう．

1.3.1　水の構造と特性

〔1〕水分子の構造

　水分子（H_2O）の最大の特徴は，H-O-HというV字型の分子構造にある．酸素原子（O）が**sp^3混成軌道**[*1]を形成しているため，水分子はO原子を中心とする正四面体構造をとっている（**図1.4**）．頂点のうちの二つは水素原子（H）が占めて

[*1] 炭素原子の価電子数は4で，その電子配置は（$1s^2 2s^2 2p^2$）であるが，4価の原子として結合に関与するには（$1s^2 2s 2p_x 2p_y 2p_z$）配置となる．この際2s原子軌道と3個の2p原子軌道が混ざり合って4個の等価なsp^3混成軌道をつくるが，これらの混成軌道は正四面体構造をとり，互いに109.5°（正四面体角）をなす．

おり，それぞれが中心のO原子に共有結合している．二つのO-H結合の結合角は104.5°である．残る二つの頂点はO原子の非共有電子対が占めている．Oの電気陰性度はHよりも大きいので，OがHと結合するとHよりもかなり強力に電子を引きつける．その結果，O原子は部分的に負電荷（δ^-）を帯び，二つのH原子は部分的に正電荷（δ^+）を帯びる．結合内部での不均等な電荷分布は双極子として知られ，その

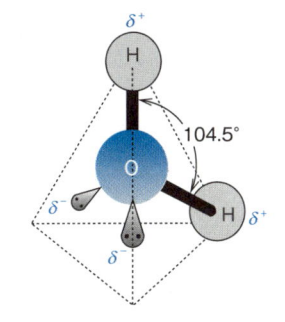

図1.4　水分子の構造と電子分布

結合には**極性**（polarity）があるという．水分子はV字型に曲がっているため二つのO-H結合の極性は互いに打ち消し合わず，水分子全体としても極性をもつ．もしも水分子が直線状であれば，水分子全体としては非極性になるであろう．

〔2〕水素結合

　水は極性をもつので，水分子どうしが互いに引き合うという結果をもたらす．HとOの**電気陰性度**には大きな違いがある（**表1.1**）ため，水分子中の電子不足（δ^+）のHは，別の水分子の非共有電子対（δ^-）に引きつけられる．この相互作用は**水素結合**［hydrogen bond，図1.5（a）］と呼ばれ，静電的（イオン結合的）な性質と共有結合的な性質の両方をもっている．水分子間の水素結合においては，H原子は水素供与体であるO原子と共有結合したままであり，このH原子と水素受容体である別のO原子との距離は共有結合のほぼ2倍である．水素結合は典型的

表1.1　典型元素の電気陰性度（L. Paulingによる）

H 2.1							
Li 1.0	Be 1.5	B 2.0	C 2.5	N 3.0	O 3.5	F 4.0
Na 0.9	Mg 1.2	Al 1.5	Si 1.8	P 2.1	S 2.5	Cl 3.0
K 0.8	Ca 1.0	Ga 1.6	Ge 1.8	As 2.0	Se 2.4	Br 2.8
Rb 0.8	Sr 1.0	In 1.7	Sn 1.8	Sb 1.9	Te 2.1	I 2.5
Cs 0.7	Ba 0.9	Tl 1.8	Pb 1.8	Bi 1.9	Po 2.0	At 2.2

以下略

青の網かけは非金属元素および半金属である．
表の上ほど，右ほど電気陰性度は大きくなる．

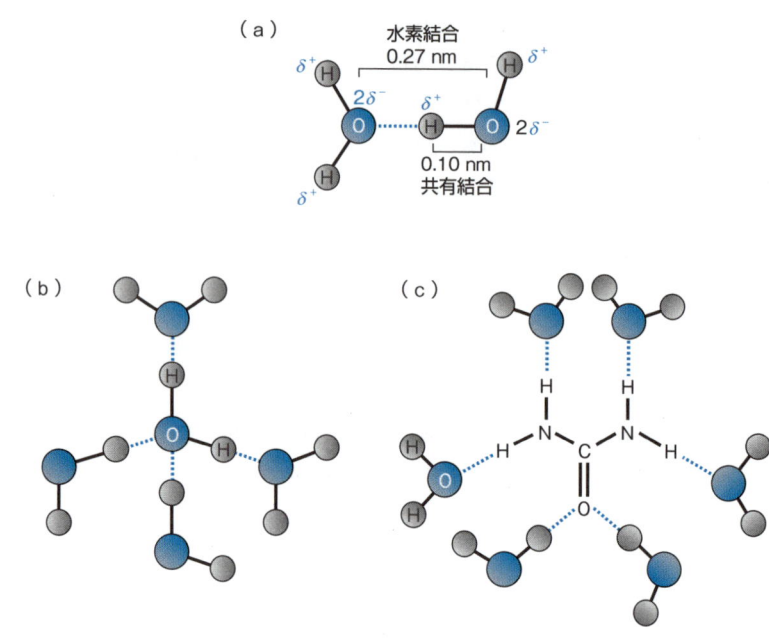

図1.5 水分子のつくる水素結合

な共有結合よりもはるかに弱い．共有結合 O-H，および C-H を切断するのに必要なエネルギーがそれぞれ約 460 kJ/mol，および約 410 kJ/mol であるのに対し，典型的な強さの水素結合では約 20 kJ/mol と見積もられている．

水素結合はその方向が重要である．H 原子とそれに共有結合または水素結合する 2 個の電気陰性原子（水の場合には 2 個の O 原子）が直線またはそれに近いときに水素結合はもっとも安定になる．1 分子の水は最大 4 分子の水と結合でき，それらの水分子もまたそれぞれほかの水分子と水素結合できる［図 1.5（b）］．

水素結合を形成できる分子は水に限らない．このような相互作用は電気陰性原子に結合した H 原子と別の電気陰性原子との間で起こり得る．例として尿素分子と水分子間の相互作用を図 1.5（c）に示す．次章以降に述べるように，水素結合はタンパク質や核酸など多くの生体高分子の高次構造形成に必要であるばかりでなく，遺伝情報の発現過程や生体高分子間の特異的相互作用などの生命現象を支える素過程にとっても重要な意味をもつ「弱い結合」である．

〔3〕水の異常な特性

上記のように水は分子どうしで水素結合や双極子相互作用ができるので，硫化水素 H_2S，セレン化水素 H_2Se，テルル化水素 H_2Te などの同族分子と比べると異常に高い融点や沸点を示す（**図1.6**）．個々の水素結合は共有結合と比べると決して強いものではないが，液体および固体状態の水のように多数の分子間水素結合が形成されると，巨大な三次元凝集体が効率良く形成されるのである．この凝集体を壊すには多大なエネルギーを要し，このことが水の高い沸点や融点の原因となっている．もしも水が H_2S や H_2Se のように水素結合できないとするなら，水は $-100℃$ で融解し，$-91℃$ で沸騰して気体となることであろう．ところが実際には水は $0℃$ で融解し，$100℃$ で沸騰する．すなわち，地表で普通に観測されるほとんどの温度範囲において水は液体として存在する．この点で水はきわめて異常な物質である．

また，水の水素結合形成能は比熱や蒸発熱にも大きな影響を与えている．水の温度を上昇させる（水分子の運動エネルギーを増す）には水分子が形成している水素結合を切らなければならないので，多量の熱量が必要となる．それゆえ，生きた細胞に水が多量に含まれることは細胞内温度の変動を最小に抑えることに寄与している．生化学反応の大部分は温度に敏感なので，この性質は生物にとって非常に重要な意味をもつ．

水分子が互いに解離して気化する際にも，やはり多数の水素結合を切る必要があるので，水の蒸発にも多量の熱量が必要である．そのため，水の蒸発は生物にとっての冷却機構として使われている．例えば，発汗は体温を下げる有効な方法になる．

氷の密度は液体の水より小さいので氷は水に浮かび，水は表面から下に向けて凍る．このことも生物学的には重要な意味をもつ．水表面の氷の層が下方の生物を極

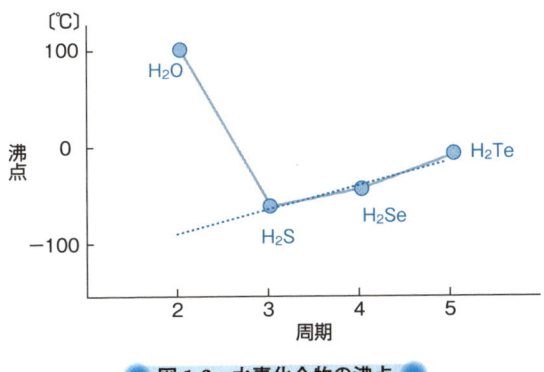

図1.6 水素化合物の沸点

低温から保護し，水中生物の生存に適した環境を与えるからである．
　このように水は異常な物理化学的特性をもつので，生物にとっての安定な環境であるとともに，生命の化学反応にとって最適な溶媒となる．

1.3.2　溶媒としての水

〔1〕親水性物質

　水の性質でもっとも重要なことは多様な物質を溶解できることであろう．生体中のほかのすべての分子の挙動は，水との相互作用次第で決まるともいえる．水は極性をもつので，極性物質や**電解質**（electrolyte：イオン化する物質），すなわち**親水性**の（hydrophilic）物質をよく溶解する．水分子は電解質の周囲に並ぶ．その結果，水分子のδ^-性のO原子は電解質の陽イオンに向かって配向し，δ^+性のH原子は陰イオンに向かって配向する（**図1.7**）．溶媒分子で囲まれた溶質は**溶媒和**した（solvated）というが，特に溶媒が水である場合は**水和**した（hydrated）という．

　有機分子の水に対する溶解性は，その分子自身の極性と，水と水素結合する能力で決まる．一方，解離したカルボン酸やプロトン化したアミンのような，イオン化した有機化合物の水に対する溶解度は，極性の官能基で決まる．**アミノ基**，**ヒドロキシ基**，**カルボニル基**のような官能基をもつ分子は，これら極性の基が水と水素結合を形成することで水分子中に分散する．例えば，1個のヒドロキシ基をもつアルコール類で，炭素数1〜3のものは水と任意の割合で混合するが，炭素数が増加するにつれて，水に溶けにくくなる（**表1.2**）．逆に，有機分子中の極性基の割合

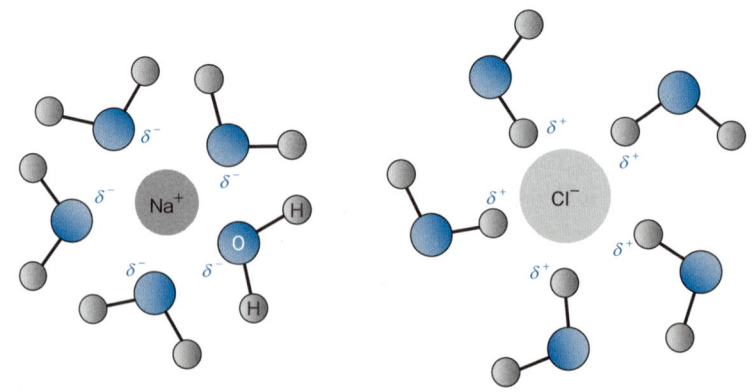

図1.7　水とイオンの相互作用

1.3 水の性質と水溶液の化学

表1.2 短鎖アルコールの水に対する溶解度

アルコール	構造式	水に対する溶解度 (mol/100 g H$_2$O, 20℃)
メタノール	CH$_3$OH	無制限
エタノール	CH$_3$CH$_2$OH	無制限
プロパノール	CH$_3$(CH$_2$)$_2$OH	無制限
ブタノール	CH$_3$(CH$_2$)$_3$OH	0.11
ペンタノール	CH$_3$(CH$_2$)$_4$OH	0.030
ヘキサノール	CH$_3$(CH$_2$)$_5$OH	0.0058
ヘプタノール	CH$_3$(CH$_2$)$_6$OH	0.0008

が増えるほど，水に対する溶解度が増加する．例えば，グルコース（ブドウ糖，図1.8）は分子内に5個のヒドロキシ基と1個のO原子をもつので，水に非常によく溶ける．グルコースの各O原子が水と水素結合をつくることができるからである．また，脂質やヌクレオシドの塩基などの溶けにくい分子に糖質が結合すると，それらの溶解度が増加する．

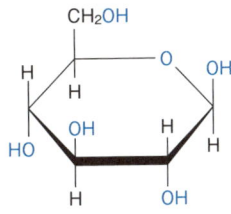

図1.8 グルコースの構造

〔2〕疎水性物質

親水性の物質と違って，炭化水素などの非極性の物質は水に対して非常に溶けにくい．水に非極性物質を入れた場合，極性の水分子は非極性の物質と相互作用するよりも水分子どうしの相互作用を好むので，結果的に水から排除された非極性分子どうしが会合することになる．例えば，水中に少量の油滴を分散させると，それらは凝集してひとつの油滴になり，水との接触面積を最小にしようとする傾向がある．すなわち，非極性分子は**疎水性**で（hydrophobic）あるといえる．この際，水によって非極性物質が排除されるこの現象を疎水効果と呼ぶ．タンパク質の折りたたみや生体膜の分子集合にはこの疎水効果が不可欠である（→第2章，第5章）．

〔3〕両親媒性分子

洗剤などの**界面活性剤**（surfactant, detergent）は，疎水性炭化水素鎖とイオン性または極性の末端をもち，親水性と疎水性を併せもつので**両親媒性**で（amphiphilic または amphipathic）あるという．ドデシル硫酸ナトリウム（SDS）は生化学でもっとも頻繁に使われる合成界面活性剤であり，炭素数12の疎水性炭化水素鎖と極性の硫酸基をもっている（**図1.9**）．界面活性剤の炭化水素部分は非

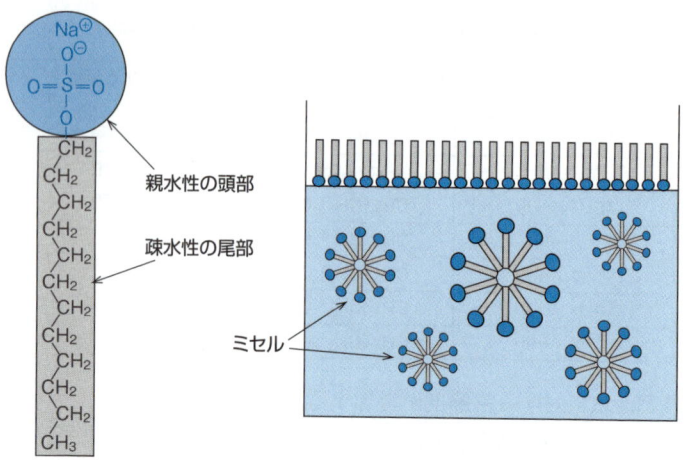

● 図1.9 両親媒性分子(SDS)とミセル ●

極性の物質に溶け,極性の基は水に溶ける.十分に高い濃度の界面活性剤を水中に分散させると,界面活性剤分子は凝集して**ミセル**と呼ばれる構造を形成する(図1.9).セッケンや界面活性剤の洗浄作用は,水に不溶な油脂や油をミセル内部の疎水性部に取り込むためである.

生体分子の多くは両親媒性であり,極性基と非極性基の両方を分子内に含んでいる.この特性は,水中における生体分子の挙動に大きく影響している.両親媒性の生体分子は水中で自発的に再配向する傾向があるが,これは細胞内構成成分の多くがもつ重要な特徴である.例えば,単位二重膜を形成する一群のリン脂質分子は生体膜の基本構造をつくり出している(→第5章).

1.3.3 水の電離と緩衝液

〔1〕水の電離とpH

水はごくわずかではあるが電離して**水素イオン**(H^+)と**水酸化物イオン**(OH^-)を生成しており,細胞内外のさまざまな生体反応においてきわめて重要な役割を担っている.水のイオン化の様子は次式で表すことができる([X]はXのモル濃度を表す).ここで,K_{eq}はこのイオン化反応の**平衡定数**(equilibrium constant)である.

$$H_2O \rightleftharpoons H^+ + OH^- \tag{1.1}$$

$$K_{eq} = \frac{[H^+][OH^-]}{[H_2O]} \tag{1.2}$$

1.3 水の性質と水溶液の化学

水溶液中では H^+ は実際には H_2O 分子と結合して H_3O^+（オキソニウムイオンまたはヒドロニウムイオン）になっているが，便宜上 H^+ の記号が使われている．

水 $1 l$ の重さは $1000 g$，水 1 モルの重さは $18 g$ なので，水のモル濃度 $[H_2O]$ は約 $55.5 mol/l$ になる．したがって，式（1.2）は次のように書き直せる．

$$K_{eq} \times 55.5 \, mol/l = [H^+][OH^-] \tag{1.3}$$

水のイオン化の平衡定数 K_{eq} は $25°C$ で $1.8 \times 10^{-16} mol/l$ である．この平衡定数は非常に小さいので，水の濃度はイオン化しても事実上変わらない．この平衡定数を式（1.3）に代入すると，

$$1.8 \times 10^{-16} \times 55.5 \, (mol/l)^2 = 1.0 \times 10^{-14} \, (mol/l)^2 = [H^+][OH^-] \tag{1.4}$$

このとき，右辺の $[H^+][OH^-]$ は**水のイオン積**（K_w）と呼ばれている．この式は，いかなる水溶液（$25°C$）においても $[H^+]$ と $[OH^-]$ の積は常に 1.0×10^{-14} $(mol/l)^2$ であることを意味している．純水が解離するときは $[H^+]=[OH^-]$ であるから，

$$[H^+]=[OH^-]=1.0 \times 10^{-7} mol/l \tag{1.5}$$

すなわち，純水の水素イオン濃度 $[H^+]$ は常温（$25°C$）で $1.0 \times 10^{-7} mol/l$ となる．

もちろん，すべての水溶液が同濃度の H^+ と OH^- を含むわけではない．酸が水に溶けると溶液の $[H^+]$ が増加し，溶液は酸性となる．式（1.4）はすべての水溶液にあてはまるので，この場合 $[OH^-]$ は同時に低下する．逆に，塩基を水に溶かすと $[OH^-]$ が $1.0 \times 10^{-7} mol/l$ 以上になり，その結果 $[H^+]$ が低下して，塩基性つまりアルカリ性の溶液となる．水素イオン濃度は，通常 $10^0 mol/l$ から $10^{-14} mol/l$ という非常に広い範囲で変化し，この H^+ の濃度を目安に，酸性・塩基性の度合いを表現したのが pH である．

$$pH = -\log_{10}[H^+] \tag{1.6}$$

$-\log_{10}(10^{-7})=7.0$ であるから，中性溶液の pH 値は 7.0 である．酸性溶液の pH 値は 7.0 より低く，塩基性溶液の pH 値は 7.0 より高い．pH の目盛りは対数であるため，pH 1 単位の違いは H^+ 濃度で 10 倍の変化に対応する．

ヒトの血液の正常な pH は 7.4 で，よく生理的 pH と呼ばれる．糖尿病などの患者の血液の pH は低いことがあり，この状況をアシドーシスという．逆に，血液の pH が 7.4 より高い状況はアルカローシスという．

〔2〕弱酸の解離

強酸（例えば，HCl）や強塩基（例えば，NaOH）は水中ではほぼ完全に解離しイオン化している．

HCl ⟶ H⁺ + Cl⁻

NaOH ⟶ Na⁺ + OH⁻

しかし，生体成分の多くの酸や塩基は完全に解離しているわけではない．カルボキシ基やリン酸基などをもつ有機酸は水溶液中で完全には解離しておらず，弱酸と呼ばれる．また，有機塩基の多くはアミノ基やイミノ基を含んでおり，弱いながら水素イオン結合能力をもっているので弱塩基と呼ばれる．有機酸の解離は以下の反応式で示される．

$$\text{HA (弱酸)} \rightleftharpoons \text{H}^+ + \text{A}^- \quad (\text{HA の 共役塩基：conjugate base}) \tag{1.7}$$

例えば，酢酸（CH_3COOH）は解離して水素イオンを放出し，共役塩基である酢酸イオン（CH_3COO^-）を与える．弱酸の強度は以下の式を使って決定できる．

$$K_a = \frac{[\text{H}^+][\text{A}^-]}{[\text{HA}]} \tag{1.8}$$

ここで，K_a は酸に固有の**解離定数**（dissociation constant）である．K_a の値が大きいほど酸としてより強い．K_a 値は広範囲にわたって変化するので，通常はそれらの対数値を使って以下のように表す．

$$pK_a = -\log_{10} K_a \tag{1.9}$$

pK_a が小さいほどより強い酸である．一般的な弱酸の解離定数と pK_a 値を**表 1.3**に示す．

表 1.3 弱酸水溶液の解離定数と pK_a 値（25℃）

酸	K_a 〔mol/l〕	pK_a
HCOOH（ギ酸）	1.78×10^{-4}	3.75
CH_3COOH（酢酸）	1.74×10^{-5}	4.76
$CH_3CHOHCOOH$（乳酸）	1.37×10^{-4}	3.86
H_3PO_4（リン酸）	7.08×10^{-3}	2.15
$H_2PO_4^-$（リン酸二水素イオン）	1.51×10^{-7}	6.82
HPO_4^{2-}（リン酸一水素イオン）	4.17×10^{-13}	12.4
H_2CO_3（炭酸）	4.47×10^{-7}	6.35
HCO_3^-（炭酸水素イオン）	4.68×10^{-11}	10.3

〔3〕緩衝液

少量の強酸や強塩基を加えても溶液の pH がほとんど変化しないとき，その溶液は**緩衝化**（buffered）されているといい，その溶液を**緩衝液**（buffer）と呼ぶ．緩衝液は弱酸とその共役塩基あるいはその逆の組合せからなる．例として酢酸と酢酸

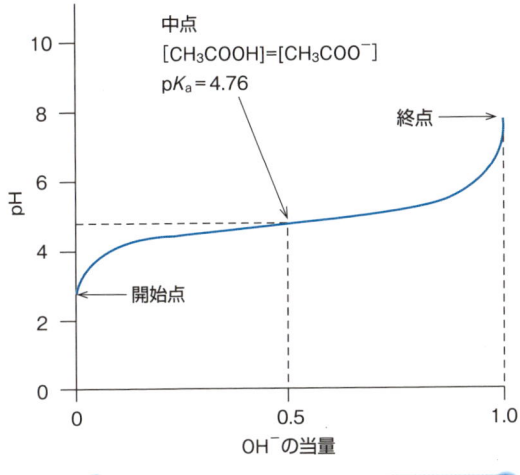

図 1.10 塩基（OH⁻）による酢酸の滴定

ナトリウムからなる酢酸塩緩衝液を考えてみよう．この緩衝液は，酢酸水溶液と酢酸ナトリウム水溶液とを適切な pH とイオン強度の平衡混合物になるように混ぜるか，酢酸水溶液を水酸化ナトリウム水溶液で滴定してつくる（図 1.10）．

$$CH_3COOH \rightleftharpoons CH_3COO^- + H^+$$
$$CH_3COONa \longrightarrow CH_3COO^- + Na^+$$

もしここに H⁺ イオンを添加したとしても，酢酸が生成する方向（左）に平衡が動いて［H⁺］はほとんど変化しない．

$$CH_3COOH \longleftarrow CH_3COO^- + H^+$$

同様に，もし OH⁻ イオンを添加しても，それらは遊離の H⁺ イオンと反応して水を生成し，酢酸イオンを生成する方向（右）に平衡が動いて pH はほとんど変化しない．

$$CH_3COOH + OH^- \longrightarrow CH_3COO^- + H_2O$$

特定の pH を維持する緩衝液の緩衝能は，緩衝液成分の濃度に直接比例している．すなわち，緩衝液成分の濃度が高いほど pH を変えることなく，より多くのH⁺ イオンおよび OH⁻ イオンを吸収することができる．このとき，緩衝液の濃度は，弱酸とその共役塩基の濃度の和として定義される．例えば，0.2 mol/l の酢酸塩緩衝液は，その pH により，1 l の水中に 0.1 mol の酢酸と 0.1 mol の酢酸ナトリウムを含んでいることもあれば，0.05 mol の酢酸と 0.15 mol の酢酸ナトリウムを含んでいることもある．もっとも効果的な緩衝液は，両成分を等濃度で含んでいるもの

である．

　緩衝液の選択や作製にあたっては，pH および pK_a の概念が役立つ．これら二つの数値間の関係は以下のような **Henderson-Hasselbalch の式**で表されるが，この式は弱酸の解離平衡式から誘導される．

　式（1.8）の両辺の対数をとると，

$$\log_{10} K_a = \log_{10} [\mathrm{H^+}] + \log_{10} \frac{[\mathrm{A^-}]}{[\mathrm{HA}]} \tag{1.10}$$

が得られる．$\log_{10} [\mathrm{H^+}]$ と $\log_{10} K_a$ をそれぞれ左辺，右辺に移項し，$-\log_{10} [\mathrm{H^+}]$ を pH，$-\log_{10} K_a$ を pK_a と書き直すと，式（1.10）は，

$$\mathrm{pH} = \mathrm{p}K_a + \log_{10} \frac{[\mathrm{A^-}]}{[\mathrm{HA}]} \tag{1.11}$$

となる．これは，Henderson-Hasselbalch の式と呼ばれる．

　ここで，式（1.7）において HA が半分だけ解離したとき，すなわち，[HA] = [A$^-$] のとき，式（1.11）は pH=pK_a となる．図 1.10 のグラフは，緩衝液が等量の弱酸とその共役塩基からなるときにもっとも効果的であることを示している．もっとも効果的な緩衝作用は滴定曲線の傾きが最小の部分，すなわち pK_a 値の前後 1 pH 単位の間で認められる．

1.4　主な生体分子と官能基

1.4.1　生命を構成する元素

　周期表の 90 以上の安定元素中で生物体内に見いだせるものは限られているが，その中でもわずか 6 種類の非金属元素（酸素，炭素，水素，窒素，リン，硫黄）が，ほとんどの生物の重量の 95% 以上を占めている（**図 1.11**）．その中でも，酸素の含量（重量）が高いのは，水が細胞の大部分を占めるからである．生物の炭素含量は無生物に比べてはるかに高く，細胞中の固形物は主に炭素を含む化合物（有機分子）であるといってよい．生物ではその他に，5 種類のイオン（$\mathrm{Na^+}$，$\mathrm{K^+}$，$\mathrm{Mg^{2+}}$，$\mathrm{Ca^{2+}}$，$\mathrm{Cl^-}$）が細胞重量の数%を占めている．ケイ素，アルミニウム，鉄などの元素は地球上に豊富に存在するが，細胞中にはわずかしか存在しない．

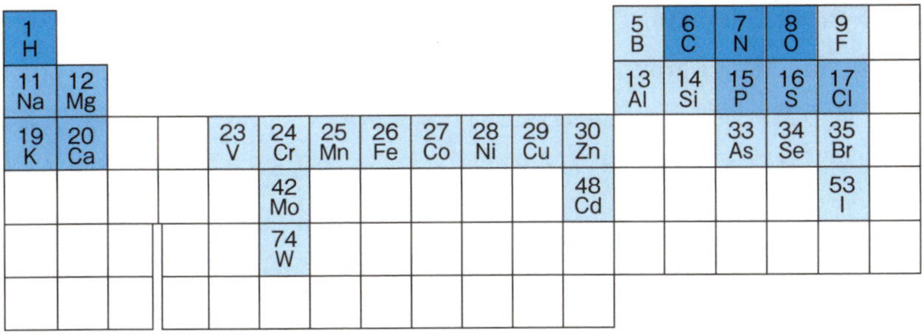

1.4 主な生体分子と官能基

1 H												5 B	6 C	7 N	8 O	9 F	
11 Na	12 Mg											13 Al	14 Si	15 P	16 S	17 Cl	
19 K	20 Ca		23 V	24 Cr	25 Mn	26 Fe	27 Co	28 Ni	29 Cu	30 Zn				33 As	34 Se	35 Br	
				42 Mo						48 Cd						53 I	
				74 W													

● 図1.11 生体分子中にみられる元素 ●

元素周期表の一部を抜粋している．青色が濃いほど豊富にみられる．淡色は微量元素（生物は必ずしもこれらのすべてをもつわけではない）．

1.4.2 生体有機分子中の官能基

sp³混成軌道を形成している炭素原子（C）は，ほかの炭素原子あるいは炭素以外の原子と，単結合による4本の**共有結合**（covalent bond）を形成することができる．そのため炭素原子を多く含む有機分子は，長い直鎖状の構造や分岐鎖あるいは環状化合物といった複雑な形態をとることが可能となる．

● 表1.4 生体分子中の代表的な官能基 ●

分子の総称	官能基の構造	官能基名
アルコール	R－OH	ヒドロキシ基
アルデヒド	R－C(=O)－H	アルデヒド基
ケトン	R－C(=O)－R′	カルボニル基（ケト基）
カルボン酸	R－C(=O)－OH	カルボキシ基
アミン	R－NH₂	アミノ基
アミド	R－C(=O)－NH₂	アミド基
チオール	R－SH	スルフヒドリル基
エステル	R－C(=O)－O－R′	エステル結合
アルケン	RHC=CHR′	二重結合

有機分子の構造の一部分で，その物質の性質や反応性の原因となる原子や原子団を**官能基**（functional group）と呼ぶ．官能基の多くは炭素や水素以外の原子を含み，原子間の電気陰性度の差が官能基の性質を決めている．また，炭素-炭素間の二重結合や三重結合も反応性に富むので，これらも官能基に含める．生体分子中の代表的な官能基とそれを含む化合物の種類を**表 1.4**にあげる．

ほとんどの生体分子は 1 分子中に複数の官能基をもっている．例えば，単糖分子の多くには，いくつかのヒドロキシ基とひとつのアルデヒド基が含まれている．またタンパク質分子の構成要素であるアミノ酸は，アミノ基とカルボキシ基を含む．それぞれの官能基がもつ化学的特性は，それが構成している分子の性質に大きく影響している．

1.4.3　生体分子の相互作用と非共有結合

上記のように，多様な官能基の組合せにより生物学的活性の異なる多様な生体分子が構築できることは理解できる．しかし，タンパク質や核酸などの生体高分子の立体構造を維持したり，生体高分子間の相互作用を支えている力の大部分は共有結合ではない．生体において重要な役割を果たしている非共有結合のうち，主なものは水素結合（1.3.1 項），**イオン結合**（ionic bond），**ファン・デル・ワールス相互作用**（van der Waals interaction），**疎水性相互作用**（hydrophobic interaction）の 4 種類である．これらの結合は単独では 4 〜 30 kJ/mol と弱く，個々の結合を切るのにそれほど大きなエネルギーは必要ない．しかし，多数の弱い結合が協同的に働くことで結合に多様性が生まれ，生体高分子の立体構造や生体高分子間の相互作用は高度の柔軟性をもつことになる．

正電荷をもつ陽イオンと負電荷をもつ陰イオンとの間の静電的相互作用のことをイオン結合という．この結合は電子が共有されているわけではなく，イオン周囲の静電場はどの方向にも一様なので，共有結合や水素結合とは違い特定の幾何学的位置関係（方向性）をもたない．生体におけるイオン結合の典型的な例は，**アミノ基**の正電荷（$-NH_3^+$）と**カルボキシ基**の負電荷（$-COO^-$）との相互作用である．

二つの原子が非常に（電子殻がほぼ接触するぐらい）接近すると，弱い非特異的な力（双極子-双極子相互作用や分散力）が働いてファン・デル・ワールス相互作用と呼ばれるものが生じる．これらの力は分子表面のファン・デル・ワールス半径のところで最大の引力となるので，これを**ファン・デル・ワールス力**（van der Waals force）という．この力は原子の種類を問わずあらゆる原子間に生じ得るの

で，水素結合やイオン結合を形成できない無極性分子の間の唯一の結合力となる．

1.3.2項ですでに述べたように，水に疎水性物質であるベンゼンを加えた場合，激しく撹拌しても均一な溶液にはならず，しばらくすると二層に分離する．水中では疎水性物質間に引力が生じて凝集するように見えるため，この現象の原因となる作用を疎水性相互作用あるいは**疎水結合**（hydrophobic bond）と呼ぶ．しかし，実際には疎水性物質間の積極的な引力というよりは，疎水性物質が水分子の水素結合ネットワークに割り込めずに排除された結果であると考えられる（図1.12）．次章にも述べるように，タンパク質の立体構造形成（折りたたみ：フォールディング）時やタンパク質分子間の相互作用において疎水性領域が互いに寄り集まっているように見えることを疎水結合が働いていると表現する．

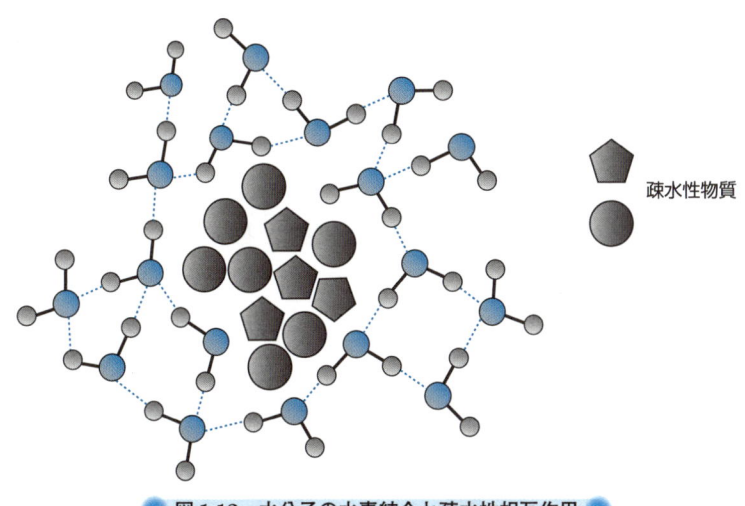

図1.12　水分子の水素結合と疎水性相互作用

1.4.4　主な生体分子の種類

生物の細胞を構成している物質は，水，有機分子，その他の物質に分けられる．水の特性と生命とのかかわりについてはすでに前節で学んだ．有機分子とは炭素を含む化合物であり，生体内には代表的な有機分子としてタンパク質，糖質（炭水化物），脂質，核酸などがある．ホルモンやビタミンなども有機分子の一種である．その他の物質としては，いくつかの無機物（金属イオンや塩化物イオン，リン酸イオンなど）も生命活動にとって必須である．これらについては次章以降でその構造

や機能，および代謝経路について詳しく学ぶことになるが，それに先立ってそれぞれの特徴について簡単に触れておこう．

細胞に含まれる比較的小さな有機分子はアミノ酸，糖，脂肪酸，ヌクレオチドという四つのグループに大別される（表1.5）．各グループの低分子は重合してより大きな**生体高分子**（biopolymer）を形成したり，別の分子の構成要素となることでより高分子化する．例えば，タンパク質はアミノ酸から，糖質は糖から，核酸（DNA，RNA）はヌクレオチドからなる重合体である．脂肪酸はそれ自身が重合することはないが，各種の非水溶性脂質の構成要素となったり，凝集して膜構造を形成する．低分子のままで特別な生物学的機能をもつものもある．例えば，**アデノシン 5′-三リン酸**（adenosine 5′-triphosphate：略して **ATP**）は化学的エネルギーを貯蔵し伝達する役目を担っている．そして多くの有機低分子は複雑な代謝経路に組み込まれている．

表 1.5 主要な生体分子

単位分子（モノマー）	高分子（ポリマー）
アミノ酸	タンパク質
糖	糖質（多糖類）
脂肪酸	—
ヌレオクチド	DNA，RNA

1.4.5 本書におけるリン酸化合物などの表記について

本書のほぼすべてのページにわたり，生体物質の化学構造式が登場する．初学者向けの教科書を標榜する以上，これらの表記法についてはできる限り統一するように努めた．しかし，スペースの制約上，あるいは複雑な図の「わかりやすさ」を優先させたい場合などでは簡略化した独特の記号を用いた場合もある．これらの代表的なものについて，ここであらかじめ述べておく．

リン酸およびリン酸化合物は，本書のほとんどの章にわたって登場する．すなわち，核酸やヌクレオチドの構成成分，生体膜を構成するリン脂質，さまざまな代謝反応におけるリン酸化された中間体，タンパク質中の特定残基のリン酸化・脱リン酸化を介する細胞増殖や分化のシグナル伝達などである．生化学反応の過程で生体分子と結合していない**無機リン酸**（inorganic phosphate：H_3PO_4）の出入りがある場合，通常 Pi と表記しているが，pK_a（表1.3）を考慮すれば中性水溶液中ではこの大部分は HPO_4^{2-} 型をとっている．同様に，**無機ピロリン酸**（inorganic pyrophosphate：$H_4P_2O_7$）は通常 PPi と表記するが，中性水溶液中ではこの大部分は $HP_2O_7^{3-}$ 型であると考えてよい．一方，生体分子と共有結合して**リン酸エステル**（phosphomonoester あるいは phosphodiester）を形成しているものを「正しく」表記するなら，例えば図 4.1（前者）や図 4.3（後者）のようになるが，本書では特にリン酸モノエステル（**リン酸基**：phosphate group）を多くの場合 $-O-PO_3^{2-}$（または $^{-2}O_3P-O-$）のように表記した．もっと複雑な図においては，単に -Ⓟ または Ⓟ- とした場合もある．この記号（Ⓟ）は他の生化学教科書でも同様な意味で使用されることが多い．

その他，カルボキシ基（-COOH）やアミノ基（$-NH_2$）などは，中性水溶液中での電離状態に近いものを表現するため，それぞれ $-COO^-$ および $-NH_3^+$ などと表記した．

1.5 生化学反応とエネルギー

生体内で起こるさまざまな化学反応には**エネルギー**（energy）の変化を伴うが，そうした生体反応といえども自然界のエネルギーに関する法則に従っている．**化学熱力学**（chemical thermodynamics）はエネルギーと物質の関係を取り扱う学問であるが，生命現象を理解するためにもその初歩的なことを知っておく必要がある．

1.5.1 エネルギーと化学熱力学

エネルギーは「仕事をする能力」と定義できるが，力学的（運動，位置）エネルギー以外にも，熱エネルギー，電気エネルギー，光エネルギー，化学エネルギーなどの形態があり，それらは互いに転換できる．また，分子レベルでは，電子遷移，振動，回転，並進などの運動エネルギーのほか，化学結合エネルギー，イオン化エネルギー，溶解エネルギーなどがある．熱力学ではこのような力学量と熱量をまとめて取り扱い，化学反応に伴うエネルギー変化を定量的に考えるが，それは分子 1 個 1 個を対象にするのではない．多数の分子の集団に対して定義できる圧力や温度などの関数として，その集団全体のエネルギー状態を考察するのが特徴である．

外界とのエネルギーの授受がない場合，「系に含まれる全エネルギーは保存される」という**エネルギー保存則**（熱力学の第一法則）が成り立つ．例えば，熱エネ

第1章 生化学の基盤

ギーが分子の運動エネルギーに変換される反応が起こっても，外部へのエネルギー損失を伴わなければ系としての全エネルギーは維持される．また，化学結合の変化によってもエネルギーの出入りが生じる．例えば，共有結合などの結合が形成される反応では，熱エネルギーが外部に放出されること（**発熱反応**）が多い．このように，熱力学はエネルギー量の変化だけではなく，化学反応や分子間相互作用の起こりやすさを表す指標としても活用されている．

1.5.2　熱力学の第二法則と化学反応の自発性

　熱力学は，ある反応の自発性，すなわち外部エネルギーの補給なしに反応が起きるか否かを予測することの指標となる．化学反応は一般に，外部からのエネルギー供給がなければ，物質がもつ全エネルギーが低くなる方向に自発的に進行する．例えば，発熱反応は熱エネルギーの放出により物質自体がもつ全エネルギーが減少するので，一般にこのような反応は自発的に進行する．生体反応のように定圧下で生じる熱量変化は**エンタルピー**（enthalpy：**熱含量**）Hという指標で表され，反応前後のエンタルピー変化を ΔH（$\Delta H = H_{反応後} - H_{反応前}$）と表記すると，発熱反応は $\Delta H < 0$，**吸熱反応**は $\Delta H > 0$ となる．一方，溶液の混合のように熱量の出入りは伴わないが，自発的に進行する反応を説明するために**エントロピー**（entropy）S という概念が導入された．エントロピーは系の不規則さ，無秩序さの程度を表す指標で，秩序が乱れると値が大きくなる．分子は，たとえ固体中にあってもがっちり固定されているわけではなく，分子間の結合部分が回転したり揺らいだりできる．分子周囲の温度上昇につれてその度合いが増せば，分子そのものが動ける自由度も増す．すなわち，エントロピーが増大する．反応の前後でのエントロピー変化を ΔS（$\Delta S = S_{反応後} - S_{反応前}$）と表すとき，$\Delta S > 0$ ならその反応は無秩序な方向に向かい，$\Delta S < 0$ なら逆に秩序が増すことを意味している．自然界では外部エネルギーなどの供給がない反応は系が無秩序化する方向に進行し，自発的に進行する反応では $\Delta S > 0$ となる（熱力学の第二法則）．例えば，二種類の溶液を混合する場合，混ざりあった溶液中の分子配置は混合前よりも無秩序になる（溶質分子はより広い空間を自由に動ける）ので，エントロピーは増大する．

　生体反応も含めて化学反応の多くは，分子がもつ熱量と分子の秩序が反応前後でともに変化する．このような反応を記述するために，化学反応の自発性を表す指標として**ギブズの自由エネルギー**（Gibbs free energy）が提案された．

$$\Delta G = \Delta H - T\Delta S \quad (T は絶対温度)$$

ギブズ自由エネルギーの変化量（ΔG）が負である反応は自発的に起こり，ΔG が正である反応は自発的には起こらない．すなわち，ΔH の負の値が大きく（発熱量が大きく），ΔS の正の値が大きい（より無秩序になる）反応であるほど自発的に起こりやすいといえる．このように，ある生体反応が自発的に起こるか否かは ΔG の符号から予測することができる．

1.5.3 ギブズ自由エネルギーと生体内の化学反応

$\Delta G<0$ である反応を**発エルゴン反応**（exergonic reaction）といい，自発的に進行するが，$\Delta G>0$ である反応は**吸エルゴン反応**（endergonic reaction）といい，自発的には起こらない．生体内で起きる反応には生体高分子の合成反応や筋肉の収縮反応など吸エルゴン反応が多いが，これらの反応を進行させるために発エルゴン反応から取り出したギブズ自由エネルギーが利用されている．このように，ギブズ自由エネルギーの授受により二つの反応を進行させることを**共役**（coupling）という．生体内では，グルコースの酸化によって得られるギブズ自由エネルギーを使って，まずアデノシン 5′-三リン酸（ATP）を合成し，これをエネルギー通貨として用いることが一般的に行われている．このような共役の実例は，本書の各章で見られるであろう．

演習問題

Q.1 大腸菌（長さ $2\,\mu m$，直径 $1\,\mu m$ の円筒形として近似しなさい）の菌体内に含まれる染色体 DNA を引き延ばすと長さ 1.6 mm，直径 2 nm になる．大腸菌の体積に占める DNA の割合〔％〕を求めなさい．

Q.2 粗面小胞体と滑面小胞体の違いについて説明しなさい．

Q.3 アミノ酸側鎖の多くは水溶液中で容易に水素結合をつくる官能基をもつ．次のアミノ酸の側鎖が水分子との間でつくる水素結合を図示しなさい．
（a）セリン-CH_2OH，（b）グルタミン-$CH_2CH_2CONH_2$

Q.4 次の水溶液の pH を求めなさい．
（a）$0.01\,mol/l$ HCl，（b）$0.01\,mol/l$ NaOH，（c）$0.05\,mol/l$ H_2SO_4，
（d）$5\times10^{-5}\,mol/l$ HNO_3，（e）$5\times10^{-10}\,mol/l$ HCl

Q.5 濃度 $0.2\,mol/l$ の弱酸 HA の溶液がある．この酸が 0.1％電離しているもの

第1章 生化学の基盤

として，電離の平衡定数（K_a）とこの溶液のpHを求めなさい．

Q.6 濃度 0.2 mol/l の酢酸緩衝液（pH 5.00）中の CH_3COOH 分子および CH_3COO^- イオンの濃度をそれぞれ求めなさい．ただし，酢酸の K_a は $1.75×10^{-5}$（pK_a=4.76）としなさい．

Q.7 熱力学第二法則によれば，すべての反応は系全体のエントロピーを増加させる方向に進むという．ところが，生物の細胞は乱雑な状態の分子（例えばアミノ酸単量体）をつなぎ合わせて高度に組織化された状態（タンパク質）に変えることができる．すなわち，見かけ上エントロピーを減少させることができる．このことはどのように説明されるか．

参考図書

1. 猪飼 篤：基礎の生化学 第2版，東京化学同人（2004）
2. 新井孝夫，大森大二郎，立屋敷哲，丹羽春樹：バイオサイエンス化学，東京化学同人（2003）
3. 安藤祥司，熊本栄一，児玉浩明，高崎洋三：生命の化学，化学同人（2001）

第2章
アミノ酸とタンパク質

本章について

　細胞の中では，タンパク質はゲノムDNAに記された遺伝情報の流れ（DNA→RNA→タンパク質）に従って，アミノ酸が連結したポリペプチド鎖として合成される．核酸が化学的性質のよく似た4種類のヌクレオチドから構成される鎖状高分子であるのに対して，タンパク質はさまざまな性質の側鎖をもつ20種類のアミノ酸から構成される鎖状高分子である．タンパク質は固有の立体構造を形成してはじめて，その機能を発揮する．遺伝子の機能とよくいわれるが，実際には，遺伝子であるDNAが機能をもつのではなく，遺伝子が発現してつくられたタンパク質が細胞内でさまざまな生命機能を果たしている．本章ではタンパク質を理解するために，まず，その構成単位であるアミノ酸の構造と化学的性質について学ぶ．そして，タンパク質の階層的な構造と機能について概説する．

第2章 アミノ酸とタンパク質

2.1 アミノ酸の種類と構造

　アミノ酸（amino acid）は**タンパク質**（protein）の構成単位である．天然のタンパク質の構成成分となるアミノ酸は20種あり，これらのアミノ酸では，α位の炭素に ① カルボキシ基，② アミノ基，③ 水素原子，④ アミノ酸ごとに特徴のある**側鎖**（R），の四つの基（原子または原子団）が結合している．R=Hである**グリシン**を除く19種類のアミノ酸では，α炭素にはすべて異なった基が結合している．すなわち，α炭素は**不斉炭素**（asymmetric carbon）であるので，これらのアミノ酸には**鏡像異性体**（enantiomer）が存在し，**光学活性**[*1]を有している．これらの鏡像異性体は，それぞれ **L型アミノ酸**（**L-アミノ酸**），**D型アミノ酸**（**D-アミノ酸**）と呼ばれる（図2.1）．

　タンパク質の構成成分となるアミノ酸は，グリシンを除きすべてL型である．これら全20種類のアミノ酸は，側鎖の**疎水性**と**親水性**，**酸性**と**塩基性**などの化学的性質に基づいて，2.1.1項以下に述べるように，いくつかのグループに分類される

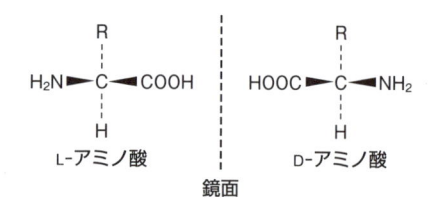

$$
\begin{array}{cc}
\overset{R}{\underset{H}{\overset{|}{H_2N-C-COOH}}} & \overset{R}{\underset{H}{\overset{|}{HOOC-C-NH_2}}} \\
\text{L-アミノ酸} & \text{D-アミノ酸} \\
& \text{鏡面}
\end{array}
$$

図2.1　アミノ酸の構造式

　メタン（CH_4）のように，炭素原子からの4本の共有結合は正四面体の各頂点に向かっているので，炭素原子からの結合を表すとき，くさび形（横2本）は紙面から手前に突き出ている結合を示し，点線（上下2本）は紙面の後ろへ突き出ている結合を示す．
　R≠Hの場合，中心のα炭素は不斉炭素になるので，鏡像異性体が存在する．生体に存在するアミノ酸のほとんどはL-アミノ酸である．

[*1] 直線偏光が光学活性物質の溶液を通過するとその偏光面は右（時計回り）または左（反時計回り）に回転する．グリシン以外のアミノ酸には鏡像異性体が存在し，光学活性を示す．このような分子の中心原子を光学活性中心，不斉中心またはキラル中心という．

2.1 アミノ酸の種類と構造

● 表 2.1　タンパク質を構成するアミノ酸 20 種類の構造と側鎖の化学的性質による分類 ●

側鎖の性質		構　造　[中性 pH での主なイオン形を示す（ヒスチジンを除く）]	名　称	3文字表記	1文字表記
疎水性アミノ酸	脂肪族炭化水素	H₃N⁺–CH(H)–COO⁻	グリシン glycine	Gly	G
		H₃N⁺–CH(CH₃)–COO⁻	アラニン alanine	Ala	A
		H₃N⁺–CH–CH(CH₃)₂–COO⁻	バリン valine	Val	V
		H₃N⁺–CH(CH₂–CH(CH₃)₂)–COO⁻	ロイシン leucine	Leu	L
		H₃N⁺–CH(CH(CH₃)–CH₂–CH₃)–COO⁻	イソロイシン isoleucine	Ile	I
		（プロリン環状構造）H₂N⁺〈CH₂–CH₂–CH₂〉HC–COO⁻	プロリン proline	Pro	P
	芳香族炭化水素	H₃N⁺–CH(CH₂–C₆H₅)–COO⁻	フェニルアラニン phenylalanine	Phe	F
		H₃N⁺–CH(CH₂–C₆H₄–OH)–COO⁻	チロシン tyrosine	Tyr	Y
		H₃N⁺–CH(CH₂–インドール)–COO⁻	トリプトファン tryptophan	Trp	W
	硫黄含有	H₃N⁺–CH(CH₂–SH)–COO⁻	システイン cysteine	Cys	C
		H₃N⁺–CH(CH₂–CH₂–S–CH₃)–COO⁻	メチオニン methionine	Met	M

第2章 アミノ酸とタンパク質

表2.1 つづき

側鎖の性質		構造 [中性pHでの主なイオン形を示す（ヒスチジンを除く）]	名称	3文字表記	1文字表記
親水性アミノ酸	ヒドロキシ基	$H_3\overset{+}{N}-\underset{COO^-}{\overset{H}{\underset{|}{\overset{|}{C}}}}-CH_2-OH$	セリン serine	Ser	S
		$H_3\overset{+}{N}-\underset{COO^-}{\overset{H}{\underset{|}{\overset{|}{C}}}}-\overset{OH}{\underset{|}{CH}}-CH_3$	トレオニン （またはスレオニン） threonine	Thr	T
	アミド基	$H_3\overset{+}{N}-\underset{COO^-}{\overset{H}{\underset{|}{\overset{|}{C}}}}-CH_2-\overset{O}{\underset{}{\overset{\|}{C}}}-NH_2$	アスパラギン asparagine	Asn	N
		$H_3\overset{+}{N}-\underset{COO^-}{\overset{H}{\underset{|}{\overset{|}{C}}}}-CH_2-CH_2-\overset{O}{\underset{}{\overset{\|}{C}}}-NH_2$	グルタミン glutamine	Gln	Q
	酸性アミノ酸	$H_3\overset{+}{N}-\underset{COO^-}{\overset{H}{\underset{|}{\overset{|}{C}}}}-CH_2-COO^-$	アスパラギン酸 aspartic acid	Asp	D
		$H_3\overset{+}{N}-\underset{COO^-}{\overset{H}{\underset{|}{\overset{|}{C}}}}-CH_2-CH_2-COO^-$	グルタミン酸 glutamic acid	Glu	E
	塩基性アミノ酸	$H_3\overset{+}{N}-\underset{COO^-}{\overset{H}{\underset{|}{\overset{|}{C}}}}-CH_2-CH_2-CH_2-CH_2-\overset{+}{N}H_3$	リシン （またはリジン） lysine	Lys	K
		$H_3\overset{+}{N}-\underset{COO^-}{\overset{H}{\underset{|}{\overset{|}{C}}}}-CH_2-CH_2-CH_2-NH-\overset{NH_2}{\underset{}{\overset{\|}{C}}}=\overset{+}{N}H_2$	アルギニン arginine	Arg	R
		$H_3\overset{+}{N}-\underset{COO^-}{\overset{H}{\underset{|}{\overset{|}{C}}}}-CH_2-$ イミダゾール環　中性pHでは，側鎖は分子形とイオン形の両方が存在する．	ヒスチジン histidine	His	H

（表2.1）．このように，生体に存在するアミノ酸のほとんどはL型であることから，D型アミノ酸はあまり重要視されてこなかった．近年，さまざまなD型アミノ酸が微生物，植物からほ乳動物に至るまで広く存在し，多様な生理機能を果たしていることが明らかになりつつある（Column「D型アミノ酸の生理機能」）．

栄養学的には，タンパク質は糖質，脂質とともに，三大栄養素のひとつであり，食事で摂取するタンパク質はアミノ酸の供給源として重要である．ほ乳類などで

Column　D型アミノ酸の生理機能

　2.1節で述べたように，タンパク質を構成するアミノ酸はL体であり，生体ではほとんどがL-アミノ酸であることから，D-アミノ酸はきわめて限られた成分であると考えられてきた．しかし，近年，微生物，植物やほ乳動物にもさまざまなD-アミノ酸が存在し，多様な生理機能を果たしていることが明らかになりつつある．

　例えば，D-セリンがほ乳類の脳に高濃度存在し，その分布パターンが，記憶，学習といった脳の高次機能にかかわるNMDAレセプターの分布パターンと一致することが報告され，D-セリンが内在性生理活性物質として注目されている．また，脳内D-セリンの動態と統合失調症やアルツハイマー病との関連が報告され，統合失調症に対するD-セリン類縁化合物の臨床応用についても検討され始めた．D-アスパラギン酸にも，メラトニンの分泌抑制，プロラクチン分泌の活性化や，テストステロン合成の促進作用などが報告されている．これもほ乳動物の脳内に高濃度に存在する．また，節足動物の変態時にD-アミノ酸の濃度が一過性に上昇することなどから，D-アミノ酸と発生との関係についても研究が進んでいる．

　一方，タンパク質中のD-アミノ酸については，水晶体α-クリスタリンのアスパラギン酸残基の加齢に伴うラセミ化[*2]と白内障との関連，脳内アミロイドのアスパラギン酸残基，セリン残基のラセミ化とアルツハイマー病との関連が注目されている．また，両生類の生理活性ペプチドやクモ毒にはD-アミノ酸残基が存在し，それらの活性発現に重要な役割を果たしている．

　このように，D-アミノ酸はさまざまな重要な生理機能を有することが明らかとなってきて，今後の研究のさらなる進展が期待されている．
（参考：D-アミノ酸研究会設立趣意書，http://www.d-amino-acid.jp/syuisyo.html）

は，自身の生体内で合成できないアミノ酸がある．それらは**必須アミノ酸**（**不可欠アミノ酸**ともいう）と呼ばれており，食べ物から摂取する必要がある．ヒトでは，**トリプトファン**，**リシン**，**スレオニン**（**トレオニン**），**バリン**，**イソロイシン**，**ロイシン**，**メチオニン**，**フェニルアラニン**と**ヒスチジン**の9種類が必須アミノ酸とされている．

2.1.1　疎水性アミノ酸

　疎水性アミノ酸は，脂肪族炭化水素の側鎖をもつものと，芳香族の側鎖をもつものとに大別される．疎水性アミノ酸の側鎖は，タンパク質分子内部において疎水性

[*2] ラセミ体は不斉分子の二つの鏡像異性体の等量混合物のことで，光学活性を示さない．ラセミ化とは光学不活性化を意味し，光学活性物質（例えば，L-アミノ酸）の一部の分子がその鏡像異性体（例えば，D-アミノ酸）に変化することによって起こる．

相互作用により内部に集合する傾向が強い．

〔1〕**脂肪族性炭化水素の側鎖をもつアミノ酸：グリシン（Gly，G），アラニン（Ala，A），バリン（Val，V），ロイシン（Leu，L），イソロイシン（Ile，I），プロリン（Pro，P）**

　グリシンは側鎖が水素原子であるため，疎水性は低いが便宜上この分類に入れる．グリシンには不斉炭素がないので，鏡像異性体は存在しない．アラニン，バリン，ロイシン，イソロイシンは，脂肪族性炭化水素（アルキル基）の側鎖をもっており，炭素数が多いほど疎水性が強くなる．

〔2〕**芳香族性の側鎖をもつアミノ酸：フェニルアラニン（Phe，F），チロシン（Tyr，Y），トリプトファン（Trp，W）**

　フェニルアラニンはフェニル基，チロシンはフェノール基，トリプトファンはインドール基をもっている．フェニルアラニンと比較すると，チロシンとトリプトファンはヒドロキシ基（水酸基，-OH 基）やイミノ基（>NH）のために，疎水性は低い．これらの芳香環は紫外線を吸収し，フェニルアラニンは 260 nm 付近，チロシンとトリプトファンは 280 nm 付近に吸収極大がある．この性質を利用すると，タンパク質分子中のチロシンとトリプトファンの残基数がわかっている場合には，280 nm の吸光度からタンパク質溶液の濃度を定量できる．また，タンパク質を分離分析するクロマトグラフィーにおいてタンパク質を 280 nm で検出する方法がよく用いられる．

2.1.2　親水性アミノ酸

　親水性アミノ酸は，正電荷または負電荷の側鎖をもつものと，イオン化はしないが，ヒドロキシ基やアミド基のように極性基の側鎖をもつものがある．疎水性アミノ酸がタンパク質分子の内部に多く存在するのに対して，親水性アミノ酸は水との親和性が高いので，タンパク質分子の表面に存在することが多い．

〔1〕**酸性アミノ酸：アスパラギン酸（Asp，D），グルタミン酸（Glu，E）**

　アスパラギン酸とグルタミン酸の側鎖のカルボキシ基は，生理的 pH では負に荷電している（2.2 節）．そのためこれらは高い極性（親水性）をもつ．

〔2〕**塩基性アミノ酸：リシン（Lys，K），アルギニン（Arg，R），ヒスチジン（His，H）**

　リシンは ε-アミノ基，アルギニンはグアニジノ基を有し，これらの側鎖は生理的 pH で正に荷電している（2.2 節）．ヒスチジンはイミダゾール基をもっており，

その pK_a は中性付近であるので，タンパク質分子内の局所的な環境に応じて電荷をもったりもたなかったりする．例えば，酵素の活性部位に存在するヒスチジンはプロトン化したり解離したりして，酵素反応の過程に関与することがある．また，タンパク質分子中で，ヒスチジンは Zn^{2+} や Fe^{2+} などの金属イオンを配位することがある．

〔3〕**ヒドロキシ基をもつアミノ酸：セリン（Ser，S），トレオニン（Thr，T）**

セリンはアラニンがヒドロキシ化されたものとみなすことができ，トレオニンはバリンのひとつのメチル基がヒドロキシ基に置換したものである．ヒドロキシ基の極性のために，セリンとトレオニンは，アラニンやバリンよりも強い親水性を示す．セリン残基やトレオニン残基のヒドロキシ基は，タンパク質分子中で水素結合に関与したり，リン酸化や糖鎖の修飾を受けたりすることがある．

〔4〕**アミドをもつアミノ酸：アスパラギン（Asn，N），グルタミン（Gln，Q）**

アスパラギンとグルタミンは，それぞれアスパラギン酸とグルタミン酸のカルボキシ基がアミド化されたもので，電離しない $-CONH_2$ 基をもっている．$-CONH_2$ 基は極性をもっており，タンパク質分子中でアミド基は水素結合を形成できる．

2.1.3 硫黄を含むアミノ酸：メチオニン(Met, M)，システイン(Cys, C)

メチオニンは，チオエーテル基（-S-）を含む脂肪族性側鎖をもち，この部分は疎水性が強い．システインはセリンの構造と似ているが，ヒドロキシ基の代わりにスルフヒドリル基（-SH）をもっている．システインは，ヒスチジンのように2価の金属イオンを配位することがある．また，二つの-SH基は，酸化により**ジスルフィド結合**（-S-S-）（disulfide bond）を形成して（**図2.2**），タンパク質の構造を安定化する．このようにジスルフィド結合した二つのシステインを**シスチン**と呼ぶ．

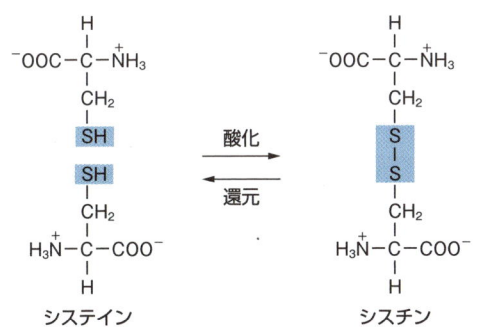

図2.2 システインによるジスルフィド結合の形成

第 2 章　アミノ酸とタンパク質

> **Column　21 番目と 22 番目のアミノ酸**
>
> 　遺伝暗号の解読（→ 14.4.1 項）以来，「タンパク質の生合成に用いられるアミノ酸は，いわゆる"普遍遺伝暗号表"に載っている 20 種類に限定されている」と考えられてきた．実際のところ，生体内のタンパク質にはヒドロキシプロリンやホスホセリンなど，これ以外のアミノ酸が含まれる例も多いが，それらは"正規の（canonical）"アミノ酸だけからなるタンパク質が生合成された後にアミノ酸残基の側鎖などに修飾が加えられたものであると解釈されていた．ところが，この常識に当てはまらない事例がこれまでに二つ見つかっている．
>
> 　最初に見いだされたアミノ酸はセレノシステインである．セレノシステインはシステインの硫黄原子 S がセレン原子 Se（→図 1.11）に置換されたアミノ酸で，いくつかの酸化還元にかかわる酵素の活性中心に見いだされてきた．1988 年，セレノシステインは UGA コドンを使ってタンパク質に導入されることが発見され，21 番目のアミノ酸として認知されることになった．
>
> 　次に見いだされたのがピロリシンである．ピロリシンは，リシンの ε-アミノ基にプロリンの誘導体であるメチルピロリンが付加したアミノ酸である．ピロリシンはメタン生成古細菌のメチルアミンメチルトランスフェラーゼという酵素の活性中心に存在し，2002 年，UAG コドンに導入されることが見いだされて 22 番目のアミノ酸と呼ばれることになった．
>
> 　両方のアミノ酸に共通しているのが，通常はストップコドンとして使われている暗号（UGA と UAG）を経由してタンパク質に導入されていることと，そのアミノ酸をリボソームへと運び，かつストップコドンを解読できる特殊な transfer RNA が存在することである．これらの事例は，生物が，なんとか役に立つアミノ酸を遺伝暗号表に割り込ませようと試行錯誤していた証拠のように思われる．すなわち，遺伝暗号表とアミノ酸の関係は，初めから固定されていたものではなく進化の過程で徐々に今の関係に落ち着いてきたのであろうし，またこれからも変わる可能性を秘めているのである．

2.2　アミノ酸の解離と等電点

　アミノ酸は，中性付近の水溶液中では**双性イオン**（zwitterion）として存在する．アミノ酸分子中のカルボキシ基とアミノ基は，それぞれ弱酸，弱塩基としての性質をもつので，pH によってアミノ酸のイオン化状態は変化する．弱酸 HA がプロトン（H^+）と A^- に解離する反応（K_a は解離定数）において，プロトンの解離は以下の Henderson-Hasselbalch の式で記述される（→ 1.3.3 項）．

2.2 アミノ酸の解離と等電点

$$HA \rightleftharpoons H^+ + A^-$$

$$pH = pK_a + \log_{10} \frac{[A^-]}{[HA]}$$

pK_a は，HA がちょうど半分解離したときの pH に相当する．表 2.2 にアミノ酸分子中の解離基の pK_a の値を示す．例えば，アラニンの α-カルボキシ基の pK_a は，2.34 であるから，pH が 2.34 よりも低いときは分子形（-COOH）の割合が多く，2.34 よりも高いときはイオン形（-COO$^-$）の割合が多くなる．pH による L-アラニンの分子種の変化を図 2.3 に示す．pH 1 〜 14 まで変化させると，L-アラニンの電荷は，+1, 0, -1 と変化する．L-アラニンの水溶液に電気を通したとき，低い pH ではアラニンは負極に移動するが，高い pH では正極に移動する．通電したとき，電荷がなくなり移動しない pH がある．この電荷の総和がゼロになる pH を**等電点**（isoelectric point：pI）という．α-カルボキシ基と α-アミノ基の pK_a は，それぞれ 2.34 と 9.69 なので，L-アラニンの等電点（pI）は，(2.34+9.69)/2＝6.02 となる（演習問題 Q.4 参照）．

次に，側鎖がイオン化するアミノ酸について見てみよう．例えば，酸性アミノ酸である L-アスパラギン酸の解離は図 2.4 のようになる．α-カルボキシ基，β-カルボキシ基，α-アミノ基の pK_a はそれぞれ 1.88，3.65，9.60 である（表 2.2）．これらの pK_a によってイオン化状態が決まるので，pH を 1 〜 14 まで変化させたとき，アスパラギン酸の正味の電荷は，+1, 0, -1, -2 と変化する．アスパラギン酸の電荷が 0 になる分子種［Ⅱ］の割合は，分子種［Ⅰ］と［Ⅱ］および［Ⅱ］と［Ⅲ］の平衡（すなわち，α-カルボキシ基の pK_a と β-カルボキシ基の pK_a）で決まるので，アスパラギン酸の等電点は，(1.88+3.65)/2＝2.77 と酸性側になる．同様

表 2.2 アミノ酸における解離基の pK_a

アミノ酸	α-カルボキシ基	α-アミノ基	側鎖
グリシン	2.34	9.60	―
アラニン	2.34	9.69	―
アスパラギン酸	1.88	9.60	3.65（β-カルボキシ基）
グルタミン酸	2.19	9.67	4.25（γ-カルボキシ基）
アルギニン	2.17	9.04	12.48（グアニジノ基）
リシン	2.18	8.95	10.53（ε-アミノ基）
ヒスチジン	1.82	9.17	6.00（イミダゾール基）
チロシン	2.20	9.11	10.07（フェノール基）
システイン	1.96	8.18	10.28（スルフヒドリル基）

第2章 アミノ酸とタンパク質

(a)

pH 1 ←――――――――――――――――→ 14

$$\text{H}_3\overset{+}{\text{N}}-\underset{\text{H}}{\overset{\text{CH}_3}{\text{C}}}-\text{COOH} \underset{\text{H}^+}{\overset{\text{OH}^-\ K_{a1}}{\rightleftarrows}} \text{H}_3\overset{+}{\text{N}}-\underset{\text{H}}{\overset{\text{CH}_3}{\text{C}}}-\text{COO}^- \underset{\text{H}^+}{\overset{\text{OH}^-\ K_{a2}}{\rightleftarrows}} \text{H}_2\text{N}-\underset{\text{H}}{\overset{\text{CH}_3}{\text{C}}}-\text{COO}^-$$

(+1)　　　　　　　　　　(0)　　　　　　　　　　(−1)

(b)

正味の電荷：+1　　0　　−1

(縦軸：pH，横軸：OH⁻の当量)

● 図2.3　pH による L-アラニンの分子種の変化 ●

(a) pH 変化による L-アラニンの電荷状態の変化．( ) 内に正味の電荷数を示す．
(b) L-アラニンの滴定曲線．

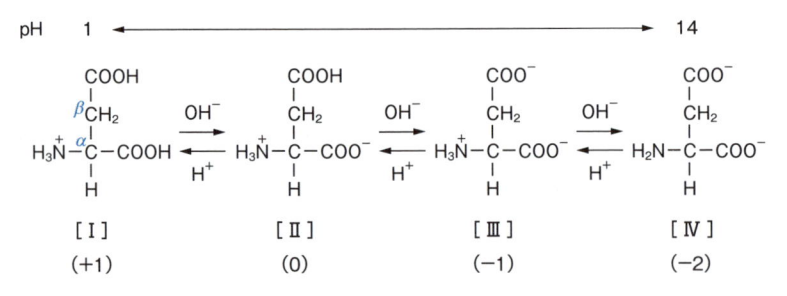

pH 1 ←――――――――――――――――――――→ 14

$$\text{H}_3\overset{+}{\text{N}}-\underset{\text{H}}{\overset{\overset{\text{COOH}}{\underset{\beta}{\text{CH}_2}}}{\overset{\alpha}{\text{C}}}}-\text{COOH} \xrightarrow[\text{H}^+]{\text{OH}^-} \text{H}_3\overset{+}{\text{N}}-\underset{\text{H}}{\overset{\overset{\text{COOH}}{\text{CH}_2}}{\text{C}}}-\text{COO}^- \xrightarrow[\text{H}^+]{\text{OH}^-} \text{H}_3\overset{+}{\text{N}}-\underset{\text{H}}{\overset{\overset{\text{COO}^-}{\text{CH}_2}}{\text{C}}}-\text{COO}^- \xrightarrow[\text{H}^+]{\text{OH}^-} \text{H}_2\text{N}-\underset{\text{H}}{\overset{\overset{\text{COO}^-}{\text{CH}_2}}{\text{C}}}-\text{COO}^-$$

[I]　　　　　[II]　　　　　[III]　　　　　[IV]
(+1)　　　　　(0)　　　　　　(−1)　　　　　　(−2)

● 図2.4　pH による L-アスパラギン酸の分子種（電荷状態）の変化 ●
( ) 内に正味の電荷数を示す．

に，塩基性アミノ酸である L-リシンの電荷の総和は，pH1〜14 までの間で，+2，+1，0，−1 となり，リシンの等電点は α-アミノ基と ε-アミノ基の pK_a で決まるので，(8.95+10.53)/2 = 9.74 と塩基性側になる．

2.3 ペプチド結合

タンパク質はアミノ酸が連結した直鎖状の重合体であり，アミノ酸どうしを結ぶ結合は**ペプチド結合**（peptide bond：アミド結合の一種である）と呼ばれ，ひとつのアミノ酸のα-カルボキシ基ともうひとつのアミノ酸のアミノ基とが脱水縮合したものである（図 2.5）．ペプチド結合は部分的な共鳴により二重結合性を有しており，ひとつのアミノ酸のα炭素原子と>CO およびもうひとつのアミノ酸の>NH とα炭素原子は同一平面上に配置される（図 2.6）．この性質によって，ペプチド結合の周りの自由回転が妨げられており，タンパク質の骨格の立体構造を決めるひとつの要因となっている．

多くのタンパク質は，およそ 100 から 1 000 個くらいのアミノ酸からなる**ポリペプチド鎖**として形成される．構成するアミノ酸が数個から数十個の場合は，単に**ペプチド**または**オリゴペプチド**と呼ぶことがある．ポリペプチド鎖中のアミノ酸の単位を**残基**（residue）と呼び，ポリペプチド鎖において，アミノ酸残基のα炭素とペプチド結合をたどる鎖を**主鎖**（main-chain）または**骨格**（backbone）と呼ぶ．また，主鎖から出たアミノ酸残基に特有の部分を**側鎖**（side-chain）と呼ぶ．ペプチド結合には，**水素結合受容体**となるカルボニル基（>CO）と**水素結合供与体**となるイミノ基（>NH）がある（2.5.2 項，水素結合については 1.3.1 項）．

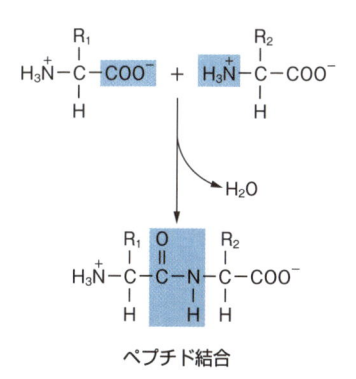

図 2.5 ペプチド結合の形成

図 2.6 ペプチド結合の共鳴構造

ペプチド結合の二重結合性により，青色部分が平面構造となる．

2.4 タンパク質の階層構造

遺伝情報の流れに従って合成されたポリペプチド鎖は直鎖状の分子であるが，それが固有の立体構造に折りたたまれて，タンパク質としての機能を発揮する．タンパク質の構造は，以下のように階層的な構造として捉えることができる．タンパク質の立体構造の形成には，**水素結合**（hydrogen bond），**疎水性相互作用**（hydrophobic interaction），**イオン結合**（ionic bond），**ファン・デル・ワールス相互作用**（van der Waals interaction）などの**非共有結合**（non-covalent bond）が重要な役割をしている（→ 1.3.1 項および 1.4.3 項）．また，共有結合であるが，タンパク質分子において離れた場所に位置する二つのシステイン残基間の**ジスルフィド結合**（disulfide bond）（2.1.3 項，図 2.2）も立体構造を形成する際に重要な役割を果たしている．

2.4.1 タンパク質の一次構造

タンパク質の**一次構造**（primary structure）とは，ポリペプチド鎖において連結したアミノ酸の並び方（**アミノ酸配列**）である．遺伝子には，タンパク質のアミノ酸配列が規定されている．アミノ酸をペプチド結合で連結していくと，一方の端に α-アミノ基が，他方の端に α-カルボキシ基が残り，それぞれを**アミノ末端**（**N**

```
1                                       40
MRIREPKTTALIFASGKMVVTGAKSEDNSKLASRKYARII
cccccccEEEEEEEcccEEEEEcccHHHHHHHHHHHHHH

41                                      80
QKLGFQAKFTDFKIQNIVGSCDVKFPIRLEGLAYAHGHFS
HHccccccccccEEEEEEEEEEcccccccHHHHHHccccc

81                                     120
SYEPELFPGLIYRMVKPKIVLLIFVSGKIVLTGAKVREEI
cccccccccEEEEEEccccEEEEEEcccEEEEEccccHHHH

121       137
YQAFESIYPVLTEFRKP
HHHHHHHHHHHHHHccc
```

図 2.7 タンパク質の一次構造と二次構造分布

例として，出芽酵母の TBP（TATA ボックス結合タンパク質）を示す．
アミノ酸配列は 1 文字表記で示した．アミノ酸配列の下に二次構造の分布を，c：ランダムコイル，E：β ストランド，H：α ヘリックスで示した．

末端)(amino-terminus：N-terminus),**カルボキシ末端(C末端)**(carboxyl-terminus：C-terminus)と呼ぶ．通常，アミノ酸配列を書くときは，N末端を1番目の残基として左側から書き，C末端を最後の残基として右側に書く．表示の例として，酵母のTATAボックス結合タンパク質(TATA-box binding protein：TBP)の一次構造を図2.7に示す．ポリペプチド鎖の両端が異なることからわかるように，ポリペプチド鎖には，N末端→C末端の方向性（極性）がある．

2.4.2 タンパク質の二次構造

主鎖のペプチド結合において，水素結合によって形成される部分的な規則構造を**二次構造**(secondary structure)と呼ぶ．二次構造の代表的なものとして，**α ヘリックス**(α-helix)と**β構造**(β-structure)がある．

αヘリックスは，ポリペプチド鎖が3.6残基で1回転（1残基当たり100度回転）する右巻きのらせん構造なので，アミノ酸配列上，3〜4残基離れたアミノ酸残基が空間的に近い関係になり，n番目の残基の>COは，$n+4$番目の残基の>NHと水素結合する．したがって，αヘリックスでは，両端付近の残基を除き，主鎖のペプチド結合部分の>COと>NHがすべて水素結合して，αヘリックス構造を安定化させている．αヘリックスの内部は原子で密に詰まっており，らせんの外側に側鎖部分が突き出した円柱状の構造である（図2.8）．

β構造は，タンパク質分子内で複数のポリペプチド鎖がならんだ際に，隣接したポリペプチド鎖の間で，>COと>NHとの水素結合によって形成される．β構造を形成する1本のポリペプチド鎖は**βストランド**(β-strand)と呼

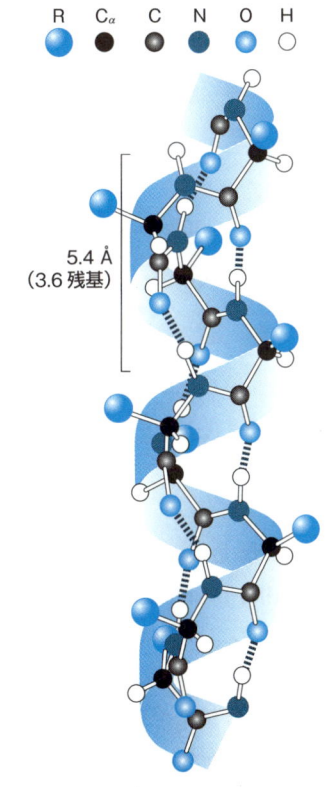

5.4 Å
(3.6残基)

図2.8 αヘリックス

>COと>NHとの間の水素結合を(∥∥∥∥)で示す．

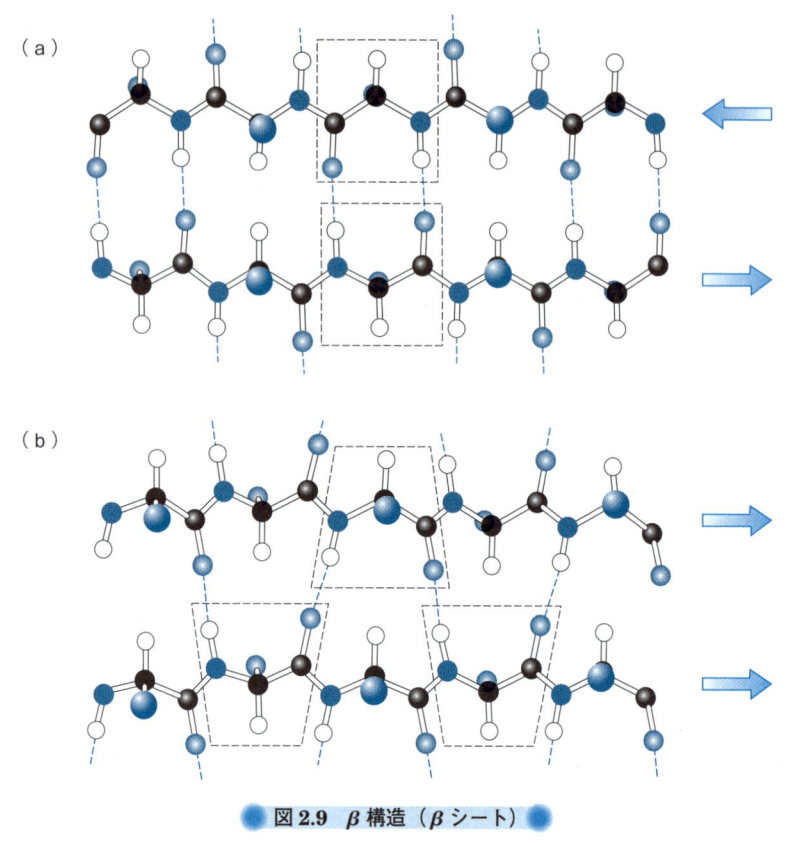

第 2 章　アミノ酸とタンパク質

図 2.9　β 構造（β シート）

(a) 逆平行 β 構造，(b) 平行 β 構造
>CO と >NH との間の水素結合を（----）で示す．

ばれる．β 構造には，2 本の β ストランドが逆平行にならんだ**逆平行 β 構造**（antiparallel-β-structure）と，平行にならんだ**平行 β 構造**（parallel-β-structure）の二つの構造がある（**図 2.9**）．これらはいずれも平面状の構造であるため，**β プリーツシート**［（β-pleated sheet）または**β シート**（β-sheet）］とも呼ばれる．逆平行 β 構造では，ひとつの β ストランドのアミノ酸残基の >NH と >CO は，それぞれ向かいあった β ストランドの >CO と >NH との間で水素結合している［図 2.9 (a)］．平行 β シートでは，β ストランドのひとつのアミノ酸残基から，向かい合った β ストランドの二つの異なるアミノ酸残基へと水素結合を形成している［図 2.9 (b)］．

逆平行 β 構造において，ポリペプチド鎖の方向が反転する際の折り返した部分を β ターン（β-turn）と呼ぶ．多くのタンパク質は α ヘリックスと β シートが集まって形づくられるが，α ヘリックスのみ，または β 構造のみで構成されるタンパク質もある．一般に，二次構造の解析とは，タンパク質分子中の α ヘリックス，β 構造，β ターンの分布を調べることである．図 2.7 に，TBP の一次構造の上に二次構造の分布を示した．

プロリン残基では α-イミノ基になっているので，その部分のペプチド結合は水素結合を形成することができない．そのため，プロリン残基の部位で α ヘリックスや β 構造が壊される傾向がある．また，グリシン残基は側鎖が水素原子であるため，自由なコンホメーションをとれるので，同様に二次構造を壊す傾向がある．

2.4.3 タンパク質の三次構造

タンパク質の**三次構造**（tertiary structure）とは，主鎖の折りたたみと側鎖の各原子の空間配置を含んだ，分子全体の立体構造のことである．TBP の三次構造を図 2.10 に示す．α ヘリックスと β 構造が組み合わさって，独自の三次構造を形成して，DNA の TATA ボックス配列の副溝（minor groove）に結合する．

これまでに多くのタンパク質の三次構造が，**X 線結晶構造解析**（X-ray crystallography）と**核磁気共鳴法**（nuclear magnetic resonance：NMR）によって決定されてきた．分子全体の構造が球状をしているタンパク質（球状タンパク質，2.5.1 項）の三次構造にみられる，注目すべき共通の特徴は，分子内部はロイシン，バリン，メチオニン，フェニルアラニンなどの疎水性（非極性）残基からなり，アスパラギン酸，グルタミン酸，リシン，アルギニンなどの電荷をもった残基

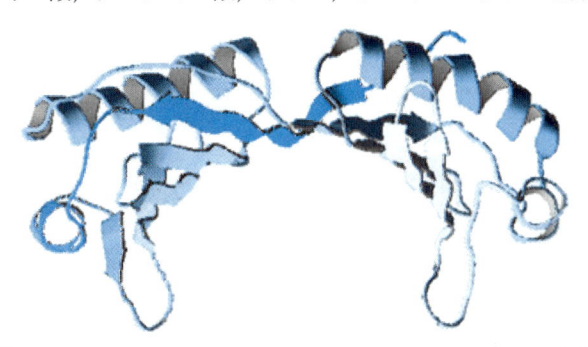

図 2.10　TBP（TATA ボックス結合タンパク質）の三次構造
α ヘリックスはらせんで β ストランドは ⇨ で示す．

第 2 章　アミノ酸とタンパク質

が内部にはほとんど存在しない点である．タンパク質の立体構造の形成では，疎水性残基が水から排除されて，疎水性相互作用で集合することが大きな駆動力（ドライビングフォース）として働く．そのため，タンパク質では疎水性側鎖が分子内部に埋め込まれ，極性の強い残基が分子表面に位置するようになる．電荷をもたない親水性アミノ酸残基は，表面に位置することが多いが，ヒドロキシ基やアミド基が水素結合に関与すると側鎖の極性がなくなるために，分子内部に存在することも多い．

　多くの α ヘリックスや β ストランドは**両親媒性**であり，タンパク質内部に接す

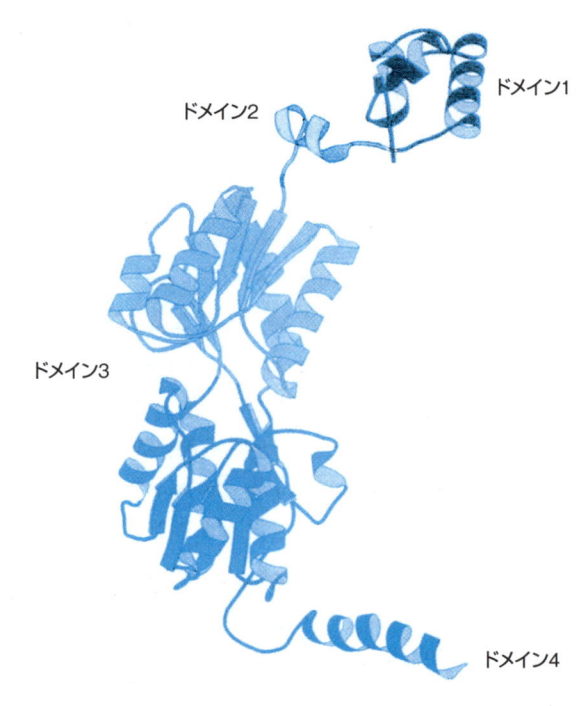

図 2.11　タンパク質のドメイン構造

　例として，大腸菌 *lac* リプレッサー単量体の構造を示す．*lac* リプレッサーは四量体を形成し，*lac* オペレーターと呼ばれる DNA 配列に特異的に結合して，ラクトースオペロンの発現を負に制御する．次の四つのドメインから構成される．ドメイン 1：ヘリックス-ターン-ヘリックスで特異的に DNA に結合する．ドメイン 2：DNA 結合において hinge として働く．ドメイン 3：二つのサブドメインからなり，ラクトースなどの誘導物質が結合して *lac* リプレッサーの活性を調節する．ドメイン 4：単量体どうしが会合して四量体を形成する．

　図は *Science* 271, 1247-1254 (1996) から引用．

る疎水性の面と，水と接する親水性の面を有する．水素結合に関与していない主鎖のペプチド結合部分は極性のため水と親和性が高いが，αヘリックスやβ構造のペプチド結合部分は水素結合に関与しているため極性がなくなり，それらの主鎖部分は分子内部に埋め込まれる．このように，2.1節で述べたアミノ酸の側鎖の化学的

> **Column** ポストゲノムにおけるタンパク質研究：プロテオームと構造ゲノム科学，天然変性タンパク質
>
> 　1990年代から，さまざまな生物種のゲノム解析が進み，2003年にはヒトゲノム解読宣言がなされた．ゲノム解析の結果を基盤とする，さまざまなポストゲノム研究が行われているが，研究のひとつの方向は，セントラルドグマ（遺伝情報の流れ）に従って，ゲノム（DNA）→RNA→タンパク質に向かい，ゲノムに対して，それぞれトランスクリプトーム（transcriptome），プロテオーム（proteome）と呼ばれている．プロテオミクス（proteomics）とは，プロテオームに関する研究・学問領域をいい，ある細胞についてその時点で発現している全タンパク質を網羅的に解析する研究である．組織特異性，ストレス応答，発生など，さまざまな視点からプロテオーム解析がなされている．また，タンパク質-タンパク質間の機能ネットワークについても網羅的に解析が進んでいる．一方では，X線結晶構造解析やNMRによってタンパク質の立体構造を決定するプロジェクトも進んできた．わが国では，2002年度から2006年度までタンパク3000プロジェクトが行われ，タンパク質の立体構造決定が大きく進展した．これまでに決定されたタンパク質の立体構造はProtein Data Bankなどのデータベースに登録されている．また，バイオインフォマティクスによる解析も進んでおり，タンパク質の立体構造予測の精度も上がっている．
>
> 　タンパク質は機能に密接に関連する固有の立体構造をもち，それはドメインから成り立っていることが多いが，最近，構造ドメインに加えて，数百残基にも及ぶ長大な不規則（disorder）領域を含むタンパク質が数多く存在することがわかってきた．このようなタンパク質は，天然変性タンパク質（intrinsically disordered protein）と呼ばれ，単独で存在しているときにはランダムな構造を取り特定の立体構造をもたないが，別のタンパク質と相互作用することによって構造を形成する例が知られている．興味深いことには，長大な不規則領域をもつタンパク質は真核生物の細胞内シグナル伝達系，遺伝子発現や細胞周期の制御系に関与するものに非常に多く見いだされている．単一または複数のドメインから構成された立体構造がタンパク質機能に重要であるという概念に加えて，不規則領域が相互作用によってダイナミックに構造変化するという，新しいタンパク質像が見えてきた．従来，タンパク質の分子認識の概念として，「鍵と鍵穴」モデルや誘導適合モデルが提出されてきたが，不規則領域が結合すべき相手分子に対応して，自分自身の構造を形成するという「共役した結合と折りたたみ（coupled folding and binding）」という新しい概念が確立されつつある．

第2章　アミノ酸とタンパク質

性質は，タンパク質の立体構造を理解するために重要である．また，タンパク質の内部が隙間なく折りたたまれることによって，ファン・デル・ワールス相互作用を最大にすることで，立体構造が安定化される（→第1章）．

ひとつのタンパク質分子の三次構造において，いくつかの小さなユニットがつながった構造をしていることが多い，この小さなサブユニットをタンパク質の**ドメイン**（domain）と呼ぶ．その大きさは，約30〜400アミノ酸残基とさまざまである．例えば，大腸菌のラクトースオペロンの発現を制御する *lac* リプレッサーは，DNA結合ドメイン，ヒンジドメイン，誘導物質結合ドメイン，四量体形成ドメインから構成されており，それぞれのドメインは別々の機能を担っている（**図2.11**）．また，遺伝子の転写を活性化するアクチベーターには，特異的なDNA配列を認識して結合するドメイン（DNA結合ドメイン）と転写を活性化するドメイン（活性化ドメイン）があり，活性化ドメインを切り離しても，DNA結合ドメインだけで特異的DNA配列に結合できる．このように，ひとつのドメインが，タンパク質のある特定の機能を担っていることが多く，タンパク質の**機能ドメイン**（functional domain）と呼ばれる．最近，このようなドメインとは異なり，長大なランダムコイル様の不規則構造をもつタンパク質が真核生物において数多く見いだされている．それらは**天然変性タンパク質**（intrinsically disordered protein, intrinsically unstructured protein または natively unfolded protein）と呼ばれており，タンパク質の構造に関して新しいパラダイムが確立されつつある（Column「ポストゲノムにおけるタンパク質研究：プロテオームと構造ゲノム科学，天然変性タンパク質」）．

2.4.4　タンパク質の四次構造

タンパク質は，1本のポリペプチド鎖で形成されるものも多いが，複数のポリペプチド鎖が会合して，ひとつのタンパク質を構成する場合がある．このようなタンパク質のそれぞれのポリペプチド鎖は，**サブユニット**（subunit）と呼ばれる．**四次構造**（quaternary structure）は，サブユニットの構成と空間的な配置を指す．四次構造のもっとも単純な例は，二つの同一のサブユニットからなる二量体で，制限酵素や転写因子などDNAの配列に対称的に結合するタンパク質などがある．また，有名な例として，**ヘモグロビン**（hemoglobin）は α サブユニット2分子と β サブユニット2分子の四つのサブユニットから構成され（**図2.12**），ヘモグロビンが酸素運搬タンパク質の機能を果たすうえで重要な性質を担っている（2.5.3項）．

2.4 タンパク質の階層構造

また，大腸菌や高度好熱菌（*Thermus thermophilus*）などの原核生物の RNA ポリメラーゼ（RNA polymerase）のホロ酵素は，$\alpha_2\beta\beta'\omega\sigma$ の複雑なサブユニット構成をもつ巨大な分子複合体である（図 2.13）．真核生物の RNA ポリメラーゼはさらに複雑で，出芽酵母の RNA ポリメラーゼⅡは 12 個のサブユニットから構成

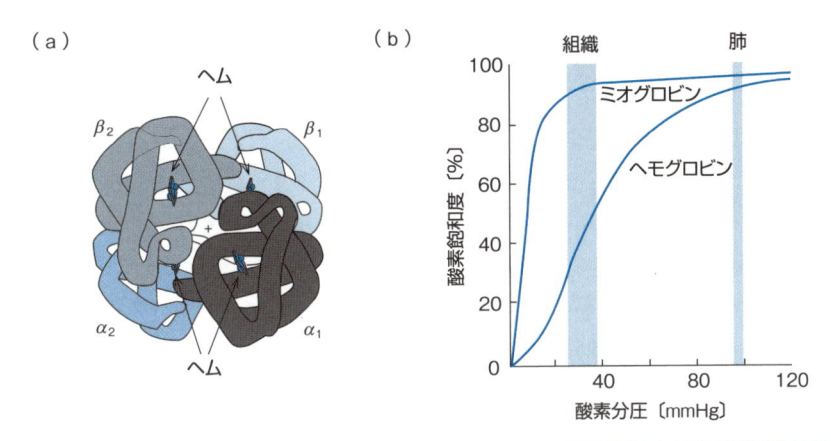

図 2.12 ヘモグロビンの四次構造 (a) とヘモグロビンとミオグロビンの酸素結合曲線 (b)

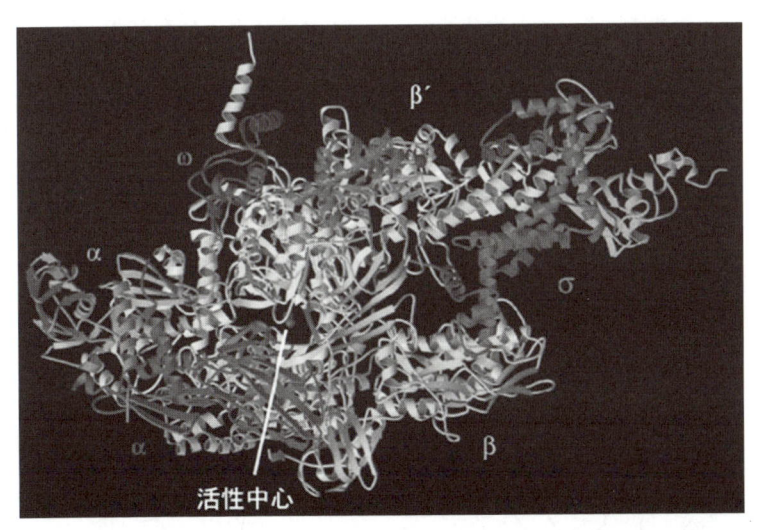

図 2.13 高度好熱菌 *T. thermophilus* の RNA ポリメラーゼの立体構造

大型放射光施設 Spring-8 の HP より引用．
http://www.spring8.or.jp/ja/current_result/press_release/2002/020610
この研究成果は，D. G. Vassylyev *et al*., Nature 417, 712-719（2002）に発表された．

されている．

2.4.5 タンパク質の変性とフォールディング

　ポリペプチド鎖はのびたランダムコイルの状態から，折りたたまれて（**フォールディング**：folding）三次構造を形成することができる．このことが次のような実験によって示された．ウシすい臓の RNase A は 124 残基の 1 本のポリペプチド鎖からなるタンパク質である．2-メルカプトエタノール存在下の 8M 尿素溶液中では，RNase A は三次構造が完全に壊れて**変性**（denature）したランダムコイル状態になる（図 2.14）．ここで，2-メルカプトエタノールは還元剤として，RNase A の四つのジスルフィド結合を切断する．高濃度の尿素は疎水性相互作用を壊したり，水素結合を遮断してタンパク質を変性させると考えられる．透析により，尿素と 2-メルカプトエタノールを除去して pH 8 で酸素にさらすと，タンパク質の三次構造が復元して，酵素活性が回復する．この結果は，タンパク質のアミノ酸配列（一次構造）が三次構造を規定することを示している．アミノ酸配列から高次構造を正確に予測することは容易ではないが，現在までに多くのタンパク質の立体構造が決定されており，バイオインフォマティクス（生命科学と情報科学が融合した科学分野）の研究の進展により，一次構造からの立体構造予測の精度が高くなっている．

　上で述べたように，多くのタンパク質は変性しても，*in vitro* で復元することができる．しかし，数分で復元するものもあれば，何日もかかったり復元効率が低いタンパク質も多い．生体内では，ポリペプチド鎖が合成されると，すぐにフォールディングして機能を発揮する．細胞内では，次の 3 種のタンパク質がフォールディングを補助して，三次構造，四次構造の形成をスムーズに行わせていることが知られている．**シャペロン**（chaperone）は，ポリペプチド鎖を正しくフォールディングして，四次構造を形成させることを助けており，例として，熱ショックタンパク

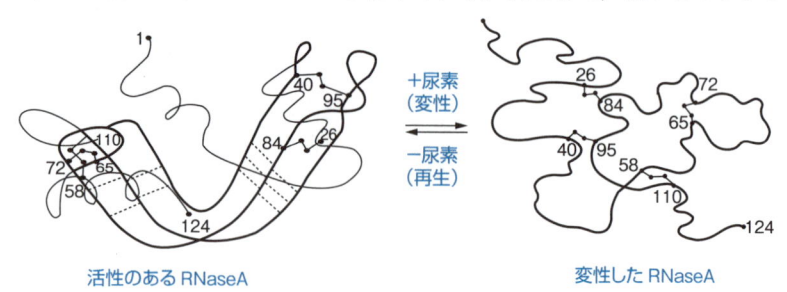

図 2.14　RNase A の変性と再生

質のHsp70やGroEL/ESなどがある．プロテインジスルフィドイソメラーゼは，ジスルフィド結合交換反応を触媒し，天然の安定な立体構造になるようにジスルフィド結合の組合せを変える．ペプチジルプロリル *cis-trans* イソメラーゼは，X-Pro（Xは任意のアミノ酸残基）の結合の *cis-trans* 異性化を促進して，ポリペプチドのフォールディングを補助していると考えられている．

2.5 タンパク質の構造と機能

2.5.1 球状タンパク質と繊維状タンパク質

酵素などの多くのタンパク質は，全体として球の形をした**球状タンパク質**（globular protein）と呼ばれる．これに対して，**繊維状タンパク質**（fibrous protein）は疎水性の核がなく，ポリペプチド鎖が何本か集まって糸のようにのびた構造をしている．繊維状タンパク質の代表的なものとして，**ケラチン**，**コラーゲン**，**トロポミオシン**などがある．

ほ乳類のケラチンは，爪や髪の毛を構成するタンパク質であり，ほ乳類に存在する *α*-ケラチンと鳥類や爬虫類に存在する *β*-ケラチンがある．髪の毛の場合，*α*-ケ

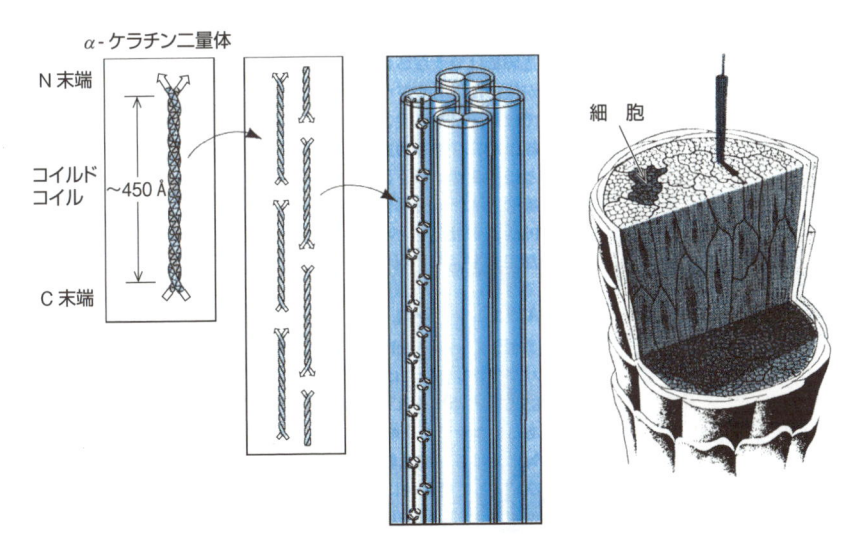

図 2.15　*α*-ケラチンと毛髪の構造

（出典：D. Voet, J. G. Voet：Biochemistry, 3rd Edition, 2004）

第 2 章　アミノ酸とタンパク質

図 2.16　コラーゲンの三重らせん構造

コラーゲンのポリペプチド鎖は，アミノ酸 3 残基で 1 回のらせん構造を形成し，そのヘリックスがさらにらせんをつくり（coiled coil 構造），そのらせんが 3 本集まって三重らせん構造を形成する．図は，コラーゲン三重鎖モデル $[(Pro\text{-}Pro\text{-}Gly)_{10}]_3$ の結晶構造解析から得られた立体構造である．Berisio, R. *et al.*, *Protein Science*, 11, 264（2002）から改変．

ラチンでは，2 本の α-ヘリックスがらせん状に巻きあったペア（二量体）になり，それが集まって，ミクロフィブリルをつくり，それがさらに束になってマクロフィブリルとなって毛髪の芯を構成していると考えられている（**図 2.15**）．

コラーゲンは，脊椎動物ではもっとも量の多いタンパク質であり，ほ乳動物では少なくとも 33 種類のポリペプチド鎖がある．コラーゲンのアミノ酸組成は，約 1/3 がグリシン残基で，15 〜 30％をプロリン残基と 4-ヒドロキシプロリン（Hyp）残基となっている．Gly-X-Y の 3 残基の繰返し配列（X が Pro，Y が Hyp が多い）部分が大半を占めており，同一または異種の 3 本のポリペプチド鎖が綱のように寄り合って右巻き**三重らせん**をつくっている（**図 2.16**）．このしっかり詰まった，固い三重らせん構造が，皮膚や血管などの結合組織でひずみ力に抵抗する力として働くことを可能にしていると考えられる．

2.5.2　膜タンパク質と複合タンパク質

脂質二重層からなる細胞膜に結合しているタンパク質を**膜タンパク質**（membrane protein）と呼ぶ（→ 5.4 節）．生理活性ホルモンなどの**受容体（レセプター）**や細

2.5 タンパク質の構造と機能

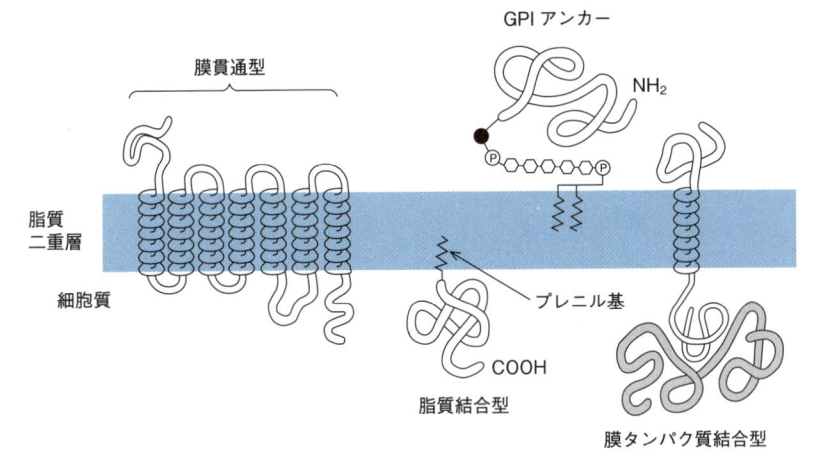

図 2.17 膜におけるさまざまな膜タンパク質

胞内情報伝達シグナルとして重要な **GTP 結合タンパク質**（**G タンパク質**），イオンの能動輸送のためのポンプやチャネルなどがある（**図 2.17**．→ 5.4 節）．

複合タンパク質（conjugated protein）は，金属イオン，補酵素，糖鎖，脂質などが結合したタンパク質である（→ 3.4.1 項，5.3 節）．例えば，**ヘモグロビン**では，Fe（Ⅱ）を配位した**ヘム**（heme）が各サブユニットにひとつずつ結合しており，このヘム中の Fe（Ⅱ）に酸素分子が配位する（→ 7.1.5 項）．また，赤血球の表面には糖タンパク質があり，結合している糖鎖の違いによって ABO 式の血液型が決まる（→第 3 章 Column「ABO 式血液型と糖鎖」）．

2.5.3 アロステリックタンパク質

ギリシャ語でアロは「他の，異なる」，ステリックは「立体的な」の意味であり，**アロステリック**（allosteric）とは，空間的に離れた部位が相互に影響を与えあうことを意味する．タンパク質分子のある部位に**リガンド**（タンパク質に結合する低分子物質，ligand）が結合すると，そのタンパク質の立体構造が変化して，その結果タンパク質の活性（機能）が調節される（**図 2.18**）．このようなことを**アロステリック効果**（allosteric effect）といい，アロステリック効果をもつタンパク質を**アロステリックタンパク質**（allosteric protein）という．

ヘモグロビンにおける酸素結合のアロステリックな調節が有名である．2.4.4 項で述べたように，ヘモグロビンは $\alpha_2\beta_2$ サブユニットからなる四量体であり，それ

第2章 アミノ酸とタンパク質

調節部位
(アロステリック部位)

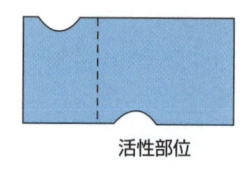

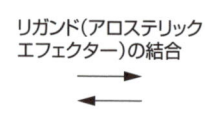

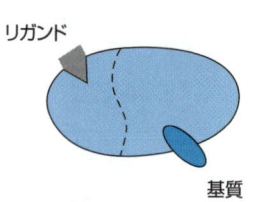

リガンド(アロステリック
エフェクター)の結合

リガンド

活性部位

基質

リガンドの結合によるタンパク質の
立体構造の変化が活性を調節する

図2.18　アロステリック効果によるタンパク質の活性調節

ぞれのサブユニットに酸素が結合する**ヘム**が存在する．ヘモグロビンは赤血球に含まれており，血液が赤いのはヘムに配位結合した Fe（Ⅱ）のためである．また，筋肉における酸素結合タンパク質に**ミオグロビン**（myoglobin）がある．マグロの刺し身が赤いのはミオグロビンによる．ミオグロビンは単量体タンパク質であり，その高次構造はヘモグロビンのひとつのサブユニットとよく似ており，分子中にヘムを含む．しかし，酸素結合の特性には大きな違いがある．図2.12に示したように，ミオグロビンは酸素分圧が低い領域でも酸素とすぐに結合して，その酸素結合曲線は**双曲線型**を示す．これに対して，ヘモグロビンの酸素結合曲線は**S字型（シグモイド型）**を示す．ヘモグロビンは低い酸素分圧では酸素結合の度合いが低いが，ある酸素分圧以上になると，急激に酸素結合の度合いが高くなるという特徴がある．ヘモグロビンに最初に1分子の酸素が結合すると，2番目の酸素分子が結合しやすくなる．2番目の酸素が結合すると，3番目の酸素がさらに結合しやすくなり，最終的に4番目の酸素はもっとも結合しやすくなる．ヘモグロビンにおける酸素分子の結合のように，リガンド（この場合酸素）が狭い濃度範囲で急激に結合するとき，この結合には正の**協同性**（cooperativity）がある．

この現象はアロステリック効果で説明することができる．ヘモグロビン分子では，四つのヘムはそれぞれのサブユニットに含まれており，空間的に離れているが相互に影響を及ぼし合っていることになる．酸素の結合によってヘモグロビンの四次構造が変化し，酸素結合型（オキシ型）のヘモグロビンの構造のほうが酸素非結合型（デオキシ型）の構造よりも酸素の親和性が高い（**図2.19**）．したがって，酸素の結合によって酸素結合型の構造が安定化され，酸素の親和性が高くなる．一方，赤血球内に存在する2,3-ビスホスホグリセリン酸（BPG）がリガンドとして，ヘモグロビン分子中央のくぼみに結合して，酸素非結合型の構造を安定化し，空間的

2.5 タンパク質の構造と機能

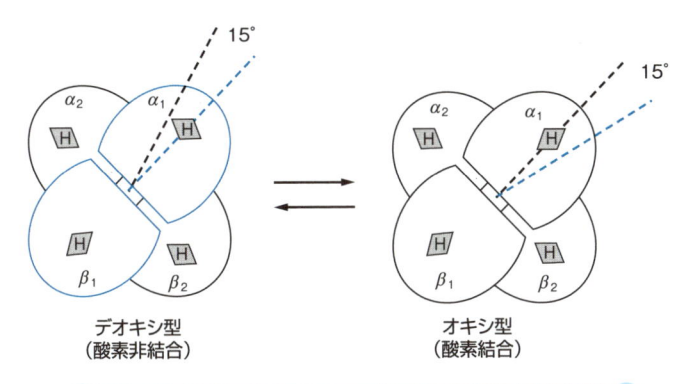

図 2.19 酸素結合によるヘモグロビンの四次構造の変化

酸素の結合によってデオキシ型からオキシ型へ四次構造が変化すると、ヘム（H）への酸素の結合が促進される．

に離れたヘムにおける酸素結合に影響を与えている．これは，肺で受け取った酸素を末梢組織で放出する機能に都合が良い．

また，解糖系の酵素であるホスホフルクトキナーゼは，フルクトース 6-リン酸に，ATP のリン酸基を転移して，フルクトース 1,6-二リン酸を生成する．この酵素は同一サブユニットからなる四量体のアロステリック酵素である．基質の ATP が結合する活性部位のほかに，ATP，ADP または AMP，クエン酸が結合する調節部位があり，細胞内の ATP 濃度が高いときには，ATP が調節部位に結合して，酵素の活性を低下させる．一方，細胞内で ATP 濃度が少ないとき，すなわち，ADP や AMP の濃度が高いとき，ADP や AMP が調節部位に結合して，酵素の活性を上昇させる．

2.5.4　タンパク質の化学修飾

自然界に存在するタンパク質を調べると，20 種類以外のアミノ酸が見られる．これらは，ポリペプチド鎖が合成されてから，アミノ酸残基の側鎖が修飾反応を受けた結果である（図 2.20）．

[1] シスチン

2.1.3 項で述べたように，二つのシステイン残基は酸化されるとジスルフィド結合で結ばれてシスチンを形成する．

[2] リン酸化

もっともよく見られる修飾反応のひとつは，リン酸基の可逆的付加反応である．

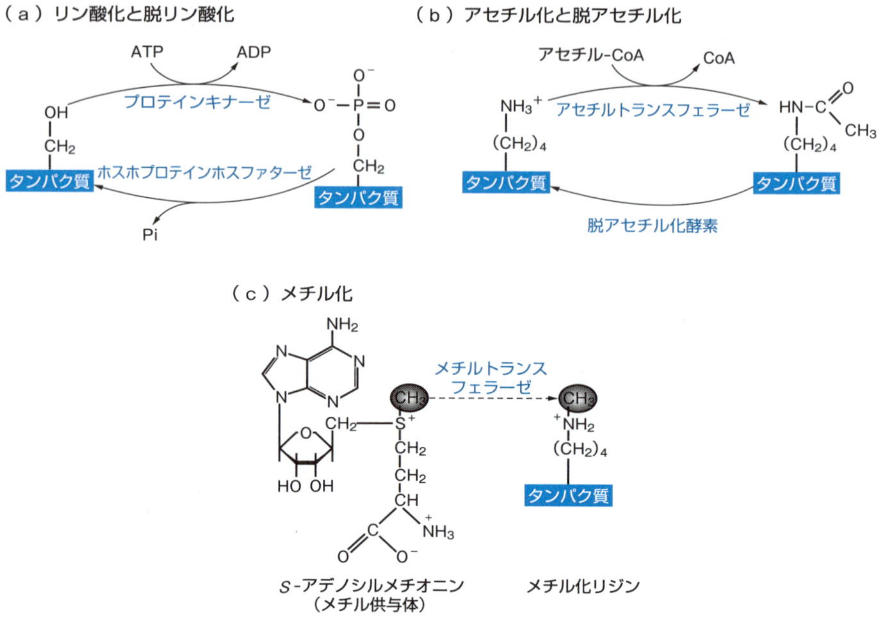

第2章 アミノ酸とタンパク質

(a) リン酸化と脱リン酸化　　　(b) アセチル化と脱アセチル化

(c) メチル化

図2.20　タンパク質の化学修飾

［出典：東中川徹，大山隆，清水光弘編：ベーシックマスター分子生物学，p.225，図9.2，2006，オーム社より引用］

リン酸化反応は，タンパク質分子中のセリン，トレオニン，チロシン残基のヒドロキシ基に，ATPのリン酸基を転移する反応であり，**プロテインキナーゼ**によって触媒される．リン酸化されたタンパク質は，**ホスファターゼ**によって脱リン酸化される．細胞内のいろいろな機能がリン酸化と脱リン酸化によって調節されており，これらの過程に関与するさまざまなプロテインキナーゼとホスファターゼが見つかっている（→第15章）．

〔3〕**アセチル化**

　リシン残基のε-アミノ基やセリン残基のヒドロキシ基に，アセチル-CoAからアセチル基が転移される．この反応は，アセチルトランスフェラーゼによって触媒される．この反応もまた可逆的であり，脱アセチル化酵素によってアセチル基が除去される．近年，クロマチンを構成するヒストンタンパク質のアセチル化について，遺伝子発現調節との関連で多くの知見が得られている．

〔4〕メチル化

リシン残基の ε-アミノ基やアルギニンのグアニジノ基に S-アデノシルメチオニンからメチル基を転移する反応で，メチルトランスフェラーゼによって触媒される．近年，ヒストンタンパク質のメチル化と遺伝子発現制御について多くの知見が得られている．メチル化は非可逆的であると考えられていたが，最近，ヒストン脱メチル化酵素が同定され，この反応も可逆的であることが示された．

〔5〕ヒドロキシ化

コラーゲンで見られるヒドロキシプロリンは，プロリル 4-ヒドロキシラーゼによってペプチド内のプロリン残基から変えられる．ヒドロキシリシンも知られている．

〔6〕グリコシル化およびその他の修飾反応

セリン残基やトレオニン残基のヒドロキシ基，アスパラギン残基のアミノ基に，単糖やオリゴ糖が結合する反応であり，酵素によって触媒される．

その他の修飾反応として，**ADP-リボシル化**やタンパク質に脂質が付加される **N-ミリストイル化**，**パルミトイル化**がある．代謝回転の速いタンパク質の分解には，**ユビキチン**と呼ばれる 76 アミノ酸残基からなる小さなタンパク質が付加されることが知られている．

演習問題

Q.1 2.2 節で述べたように，L-リシンの水溶液を pH 1〜14 まで変化させると，リシンの電荷の総和は，+2，+1，0，−1 となる．これらの分子種の構造式を書きなさい．

Q.2 不斉炭素に結合した原子団の配置を表す方法に RS 表示法があり，アミノ酸の鏡像異性体を R-アミノ酸，S-アミノ酸と表すことがある．この方法では，不斉炭素に結合している原子に着目して，原子番号の大きいほうから順位を付ける．不斉炭素に結合している原子が同じ場合は，その原子の次に結合している原子の原子番号の大きさに着目する．次図に示すように，不斉炭素に W, X, Y, Z の 4 種類の原子団が結合し，その原子団の順位が，W＞X＞Y＞Z であるとする．一番低い順位の原子団 Z を向こう側に置いて，不斉炭素に結合している三つの原子団を手前から見ると，W→X→Y の順が時計回りならば R，反時計回りならば S と表示する．L-アラニンと D-アラニンは R, S 表示法では，R 形，S 形のどちらになるか．また，L-システインと L-メチオニンはどちら

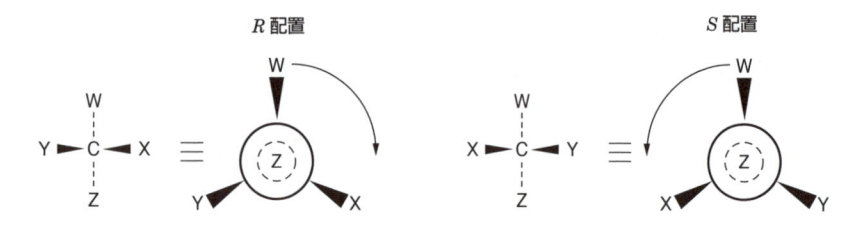

になるか．

Q.3 タンパク質を構成する L-アミノ酸の中で，不斉炭素を 2 個含むアミノ酸をあげ，その構造式に不斉炭素を＊で記しなさい．

Q.4 解離しない側鎖をもつアミノ酸は下のような電離平衡にあり，平衡反応 I，II の解離定数をそれぞれ K_{a1}, K_{a2} とする．このようなアミノ酸の等電点では，$K_{a1} \times K_{a2} = [\text{H}^+]^2$ [すなわち，等電点の pH を pI とすると，$pI = \dfrac{1}{2}(pK_{a1} + pK_{a2})$] となることを説明しなさい．

$$\text{H}_3\overset{+}{\text{N}}-\underset{\text{H}}{\overset{\text{R}}{\text{C}}}-\text{COOH} \rightleftharpoons \text{H}_3\overset{+}{\text{N}}-\underset{\text{H}}{\overset{\text{R}}{\text{C}}}-\text{COO}^- + \text{H}^+ \quad (\text{I})$$

$$\text{H}_3\overset{+}{\text{N}}-\underset{\text{H}}{\overset{\text{R}}{\text{C}}}-\text{COO}^- \rightleftharpoons \text{H}_2\text{N}-\underset{\text{H}}{\overset{\text{R}}{\text{C}}}-\text{COO}^- + \text{H}^+ \quad (\text{II})$$

Q.5 ダイエット用の低カロリー人工甘味料であるアスパルテームの骨格は，アスパラギン酸の α-カルボキシ基とフェニルアラニンのアミノ基が結合したジペプチドである．この構造式を書きなさい．

Q.6 タンパク質が高次構造を形成する際に重要となる四つの非共有結合をあげ，それぞれについて簡単に説明しなさい．

Q.7 下の [ ] に示すアミノ酸について，球状タンパク質の分子内部に存在するアミノ酸残基，分子表面に存在するアミノ酸残基，どちらともいえないものに分類しなさい．

　　[Arg, Asn, Asp, Glu, Ile, Lys, Ser, Phe, Val]

Q.8 髪の毛を構成する主なタンパク質はケラチンである．ケラチンはジスルフィド結合を多く含み，この結合で髪の毛のかたちがある程度決まっている．パー

マでは，酸化剤と還元剤の溶液を用いるが，パーマのカールはどのようにしてつくられるのであろうか．

Q.9 生体において，肺の酸素分圧はおよそ 100 mmHg であり，末梢組織の酸素分圧はおよそ 30 mmHg である．肺（100 mmHg）でヘモグロビンに結合した酸素は，末梢組織（30 mmHg）で何%放出されるか．また，ミオグロビンでは，酸素分圧 100 mmHg で結合した酸素の何%が 30 mmHg で放出されるか．図 2.12 の酸素結合曲線から見積もりなさい．

Q.10 赤血球からヘモグロビンを単離・精製して，ヘモグロビンの酸素結合を試験管内で測定すると，その酸素結合曲線はミオグロビンの酸素結合曲線に近く，高い酸素結合能を示す．血液中でヘモグロビンの酸素結合能が低下するのはなぜか．

参考図書

1. C. Branden, J. Tooze 著，勝部幸輝，竹中章郎，福山恵一，松原央 監訳：タンパク質の構造入門，ニュートンプレス（2000）
2. P. A. Gregory, R. Dagmer 著，横山茂之 監訳：カラー図説　タンパク質の構造と機能 – ゲノム時代のアプローチ，メディカルサイエンスインターナショナル（2005）
3. 西川 建：タンパク質の常識を覆す不定形の鎖，日経サイエンス 2007 年 6 月号
4. 有坂文雄：スタンダード 生化学，裳華房（1996）

ウェブサイト紹介

1. http://www.chem.qmul.ac.uk/iupac/AminoAcid/
   国際純正および応用化学連合（International Union of Pure and Applied Chemistry，IUPAC と略）と国際生化学・分子生物学連合（International Union of Biochemistry and Molecular Biology，IUB と略）によって，アミノ酸とペプチドの学術用語と記号が統一的にまとめられている．
2. eProtS（Encyclopedia of Protein Structure，タンパク質構造百科事典）
   http://eprots.protein.osaka-u.ac.jp/jp.cgi
   生物学的に重要なタンパク質を選び，その立体構造を表示するとともに，タンパク質の構造と機能についてわかりやすく解説している．

第2章 アミノ酸とタンパク質

3. 日本蛋白質構造データバンク

   http://www.pdbj.org/index_j.html

   生体高分子の立体構造データベースを国際的に統一化されたアーカイブとして運営するとともに,さまざまな解析ツールを提供している.

4. GTOP データベース

   http://spock.genes.nig.ac.jp/~genome/gtop-j.html

   GTOP (Genomes TO Protein structures and functions) は,ゲノムにコードされる全タンパク質の配列データを解析した結果をまとめたデータベースである.国立遺伝学研究所の「大量遺伝情報研究室」で製作されており,配列相同性解析を主な手段として,立体構造の情報を積極的に利用しているという特徴がある.

第3章
糖　　質

本章について

　糖質（sugar）は生物界に広く存在する地球上でもっとも量の多い有機化合物で，炭水化物（carbohydrate）とも呼ばれる．糖質は，グルコースやデンプンのように生物の活動のエネルギー源として，また，セルロースやキチンのように植物の細胞壁や無脊椎動物の外殻の構築物質としても重要である．さらに，糖質にタンパク質や脂質が共有結合した複合糖質（complex carbohydrate）は，ヒトを含む動物や植物細胞の形質膜，細胞間隙に存在し，細胞接着などのさまざまな細胞機能に関与することによって，受精，免疫，神経機能などの高次機能に重要な役割を果たしている．タンパク質が遺伝子の直接の産物であるのに対して，糖質の構造は遺伝子の配列から推定することはできない．しかし，近年の分子生物学の目覚ましい発展やゲノムプロジェクトの成果は，糖質の合成や分解にかかわる多くの酵素や輸送体の遺伝子構造を明らかにし，それらを改変した細胞や動植物の作製を可能にした．そのような技術的な背景とポストゲノム時代の要請を受けて，糖鎖の生物機能を分子レベルで理解しようとする新しい学問領域，糖鎖生物学（glycobiology）が誕生した．本章では，糖化学から糖鎖生物学までの歴史的な経緯を踏まえ，糖質の生化学の基礎について取り扱う．

第3章

糖　　質

3.1　単　　糖

単糖（monosaccharide[*1]）はポリヒドロキシアルデヒドまたはポリヒドロキシケトンであり，糖質の最小単位である．一般的に無色の結晶で，水に溶けやすく，アルコールに難溶である．また，クロロホルムやエーテルにはほとんど溶けず，甘味をもつものが多い．単糖は一般に $(C \cdot H_2O)_n$ と表され，$n=3 \sim 10$ のものが知られているが，核酸の構成成分である**デオキシリボース**（$C_5H_{10}O_4$）のようにこの式に当てはまらないものもある．

単糖は炭素の数によって分類され，生化学では，**三炭糖**（トリオース：triose），**四炭糖**（テトロース：tetrose），**五炭糖**（ペントース：pentose），**六炭糖**（ヘキソース：hexose），**七炭糖**（ヘプトース：heptose）が対象となることが多い．後半の章にある解糖系，ペントースリン酸経路，カルビン回路などの中間体として，三炭糖から七炭糖のリン酸化体が登場する．天然にはペントースとヘキソースがもっとも多い．また，アルデヒド基をもつ糖を**アルドース**（aldose），ケト基（カルボニル基）をもつ糖を**ケトース**（ketose）と呼び，炭素数の分類法と合わせて，例えば，六炭糖のアルドースとケトースを，それぞれアルドヘキソース，ケトヘキソースと呼ぶ．生体でもっとも重要な糖である**グルコース**は，アルドヘキソースのひとつである．図 3.1 に三炭糖から六炭糖のアルドース，ケトースの例を示す．アルドースではアルデヒド基の炭素を 1 番として番号を付ける（ケトースではケト基が 2 番となる）．

三炭糖のケトースであるジヒドロキシアセトンを除いて，単糖には不斉炭素が存在する．三炭糖から六炭糖のアルドースはそれぞれ 1 個から 4 個の不斉炭素原子（asymmetric carbon atom）を，四炭糖から六炭糖のケトースはそれぞれ 1 個から 3 個の不斉炭素をもち（図 3.1 *の印），それらには**鏡像異性体**（光学対掌体：enantiomer）が存在する．単糖では，カルボニル基からもっとも遠い不斉炭素

[*1]　saccharide（サッカライド）は，シュガーや甘みを意味するギリシャ語 sakchar に由来している．

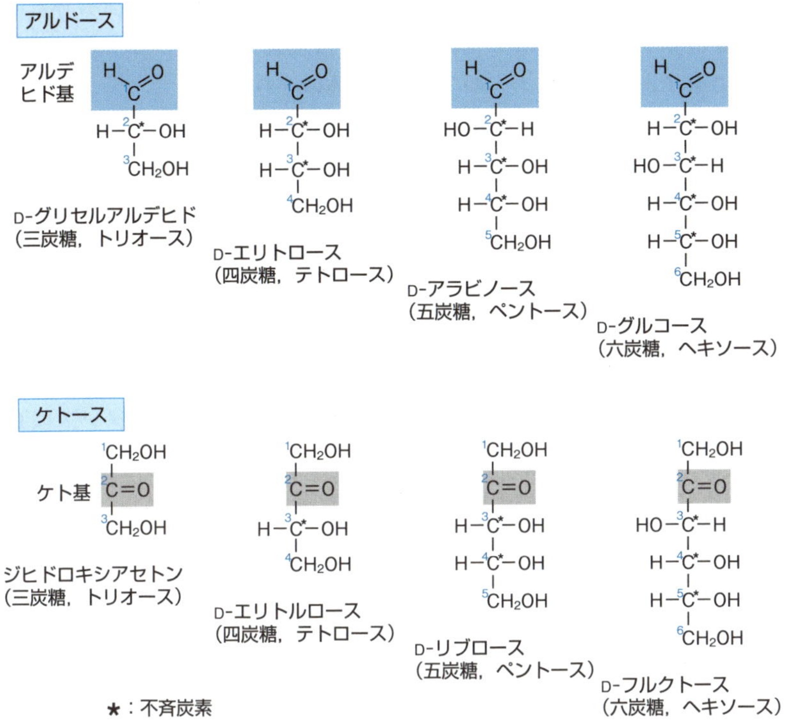

3.1 単　糖

アルドース

アルデヒド基

D-グリセルアルデヒド
（三炭糖，トリオース）

D-エリトロース
（四炭糖，テトロース）

D-アラビノース
（五炭糖，ペントース）

D-グルコース
（六炭糖，ヘキソース）

ケトース

ケト基

ジヒドロキシアセトン
（三炭糖，トリオース）

D-エリトルロース
（四炭糖，テトロース）

D-リブロース
（五炭糖，ペントース）

D-フルクトース
（六炭糖，ヘキソース）

＊：不斉炭素

● 図3.1　D-系列のアルドースとケトース（三炭糖から六炭糖まで）●

アルドースとケトースの三炭糖から六炭糖の例を示す．

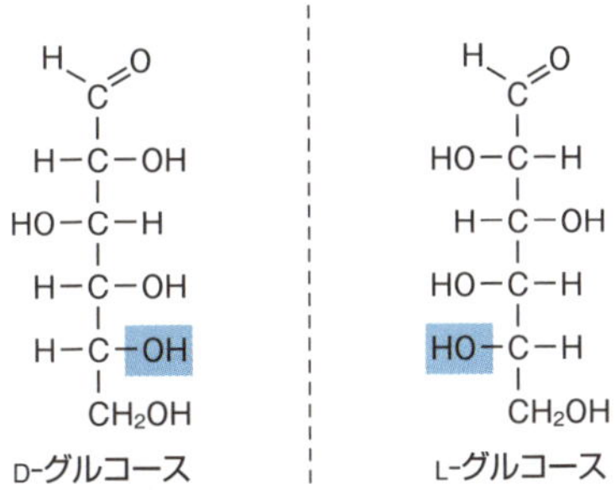

D-グルコース　　　　L-グルコース

● 図3.2　グルコースの鏡像異性体（D体とL体）のフィッシャーの投影図 ●

カルボニル基から一番遠い不斉炭素におけるOH基の向きによってD体（右向き）とL体（左向き）を表す．

第3章 糖　　質

についている OH 基の向きが右側の異性体を D 体，左側の異性体を L 体としている．図 3.2 に D-グルコースと L-グルコースの構造式を示す．天然に存在する単糖の多くは D 体であるが，フコースのように L 体のものもある．

単糖における不斉炭素の数を n とすると，立体異性体の数は 2^n 個存在する．例えば，アルドヘキソースでは，$2^4=16$ 種類の異性体（D 体 8 種類，L 体 8 種類）が存在する．すなわち，アルドヘキソースには 8 種類の単糖があり，それぞれについて D 型と L 型の鏡像異性体が存在する．互いに鏡像異性体ではない 8 種類の立体異性体のことを**ジアステレオマー**（diastereomer）と呼ぶ（**図 3.3**）．また，グルコースと**ガラクトース**，グルコースと**マンノース**のようにひとつの不斉炭素の立体配置だけが異なる場合，互いを**エピマー**（epimer）という．例えば，グルコースとガラクトースは C-4 におけるエピマーであり，グルコースとマンノースは C-2 におけるエピマーであるが，ガラクトースとマンノースは互いにエピマーではない．

ペントースやヘキソースは，水溶液中で環状構造を形成する．これは，アルデヒド基またはケト基が同一分子内のヒドロキシ基と反応して，**ヘミアセタール**（hemiacetal）または**ヘミケタール**（hemiketal）を形成することによる．図 3.4

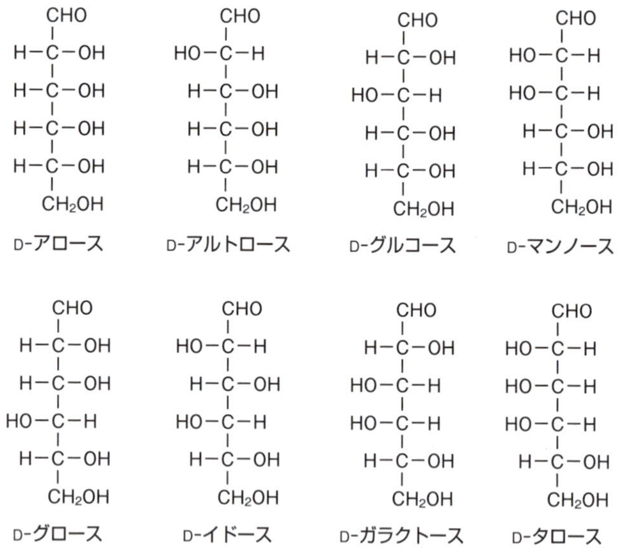

●　図 3.3　アルドヘキソースの鏡像異性体以外の 8 種類の立体異性体（ジアステレオマー）

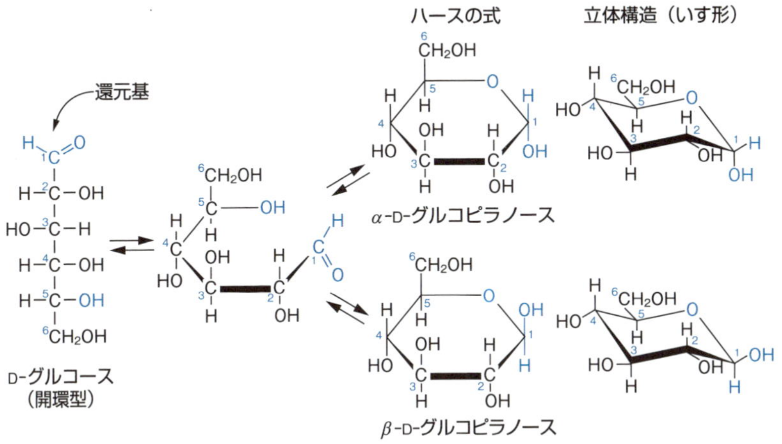

3.1 単　糖

図 3.4　水溶液中における D-グルコースの環状化反応

と図3.5にD-グルコースとD-フルクトースの環状化反応を示す．環型の相違により**ピラノース**（pyranose，六員環のピランに由来）と**フラノース**（furanose，五員環のフランに由来）に分かれる．環状の糖は，図3.4に示したような**ハースの式**で表すことが多いが，実際の立体構造は「**いす形**」をとっている．グルコースなどは，水溶液中ではほとんどピラノース環型として存在する．一方，溶液中でフルクトースはピラノース環型の割合が高いが，フルクトース誘導体になるとフラノース環型が多くなる．直鎖状構造と区別して，環状構造を表すときには**グルコピラノース，フルクトフラノース**と表現する．アルドースの場合，環状構造が形成されるとC-1が不斉炭素原子となり，二つの環状異性体（α型とβ型）が生じる．C-6の炭素原子を環の上にしたとき，α型はC-1に結合するヒドロキシ基が環の下を向き，β型は逆に環の上を向く（図3.4）．このようにC-1の立体配置のみが異なる異性体を**アノマー**（anomer）といい，C-1を**アノマー性炭素原子**（anomeric carbon atom）という．α型とβ型をそれぞれ**α-アノマー**，**β-アノマー**と呼ぶ．また水溶液中では，これら二つの環状異性体は直鎖状（開環型）分子を中間体として平衡状態にある．例えば，グルコースやガラクトースの場合は，水溶液中では36％がα型，64％がβ型である．一方，マンノースの場合は，68％がα型，32％がβ型である．水溶液中ではほとんど環状構造をとり，直鎖構造はごくわずかしか見られない（例えば，グルコースの場合は0.1％以下である）．一方ケトースの場合はC-2がアノマー性炭素原子となる（図3.5）．

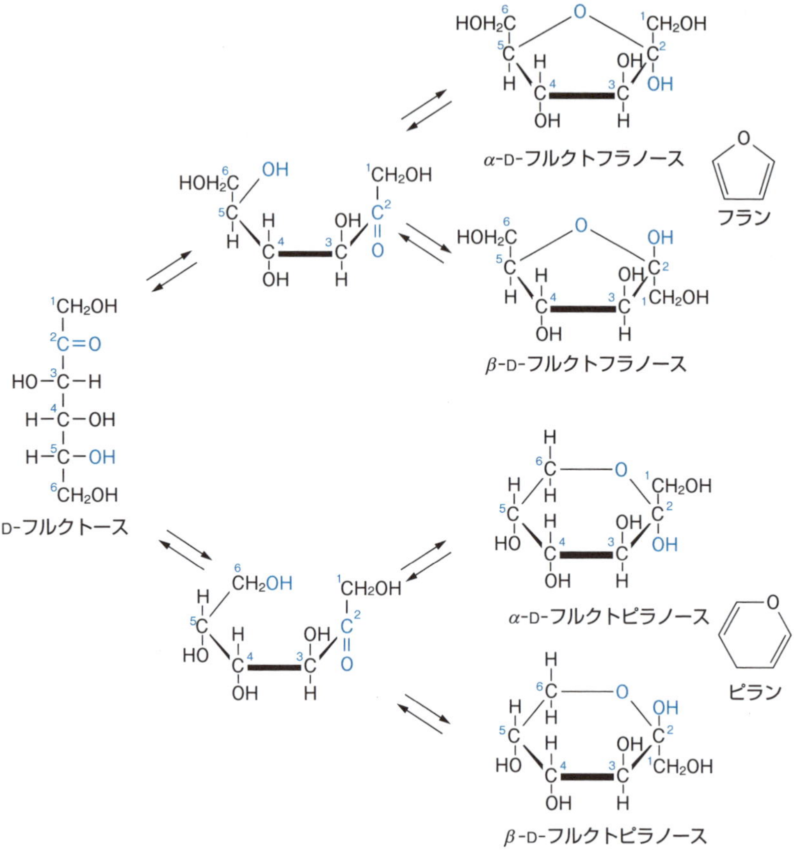

第3章　糖　　質

図3.5　水溶液中における D-フルクトースの環状化反応

　グルコースはアルカリ性溶液中で還元性を示し，**フェーリング試薬**[*2]で検出することができる．これは，グルコース分子中の遊離のアルデヒド基の性質による．上で述べたように，グルコースは水溶液中で環状構造を形成し，α型，β型の2種の異性体が平衡状態にある．その分子変換の中間体として，遊離のアルデヒド基をもつ直鎖状分子が少量存在するために還元性を示す（図3.4）．フルクトースはケトースであるが，環状構造の分子変換の中間体として，直鎖状分子が存在し，その

[*2]　還元性の糖類は，フェーリング試薬（アルカリ性酒石酸カリウムナトリウム液と硫酸銅の混合液）と加熱すると Cu_2O の赤色沈殿を生じる．

3.1 単　糖

遊離のケト基の部分が還元性を示す（図3.5）．

単糖には多くの修飾糖が知られている（**図3.6**）．糖のアルコール性ヒドロキシ基が水素原子で置換されたものを**デオキシ糖**（deoxy sugar）といい，ヘキソースの6-デオキシ糖（C-6に結合しているヒドロキシ基が水素原子に置換されたもの）として**L-フコース**，リボースの2-デオキシ糖としてDNAの構成成分である**2-デオキシ-D-リボース**がある．単糖のカルボニル基が還元されたものは**糖アルコール**と呼ばれ，D-グルコースからはD-グルシトール（ソルビトール），D-ガラクトースからはD-ガラクチトール，D-キシロースからは**キシリトール**，D-マンノースからはD-マンニトールが生じる．糖アルコールは一般に甘味をもつが，特にキシリトールは**スクロース**［ショ糖（砂糖），3.2節参照］に匹敵する甘味をもつ．また，アルドースの第一アルコール基がカルボキシ基に置換されたものを**ウロン酸**と

α-L-フコース
（6-デオキシ-L-ガラクトピラノース）

2-デオキシ-D-リボース

キシリトール

β-D-グルクロン酸

β-D-グルコサミン
（2-アミノ-2-デオキシ-β-
D-グルコピラノース）

N-アセチル-β-D-グルコサミン
（2-アミノ-2-デオキシ-N-アセチル-β-
D-グルコピラノース）

シアル酸
（N-アセチルノイラミン酸）

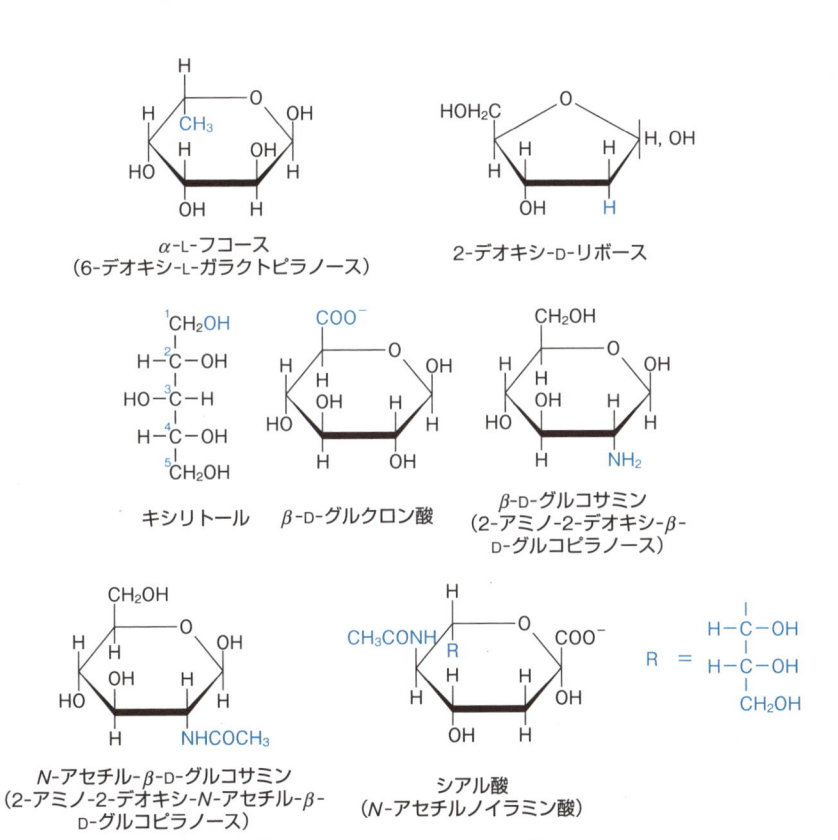

図3.6　さまざまな修飾糖

第3章 糖　　質

呼び，グルコースの6位がカルボキシ基に置換されたものが**グルクロン酸**である．糖のアルコール性ヒドロキシ基がアミノ基で置換されたものを**アミノ糖**（amino sugar）と呼び，グルコースとガラクトースのC-2の炭素原子に結合するヒドロキシ基がアミノ基で置換されたものが，それぞれ**グルコサミンとガラクトサミン**である．なお，天然にはそれらのアミノ基がさらにN-アセチル化された**N-アセチル-D-グルコサミン**や**N-アセチル-D-ガラクトサミン**が存在する．**シアル酸**はノイラミン酸のアシル誘導体の総称で，天然にもっとも多く存在するのは**N-アセチルノイラミン酸**である．また，これ以外にも**N-グリコリルノイラミン酸**，**デアミノノイラミン酸**（KDN）などがある．

　天然には多くの種類の単糖が存在するが，ヒトを含むほ乳動物の複合糖質を構成する主な単糖は，D-グルコース，D-ガラクトース，D-マンノース，L-フコース，N-アセチル-D-グルコサミン，N-アセチル-D-ガラクトサミン，N-アセチルノイラミン酸，**D-グルクロン酸**などに限られている．

3.2　オリゴ糖（少糖）

　オリゴ糖（oligosaccharide[*3]）は数個の単糖が**グリコシド結合**によって**脱水縮合**したもので，一般に甘味を有し水に可溶である．単糖のC-1のヒドロキシ基はほかの単糖のヒドロキシ基と脱水縮合し，グリコシド結合を形成する．単糖どうしのグリコシド結合には，C-1（アノマー炭素）に結合しているOH基の配向の違いにより**α-グリコシド結合**と**β-グリコシド結合**がある．二糖類である**マルトース**（maltose）はグルコース2分子が，**ラクトース**（lactose）はガラクトースとグルコースが，それぞれグリコシド結合で結ばれたものである．グリコシド結合に関与するそれぞれの単糖の炭素原子を示すために，**α-1, 4結合**［単糖AのC-1（α型）と単糖BのC-4がグリコシド結合している場合，例：マルトース］，**β-1, 4結合**［単糖AのC-1（β型）と単糖BのC-4との間でグリコシド結合している場合，例：ラクトース］と表す（**図3.7**）．どちらの場合も単糖AのC-1のヒドロキシ基は単糖Bと結合しているため直鎖状分子に変換されないので，還元性を失っているが，単糖BのC-1のヒドロキシ基はアルデヒド基に変換される（直鎖状分子に変

[*3]　オリゴは少数を意味するギリシャ語 oligos に由来している．

3.2 オリゴ糖（少糖）

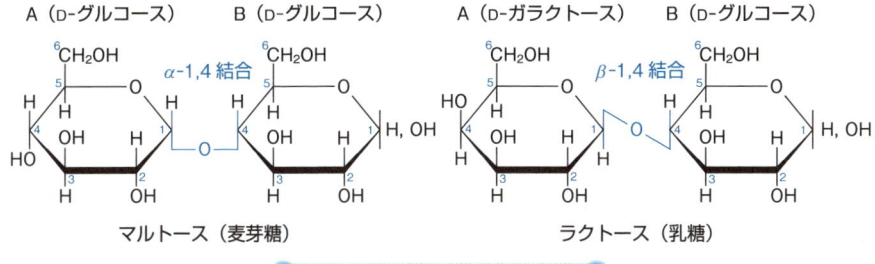

図3.7 単糖と単糖の結合様式

換される）ので還元性を示す．この場合，単糖 A を**非還元末端**（non-reducing end）の糖，単糖 B を**還元末端**（reducing end）の糖と呼ぶ．マルトース，ラクトースは還元性を示す還元糖である．

一方，私たちの食生活に欠かせない砂糖の主成分である**スクロース**（sucrose：ショ糖）は非還元糖である（**図3.8**）．スクロースは，グルコースとフルクトースからなり，α 型グルコピラノースの C-1 と β 型フルクトフラノースの C-2 との間で，**α1→β2** 結合によって結ばれている．この場合，直鎖状変換に必要なアノマー炭素の OH 基がグリコシド結合に関与しているので，直鎖状分子に変換されないために，還元性を示さない．同様の理由で，**トレハロース**もまた非還元性である．

三糖以上のオリゴ糖や多糖においても非還元末端（糖）と還元末端（糖）が存在する．一方，複合糖質は還元末端の糖にタンパク質や脂質が結合しているので還元性を示さない．オリゴ糖を加水分解すると単糖を生じるが，生成する単糖の数によって**二糖**（disaccharide），**三糖**（trisaccharide），**四糖**（tetrasaccharide），**五糖**（pentasaccharide）などと分類され，**十糖**（decasaccharide）くらいまでをオリゴ糖と呼ぶことが多い．また，多糖を部分加水分解するとさまざまな**還元性オリゴ糖**が得られる．

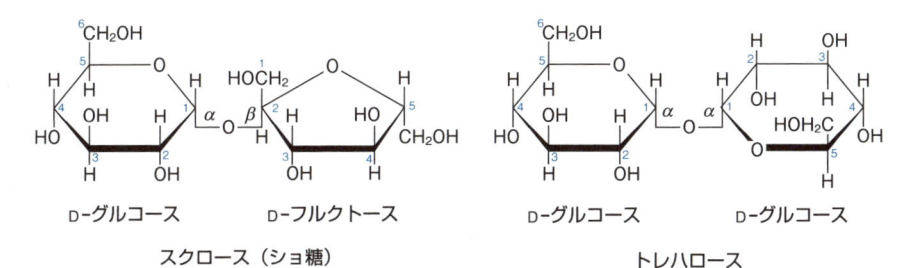

図3.8 非還元性の二糖

Column sweet or bitter

糖質の研究は甘み物質に対する人類の強い欲求から始まったといわれるが,糖質はすべて甘いのだろうか.グルコースは確かに甘い.グルコースがα-1,4結合したマルトース(麦芽糖)も甘い.しかし,グルコースがβ-1,4結合したセロビオースは麦芽糖に比べて格段と甘みが弱い.一方,グルコースがβ-1,6結合したゲンチオビオースは,全然甘くなく,むしろ苦い.このように,構成する糖は同じでも,結合の仕方によって糖質の分子的性質や生理活性(この場合は甘み)は大きく異なる.

3.3 多 糖

多糖(polysaccharide)は,多数の単糖がグリコシド結合により脱水縮合した高分子化合物である.溶解度は化学構造や分子量によって異なるが,一般に,水に難溶で,ほとんど還元性を示さず,無味である.1種類の単糖から構成される多糖は**単純多糖**(simple polysaccharide または**ホモグリカン**:homoglycan),複数の種類の単糖から構成される多糖は**複合多糖**[*4](complex polysaccharide または**ヘテログリカン**:heteroglycan)と呼ばれる.また,構成糖の性質によって,ウロン酸やエステル硫酸を多く含むものは**酸性多糖**,中性糖のみのものは**中性多糖**と呼ばれる.

一般的に,多糖を**グリカン**(glycan)と呼び,その中でグルコース,ガラクトース,マンノース,キシロースなどを構成糖とするホモグリカンをそれぞれ**グルカン**,**ガラクタン**,**マンナン**,**キシラン**と呼ぶ.一方,ヘテログリカンの場合は,構成糖の名前をアルファベット順に並べて呼ぶ.例えば,ガラクトースとマンノースからなる多糖は**ガラクトマンノグリカン**あるいは**ガラクトマンナン**,ガラクトースと**アラビノース**からなるものは**アラビノガラクトグリカン**あるいは**アラビノガラクタン**などと呼ぶ.

ホモグリカンの例としては,植物の細胞壁の構成成分である**セルロース**(D-グルコースがβ-1,4結合したポリマー),カニやエビの甲羅や殻に含まれる**キチン**(N-アセチル-D-グルコサミンがβ-1,4結合したポリマー),樹木や海藻に含まれる**キシラン**(D-キシロースがβ-1,4結合あるいはβ-1,3結合したポリマー),海藻に含まれるマンナン(D-マンノースがβ-1,4結合したポリマー)などがある.これらのホモグリカンは植物および甲殻類の構造体や外殻を形成しているため,**構造多**

---

*4 後述する複合糖質とは異なるので注意が必要.

3.3 多　糖

セルロース: β-1,4結合、D-グルコース

キチン: β-1,4結合、N-アセチル-D-グルコサミン

アミロース: α-1,4結合、D-グルコース

デンプン: α-1,4結合、α-1,6結合、D-グルコース

アミロペクチン

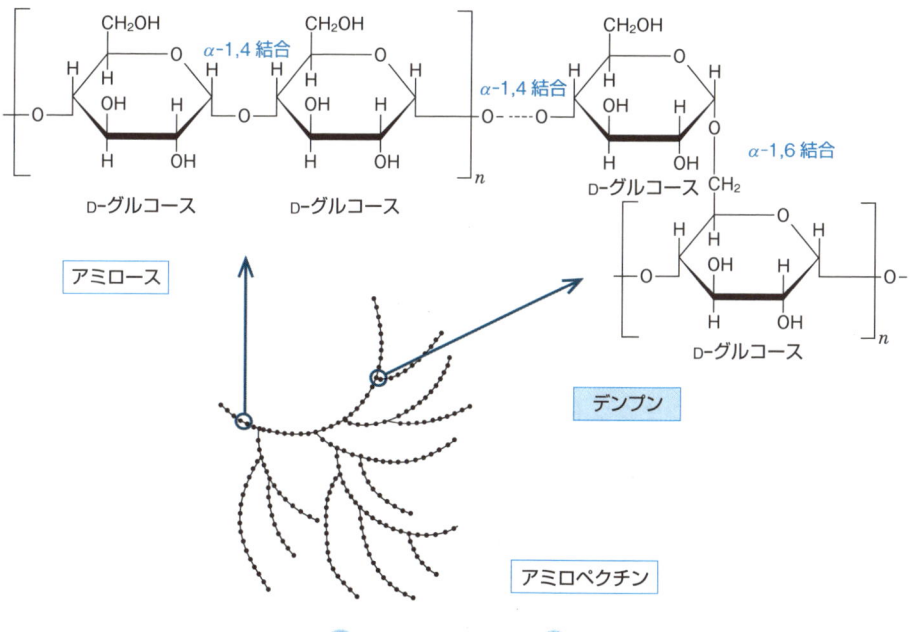

図3.9　多糖の構造

糖（structural polysaccharide）とも呼ばれる．一方，セルロースと同じ D-グルコースのホモグリカンでも，**デンプンやグリコーゲン**は貯蔵され，必要に応じて分解されてエネルギー源となるために，**貯蔵多糖**または**栄養多糖**（reserve または nutrient polysaccharide）と呼ばれる．デンプンは，α-1,4 結合した長い直鎖状の**アミロース**と α-1,4 結合した直鎖に α-1,6 結合の分岐がある**アミロペクチン**から構成される．グリコーゲンは動物デンプンとも呼ばれ，α-1,4 結合した主鎖に α-1,6 結合した分岐構造をもつ．

ヘテログリカンの例としては，豆科植物の種子に含まれる D-マンノースと D-ガラクトースからなる**ガラクトマンナン**，寒天の成分で D-ガラクトースと 3,6-アンヒドロ-L-ガラクトースからなる**アガロース**などがある．主な多糖の構造を図 3.9 に示す．

3.4 複合糖質

タンパク質や脂質に単糖，オリゴ糖，多糖の還元末端（C-1）が共有結合したものを**複合糖質**（complex carbohydrate または glycoconjugate）と呼ぶ．複合糖質に結合している糖部分は，**糖鎖**（sugar chain）またはグリカン（glycan）と呼ばれることが多い．また，糖鎖以外の部分は**アグリコン**（aglycon）と呼ばれる．

3.4.1 糖タンパク質

単糖やオリゴ糖がタンパク質に共有結合しているものを**糖タンパク質**（glycoprotein）という．主として，タンパク質のアスパラギン残基のアミノ基に糖鎖の還元末端が ***N*-グリコシド結合**（*N*-glycoside linkage）した ***N*-結合型糖タンパク質**と，セリンまたはトレオニンのヒドロキシ基に糖鎖の還元末端が ***O*-グリコシド結合**（*O*-glycoside linkage）した ***O*-結合型糖タンパク質**に分類される（図 3.10）．また，それぞれに結合している糖鎖を ***N* 結合型糖鎖**（***N*-グリカン**：*N*-glycan），***O* 結合型糖鎖**（***O*-グリカン**：*O*-glycan）と呼ぶ．前者は血清の糖タンパク質に，後者は胃や顎下腺の**ムチン**（mucin）によく見られるため，それぞれ**血清型糖鎖**，**ムチン型糖鎖**と呼ぶこともある．

N-グリカンはすべての真核生物で合成される．まず，小胞体（endoplasmic reticulum）において，イソポリプレノイドの一種であるドリコールリン酸上で**オリゴ糖脂質中間体**（oligosaccharide-lipid intermediate）が合成される．次に，小

3.4 複合糖質

(図: N結合型糖鎖の構造)
N-アセチル-D-グルコサミン — アスパラギン残基
X 任意のアミノ酸
セリンまたはトレオニン

N 結合型糖鎖

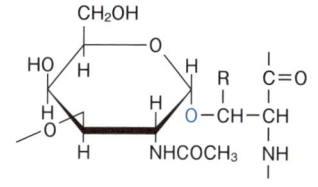

(図: O結合型糖鎖の構造)
N-アセチル-D-ガラクトサミン
セリンまたはトレオニン残基
R=H または CH_3

O 結合型糖鎖

図3.10　糖タンパク質の結合様式

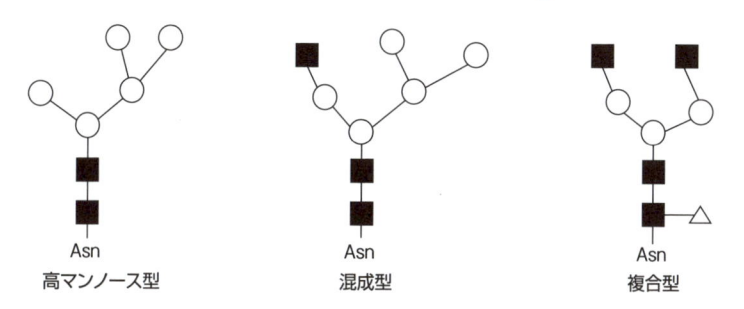

高マンノース型　　混成型　　複合型
Asn　　　　　Asn　　　　Asn

■: N-アセチル-D-グルコサミン, ○: D-マンノース, △: L-フコース, Asn: アスパラギン

図3.11　N-グリカンの構造

胞体内に入ってきた伸長途上のポリペプチド鎖のコンセンサス配列中（アスパラギン-X-セリンまたはトレオニン）のアスパラギン残基にオリゴ糖脂質中間体が転移される．小胞体では高マンノース型糖鎖が付加されたタンパク質が合成され，ゴルジ装置に移送された後，糖鎖分解・合成酵素の作用により非還元末端部位のD-マンノースがD-ガラクトースやN-アセチル-D-グルコサミンに置換された複合型や高マンノース型と複合型を合わせた構造をもつ混成型に変換される場合もある（図3.11）．このようなタンパク質の糖鎖付加（糖鎖修飾）は，タンパク質の正しいフォールディングに重要であることが多い．ゴルジ装置で糖鎖修飾を受けたタンパ

ク質は，膜タンパク質として形質膜に配置されるか，分泌タンパク質として細胞外に放出される．

　血清に存在するタンパク質の多くはN-グリカンを有している．多くの場合，これらのN-グリカンはタンパク質の安定性やプロテアーゼ抵抗性に寄与している．また，N-グリカンの構造の一部が**レクチン**（糖結合性タンパク質）に認識され，標的細胞への接着や取込みに重要な役割を果たしている場合もある．

　O-グリカンの生合成は，N-グリカンの生合成と異なり，オリゴ糖脂質中間体の合成を必要としない．つまり，セリンまたはトレオニンのヒドロキシ基にN-アセチル-D-ガラクトサミンがα結合で転移される初発反応から，単糖が順に非還元末端の糖に転移される．この糖転移反応は，糖ヌクレオチドを供与体として糖転移酵素によって触媒される．O-グリカンの非還元末端構造はN-グリカンと類似したものもあるが，N-グリカンとは異なり，枝分かれは少ない．そのかわり，ムチンのように1本のポリペプチド鎖に多数のO-グリカンが櫛のように付加されることが多い．また最近になって，セリンまたはトレオニンにN-アセチル-D-ガラクトサミンではなく，N-アセチル-D-グルコサミン，フコース，マンノースが直接O-グリコシド結合した糖タンパク質も見いだされている．

Column　ABO式血液型と糖鎖

　A型のヒトは几帳面でまじめな頑張り屋，B型のヒトはマイペースで凝り性なお天気屋など，ヒトの性格や相性を血液型で占うことを好むのは，日本人に多いようだ．生命科学の研究者の中でも血液型信仰は意外と根強い？　血液型の本体は実は赤血球膜上にある糖鎖である．A型を決めるものをA型物質，B型を決めるものをB型物質と呼ぶ．O型物質は，A型，B型の赤血球の膜上にも存在し，それらの前駆体と考えられる．そのため，基本型血液物質という意味で，ヒト（Human）の頭文字をとり，H型物質と呼ばれる．H型物質の本体は，L-フコース（Fuc），D-ガラクトース（Gal），N-アセチル-D-グルコサミン（GlcNAc）からなり，その構造は，Fucα1-2Galβ1-3GlcNAc-と表すことができる．このH型糖鎖のガラクトースにα1-3結合でN-アセチル-D-ガラクトサミン（GalNAc）が結合したものがA型物質，α1-3結合でGalが結合したものがB型物質であることがわかった．AB型の赤血球には，A型物質とB型物質の両方が存在する．つまり，ABO型の血液型は，H型糖鎖に付く1個の単糖で決定されることになる．これを遺伝学的に考えると，A型のヒトはGalNAc転移酵素，B型のヒトはGal転移酵素の遺伝子をもち，AB型のヒトは両方の遺伝子をもつが，O型のヒトは両方の遺伝子が欠損していることになる．

ムチンタイプの *O*-グリカンは主に消化管や顎下腺の上皮細胞から分泌されるが，大部分は細胞表面にとどまっている．その生理機能としては，保水作用，外部の有害物質や有害微生物からの保護作用などが考えられている．一方，膜貫通タンパク質に結合した *O*-グリカンも存在する．例えば，ABO 式血液型の抗原決定基（Column「ABO 式血液型と糖鎖」）は，赤血球表面にある糖タンパク質や糖脂質の *O*-グリカン糖鎖上にある．また，ほ乳動物の精子と卵子の結合にも，卵子の透明帯上に存在する *O*-グリカンが重要な働きをしていると考えられている．

3.4.2 糖 脂 質

単糖やオリゴ糖が脂質に *O*-グリコシド結合したものを**糖脂質**（glycolipid）と呼ぶ．この中で脂質部位が**セラミド**（ceramide, *N*-acylsphingosine）骨格のものを**スフィンゴ糖脂質**（glycosphingoside），グリセロール骨格のものを**グリセロ糖脂質**（glyceroglycolipid）と分類する（**図 3.12**）．これ以外にも**グリコシルイノシトールリン脂質**（glycosylphosphatidylinositol：GPI）型糖脂質などがある．

スフィンゴ糖脂質は，動物および植物細胞の生体膜に広く存在し，酵母や一部の細菌にも存在する．ほ乳動物の場合はすべての細胞の形質膜に存在し，セラミド部位を外層に埋め込み，糖鎖が外界に突き出した形状で存在している．スフィンゴ糖脂質の含量は細胞によって異なり，赤血球では全脂質の 5% 以下であるが，神経細胞では 30% にも達する．神経細胞では，シアル酸を非還元末端にもつ糖脂質が比較的豊富に含まれており，これらは**ガングリオシド**（ganglioside）と総称される．ガングリオシドを含め真核生物では 200 種を超えるスフィンゴ糖脂質の糖鎖構造が報告されている．それらのほとんどは，セラミドにグルコースが結合した**グルコシルセラミド**（glucosylceramide）を母核とし，さらに糖鎖が伸長した構造をもつ．セラミドにガラクトースや 6 硫酸ガラクトースが結合する場合もあるが，一部の無脊椎動物を除いてこれ以上の糖鎖の伸長は見られない．**ガラクトシルセラミド**（galactosylceramide）は，ミエリン鞘に豊富に存在している．スフィンゴ糖脂質は，糖鎖部位のみならず，膜へのアンカー部位であるセラミドを構成するスフィンゴシン塩基と脂肪酸の両方に炭素鎖数，不飽和度，ヒドロキシ基の有無に基づく多様性が見られる．セラミド部位の多様性は生体膜におけるスフィンゴ糖脂質の存在様式にも大きな影響を与えると考えられている．スフィンゴ糖脂質は，形質膜でコレステロールや GPI 型タンパク質とともに微小領域（microdomain），ラフトを形成している．

第3章 糖　質

（a）スフィンゴ糖脂質

D-グルコース　　　スフィンゴシン
　　　　　　　　セラミド
　　　　　　　　脂肪酸

グルコシルセラミド（グルコセレブロシド）

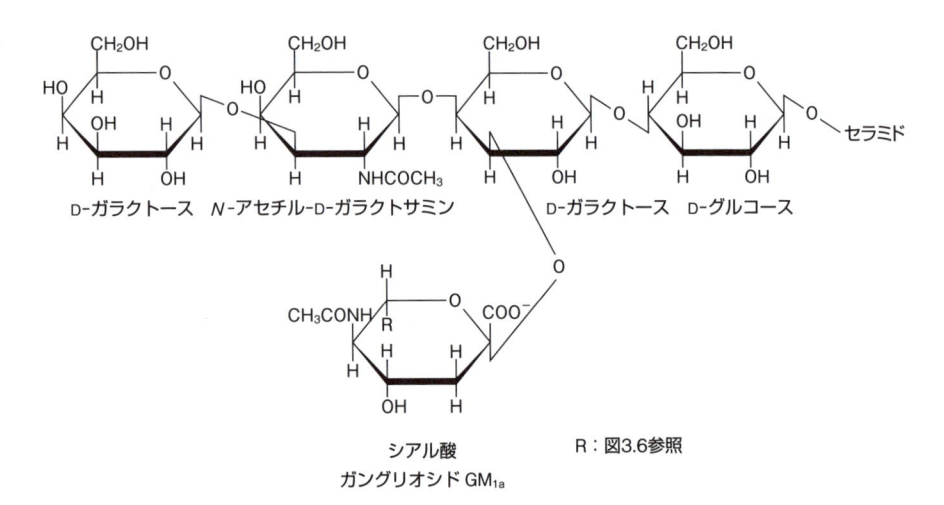

D-ガラクトース　 N-アセチル-D-ガラクトサミン　 D-ガラクトース　 D-グルコース

シアル酸
ガングリオシド GM$_{1a}$

R：図3.6参照

（b）グリセロ糖脂質

ガラクトシルジアシルグリセロール　　　　　スルホガラクトシルアルキルアシルグリセロール

図3.12　スフィンゴ糖脂質とグリセロ糖脂質

3.4 複合糖質

　スフィンゴ糖脂質は，小胞体で合成されたセラミドに，ゴルジ装置において糖ヌクレオチド供与体から単糖が順次付加されることで合成され，形質膜外層に輸送される．形質膜のスフィンゴ糖脂質は，やがて**エンドサイトーシス**により細胞内に取り込まれ，リソソームに運ばれる．そして，種々の糖加水分解酵素（**グリコシダーゼ**）とその活性化タンパク質（**アクチベーター**）の協同作用により，非還元末端から順次分解を受ける．

　スフィンゴ糖脂質の機能としては，形質膜における増殖因子受容体の機能調節や，神経機能や細胞がん化への関与などが考えられているが，その正確なメカニズムは未解明である．一方，スフィンゴ糖脂質は病原細菌・ウイルスやその毒素の受容体になっている．例えば，インフルエンザウイルスやセンダイウイルスは，シアル酸をもつ糖脂質や糖タンパク質を初期感染の受容体とする．また，酸性糖脂質のガングリオシド GM_{1a} と GD_{1b} はそれぞれコレラ毒素と破傷風毒素の受容体であり，中性糖脂質 Gb_3Cer は病原性大腸菌 O157 のベロ毒素の受容体である（Column「インフルエンザウイルスの感染とタミフル」）．

　グリセロ糖脂質は糖鎖に非極性基として**ジアシルグリセロール**や**アルキルグリセロール**などをもつ糖脂質で，植物や微生物に広く存在している．1分子のガラクトースがジアシルグリセロールに結合したガラクトシルジアシルグリセロールや2分子のガラクトースが結合したジガラクトシルジアシルグリセロールは，藍藻，緑

Column　インフルエンザウイルスの感染とタミフル

　多くの病原細菌は感染時に宿主の糖鎖を接着の足がかりにするので，糖鎖本来の生物機能とは考えにくいが「糖鎖は微生物の受容体」と表現されることがある．未だ克服されていない感染症の代表の一つであるインフルエンザウイルスも例外ではない．インフルエンザウイルスが宿主に感染するときには，ヘムアグルチニンという，シアル酸を認識するレクチンが，宿主のシアル酸をもつ糖鎖に結合する．宿主細胞内で増殖したウイルス粒子は，ウイルスの表面に存在するノイラミニダーゼ（シアリダーゼ）の作用によってヘムアグルチニンとシアル酸の結合を壊し，体内の別の細胞に感染する．このノイラミニダーゼを阻害し，ウイルスが体内で拡散，増殖するのを防ぐのがリン酸オセルタミビル（商品名：タミフル®）である．タミフル®は，ノイラミニダーゼのX線結晶解析により得られた立体構造をもとに分子設計されたシアル酸のアナログであり，A型およびB型インフルエンザの双方に有効である．タミフルはインフルエンザウイルスの拡散を防止するが，ウイルス自身を死滅させる効果はないため，発症から48時間以内に服用する必要がある．

藻，高等植物の葉緑体の光合成膜の主要なマトリックスである．また，ほ乳動物にもグリセロ糖脂質は微量成分として存在し，ヒトの精子にはセミノリピドと呼ばれる**スルホガラクトシルアルキルアシルグリセロール**が存在している（図3.12）．

3.4.3　プロテオグリカン（グリコサミノグリカン）

プロテオグリカン（proteoglycan）は，1本のコアタンパク質と，それに結合したひとつまたは複数（100を超えるものもある）の**グリコサミノグリカン鎖**からなる．グリコサミノグリカン（glycosaminoglycan）は**ムコ多糖**（mucopolysaccharide）とも呼ばれる．グリコサミノグリカンには，コンドロイチン硫酸，デルマタン硫酸，ヘパラン硫酸，ケラタン硫酸，ヒアルロン酸，ヘパリンなどがある［**図3.13**（a）］．これらのグリコサミノグリカンの大部分は，アミノ糖（N-アセチル-D-グルコサミンかN-アセチル-D-ガラクトサミン）とウロン酸（D-グルクロン酸かD-イズロン酸）を構成単位とする，二糖の非常に長い繰返し構造をもつ．さらに，それらの多くは硫酸化されている．しかし，ヒアルロン酸のように硫酸基をもたないものや，ケラタン硫酸のようにウロン酸の代わりにガラクトースを構成糖とするものもある．

プロテオグリカンは，糖鎖部位を構成するグリコサミノグリカンが特異的な繰返し構造をもつことや，糖含量がきわめて大きいことなどから一般の糖タンパク質とは区別されている．代表的なプロテオグリカンとしては，ヒアルロン酸の主鎖にコアタンパク質がブラシの毛のように密集して結合し，コアタンパク質にさらにケラタン硫酸やコンドロイチン硫酸が結合した巨大な分子複合体が知られている［図3.13（b）］．ほとんどすべてのほ乳動物細胞はプロテオグリカンを合成するが，それらは形質膜に結合しているか細胞外マトリックスとして細胞外に分泌される．**細胞外マトリックス**は，プロテオグリカン以外に繊維状タンパク質である**コラーゲン**，**エラスチン**，接着タンパク質である**フィブロネクチン**，**ラミニン**などから構成され，プロテオグリカンは水和ゲルを形成しそれらを束ねる役割がある．膜に結合しているグリコサミノグリカン鎖は，主にヘパラン硫酸やコンドロイチン硫酸である．

グリコサミノグリカンの機能としてヘパリンの血液凝固阻止活性が昔からよく知られている．また，結合組織に含まれるグリコサミノグリカンは，細胞や組織の安定化，潤滑剤としての役割や水分保持などの機能がある．近年になって，グリコサミノグリカンは細胞外マトリックスタンパク質（ラミニン，フィブロネクチンな

3.4 複合糖質

(a) グリコサミノグリカン

コンドロイチン硫酸A
（コンドロイチン 4-硫酸）

デルマタン硫酸

ケラタン硫酸

ヒアルロン酸

ヘパリン（構造の一例）

(b) プロテオグリカン

- N 結合オリゴ糖
- コアタンパク質
- ケラタン硫酸
- コンドロイチン硫酸
- ヒアルロン酸

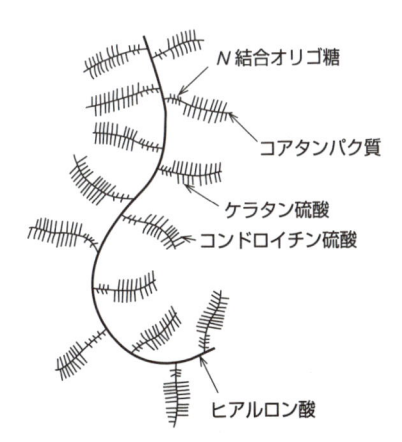

図3.13　グリコサミノグリカンとプロテオグリカン

第3章 糖　質

ど），血液凝固系のタンパク質（アンチトロンビンIII，トロンビンなど），増殖因子（FGF，HGF，VEGF，TGF-βなど），酵素（リポプロテインリパーゼなど）などのリガンドと相互作用し，リガンドの集積化や活性の調節，リガンドの分解の抑制，シグナル伝達系への関与など多彩な機能を発揮していることがわかってきた．

演習問題

Q.1 下の図を見て以下の問いに答えなさい．
(1) ペントースはどれか．
(2) ケトヘキソースはどれか．
(3) アルドヘキソースはどれか．
(4) 鏡像異性体（光学対掌体）の関係にあるものはどれか．
(5) (b) とジアステレオマーの関係にあるものはどれか．
(6) エピマーの関係にあるものはどれか．

```
      (a)           (b)           (c)           (d)           (e)           (f)
      CHO           CHO           CHO          CH2OH          CHO           CHO
    H-C-OH        H-C-OH        HO-C-H         C=O          HO-C-H        H-C-OH
   HO-C-H        HO-C-H         H-C-OH        HO-C-H        HO-C-H        HO-C-H
    H-C-OH        H-C-OH        HO-C-H         H-C-OH        H-C-OH        HO-C-H
    CH2OH         H-C-OH        HO-C-H         H-C-OH        H-C-OH        H-C-OH
                  CH2OH         CH2OH          CH2OH         CH2OH         CH2OH
```

Q.2 二つのグルコースをα-1,4結合およびβ-1,4結合で結びなさい．また，それぞれの二糖は何と呼ばれるか．

Q.3 次の記述について正しいものには○，誤っているものには×をつけよ．
1. 自然界では，D体とL体のヘキソースがほぼ同量存在する．
2. 天然に存在するフコースはL体である．
3. グルコースは水溶液中ではほとんどフラノースとして存在する．
4. グルコースの環状構造が形成されると二つの環状異性体（α型とγ型）が形成される．
5. グルコースもフルクトースも環状構造ばかりでなく，遊離のアルデヒド基をもつので還元性を示す．
6. アルドースのアルデヒド基がカルボキシ基に置換されたものをウロン酸と呼ぶ．
7. 単糖のカルボニル基が還元されたものを糖アルコールと呼び，D-グルコー

スからは D-キシリトールが生じる．
8. 砂糖の主成分であるスクロースは還元性の二糖である．

Q.4 単純多糖と複合多糖の違いを示し，それぞれの具体例をあげよ．

Q.5 構造多糖と貯蔵多糖（栄養多糖）の違いを示し，それぞれの具体例をあげよ．

Q.6 複合糖質とはどのような糖質か．三つのグループをあげて説明せよ．

Q.7 糖鎖とタンパク質の代表的な結合様式を二つあげよ．

Q.8 脂質部位の違いにより糖脂質を大きく二つのグループに分けよ．

参考図書

1. 阿武喜美子，瀬野信子：糖化学の基礎，講談社サイエンティフィク（1984）
2. 江上不二夫 監修，鈴木旺，松村剛，山科郁男 編集：多糖生化学（化学編），共立出版（1970）
3. Ajit Varki, Richard D. Cummings, Jeffrey Esko, Hudson H. Freeze, Pamela Stanley, Carolyn R. Bertozzi, Gerald W. Hart and Marilynn E. Etzley：Essentials of Glycobiology, Second Edition, Cold Spring Harbor Laboratory Press（2008）

ウェブサイト紹介

1. FCCA cyberspace
   http://www.gak.co.jp/FCCA/
   非営利団体「フォーラム：糖質の時代がやってきた」のホームページで，Glco Word，糖質マップ，糖質関連学会開催情報などが掲載されている．

2. Glyco Word
   http://www.gak.co.jp/FCCA/glycoword/wordE.html
   糖質科学のトピックスと，専門用語がわかりやすく日本語と英語で解説してある．

第4章
ヌクレオチドと核酸

本章について

　ヌクレオチドは，あるときはエネルギーの提供分子として，またあるときは補酵素や代謝中間体の構成要素として，多くの場面で登場するが，主要な役割は核酸の構成成分となることである．核酸は DNA と RNA に大別でき，これらはおのおの異なる性質をもっている．DNA は，遺伝情報を長期間貯蔵し次世代に伝えるという重要な役割を担う．そのため DNA は，塩基配列によらずほぼ一様な三次構造をもつこと，化学的に安定なことなど，遺伝情報の記録媒体として優れた性質をもっている．また，DNA を構成するヌクレオチドが並ぶ順序，いわゆる塩基配列は，タンパク質のアミノ酸配列を規定しているだけではなく，タンパク質の合成量や合成時期を決定する役割も果たしている．一方，RNA は遺伝情報に従ってタンパク質が合成される場面で主に活躍する．RNA の構造は DNA とは異なり塩基配列の影響を強く受け，しかも構造に応じた個別の機能を担う．本章では，DNA と RNA の化学的な性質の違いがその役割の違いとどのように結び付いているかについて理解を深めることを目的とする．

第4章 ヌクレオチドと核酸

4.1　核酸の成分と構成

4.1.1　ヌクレオチドの構造

　核酸は巨大な直鎖状の高分子であるが，その構成単位は**ヌクレオチド**（nucleotide）と呼ばれる．したがって，核酸をヌクレオチドがたくさん重合したものという意味で**ポリヌクレオチド**（polynucleotide）と呼ぶ場合もある．ヌクレオチドは，① 糖，② **塩基**（base），③ リン酸の三成分から構成されている（**図4.1**）．なお，ヌクレオチドからリン酸を除いた化合物は**ヌクレオシド**（nucleoside）と呼ばれる．

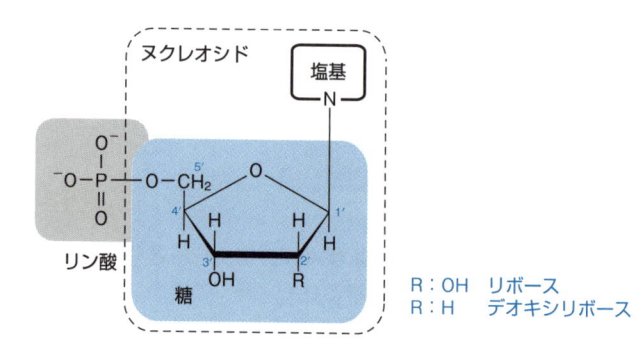

図4.1　ヌクレオチドの構造
リン酸を含まない化合物をヌクレオシドという．

　核酸の糖としては，五炭糖である**リボース**（ribose）と**デオキシリボース**（deoxyribose）が使われている．このうちリボースはRNAの，デオキシリボースはDNAの構成成分である．糖の各炭素原子には，"′"（英語ではプライムと発音する）が付された番号が与えられており，デオキシリボースの場合は，リボースの$2'$炭素に結合したヒドロキシ基（$-OH$）が水素に置換された構造をもつ（図4.1）．

　塩基は窒素原子を含む芳香族化合物（ヘテロ芳香族化合物）である**プリン**

(purine）または**ピリミジン**（pyrimidine）の誘導体である．芳香族化合物は，① 水になじみにくい（疎水性である），② π 電子が共役しているために平面構造をとるという特徴をもつ．核酸塩基もこれらの特徴をもっていることを意識しておきたい．核酸にはプリンの誘導体として**アデニン**（adenine：A）と**グアニン**（guanine：G），ピリミジンの誘導体として**シトシン**（cytosine：C），**チミン**

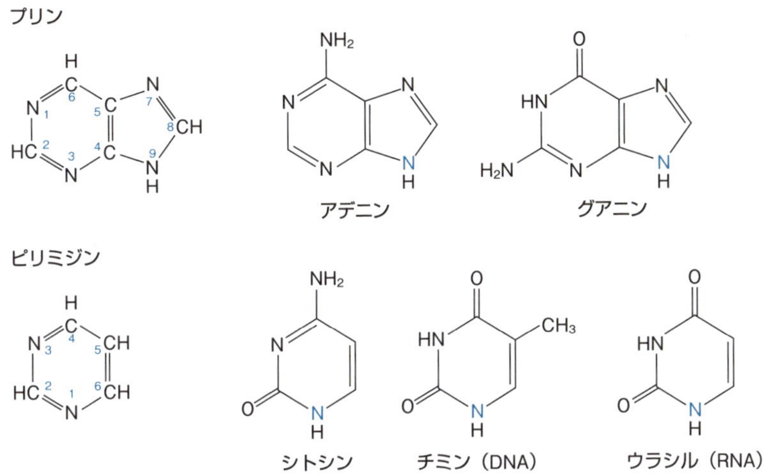

図 4.2　核酸を構成する塩基の構造

プリン，ピリミジン環内の炭素原子およびそれに結合した水素原子は略す．またプリン，ピリミジン環内の青数字は環の番号を，塩基中の青字は糖と N-グリコシド結合を形成する窒素原子を表す．

表 4.1　核酸を構成する塩基・ヌクレオシド・ヌクレオチド

塩基	ヌクレオシド	ヌクレオチド	核酸
プリン			
アデニン（A）	デオキシアデノシン	デオキシアデニル酸	DNA
	アデノシン	アデニル酸	RNA
グアニン（G）	デオキシグアノシン	デオキシグアニル酸	DNA
	グアノシン	グアニル酸	RNA
ピリミジン			
シトシン（C）	デオキシシチジン	デオキシシチジル酸	DNA
	シチジン	シチジル酸	RNA
チミン（T）	デオキシチミジン	デオキシチミジル酸	DNA
ウラシル（U）	ウリジン	ウリジル酸	RNA

第4章 ヌクレオチドと核酸

(thymine：T)，**ウラシル**（uracil：U）が含まれている．このうちチミンとウラシルは構造が似ており，ウラシルはチミンのメチル基をもたない構造である．またチミンは DNA に，ウラシルは RNA にだけ見られる（**図 4.2**）．そして糖とは，アデニンとグアニンの場合には 9 位の窒素で，シトシンとチミン（ウラシル）の場合は 1 位の窒素で，糖の 1′ 炭素と *N*-**グリコシド結合**を形成している．リン酸は糖のヒドロキシ基とエステル結合をつくることができるが，5′ 炭素に結合したヒドロキシ基とエステル結合をつくって存在していることが多い．

最後に塩基，ヌクレオシド，ヌクレオチドの化合物名を**表 4.1** にまとめる．

4.1.2　ポリヌクレオチドの構造

ポリヌクレオチドにおいて，ヌクレオチドどうしはリン酸を"架け橋"にして重合している．具体的には，リン酸は糖の 3′ 炭素に結合したヒドロキシ基と，次の糖の 5′ 炭素に結合したヒドロキシ基の両方と脱水縮合してエステル結合をつくることができる．そこで，この"架け橋"結合を**ホスホジエステル結合**（phosphodiester linkage）と呼ぶ（ジは 2 の意味をもつ）．すなわち，ホスホジエステル結合は，2 分子のヌクレオチドから 2 分子の水分子が脱水縮合してつくられるものである．このため核酸の主鎖の構造は，(5′ ヒドロキシ基) 糖 (3′ ヒドロキシ基)→リン酸→(5′ ヒドロキシ基) 糖 (3′ ヒドロキシ基)→リン酸の繰返しとなるが，鎖には方向性（**極性**とも呼ばれる：図 4.3 の→方向を 5′→3′ の向きとする）が存在していることに注意してほしい（**図 4.3**）．ヌクレオチドはどのような順序にも並べることが可能であるが，その順序すなわち配列こそが重要であり，その配列に遺伝情報が記録されていることになる．図 4.3 で示した DNA（鎖長が短い場合はオリゴデオキシヌクレオチドと呼ばれる）は 5′ 方向からデオキシアデニル酸，デオキシチミジル酸，デオキシグアニル酸，デオキシシチジル酸が並んでいるが，塩基の 1 文字表記を用いてこの並びを記述すると核酸の塩基配列を非常に簡略に表記できる．表記の際は慣例上 5′ 末端を必ず左に置き，3′ 側は右に置くことになっている．また，図 4.3 のように末端にリン酸が存在するときは小文字の p を付け加える．すなわち図 4.3 のオリゴデオキシヌクレオチドの場合，pd（ATGC）と表記される．なお，d は DNA であることを意味するが，誤解される心配のない場合は略すことができる．この図の場合は pATGC となる．

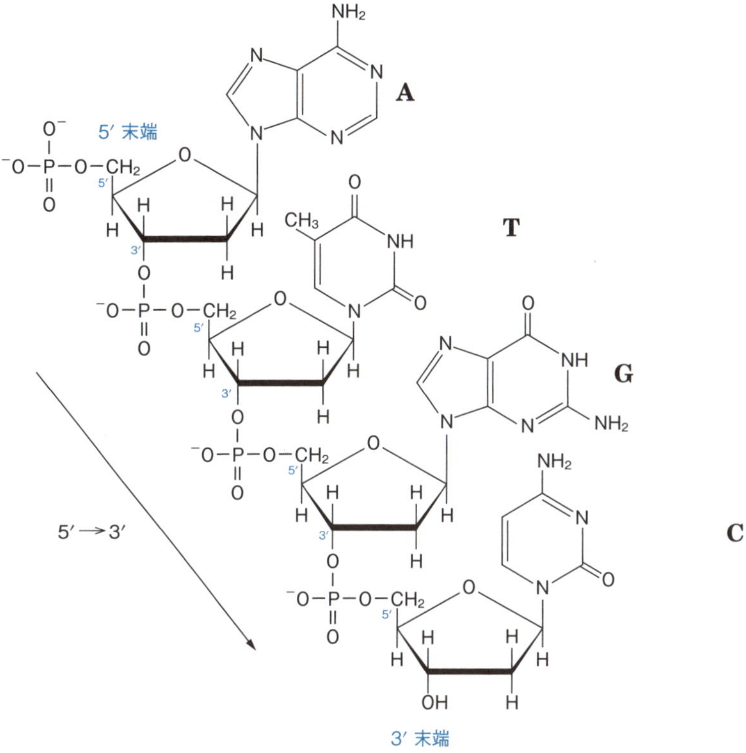

図 4.3 DNA の化学構造

4.2 DNA と RNA の構造

4.2.1 DNA の三次構造モデル（B 型構造）

1940 年代後半，後に DNA の三次構造モデル構築の基礎となる重要な発見がシャルガフ（E. Chargaff）によってなされた．シャルガフはさまざまな生物種から取り出した DNA の塩基組成を調べることによって，塩基の組成こそ生物種によって異なるが，あらゆる DNA においてアデニンとチミンの残基数は等しくグアニンとシトシンの残基数もまた等しい，という一般則を見いだした．この一般則はシャルガフの規則（Chargaff's rule）と呼ばれている．

第4章 ヌクレオチドと核酸

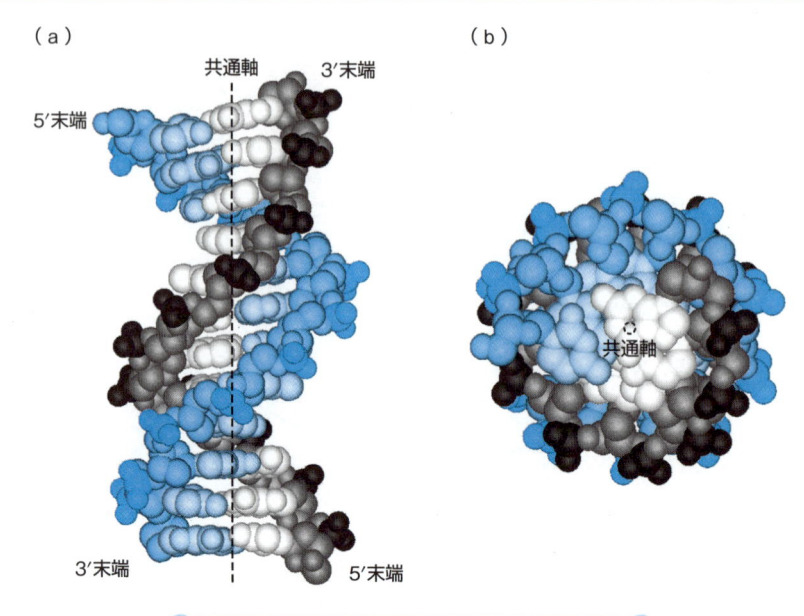

(a)　　　　　　　　　　　　　　　(b)

共通軸　3′末端
5′末端

共通軸

3′末端　5′末端

図 4.4　DNA の三次元構造モデル（B 型構造）

2本の鎖のうち一方を青色で他方を灰色で示した．リン酸は濃く，また塩基は薄く表示した．(a)は軸を横から (b)は軸を縦から眺めた図である．

1953年，**ワトソン**（J. D. Watson）と**クリック**（F. H. C. Crick）は図 4.4 に示す DNA の三次構造モデルを発表した．後に細かな点は修正されたものの，本質的な点では正しいものであった．この構造は **B 型構造**と呼ばれており，生理的条件において DNA のもっとも安定な構造である．その特徴は以下の5点である．

① 二本のポリヌクレオチド鎖が共通の軸を中心として右巻きに二重らせんを形成する．
② 二本のポリヌクレオチド鎖の方向は逆向きである．
③ 二本のポリヌクレオチド鎖の結合は塩基間の水素結合（**塩基対**：base pair の形成）による．
④ 塩基対はらせんの中心に積み重なって存在する．
⑤ アデニンはチミンと（チミンはアデニンと），グアニンはシトシンと（シトシンはグアニンと）しか塩基対を形成できない．

前述のシャルガフの規則は DNA の三次構造モデルの特徴 ⑤ によるものであった．このアデニンとチミン，グアニンとシトシンの塩基対のことを**ワトソン・ク**

リック塩基対という．この三次構造モデルは，遺伝子の複製を直感的に説明できるという点ですぐに受け入れられ，1962 年，ワトソンとクリックは DNA の X 線構造解析で貢献のあった**ウィルキンズ**（M. H. F. Wilkins）とともにノーベル賞を受賞した．

4.2.2　DNA の半保存的複製

ワトソン・クリック塩基対に従うと，二本鎖 DNA の一方のポリヌクレオチド鎖の塩基配列に応じて他方の鎖の塩基配列が一意的に決定される．このことを「互いのポリヌクレオチド鎖は**相補的**（complementary）である」という．そこで細胞分裂に伴って DNA が複製される場合には，以下に示す流れに従うのではないかと予想された．まず"弱い結合"である塩基間の水素結合が切断されて二本の鎖が解離する．次に解離したそれぞれの鎖に対してワトソン・クリック塩基対を形成するように相手の鎖を合成する．その結果，生成される二分子の DNA は元の DNA と同じ配列をもつというわけである．この概念は**半保存的複製**（semiconservative replication）と呼ばれる．実際に DNA の複製が半保存的であることは実験的に証明されている（→第 14 章）．

4.2.3　DNA 構造の合理性

DNA の三次構造を眺めると，DNA が水中で安定に存在することができるよう，また遺伝情報である塩基配列を安定に保持できるよう，合理的な構造をしていることに気づく．中性の水溶液中では DNA 主鎖中のリン酸は完全に解離し負電荷を帯びている．そして，負電荷に対しては Na^+ や K^+ などの一価の陽イオンがイオン結合している．すなわち，DNA は巨大な塩であり，非常に水になじみやすい．それを裏付けるようにリン酸は DNA の軸に対して水に接触するように外側に配置されている．一方，遺伝情報を保持している塩基部分は，疎水性であるために水からできるだけ遠ざかるように軸の内側に格納されている［図 4.4（b）］．これは後述する塩基部分の非酵素的な化学変化を受けにくくする効果をもたらしていると考えられる．また塩基は π 電子が共役した平面構造をもつので，π-π 相互作用と呼ばれる**スタッキング**（積み重ね）**効果**でさらに安定化されている［図 4.4（a），（b）］．

次にワトソン・クリック塩基対の構造を詳しく見てみよう（**図 4.5**）．アデニンとチミン，グアニンとシトシンの組合せは，どちらもプリンとピリミジンの組合せである．プリンのほうがピリミジンよりもかさ高いので，プリン-プリン，ピリミ

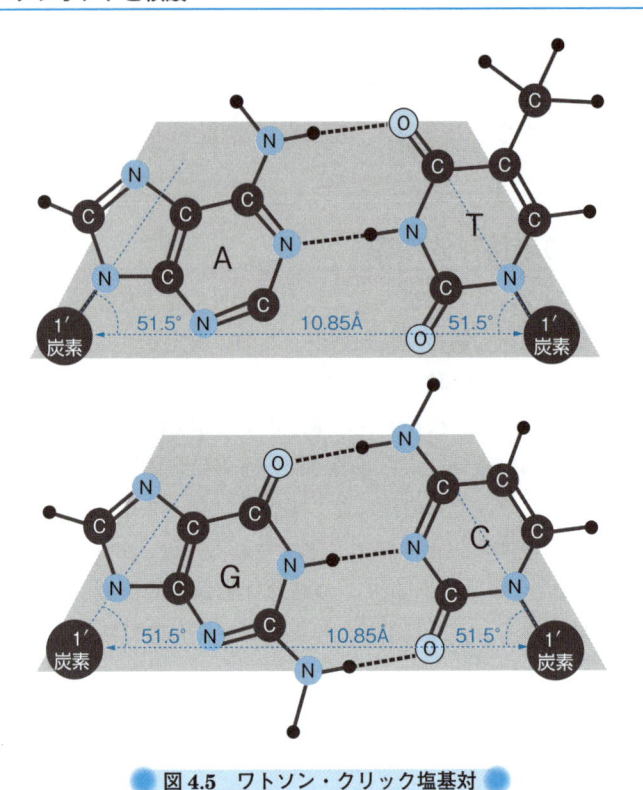

図 4.5 ワトソン・クリック塩基対
黒の点線は水素結合を示す.

ジン-ピリミジンの組合せでは収まりが悪い．また水素結合供与基（–NH）と受容基（=O）の配置がアデニンとグアニン，シトシンとチミンで全く異なるために，アデニンとシトシン，グアニンとチミンではうまく水素結合を形成できない．したがって，通常の二重らせんではワトソン・クリック塩基対以外は取り得ないということになる．さらに図 4.5 で注目したいのは 2 本の鎖の 1′ 炭素間の距離と N-グリコシド結合との角度である．どちらも 10.85 Å，51.5° と等しい．これは図中に示す台形の板が，塩基対の種類によらずほぼ同じ大きさ，形であり，DNA の塩基配列が異なったとしても DNA の構造は変化しないということを意味する．ただし，実際の DNA の部分構造はワトソンとクリックによる理想的な三次構造モデルと若干ずれていることがわかっており，このずれは塩基配列により異なっている．このような，配列による微細構造の違いは，遺伝子が発現する際に必要なタンパク質とDNA との特異的結合に必要と考えられている．

4.2.4 DNA のほかのらせん構造（A 型構造，Z 型構造）

DNA の三次構造において **B 型構造**［図 4.5 および図 4.6 (a)］がもっとも安定とされているが，結晶化の条件や塩基配列によっては，A 型や Z 型という構造をとることが知られている。**A 型構造**においては，らせん軸に対して塩基対が大きく傾いており，その結果，二重らせんは B 型より太く短くなる［図 4.6 (b)］。このような三次構造の違いは，主に，糖が平面構造をとれないために生じる，環構造のゆがみに由来している。ここで 2′ 炭素が平面から上に突き出している立体配座を **C-2′ エンド型**，3′ 炭素が突き出している配座を **C-3′ エンド型** と呼ぶことにすると（図 4.7），B 型構造においてデオキシリボースは C-2′ エンド型の立体配座をとるのに対し，A 型構造では C-3′ エンド型の配座をとることがわかっている。A 型構造，B 型構造では，らせんが軸に対して右巻きであるのに対し，**Z 型構造**では左巻きであることが特徴である［図 4.6 (c)］。細胞内に存在する DNA 中に Z 型構造が点在している，という証拠は得られているが，その機能についてはまだよくわかっていない。

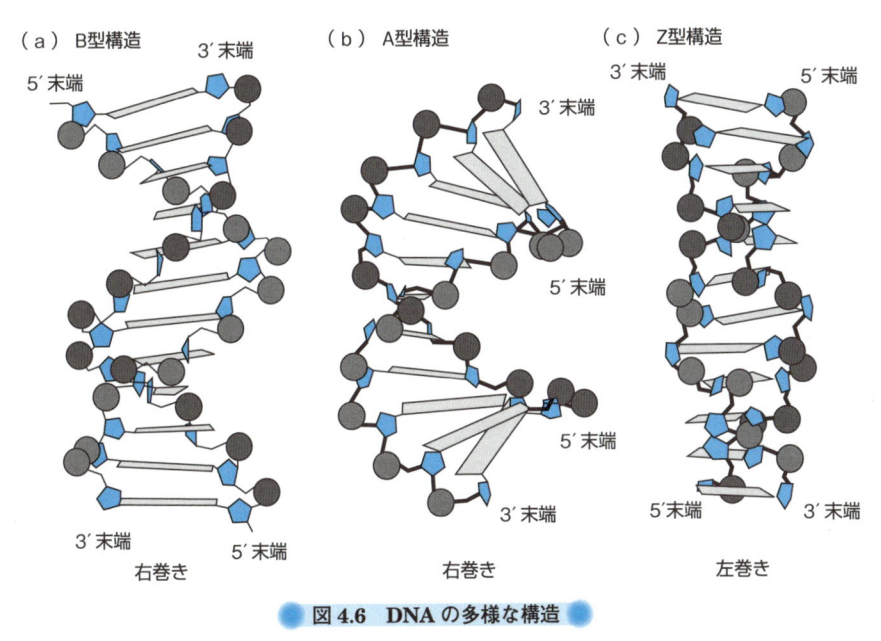

（a）B型構造　　　（b）A型構造　　　（c）Z型構造

図 4.6　DNA の多様な構造

糖を青い五角形，リン酸は濃い灰色の球，塩基対は淡い灰色の台形で簡略化して表した。

図 4.7 糖の立体配座

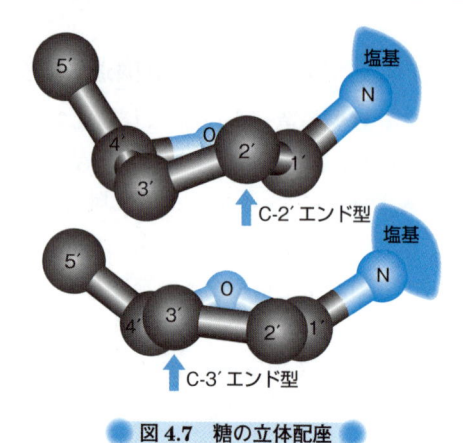

4.2.5 二本鎖 RNA の三次構造

　RNA の化学構造は DNA とほとんど同じで，異なっているのは，糖の 2′ 炭素にヒドロキシ基が結合していることと，塩基に関してチミンの代わりにウラシルが使われていることだけである（図 4.8）．RNA も DNA と同様にアデニンはウラシルと，グアニンはシトシンと塩基対を形成して二本鎖を形成できる．ただしリボースの立体配座は 2′ 炭素にヒドロキシ基が結合しているために C-3′ エンド型となり，その結果，二本鎖 RNA の三次構造は A 型に近い構造だけが観察される．しかし，このことは RNA の三次構造が単純であるという意味ではない．なぜなら二本鎖 RNA は一部の RNA ウイルスなどで見いだされるものの，ほとんどの RNA は一本鎖として存在するからである．特に DNA を鋳型として合成される RNA は通常一本鎖である．

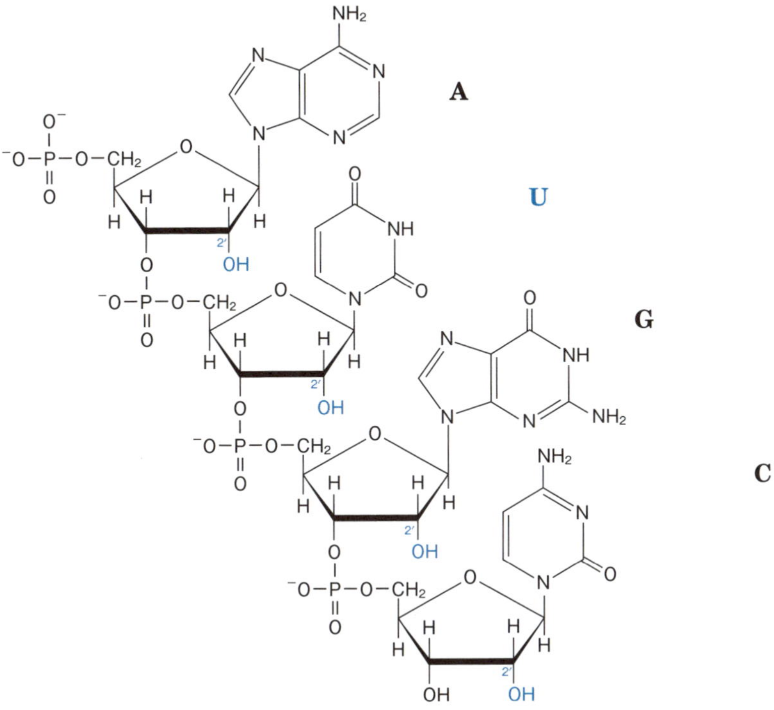

図 4.8　RNA の化学構造

4.2.6　一本鎖 RNA が形成する二次構造の特徴

　それでは一本鎖の RNA はいかなる構造をとるのであろうか．塩基の π-π 相互作用によるスタッキングで右巻きのらせん構造を形成するのが典型的な構造であるが，RNA の中で厳密な意味で一本鎖である領域は決して多くはない．例えば，RNA の内部に自己相補的な塩基配列があれば分子内で短い二本鎖を形成し**ステム&ループ構造**（stem and loop structure）とも**ヘアピン構造**（hairpin structure）とも呼ばれる構造を形成する（**図 4.9**）．さらにループ内の配列と相補的な配列がほかにあれば**シュードノット構造**（pseudoknot：偽結び）と呼ばれる構造を形成することもある．このように RNA は，その塩基配列に応じて複雑な構造を形成することが多い．したがって，RNA の三次構造を考える前に，RNA の自己相補的な配列を考慮した二次構造モデルを構築することがよく行われる．**図 4.10** に RNA

図4.9 ステム＆ループ構造

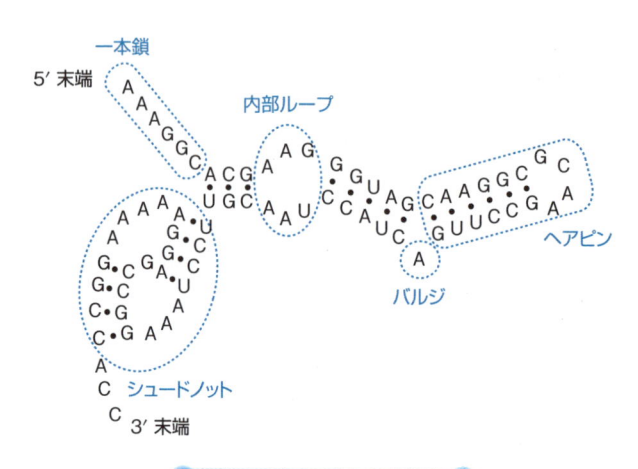

図4.10 RNAの二次構造

の二次構造内でしばしば見られるバルジ（bulge）や内部ループ（internal loop）など構造的な特徴をまとめた．

4.2.7 RNAの三次構造（tRNAを例として）

　遺伝情報を保持するという"静的な"機能をもつDNAに対し，RNAはタンパク質合成など細胞機能に直結する"動的な"機能をもっている．そしてRNAが機能を果たすためには，その三次構造が重要な意味をもつ．近年，X線結晶構造解析の進歩により種々のRNAの三次構造が解析されつつあるが，これまでにもっとも三次構造が理解されているRNAは **tRNA**（transfer RNA）である．tRNAはタンパク質合成の際に **mRNA**（messenger RNA）のコドンに適切なアミノ酸を運搬するRNAであるが，どのtRNAもクローバー葉（cloverleaf）型の二次構造，L字型の三次構造を形成することが知られている（**図4.11**）．

　図4.11で注目したいのは，以下の5点である．
　① 二次構造内で二本鎖を形成している領域はA型の二重らせんを形成している．

4.2 DNAとRNAの構造

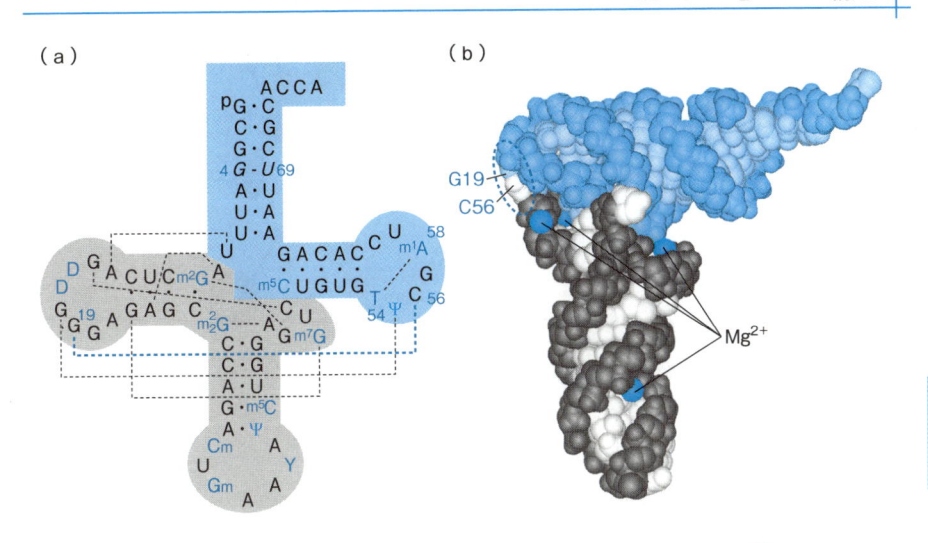

図 4.11　酵母フェニルアラニン tRNA の二次構造と三次構造

(a) クローバー葉型二次構造：三次構造上近接する塩基は点線で結んだ．青い点線は図 (b) の青い点線で囲んだ領域に対応している．また青い文字は修飾塩基，イタリック文字は RNA の二次構造でしばしば見られる G-U（ウォブル）塩基対を表す．
(b) L 字型三次構造：水色と灰色のヘリックスは図 (a) の水色，灰色の領域に対応している．塩基は薄い色で表した．三次構造の形成に必要とされる Mg^{2+} を青色の球で示した．

② 二次構造上，離れた領域でも三次構造では近接していることがある．
③ 三次構造を安定化するのに Mg^{2+} が重要な役割を担っている．
④ ワトソン・クリック塩基対とは異なる塩基対の形成が RNA の三次構造を安定化させる場合がある（G4-U69，T54-m^1A58 など，図 **4.12** も参照のこと）．
⑤ RNA の三次構造の要の位置に修飾ヌクレオチド（塩基や糖のヒドロキシ基がメチル化される場合が多い）が存在する場合がある．おそらく正しい RNA の三次構造の形成にヌクレオチドの修飾が寄与しているのだろう．

二本鎖 RNA が同じ配列をもつ遺伝子の発現を抑える "**RNA 干渉**" という現象が見いだされたのをはじめとして［この現象を見いだした**ファイアー**（A. Z. Fire）と**メロー**（C. C. Mello）は 2006 年にノーベル賞を受賞した］，近年 RNA が細胞機能の調節に深くかかわっているらしい証拠が次々と見つかっている．RNA の機能を完全に理解するために今後ますます RNA の構造解析が重要になってくるに違いない．

第 4 章　ヌクレオチドと核酸

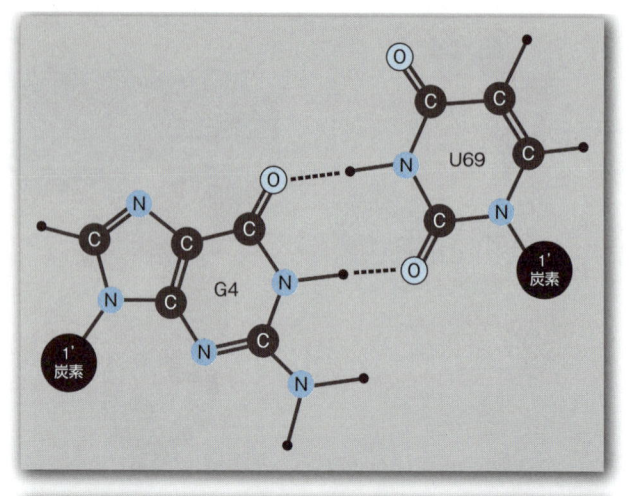

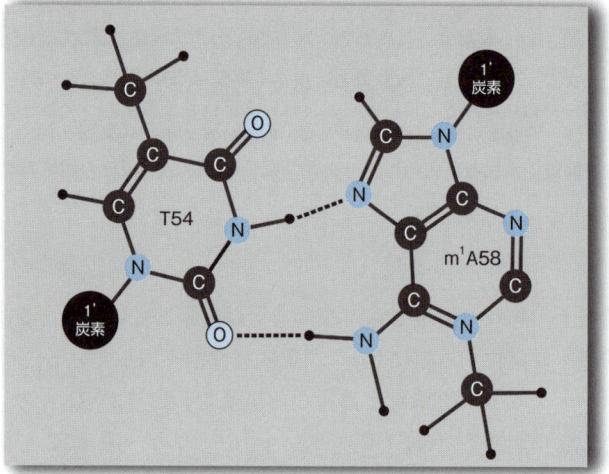

図 4.12　ワトソン・クリック塩基対以外の塩基対形成例

4.2.8　DNA や RNA は巨大高分子である

　ここまで DNA や RNA の微細構造について触れてきたが，忘れてならないのは核酸，とりわけ DNA が，とてつもなく巨大な高分子であるということである．例えば，ヒトの染色体の中でもっとも大きな 1 番染色体に含まれる DNA は 1 本の糸状の分子であるが，その中におよそ 2 億 4 千万の塩基対を含むので，その分子量

たるやおよそ1500億にも達する．糸の長さは，たった1分子で82 mm（82×10^{-3} m）にもなる．一方で糸の太さはわずか2 nm（2×10^{-9} m）である．ヒトの細胞の場合，46本の染色体に含まれる全長約2 mのDNAが直径わずか10 μm（10×10^{-6} m）の球である**細胞核**（cell nucleus）の中に入っているのである．細胞核にはいかにコンパクトにDNAがパッキングされているか想像してみてほしい（大きさを1000倍や100万倍して想像してみよう）．DNAのコンパクトなパッキングには**ヒストン**（histone）と呼ばれる正に帯電したタンパク質が重要な役割を担っている．

4.3 核酸の性質

4.3.1 核酸水溶液の紫外吸収スペクトル

核酸の水溶液は無色透明で，あらゆる波長の光を通しているように見えるかもしれないが，実は紫外線領域の260 nm付近の光を強く吸収している．これは塩基がヘテロ芳香族化合物に属しているためで，π電子が紫外線をよく吸収するからである．塩基の種類により紫外吸収スペクトルは異なっているが（**図4.13**），長鎖の核酸では4種類の塩基がほぼ均等に出現するので，スペクトルが平均化されて260 nmに吸収極大をもつスペクトルとなる（**図4.14**）．本来，各塩基の260 nmの**モル吸光係数**（molar absorption cofficient）は固有の値なので，核酸溶液の**吸光度**（absorbance）は（各塩基のモル吸光係数の和）と（モル濃度）の積で計算できる．ところが二本鎖DNAの吸光度は理論値よりも40％ほど低い値となる．これは二本鎖DNA中の塩基対がπ-π相互作用により安定化され紫外線を吸収しにくくなっているためである．これを**淡色効果**（hypochromicity）という．淡色効

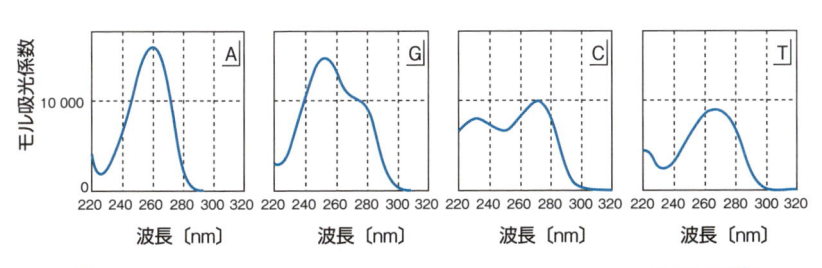

図4.13 各ヌクレオチドの紫外吸収（UV）スペクトル（中性水溶液）

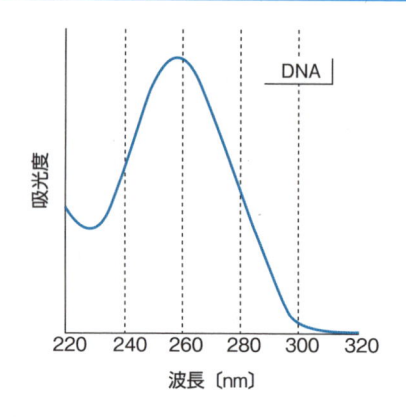

図 4.14 典型的な DNA の紫外吸収スペクトル（中性水溶液）

果は tRNA のように三次構造内に多くの塩基対が存在している RNA でも観察される．

4.3.2 核酸の変性と再生

　細胞から取り出した DNA を中性の緩衝液に溶解すると，非常に粘度の高い溶液となる．ところが DNA 溶液の温度を 80℃ 以上にしたり，溶液を強アルカリにしたりすると溶液の粘度が急激に低下する．これは二本鎖の DNA が解離して一本鎖の状態になったためで，この現象を DNA の**変性**（denaturation）または**融解**（melting）という．DNA を二本鎖に保っているのは，塩基間の水素結合と π-π 相互作用という"弱い力"なので，熱エネルギーを与えたり，強アルカリのために塩基から水素が引き抜かれたりするとワトソン・クリック塩基対を形成できなくなるのである．DNA の変性は 260 nm の吸光度を測定することで容易に観察できる．DNA 溶液の温度を少しずつ上昇させていくと，ある温度から急に吸光度が増大しおよそ 40% 増しの値となる（**図 4.15**）．このように吸光度が増大することを**濃色効果**（hyperchromicity）といい，DNA の 50% が変性する温度（または吸光度変化の変曲点）のことを**熱融解温度**（melting temperature：T_m）という．図 4.15 に示したように DNA の変性は狭い温度範囲で起こるが，これは DNA の変性が協同的であることを表している．すなわち，一部の塩基対が切断され始めると急激に残りの塩基対が不安定化され，より塩基対が切断されやすくなるのである．またアデニン＝チミン塩基対では 2 本の，グアニン≡シトシン塩基対では 3 本の水素結合が形成されていることから想像できるように（図 4.5），G≡C 塩基対のほうが熱

的に安定である．実際，DNAの（G+C）含量が多いと熱融解温度も高くなる．また，温度によってはA=T塩基対の多い領域が部分的に変性したDNAとなることが電子顕微鏡で観察されている．DNAの複製やRNAの転写の過程では，必ず二本鎖DNAが解離しなければならないが，複製や転写にかかわるDNA領域にA，Tが多いことは決して偶然ではない．変性したDNAは温度を下げたりpHを中性に戻したりすることによって，再び二本鎖を形成する．この過程を**再生**または**アニーリング**（annealing）という．

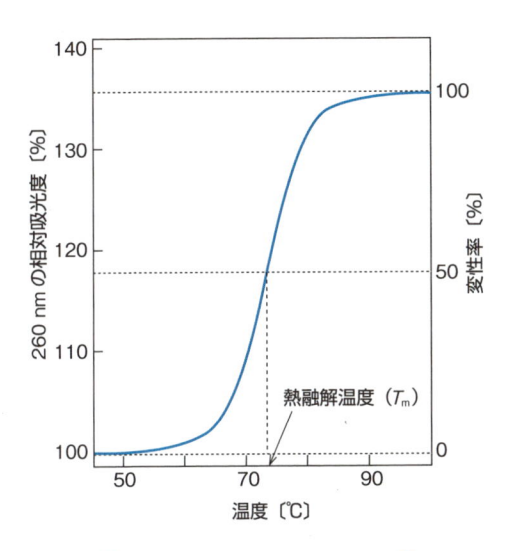

図 4.15　DNAの熱融解曲線

4.3.3　ハイブリッドの形成

　塩基配列が似ている二種類の二本鎖DNA溶液をそれぞれ変性し，混合して再生すると，混成二本鎖DNAが生じることがある．この混成DNAを**ハイブリッド**（hybrid），混成DNAが生じることを**ハイブリダイゼーション**（hybridization）という（**図4.16**）．ハイブリダイゼーションは興味の対象となる標的遺伝子の検出に非常に有用である．現在100ヌクレオチド程度の鎖長なら，任意の配列をもつ一本鎖DNAを有機合成することが可能である．そこで標的遺伝子の塩基配列と同一の配列をもつ一本鎖DNAを化学合成し，放射性リン（^{32}Pまたは^{33}P）や蛍光性の残基で標識したうえでハイブリダイゼーションさせると，標的遺伝子の有無を放射

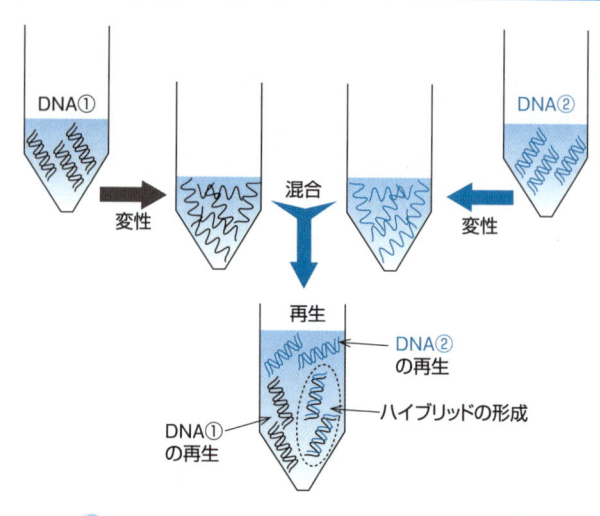

図 4.16　ハイブリダイゼーションの概念図

能や蛍光で簡便に判定できる．また RNA と相補的な配列をもつ DNA を混合すると，A 型様の二重らせん構造をもつハイブリッドが形成されることが知られており，ハイブリダイゼーションの手法は標的 RNA の検出にもしばしば用いられている．

4.3.4　DNA は遺伝情報の記録媒体として優れた性質をもつ

　核酸の主鎖を構成するホスホジエステル結合は非酵素的な切断を受けることがある．特に RNA はアルカリ性水溶液中では不安定で，速やかに主鎖が切断されて $2',3'$ 環状リン酸をもつヌクレオチドが生じる．その後，加水分解されて最終的にヌクレオシド $2'$-リン酸とヌクレオシド $3'$-リン酸の混合物となる（図 4.17）．DNA が同じ条件でも切断されないのは，この切断反応にリボースの $2'$ ヒドロキシ基が関与しているためである．遺伝情報の記録媒体として DNA が用いられているのは，主鎖が非酵素的な切断を受けにくいためと考えられる．

　反応は遅いものの，塩基部分もまた非酵素的な化学変化を受けることがある．よく知られている塩基の化学変化はアデニン，グアニン，シトシンに存在するアミノ基がケト基に置き換わる**脱アミノ反応**（deamination）である．このうちシトシンの脱アミノ反応がもっとも起こりやすい（図 4.18）．注目すべきは，シトシンの脱アミノ反応で生じるのがウラシルであることである．ウラシルはアデニンとワトソン・クリック塩基対を形成できるので，シトシンの脱アミノ反応はグアニンからア

4.3 核酸の性質

デニンへの変異を促すことになってしまう．実際の細胞内では DNA に生じたウラシルは**ウラシル DNA グリコシラーゼ**（uracil-DNA glycosylase）によって速やかに除去され，その後 DNA の修復機構によって正しく修復される．DNA にウラシルではなくチミンが用いられるようになったのは，DNA がより遺伝情報の長期保存に適すように進化したためであると考えられる．

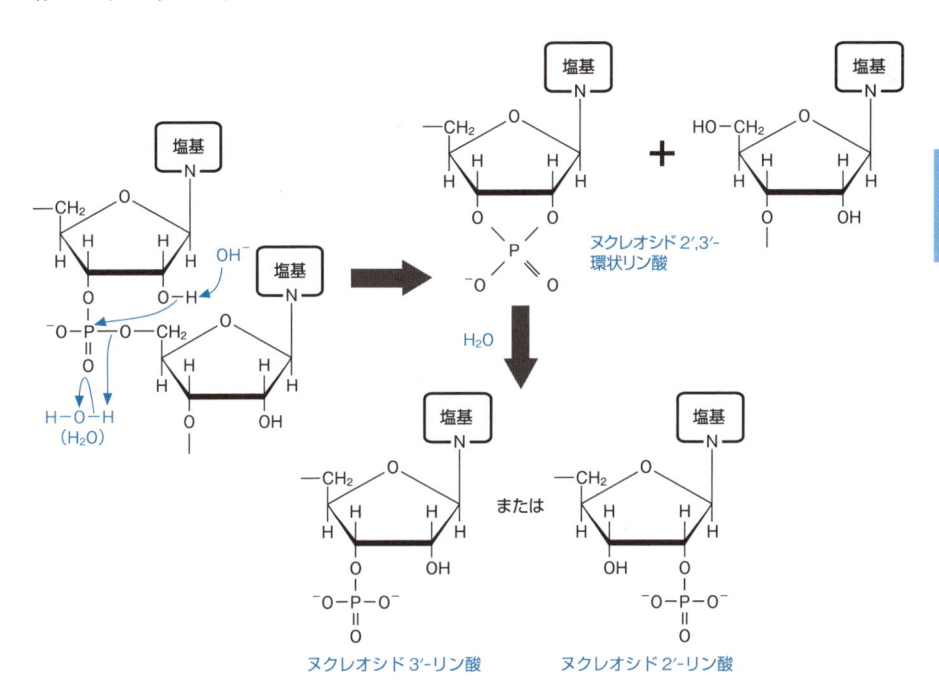

図 4.17 アルカリ性水溶液中での RNA の加水分解

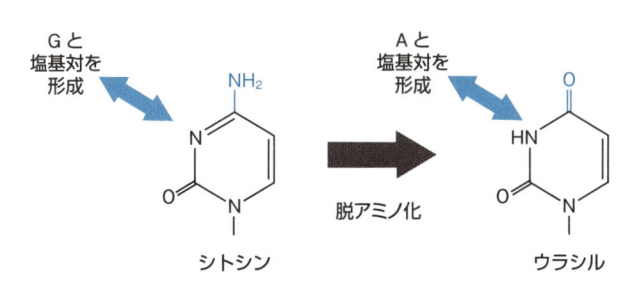

図 4.18 シトシンの脱アミノ化反応が放置されると変異が促進される

4.4 ヌクレオチドのその他の機能

4.4.1 エネルギー提供分子としてのヌクレオチド

　ヌクレオシドの5′ヒドロキシ基にはリン酸がひとつ結合したものだけでなく，二つ，三つと結合した分子が存在する．それぞれ**ヌクレオシド一リン酸**（nucleoside monophosphate：NMP），**ヌクレオシド二リン酸**（nucleoside diphosphate：NDP），**ヌクレオシド三リン酸**（nucleoside triphosphate：NTP）という．複数リン酸が結合している場合，各リン酸は5′炭素から近い順にαリン酸，βリン酸，γリン酸と呼ばれる．図4.19に示すように，αリン酸は一方でリボースの5′-ヒドロキシ基とリン酸エステル結合で結合しているが，αリン酸のもう一方とβリン酸，およびβリン酸とγリン酸は隣のリン酸との間で脱水縮合された，リン酸無水物結合で連結している．ヌクレオシド三リン酸のリン酸無水物結合が加水分解される際には，リン酸エステル結合が加水分解される場合よりも大きなエネルギーが放出される．このエネルギーを利用することによって，本来，自発的に進行しない化学反応（自由エネルギー変化が正である反応）を推進できる．その意味でヌクレオシド三リン酸は化学エネルギーを貯蔵し，エネルギーを必要とする化学反応にエネルギーを提供する役割を担っている．このうちもっともよく用いられているのが**アデノシン5′-三リン酸**（adenosine 5′-triphosphate：ATP）であり，ATPの加水分解とカップリング（共役）している生化学反応は非常に多い．

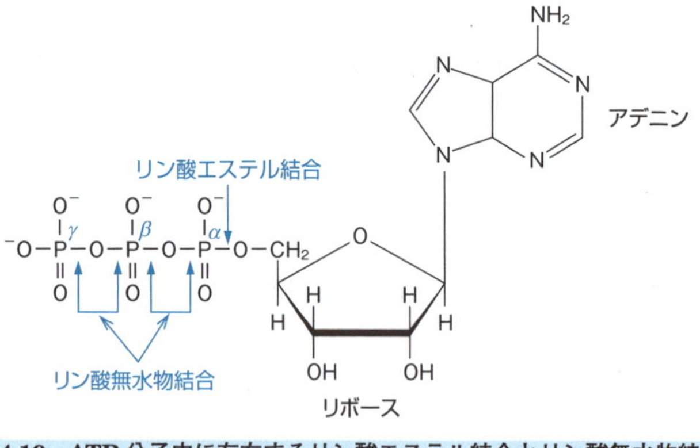

図4.19　ATP分子内に存在するリン酸エステル結合とリン酸無水物結合

4.4.2 補酵素としてのヌクレオチド

酵素のアミノ酸側鎖に含まれる官能基だけでは酸化還元反応や化学基の転移反応をうまく触媒できないとき，これらの酵素反応には低分子量の有機化合物が必要とされることがある．これを**補酵素**（coenzyme）という（詳しくは第7章で述べる）．補酵素には，構造中にアデニル酸を含んでいるものがいくつかあるが，アデニル酸の部分は補酵素の機能に直接関与せず酵素との結合に重要と考えられている．なぜ補酵素にアデニル酸が含まれているものが存在するのか不明であるが，原始地球でRNAが種々の触媒反応を担っていた名残であろうとする説もある

Column リボザイムとRNAワールド仮説

生化学反応を触媒する酵素といえば，普通はタンパク質である．ところが**チェック**（T. R. Cech）と**アルトマン**（S. Altman）はこの常識を覆しRNAも触媒として働くことができるということを明らかにした（この功績により両者は1989年にノーベル賞を受賞した）．チェックは原生動物テトラヒメナのリボソームRNA（ribosomal RNA）に存在するイントロンが自己触媒的に除かれることを見いだし，触媒作用をもつRNAを**リボザイム**（ribozyme）と呼ぶことを提案した．このケースではほかの分子の反応を触媒していないので厳密には酵素とは呼べないが，アルトマンが見いだしたのはtRNA前駆体から5′末端断片を除く酵素（リボヌクレアーゼP：ribonuclease P）に含まれているRNAが，まさに酵素として働けることを示したものであった．その後，多くの研究者がRNAに種々の反応を触媒できる潜在能力があることを示してきたが，中でも重要な事がらは，リボソームRNAがタンパク質合成に必須な反応，ペプチド転移反応を触媒することが見いだされたことである．このことはタンパク質が登場する以前にRNAが存在していたことをうかがわせる．一方でRNAウイルスが存在することからわかるようにRNAは遺伝情報を担うこともできる．これらの事実から，生命が誕生する以前にRNAがさまざまな触媒反応を担いながら自己複製する閉じた社会が存在して，それが生命の起源となったのではないかという"**RNAワールド**"**仮説**が提唱され，世間で信じられるようになってきている．もっとも自己複製できるRNAが見いだされていないことや，そもそも触媒作用をもてるほどRNAが自然に高分子化することは難しいのではないか，という批判もあり，今のところ"RNAワールド"はただの仮説にすぎない．ただ「補酵素としてのヌクレオチド」の項で簡単に触れたように，生命以前の代謝に似た化学反応に，RNA（おそらく鎖長は短かったであろうが）が深く関与していたのは間違いないように思われる．

(Column「リボザイムと RNA ワールド仮説」).

4.4.3　情報伝達物質としてのヌクレオチド

　細胞がホルモンなどによって外部から刺激を受けると，細胞内で**セカンドメッセンジャー**（second messenger）と呼ばれる物質が産出され，刺激に適応した変化が起こる．その代表例が**アデノシン 3′,5′-サイクリック―リン酸**（adenosine 3′,5′-cyclic monophosphate：サイクリック AMP，cAMP）である（詳しくは第 15 章で述べる）．cAMP は外部刺激によって活性化した**アデニル酸シクラーゼ**（adenylate cyclase）により ATP から合成され，ほとんどの生物において代謝の調節因子として働いている．

演習問題

Q.1　次の塩基配列をもつ一本鎖 DNA に相補的な DNA と RNA の配列を答えなさい．
　AGACCTAGTC

Q.2　ある二本鎖 DNA の一方のポリヌクレオチド鎖のピリミジン組成を調べたところシトシンが 20％，チミンが 35％であった．このとき，同じ鎖のアデニン，グアニンの組成に関して何がいえるか答えなさい．また相補的な鎖の各塩基組成について何がいえるか答えなさい．

Q.3　二種類の細菌から DNA を採取しグアニン組成を調べたところ，サンプル A は 22％，サンプル B が 33％であった．細菌の一方は 70℃ のお湯がわき出している温泉から単離された好熱菌である．この好熱菌の DNA はどちらのサンプルか．

Q.4　DNA，10 塩基対分の長さは 3.4 nm である．あるバクテリオファージ DNA の明瞭な電子顕微鏡写真から全長を測定すると 16.3 μm であった．この DNA はおよそ何塩基対か，答えなさい．また DNA の一部が欠失したバクテリオファージ DNA の長さを調べると 14.1 μm であった．欠失している DNA の塩基対数を推定しなさい．

Q.5　シトシンが非酵素的に脱アミノ化を受けてウラシルになることがある．もしウラシルを除く機構がなかったとすると，世代を経るに従って生物の塩基組成は，どのように推移すると考えられるか，答えなさい．

演習問題

Q.6 ジメチル硫酸はシトシンの3位の窒素（グアニンとワトソン・クリック塩基対を形成するために必要な窒素である）をメチル化する化学修飾剤として知られている．ある塩基配列をもったDNAに，あるDNA結合タンパク質を加えたところ，それまで修飾されなかったシトシンの一部が修飾されるようになった．この実験結果からどのようなことが考えられるか，答えなさい．

Q.7 同じ鎖長，同じ塩基組成のRNA；A，Bがあったとする．これらのRNA溶液の温度を少しずつ上昇させて吸光度の変化を測定したとき，Aは10％増しの，Bは25％増しの吸光度となった．このことから何がいえるか，答えなさい．

参考図書

1. W. Saenger 著，西村善文 訳：核酸構造（上・下巻），シュプリンガー・フェアラーク東京（1996）

ウェブサイト紹介

1. 日本蛋白質構造データバンク（PDBj：Protein Data Bank Japan）
 http://www.pdbj.org/index_j.html
 主にタンパク質の立体構造座標が集められたデータバンクだが，検索キーワードにDNAやRNAを入力することで核酸の立体構造座標も得ることができる．またWeb上で立体構造を観察することが可能である．

第5章
脂質と膜

本章について

　脂質は水に難溶で有機溶媒に溶けやすい化合物の総称であり，日常生活では脂肪と呼ばれている物質である．栄養学的には糖やタンパク質（それぞれ 4 kcal/g の熱量を産生）よりも効率的なエネルギー源（9 kcal/g）である．脂質は生体にとって必須の化合物であり，生体膜の構成成分やエネルギーの貯蔵に重要な役割を果たしている．水に溶けにくく，不安定な性質（脂質過酸化反応などが起こる）のため，ほかの生体物質に比べて研究の進展が遅かったが，最近では，研究手法の発展に伴って脂質の機能の解明が進み，特にシグナル伝達や細胞内のタンパク質輸送にかかわっていることが明らかにされている．本章では，脂質の基本構造や脂質を主成分とする生体膜の構造について概説するとともに，脂質由来の生理活性分子やシグナル伝達分子についても述べる．

第5章 脂質と膜

5.1 脂質の定義

脂質（lipid）には多くの種類があり一言ではっきりと定義することは難しい．しいていえば，「水などの極性溶媒に難溶であり，クロロホルム，エーテル，ベンゼンなどの有機（非極性）溶媒に溶けやすく，長鎖や環状構造をもつ炭化水素をもった生体成分」と定義できる．しかし，糖脂質やリゾホスファチジン酸（後述）は脂質に分類されてはいるが，有機溶媒よりも水に溶けやすい性質をもっている．このように，この定義にあてはまらない脂質もある．

5.2 脂質の種類と構造

一般に，脂質は**単純脂質**と**複合脂質**に大別される（**図5.1**）．単純脂質には，**脂肪酸**，**中性脂肪**（アシルグリセロール），**ステロイド**，**ビタミン**があり，これらはC, H, O から構成される．これに対して，複合脂質には，**リン脂質**や**糖脂質**があり，C, H, O に加えて，P（リン酸に由来），N（塩基に由来）や糖を含んでいる．

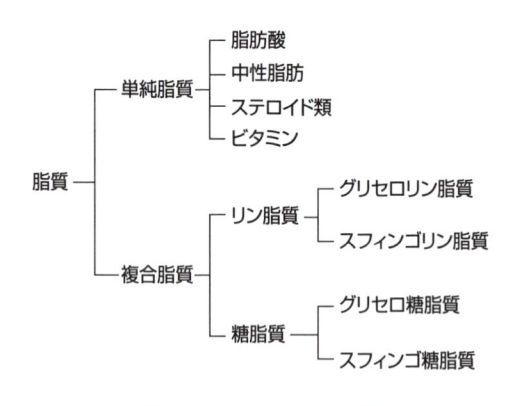

```
          ┌ 単純脂質 ┬ 脂肪酸
          │          ├ 中性脂肪
          │          ├ ステロイド類
          │          └ ビタミン
脂質 ─────┤
          │          ┌ リン脂質 ┬ グリセロリン脂質
          │          │          └ スフィンゴリン脂質
          └ 複合脂質 ┤
                     └ 糖脂質 ┬ グリセロ糖脂質
                              └ スフィンゴ糖脂質
```

図 5.1　脂質の分類

5.2.1 単純脂質

種々のアルコールと脂肪酸がエステル結合したもの（アシルグリセロールと呼ぶ，アシル基：RCO-）である．**エステル結合**とは，アルコール性水酸基（-OH）とカルボキシ基（-COOH）が脱水縮合してできる結合である［図5.3(a)］．また，ステロイド骨格を基本構造とする生体物質のエステル体や脂溶性ビタミンのエステル体も単純脂質である．これらのエステル体が加水分解されてできる脂肪酸，ステロイド類，ビタミン類を特に誘導脂質と呼び，これらも単純脂質の一部として分類される．

〔1〕脂肪酸

脂肪酸は，脂肪族性炭化水素のアルキル鎖の一端にカルボキシ基をひとつもつ（図5.2）．生体内で脂肪酸は炭素が2個単位でつながって合成されるため炭素数は偶数であり（→第11章），そのほとんどは炭素数12以上である（**表5.1**）．生体内で脂肪酸のほとんどはアシルグリセロールの形で存在するが，遊離の脂肪酸としても存在する．脂肪酸は**疎水性部分**と**親水性部分**を有する**両親媒性物質**である．炭素と水素分子からできている炭化水素鎖部分は疎水性（非極性，逆に表現すると脂溶性）であり，カルボキシ基部分は親水性である．

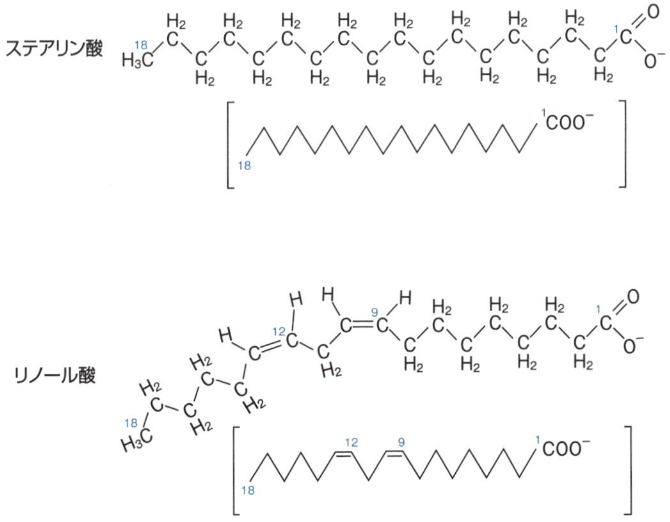

図5.2 脂肪酸の構造

第5章 脂 質 と 膜

表5.1 主な脂肪酸

慣用名	炭素数 (炭素数:二重結合数)
飽和脂肪酸	
ラウリン酸	12:0
ミリスチン酸	14:0
パルミチン酸	16:0
ステアリン酸	18:0
アラキジン酸	20:0
不飽和脂肪酸	
パルミトオレイン酸	16:1
オレイン酸	18:1
リノール酸*	18:2
α-リノレン酸*	18:3
アラキドン酸*	20:4
エイコサペンタエン酸	20:5
ドコサヘキサエン酸	22:6

＊必須脂肪酸
ステアリン酸,リノール酸の構造は図5.2を参照

　脂肪酸は,**飽和脂肪酸**(炭素鎖が水素で飽和していて一重結合のみのもの)と,二重結合を含む**不飽和脂肪酸**に分けられる.飽和脂肪酸は $C_nH_{2n+1}COOH$ の構造であり,炭素数が多いほど沸点や融点が高い.同じ炭素数であるならば,二重結合をもつ不飽和脂肪酸のほうが融点は低い.例えば,**ステアリン酸**(18:0)の融点が70℃であるのに対して,**リノール酸**(18:2)の融点は−5℃である(カッコ内の数字は炭素数と二重結合数を表す).さらには,二重結合の数が多い不飽和脂肪酸ほど融点が低い.したがって,同じ炭素数なら不飽和脂肪酸で,かつ二重結合の数が多いほうが常温で液状となりやすい.ラードなどの動物油は飽和脂肪酸が多いため常温で固体なのに対し,植物油の脂肪酸は二重結合の数が多いため液体である.

　不飽和脂肪酸の二重結合において,炭化水素鎖の結合位置の違いにより**シス結合**と**トランス結合**の二つの場合が考えられるが,生体内の不飽和脂肪酸のほとんどはシス結合である(図5.2の炭素9,12の位置).このため,炭化水素鎖は二重結合で同じ方向に折れ曲がり,分子が集まったとき(固体状態)に"隙間"ができる.不飽和脂肪酸の融点が飽和脂肪酸に比べて低くなるのはこのためである.

高等動植物に多く含まれる代表的な飽和脂肪酸は，炭素数 16 や 18 のパルミチン酸（16：0），ステアリン酸（18：0）であり，不飽和脂肪酸はオレイン酸（18：1），リノール酸（18：2）である．生命活動に欠かせない不飽和脂肪酸で生体内で合成できないものを**必須脂肪酸**（リノール酸，α-リノレン酸，アラキドン酸）と呼ぶ．特に**アラキドン酸**は，その代謝産物が種々の生理活性をもっており，重要な必須脂肪酸である．

エイコサペンタエン酸（eicosapentaenoic acid：EPA）や**ドコサヘキサエン酸**（docosahexaenoic acid：DHA）は複数の不飽和結合をもつ脂肪酸でありイワシ，サバ，アジ，サケなどの脂肪に含まれている．興味深いことに，これらは血栓性疾患，動脈硬化性疾患の発症を予防する作用があり，これらをよく食べるイヌイットには梗塞は少ないことが知られている．

〔2〕中性脂肪（アシルグリセロール）

脂肪酸とグリセロール（glycerol）がエステル結合したものを**アシルグリセロール**（acylglycerol）または**中性脂肪**（neutral fat）と呼ぶ．グリセロールに存在する三つの水酸基に脂肪酸がひとつ，二つまたは三つエステル結合したものをそれぞれ**モノアシルグリセロール，ジアシルグリセロール**または**トリアシルグリセロール**（triacylglycerol：TG）と呼ぶ．しかし，三つの-OH 基に同じ脂肪酸残基が結合する TG はほとんど存在せず，2 位の部位に不飽和脂肪酸がエステル結合している場合が多い［図 5.3（a）］．蝋またはワックスも中性脂肪の一種であり常温で固体である．

〔3〕ステロイド

ステロイドとは，ステロイド骨格（ペルヒドロシクロペンタノフェナントレン骨格）を基本構造としてもつ化合物の総称である．三つの 6 員環（A，B，C 環）とひとつの 5 員環（D 環）から構成されている．**コレステロール**[*1]，**ステロイドホルモン**（性ホルモン，副腎皮質ホルモン），**胆汁酸**とそのエステル体がステロイドに分類される［図 5.3（b）］．コレステロールはステロイドホルモン，胆汁酸，ビタミン D の合成出発原料であるとともに，生体膜の構成成分としても重要な働きをもっている．

[*1] もっとも代表的なステロール．生体内に広く分布するが，特に脳神経組織，副腎に多く存在する．細胞膜や細胞小器官（オルガネラ）膜の構成成分であるとともに，胆汁，性ホルモン，副腎皮質ホルモン，ビタミン D などの前駆体である．しばしば 3 位の水酸基に脂肪酸が結合したコレステロールエステルとなっている．植物にはコレステロールはなくその代わりにステロールが含まれている．

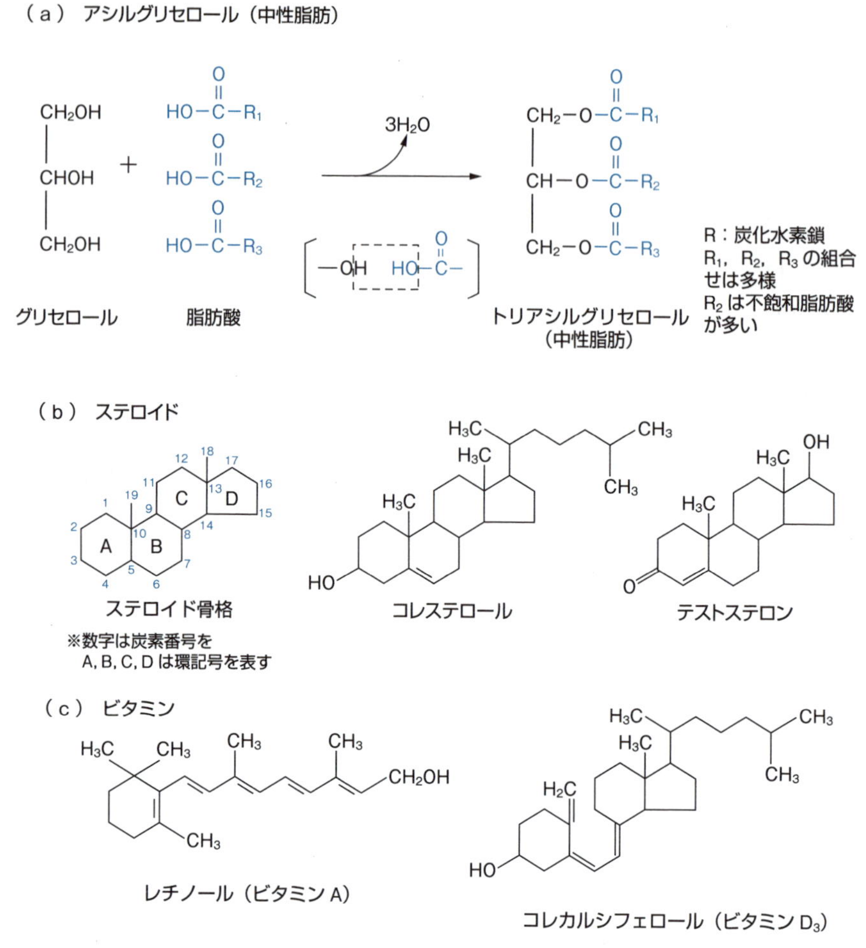

第5章 脂質と膜

(a) アシルグリセロール（中性脂肪）

図中:
グリセロール + 脂肪酸 → トリアシルグリセロール（中性脂肪） + 3H₂O

R：炭化水素鎖
R₁, R₂, R₃ の組合せは多様
R₂ は不飽和脂肪酸が多い

(b) ステロイド

ステロイド骨格　コレステロール　テストステロン

※数字は炭素番号を，A, B, C, D は環記号を表す

(c) ビタミン

レチノール（ビタミン A）　　コレカルシフェロール（ビタミン D₃）

図 5.3　主な単純脂質

〔4〕脂溶性ビタミン

ビタミン D_3（Vitamin D_3：コレカルシフェロール；cholecalciferol），ビタミン A（Vitamin A：レチノール；retinol），ビタミン E（トコフェロール），ビタミン K（メナキノン）とそのエステル体が**脂溶性ビタミン**である［図 5.3（c）］．ビタミン D_3 は 7-デヒドロコレステロールから紫外線照射によって生成され，カルシウムやリン酸の代謝調節に働く．ビタミン A は植物において β-カロテン（プロビタミン）として合成され，動物体内に摂取された後，小腸管腔で酵素的にビタミン A

に変換されて，視覚，聴覚，生殖の機能維持に働いている．

5.2.2 複合脂質

単純脂質がC，H，Oで構成されているのに対してリン（P）や窒素（N）などほかの成分を含む脂質を**複合脂質**と呼び，脂質に含まれる分子によってさらに分けられている．リン酸を含む脂質を**リン脂質**（phospholipid）と呼び，糖を含む脂質を**糖脂質**（glycolipid）と呼ぶ．さらに，これら脂質は基本骨格によってそれぞれ2種類に分けられる．グリセロールを含む脂質を**グリセロ脂質**（glycerolipid），スフィンゴシンやジヒドロスフィンゴシン（スフィンゴシンの炭化水素鎖が飽和したもの）などのスフィンゴシン類似体（スフィンゴイドとも呼ばれる）を含む脂質を**スフィンゴ脂質**（sphingolipid）と呼ぶ．これらの名前を組み合わせて，リン脂質は**グリセロリン脂質**（glycerophospholipid）と**スフィンゴリン脂質**（sphingophospholipid）に，また糖脂質は**グリセロ糖脂質**（glyceroglycolipid）と**スフィンゴ糖脂質**（sphingoglycolipid）に細分化される（図5.1）．複合脂質の脂肪酸の炭化水素鎖部分は疎水性であるのに対し，リン脂質のリン酸およびリン酸とエステル結合している部分や，糖脂質の糖部分は親水性である．

[1] グリセロリン脂質

グリセロリン脂質は，グリセロールの1，2位の水酸基に脂肪酸が，3位の水酸基にリン酸がエステル結合したものである．生体膜を構成する主要な脂質であり自然界にもっとも多く存在する複合脂質である．以下に主なグリセロリン脂質の役割について述べる．

ホスファチジン酸（phosphatidic acid）：もっとも簡単なグリセロリン脂質は，3位にリン酸のみが結合したホスファチジン酸である．1位には飽和脂肪酸が，2位には不飽和脂肪酸がエステル結合しているものが多い．3位のリン酸に親水性基がエステル結合することで種々のリン脂質ができる［図5.4（a）］．

ホスファチジルコリン（phosphatidylcholine：PC）：**レシチン**（lecithin）ともいう．細胞膜（生体膜の一種で，細胞を形づくるための膜．5.4節参照）に存在するリン脂質としてもっとも多く，ほ乳類の組織のリン脂質の30〜50％を占める．神経伝達物質であるコリンの貯蔵型として存在する．

ホスファチジルイノシトール（phosphatidylinositol：PI）：六価のアルコールであるイノシトール（inositol）が結合したグリセロリン脂質であり，細胞内情報伝達物質として重要な働きをもつ．

第5章 脂質と膜

(a) グリセロリン脂質

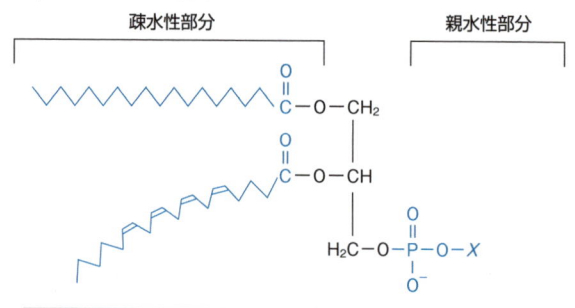

疎水性部分 / 親水性部分

グリセロリン脂質の名称	Xの構造
ホスファチジン酸	$-H$
ホスファチジルエタノールアミン	$-CH_2-CH_2-\overset{+}{N}H_3$
ホスファチジルコリン（レシチン）	$-CH_2-CH_2-\overset{+}{N}(CH_3)_3$
ホスファチジルセリン	$-CH_2-CH(\overset{+}{N}H_3)-COO^-$
ホスファチジルイノシトール	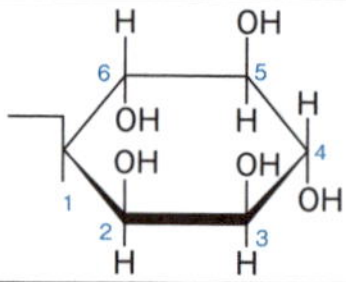 (イノシトール環)
ホスファチジルグリセロール	$-CH_2-CH(OH)-CH_2-OH$

(b) スフィンゴリン脂質

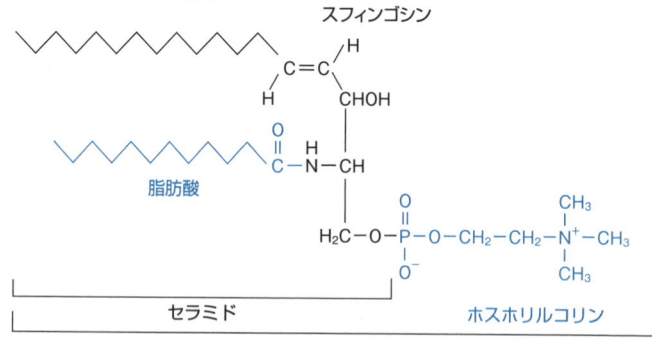

スフィンゴシン
脂肪酸
セラミド / ホスホリルコリン
スフィンゴミエリン

● 図5.4 主なリン脂質 ●

ホスファチジルセリン（phosphatidylserine：PS）：動物細胞の細胞膜の細胞質側に存在する．血液凝固反応の補助因子として働く．また細胞死を起こすと，ホスファチジルセリンは細胞膜表面に露出される．このホスファチジルセリンがマクロファージによって認識される標的分子となり，死んだ細胞はマクロファージによって貪食・除去される．

ホスファチジルエタノールアミン（phosphatidylethanolamine：PE）：細菌に広く存在し，グラム陰性細菌の主要リン脂質である．

リゾリン脂質（lysophospholipid）：リン脂質のグリセロールの1または2位の脂肪酸のいずれかが加水分解されているもの．リン脂質代謝で重要なリゾホスファチジルコリン（リゾレシチン）は溶血活性や酵素の活性化などの作用がある．

カルジオリピン（cardiolipin）：ホスファチジン酸2分子がグリセロール分子で架橋した構造をもつ．

〔2〕スフィンゴリン脂質

スフィンゴリン脂質は，スフィンゴイドをもったリン脂質の総称である．スフィンゴイドのアミノ基に脂肪酸がアミド結合した部分を**セラミド**（ceramide）と呼ぶ．代表的なスフィンゴリン脂質である**スフィンゴミエリン**（sphingomyelin：SM）はセラミドの末端の水酸基にホスホリルコリンがエステル結合したものである［図5.4（b）］．スフィンゴミエリンは，生体内に広く分布するが特に脳・神経組織に多い．

〔3〕グリセロ糖脂質

グリセロ糖脂質は，植物や細菌に多く存在する複合脂質である．2個のガラクトースがジアシルグリセロールに結合したジガラクトシルジグリセリドがよく知られている［**図5.5**（a）］．

〔4〕スフィンゴ糖脂質

動物組織では，グリセロ糖脂質よりも**スフィンゴ糖脂質**（sphingoglycolipid, glycosphingoside）のほうが多く含まれている．セラミド末端のOH基にガラクトースやグルコースなどの六炭糖がβ-グリコシド結合したものがセレブロシド（cerebroside）で，それぞれガラクトセレブロシド，グルコセレブロシドと呼ばれる［図5.5（b）］．セラミドのOH基に，シアル酸を含む六炭糖が連なったオリゴ糖が結合したものが**ガングリオシド**（ganglioside）である．ガングリオシドは主に細胞膜表面に存在し，露出している糖鎖部分が受容体として働いたり，細胞間の直接の認識や情報伝達に働いたりして，生体内で多様な役割を担っている．血液の

第 5 章 脂 質 と 膜

(a) グリセロ糖脂質

ジガラクトシルジグリセリド

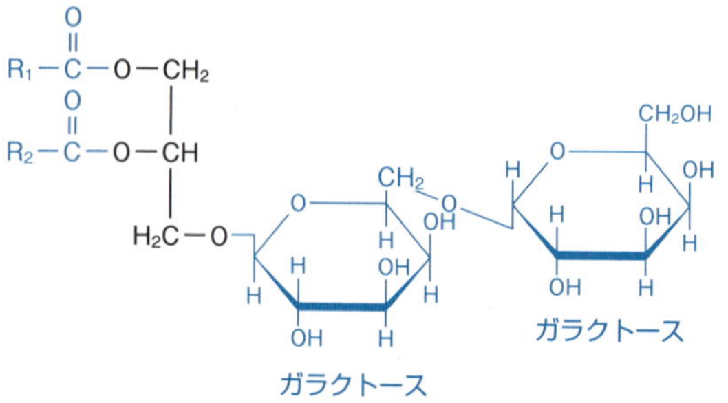

ガラクトース
ガラクトース

(b) スフィンゴ糖脂質

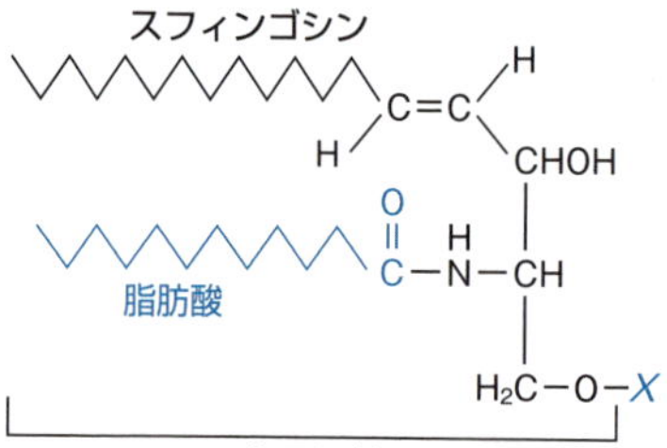

スフィンゴシン
脂肪酸
セラミド

糖脂質の名称	Xの構造
ガラクトセレブロシド	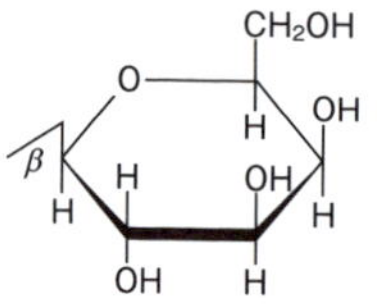 (β-ガラクトース構造)
グルコセレブロシド	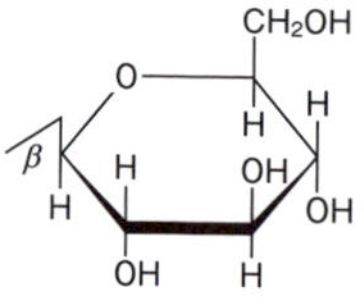 (β-グルコース構造)
ガングリオシド	シアル酸を含む六炭糖オリゴ糖

図 5.5 主な糖脂質

5.2 脂質の種類と構造

ABO 型は赤血球表面にあるスフィンゴ糖脂質の糖鎖の配列によって決まる（→第3章 Column「ABO 式血液型と糖鎖」）．

5.2.3　エイコサノイド（アラキドン酸代謝物）

アラキドン酸は，細胞内の酵素によって代謝されて，多くの生理活性物質に変換される．それらの多くが炭素数 20 であることから，ギリシャ語の 20 を意味する eikosi（エイコサ）に由来して，一連のアラキドン酸誘導体は**エイコサノイド**（eicosanoid）と呼ばれている．エイコサノイドの代表的なものとして，**プロスタグランジン**（prostaglandin：PG），**トロンボキサン**（thromboxane：TX），**ロイコトリエン**（leukotriene：LT）などがある．これらは，**脂質メディエーター**[*2] として，近傍の細胞（パラクライン，傍分泌）または自分自身（オートクライン，自己分泌）に存在する特異的受容体を介して生理作用を発揮する．

　アラキドン酸の遊離は，膜のグリセロリン脂質の 2 位にエステル結合しているアラキドン酸が**ホスホリパーゼ A_2**[*3]（phospholipase A_2：PLA_2）によって加水分解されることで行われる（図 5.6）．遊離したアラキドン酸は，シクロオキシゲナーゼの酵素反応によって PGG_2/PGH_2 に変換され，さらに種々の PG や TX に変換される．またアラキドン酸は，リポキシゲナーゼの酵素反応を介して LT に変換される（図 5.7）．これらの代謝系は**アラキドン酸カスケード**と呼ばれている．

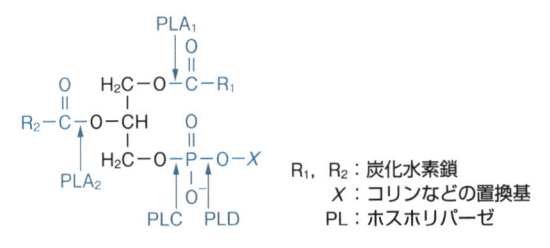

図 5.6　ホスホリパーゼの作用部位

R_1, R_2：炭化水素鎖
X：コリンなどの置換基
PL：ホスホリパーゼ

[*2] 生理活性をもつ脂質をいう．多くは，細胞外に放出され，細胞膜受容体と結合することで作用を発揮する．脂質メディエーターは幅広い生理機能をもっているため，これらの異常は多くの疾患と関連していると考えられている．

[*3] グリセロリン脂質のエステル結合を加水分解する酵素．加水分解するエステル結合の位置によって，PLA_1, PLA_2, PLC, PLD がある．

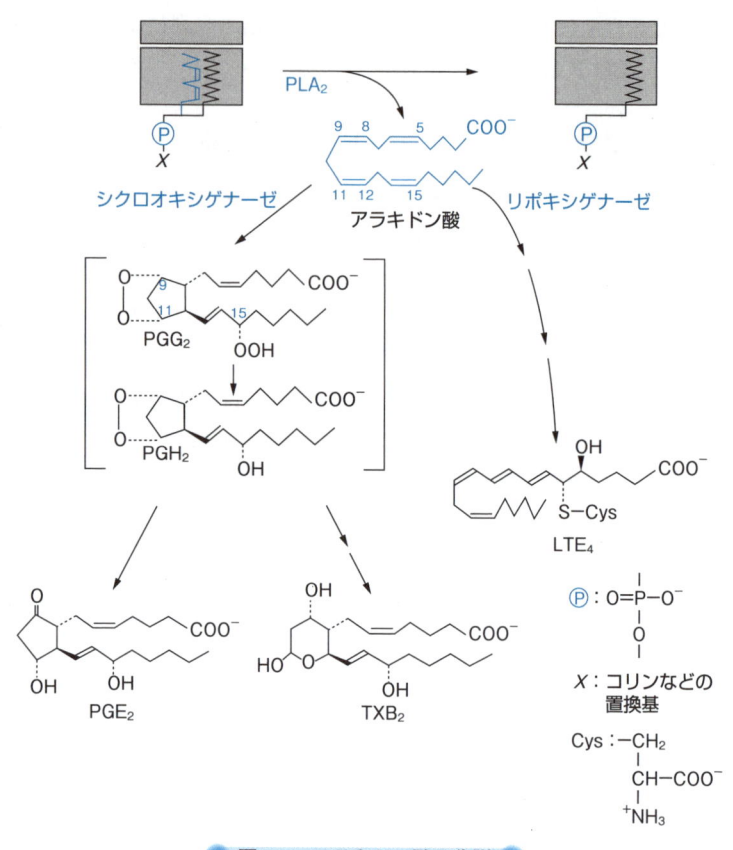

図5.7 アラキドン酸の代謝

5.2.4 その他の生体に重要な脂質

　グリセロリン脂質にPLA$_2$が働くと，脂肪酸が遊離するとともにその残り部分から，リゾリン脂質である**血小板活性化因子**（platelet-activation factor：PAF）や**リゾホスファチジン酸**（lysophosphatidic acid：LPA）が産生されて，それらは脂質メディエーターとして働く．PAFは種々の細胞や臓器で合成され，血小板凝集や白血球の活性化，血管透過性亢進，血圧低下などの作用がある．LPAは細胞増殖作用，細胞運動性促進作用をもつ．

5.3 リポタンパク質

リポタンパク質は，脂質とタンパク質が共有結合または非共有結合した複合体であり，血漿，ミルク，卵黄に含まれている．血漿では，脂質の運搬体として働き，球状のミセル[*4]構造をとり，血漿中のトリアシルグリセロールやコレステロールを運搬する．密度や機能の違いで，以下の4種類に分けられる．

キロミクロン（chylomicron：CM）：密度<0.95 g/ml．食物由来のトリアシルグリセロール，コレステロール（脂質）を小腸から組織に運び，最終的に血中へ運搬する．

超低密度リポタンパク質（very low-density lipoprotein：VLDL）：密度0.95～1.006 g/ml．肝臓で合成されたトリアシルグリセロール，コレステロールを末梢組織に運搬する．

低密度リポタンパク質（low-density lipoprotein：LDL）：密度1.019～1.063 g/ml．血液中のコレステロールを運搬する．

高密度リポタンパク質（high-density lipoprotein：HDL）：密度1.063～1.21 g/ml．コレステロールを組織から肝臓に運ぶ．

5.4 生体膜の分子構築

5.4.1 生体膜の性質

生体膜は粘性をもち，弾力性に富む構造体であり，細胞や細胞内小器官（オルガネラ）の形をつくる．生体膜で区切られた環境を維持して，タンパク質，核酸，イオンなどさまざまな生体物質を保持する役割を果たしている．生体膜は，各種の生体成分に対して選択的透過性をもち，膜内外の組成の差を保つ境界として働いている．そして生体膜を通してそれぞれの区画間での物質・エネルギー・情報などの交換が行われている．このようにして生体の種々の反応を仕切り，必要な部分に物質・エネルギー・情報などを効率良く分配することで生体の恒常性を保っている．

[*4] 両親媒性物質は水溶液中で，疎水性部分を内側に親水性部分を外側に向けた特殊な集合体を形成する．こうなることで，疎水性部分は水分子から隔離され，親水性部分が水分子とよくなじむ．このような集合体をミセルと呼ぶ（→図1.9）．

第 5 章 脂 質 と 膜

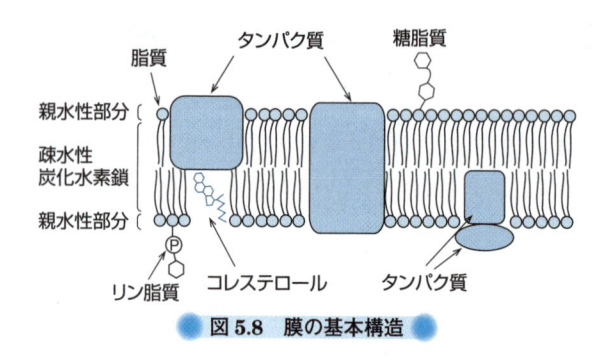

図 5.8 膜の基本構造

　生体膜の主要構成成分である脂質分子は両親媒性であり（→ 1.3.2 項および 5.2.1 項），生体膜では脂質は親水性部分を膜の外側に，疎水性部分を膜の内側に向き合わせた二層構造（**脂質二重層**と呼ばれる）になっている（**図 5.8**）．そのため，親水性部分は膜の外側の水や親水性分子と相互作用している．一方，膜内部の疎水性部分は，酸素，CO_2，窒素などの気体や脂溶性分子と親和性が高い．したがって，これらは膜内部を通過できるが，イオンや極性分子，タンパク質，糖，核酸など多くの高分子物質は通過できない．これらの分子は特殊なタンパク装置を使って生体膜を通過する（→ 第 15 章）．

　生体膜は，脂質二重層を中心として，これにコレステロールやタンパク質（生体膜に存在するものを特に膜タンパク質と呼ぶ → 2.5.2 項）が加わって形成されている．コレステロールは生体膜の柔軟性や弾力性，固さを適度に保つ働きがある．生体膜は適度な流動性をもち，脂質二重層中のタンパク質は浮遊状態にあって動くことができると考えられている．このような理論を「**流動モザイクモデル**」と呼ぶ（1972 年，Singer と Nicolson によって提唱された）．

5.4.2　生体膜を形成する脂質分子

　生体膜の主成分はグリセロリン脂質であり，スフィンゴ糖脂質，コレステロールも構成成分として使われている．生体膜の脂質組成は組織，細胞，細胞内小器官ごとに異なるが，多くはホスファチジルコリンやホスファチジルエタノールアミンなどのグリセロリン脂質で構成されている．また，細胞膜の外側の層にはスフィンゴミエリン，スフィンゴ糖脂質やホスファチジルコリンが多く，内側の層にはホスファチジルエタノールアミンやホスファチジルセリンが多く存在する．組織で比較してみると脳の細胞膜ではセレブロシド，ガングリオシドのスフィンゴ糖脂質が多

い．このように脂質二重層を構成する脂質がそれぞれ異なることが，それぞれの生体膜が特徴をもって機能している理由のひとつである．

5.4.3 生体膜タンパク質

脂質の各成分とともに，**膜タンパク質**が生体膜の多くの機能発現にかかわっている（図5.8）．

機能別に分けると以下のようになる．
① 受容体：細胞外シグナルを細胞内に伝える．
② 酵素：生体の特異的反応を触媒する．
③ チャンネル：特定物質に対する通り道．濃度勾配に従って，濃いほうから薄いほうへ通過させる．
④ ポンプ：特定物質を濃度勾配に逆らって，エネルギーを使って運搬する．
⑤ 輸送担体：糖，アミノ酸などの有機物質の輸送を仲介する．

これら膜タンパク質が生体膜ごとに特異的に存在し，糖脂質とともにそれぞれの膜の機能を特徴づけている．そして，生体膜はマイクロフィラメントと呼ばれる細胞骨格タンパク質と結合することで細胞やオルガネラの形態や細胞内でのオルガネラの位置を維持している．

5.5　シグナル伝達分子としての脂質

　脂質および脂質の代謝産物には，細胞間や細胞内のシグナル伝達にかかわる分子がある．ステロイドホルモン，脂溶性ビタミン，エイコサノイドやPAFは細胞間でのシグナルを伝達する物質として働き，これらは産生細胞から細胞外に放出された後，標的細胞の特異的受容体と結合して，その作用を発揮する．一方，**ホスファチジルイノシトール**関連物質は**細胞内シグナル伝達分子**として働く．細胞間シグナル分子と受容体が結合した後，生体膜でホスファチジルイノシトールが酵素的に代謝され，その産物がシグナル分子として働く．シグナル伝達の詳細については第15章を参照してもらいたい．

第5章 脂質と膜

5.5.1 細胞間でシグナルを伝達する脂質

〔1〕ステロイドホルモン・脂溶性ビタミン

　ステロイドホルモンは，各臓器でコレステロールから産生された後，輸送タンパクと結合することで水溶性となり，安定した状態で血流にのって全身に運ばれる．そして標的細胞内の細胞質にある受容体と結合することで作用を発揮する．また，ビタミンAやビタミンDは細胞膜を通過後，核内受容体と結合したのち作用を発揮する．

〔2〕脂質メディエーター

　エイコサノイド，PAF，LPAなどの脂質メディエーターは細胞膜表面に存在する受容体と結合して，Gタンパク質を介した細胞内シグナル伝達経路を介して，その作用を発揮する（→第15章）．

5.5.2 細胞内でシグナルを伝達する脂質

〔1〕イノシトールリン脂質代謝産物

　細胞膜リン脂質，特にホスファチジルイノシトール［図5.4（a）］が細胞内情報伝達分子として働いている．PI自身は機能をもたないが，イノシトール環の3，4，5位の水酸基がさまざまな組合せでリン酸化されるとシグナル分子として働く．イ

Column　シグナル伝達において注目されている脂質

　スフィンゴシン1-リン酸（sphingosine 1-phosphate：S1P）；スフィンゴ脂質由来の脂質メディエーターで，細胞膜に存在する受容体と結合することで細胞間の情報伝達に働いている．細胞膜受容体，三量体Gタンパク質を介して作用している．これまでに血管内皮細胞の生存/細胞死の調節，一酸化窒素（NO）合成促進による血管拡張，および血管新生などにかかわっていると推測されて，注目を集めている．また，細胞間だけでなく細胞内シグナル伝達にも関与していると考えられている．

　ラフト（raft）；マイクロドメインとも呼ばれる．細胞膜（形質膜）において，スフィンゴ脂質とコレステロールが局所的に集積してできる領域（cluster）をいう．細胞膜を漂ういかだ（raft）に似ていることからラフトと呼ばれている．この部分は飽和脂肪酸を含むリン脂質が多く細胞膜の流動性が少ない部分である．ラフトにはリン酸化酵素など種々の情報を伝達する分子が含まれ，これらの移動や存在状態などを調節して，シグナル伝達のための中継基地として働いていると考えられている（→第15章）．

ノシトール環のリン酸化状態は**リン酸化酵素（ホスファチジルイノシトールキナーゼ）** と**脱リン酸化酵素（ホスホイノシチドホスファターゼ）** によって調節されている．

　イノシトールリン脂質はタンパクの活性を制御するだけでなく，局在や移行も制御している．イノシトールリン脂質の多くは生体膜に存在するが，その部位は偏在している．そしてこれらイノシトールのリン酸化状態は，刺激に応じて時間的にも空間的にも変動する．一方，多くのシグナル分子はホスファチジルイノシトールのリン酸化状態に応じて特異的に結合する部分をもっている．したがって，シグナル分子はリン脂質のリン酸化状態に応じてリン脂質を足場として渡り歩くことで細胞内を移動することができる．

演習問題

Q.1 脂質を分類し，それらについて簡単に説明せよ．
Q.2 必須脂肪酸とはどのような脂肪酸か．その定義と種類を述べよ．
Q.3 ホスホリパーゼ（PL）の種類とその作用を述べよ．
Q.4 細胞膜リン脂質からエイコサノイドが産生されるまでの過程について簡単に述べよ．
Q.5 生体膜の基本的な構造について説明せよ．

参考図書

1. Robert K. Murray, Daryl K. Granner, Peter A. Mayes, Victor W. Rodwell 著，上代淑人 監訳：ハーパー・生化学　原書25版，丸善（2001）
2. B. Alberts 他 著，中村桂子，松原謙一 監訳：細胞の分子生物学　第4版，Newton press（2004）
3. 水島　裕，塩川優一 編：炎症と抗炎症療法，医歯薬出版（1982）

第6章
酵　　素

本章について

　酵素は生体における化学反応のほとんどを触媒しており，生命現象は酵素が触媒するさまざまな化学反応の全体であると考えることができる．また，酵素は産業や医療，研究に広く利用されている．つまり，酵素反応の理解は生化学の中心をなすと同時に，応用面からも非常に重要であるといえる．本書でも各章でさまざまな酵素が登場するが，特に本章では，酵素反応の数式的な扱いや実験上の注意点も含めて，酵素全般にかかわる基本的な事がらを扱う．

第6章　酵　　　素

6.1　酵素の性質と触媒機構

6.1.1　酵素分子とその構造

酵素（enzyme）は触媒機能をもつタンパク質で，生物の細胞内でつくられる．それぞれの働きに応じて，細胞外に分泌されるものもあり，細胞内の特定部位に局在するものもある．酵素の構造の一例として，図6.1 にニワトリの卵白に含まれるリゾチームの構造を示した．リゾチームは立体構造が最初に明らかにされた酵素であり，129個のアミノ酸残基からなる小型のタンパク質で，細胞壁を構成する多糖類を分解する．リゾチームの構造を見ると，活性部位がくぼみとしてはっきりと確認できる．酵素は一般に，熱，酸，アルカリ，有機溶媒，および界面活性剤などに

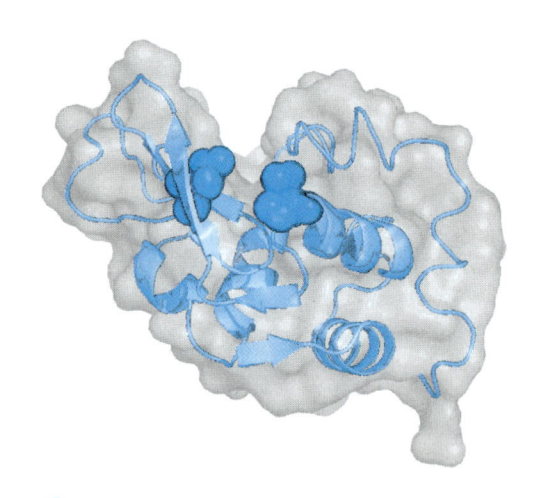

図6.1　ニワトリ卵白リゾチームの立体構造

紐状の部分はタンパク質の主鎖で，α ヘリックスと β シートがコイルと矢印で強調してある．図の上側に見えるくぼみは，基質が結合する活性部位である．活性部位で触媒反応に直接かかわる2個のアミノ酸（アミノ末端から35番目のグルタミン酸，Glu35 と，52番目のアスパラギン酸，Asp52）は強調して球で示してある．Protein Data Bank のエントリーコード 4LYZ に基づき，タンパク質の構造描画ソフト PyMOL を用いて作成．

弱く，実験室での取扱いには注意を要する．なお，触媒機能をもつRNAがあるが，これは**リボザイム**といわれ，通常，「酵素」には含めない．

　酵素が働きかける物質を**基質**（substrate）という．酵素分子には，基質が結合して触媒反応を起こす部分がある．その部分を**活性部位**（active site）という．活性部位の構造は基質分子の構造と**相補的**である．すなわち，基質が凸の形をしているとすれば，酵素の活性部位はこれに対応して適切な凹の形をしている（**図6.2**）．

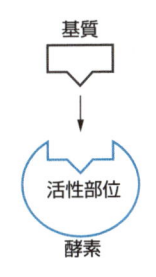

図6.2　酵素と基質

酵素分子の活性部位と基質は，相補的な構造をしている．

　酵素学開拓者の一人である**エミール・フィッシャー**（E. Fischer）は，基質と酵素の構造のこのような関係を，「鍵と鍵穴」になぞらえた．正しい形の鍵（基質）だけが鍵穴（酵素の活性部位）にきちんと入って機能する．実際の酵素分子は柔軟であって鍵穴のように固くはなく，基質の結合によって活性部位がより相補的な形に変化すると考えられる［これを**誘導適合**（induced fit）という］．その点に留意すれば，「鍵と鍵穴」のイメージは基本的には適切である．

　金属イオンや小型の有機分子など，非タンパク質性の**補因子**（cofactor）を必要とする酵素も多くある．補因子が結合して酵素活性をもつものを**ホロ酵素**（holoenzyme），また補因子が結合しておらず活性をもたないものを**アポ酵素**（apoenzyme）という．補因子が有機分子の場合は特に**補酵素**（coenzyme）という．補酵素には，**NAD**，**FAD**など数多くの種類がある．ビタミンはしばしば補酵素の前駆体（その物質が作られる直前の状態の物質）である（→第7章）．

6.1.2　酵素の特異性

　酵素は，基質となる分子を適切に識別するという性質をもつ．例えばリパーゼは脂質に，アミラーゼはデンプンやアミロースに対してのみ働きかけることができるが，逆にリパーゼはデンプンには働かず，アミラーゼは脂質には働かない．すなわち酵素はそれぞれ，特定の物質（基質）だけに作用する．これを**基質特異性**（substrate specificity）という．酵素によっては基質の構造を厳密に認識するものもあるし，類似した構造をもつ複数の物質を基質にするものもある．基質に立体異性体がある場合は，その一方だけを基質とする．

　また酵素は，特定の反応だけを触媒する．これを**反応特異性**（reaction

specificity）という．グルコースオキシダーゼとグルコキナーゼはどちらも D-グルコースを基質とするが，前者は酸化を，後者はリン酸化を触媒する．

6.1.3　酵素の分類と名称

現在およそ 4 000 種類の酵素が知られており，これらは基質特異性と反応特異性によって系統的に分類されている．通常用いられる大分類を表 6.1 に示す．

すべての酵素は，酵素委員会（Enzyme Commission）が付けた酵素番号である **EC 番号**をもっている．これは 4 組の数字からなり，最初の数字が表 6.1 の大分類番号を示す．例えば α-アミラーゼの EC 番号は 3.2.1.1 であり，最初の 3 が「加水分解酵素」を示し，続く数字が順次，より細かい分類を表す．「酵素の種類」という場合は，EC 番号で区別される性質を指す．ただし，EC 番号はひとつひとつの酵素タンパク質分子を特定するものではなく，同じ基質に対し同じ反応を触媒する酵素グループに対して付けられる区分である．

表 6.1　酵素の分類

大分類番号	酵素の種類
1	オキシドレダクターゼ（酸化還元酵素）
2	トランスフェラーゼ（転移酵素）
3	ヒドロラーゼ（加水分解酵素）
4	リアーゼ（除去付加酵素）
5	イソメラーゼ（異性化酵素）
6	リガーゼ（合成酵素）

6.1.4　酵素分子の多様性とアイソザイム

上に述べたように，同じ EC 番号をもつ酵素であっても，生物の種が異なる場合などには，タンパク質の一次構造が異なることが多い．そのため，酵素タンパク質を特定する際には，「ニワトリ卵白の」リゾチームなどと，その給源を明示する方法を取っている．

一次構造が異なれば，必然的に触媒としての効率や耐熱性などの性質も異なってくる．酵素を実用的に用いる場合には，同じ反応を触媒する酵素であっても，より使いやすいものを見つけることが重要となる．例えば，今日の分子生物学研究に欠くことのできない **PCR**（polymerase chain reaction）**法**（→ 14.2 節および付録「実験キットの生化学」4.）は，耐熱性が非常に高い DNA 合成酵素を，温泉に生

息する微生物から見つけたことが重要な契機となった．

他方，同一生物種において，同じ反応を触媒する複数種の酵素が存在することがある．これらの酵素を**アイソザイム**（isozyme）という．アイソザイムはそれぞれ異なった性質と一次構造をもっているが，機能はほぼ同じである．これらは細胞の種類，細胞内で局在する場所，発生の段階などに応じて使い分けられている．性質を異にするアイソザイムを使い分けることは，生体が酵素反応を制御する重要な手段のひとつである．

6.1.5 触媒の性質

触媒は，それ自身は反応の前後で変化することなく化学反応を速くする物質，と定義される．例えば，化学反応 A → B を考えてみると，反応物質 A は，エネルギー準位の高い**遷移状態**（transition state）を経て生成物 B になる（**図 6.3**）．反応が起こるためには，A が $\Delta G^\ddagger$（**活性化ギブズエネルギー**）を乗り越えるエネルギーをもっていなければならない．触媒は，この山を乗り越えるエネルギーを供給するのではなく，遷移状態のエネルギーを低くして $\Delta G^\ddagger$ を小さくすることで反応を促進する（図 6.3）．室温付近では，遷移状態が 10 kJ/mol 安定化する（エネルギーが小さくなる）と反応速度定数は約 60 倍，また 20 kJ/mol 安定化すると約 3 000 倍というように，$\Delta G^\ddagger$ を小さくすると反応は指数関数的に速くなる．

酵素は効率の良い触媒であり，酵素のない状態に比べて，反応速度をおよそ 10^6 〜 10^{14} 倍速くする．通常の触媒と酵素とを比較すると，反応速度以外にも，次のような違いがある．例えば，白金などの金属触媒は高温・高圧などの条件を必要とする

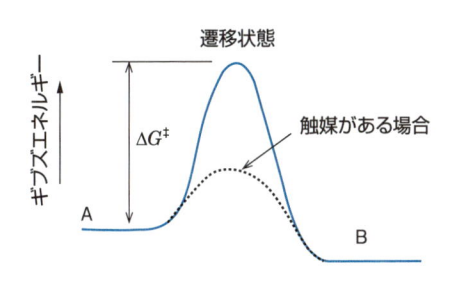

図 6.3 反応の進み方とギブズエネルギー

A → B の反応が起きるとき，エネルギーの高い遷移状態を経る．A と遷移状態のギブズエネルギーの差，$\Delta G^\ddagger$ が反応速度定数を決める．触媒は，遷移状態のエネルギーの高さを低くすることで反応を速める．

第6章 酵　　素

ことが多く，また反応の本来の目的物ではない副生成物もできる．これに対して酵素は，常温・常圧のおだやかな条件できわめて効率的に働き，また副生成物をほとんどつくらない．なお，酵素は，反応の前後で見かけ上の変化はないが，その触媒過程では基質と共有結合をつくる場合があるなど，反応に深くかかわっている．

6.1.6 触媒機構の例

酵素はさまざまな方法で化学反応を触媒している．その一例として，リゾチームについて提唱されている触媒機構を図 6.4 に示す．Glu35 と Asp52 のカルボキシ基が，触媒反応に直接関与する**触媒基**（catalytic group）である．酵素の触媒作用

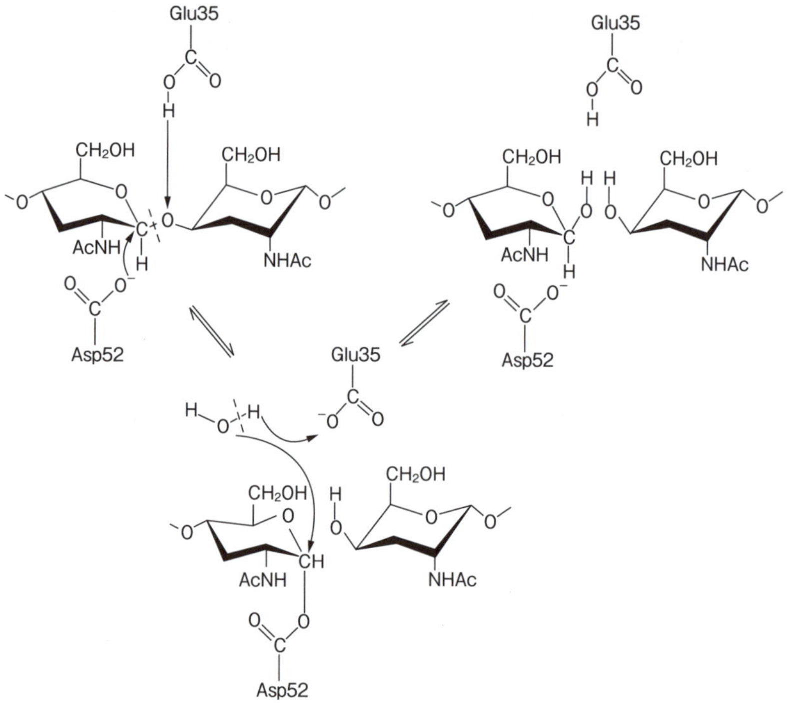

図6.4　ニワトリ卵白リゾチームの反応機構

酵素・基質複合体の，加水分解反応が起こる部分の主要原子または原子団のみを表示している．Vocadlo ら *Nature* 412, 835-838（2001）に基づいて作成．加水分解反応は左から右へ進む．Ac はアセチル基（CH$_3$CO-）．

の解明には，自然科学の多くの分野にわたる知識と実験手段が必要であり，詳しい反応機構が明らかになっている酵素は必ずしも多くない．リゾチームの反応機構についても，1967年に最初に提唱されてから現在に至るまで研究が続けられている．

6.2　酵素反応速度論

6.2.1　酵素反応の速度

本節では酵素反応の速度と基質濃度との関係を主に論ずる．

酵素反応と基質濃度の関係は，工場での製品生産にたとえることができる．人員に対して材料が十分量に達しない場合，製品ができ上がっていく速さは材料の量に比例する．しかし材料が十分量に達すると，工場はフル稼働となる．いくら材料が増えようとも，人員の能力以上の働きはできないため，生産量は一定となる．酵素反応の場合もこれと似て，基質濃度が低い領域では反応速度は基質濃度に比例して速くなるが，基質濃度が高くなるにつれて反応速度は一定値に近づく（図 **6.5**）．

自然界では基質濃度と酵素濃度はさまざまだが，実験室や工場などで酵素反応を行う場合は一般に，酵素濃度は基質濃度に比べて無視できるほど低い．このことを「基質（濃度）が大過剰である」という．酵素反応の速度は温度，pH，イオン強度などに大きく依存するので，実験を行う場合は緩衝液を用いたり恒温装置を用いた

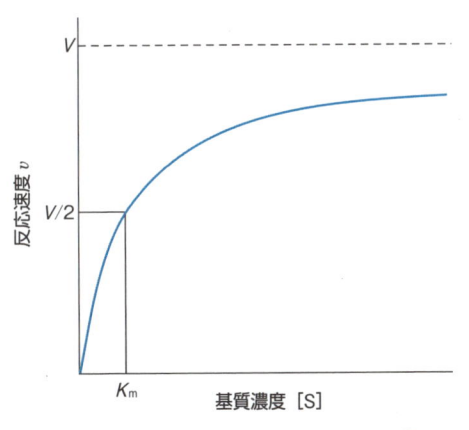

● **図 6.5　反応速度と基質濃度の関係** ●

最大速度 V の半分の値となる基質濃度がミカエリス定数 K_m である．

りして，これらを一定にする．本章の以下の記述では，基質は酵素に対して大過剰であり，温度やpHなどの条件は一定であるものとする．

6.2.2 ミカエリス・メンテンの式

基質濃度大過剰の条件では，基質濃度を一定にした場合，酵素反応の速度は通常，単純に酵素濃度に比例する．

酵素濃度（酵素の総濃度）$[E]_0$を一定にして，基質濃度$[S]$を変えると，反応速度vは多くの場合，次のように表される．

$$v = \frac{V[S]}{K_m + [S]} \tag{6.1}$$

これはもっとも基本的な式であり，最初にこの式を導いた二人の研究者の名を取って，**ミカエリス・メンテンの式**（Michaelis-Menten equation）という．これをグラフにしたものが図6.5である．Vは$[S]$を無限大にしたときに得られるはずのvの値で，**最大速度**（maximum velocity）という．またK_mは**ミカエリス定数**（Michaelis constant）で，酵素と基質の結合のしやすさの目安となる（値が小さいほど結合しやすい）．

$[S] = K_m$では$v = \frac{1}{2}V$であるから，ミカエリス定数は，最大速度の$\frac{1}{2}$を与える基質濃度を意味する．したがって，ミカエリス定数は濃度の単位をもつ．K_mの値は酵素と基質の組合せによって，$10^{-2} \sim 10^{-8}$ mol/l 程度と，広い幅をもっている（mol/lをMと表記することもある．本章では以下この表記を用いる）．

反応速度は酵素濃度に単純に比例するから，最大速度も酵素濃度に比例する．そこで最大速度Vを酵素の総濃度$[E]_0$で割った値をk_{cat}で表し，酵素1分子当たりの活性とする．これを**分子活性**（molecular activity）という．

$$k_{cat} = \frac{V}{[E]_0} \tag{6.2}$$

k_{cat}の単位は，一次反応[*1]の反応速度定数と同じく，s^{-1}（毎秒）である（必要に応じて，min^{-1}なども使われる）．

ミカエリス定数K_mと分子活性k_{cat}は，酵素と基質の組合せに固有の値であり，

[*1] 反応がA→Bのように進む場合，反応速度vはAの濃度$[A]$に比例し，$v = k[A]$と表せる．このような反応を一次反応といい，比例定数kを一次反応の反応速度定数という．vの単位はMs^{-1}であり，$[A]$の単位はMであるから，一次反応の反応速度定数kの単位はs^{-1}である．

温度やpHなどが一定であれば，酵素濃度や基質濃度に依存しない定数である（最大速度Vは酵素濃度に比例するから，定数ではない）．ただし，同じ種類の酵素であってもタンパク質としては異なる場合は，通常これらの定数の値は異なる．

ミカエリス定数K_m，最大速度V，分子活性k_{cat}は，それらが具体的に何を意味するかにかかわらず，基質濃度を変えて反応速度を測定するという実験から求めることができる（6.2.4項）．

6.2.3 ミカエリス・メンテンの機構

酵素の反応機構や，K_m，k_{cat}の具体的内容を考える場合の基礎となるのは，**ミカエリス・メンテンの機構**である．これは酵素反応を，その本質を失わない範囲でもっとも簡略化して表現したもので，次のように表される．

$$E+S \underset{k_{-1}}{\overset{k_{+1}}{\rightleftharpoons}} ES \xrightarrow{k_{+2}} E+P \tag{6.3}$$

k_{+1}，k_{-1}，およびk_{+2}は反応速度定数である．Eは酵素，Sは基質，またPは生成物を表す．ESは通常，酵素と基質が非共有結合で結合した複合体であり，**酵素・基質複合体**（enzyme-substrate complex），あるいは**ES複合体**といわれる．式(6.3)の過程のエネルギー変化を**図6.6**に示す．

Pの生成速度，すなわち酵素反応の速度vはES複合体の濃度に比例するから，

$$v = k_{+2}[ES] \tag{6.4}$$

である．

ES → E + Pの過程は一般に共有結合の切断と形成を伴うため，活性化ギブズエネルギーが大きい（図6.6）．すなわち通常この過程が，酵素全体の反応の速さを決めるもっとも遅い過程（**律速段階**）である．E + S ⇌ ESの過程がk_{+2}の過程に比べて十分に速く，事実上，平衡が成り立っているとする．ここでは，この仮定を「迅速

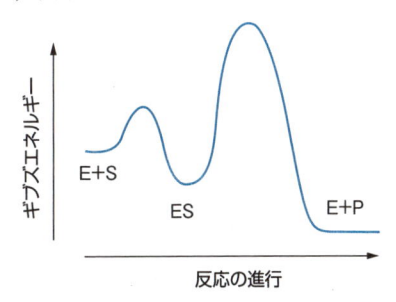

図6.6 酵素反応の進み方とギブズエネルギー

平衡」の仮定ということにする．これは常に成り立つわけではないが，多くの酵素反応で近似的に成り立つ．この場合，ES 複合体ができる速さ $k_{+1}[\mathrm{E}][\mathrm{S}]$ と，その逆反応の速さ $k_{-1}[\mathrm{ES}]$ が等しく，ES 複合体の解離定数[*2]K_s を次のように定義できる．

$$K_\mathrm{s} = \frac{k_{-1}}{k_{+1}} = \frac{[\mathrm{E}][\mathrm{S}]}{[\mathrm{ES}]} \tag{6.5}$$

酵素の総濃度 $[\mathrm{E}]_0$ は，遊離の酵素（基質と結合していない酵素）E と，酵素・基質複合体 ES の濃度の和である．

$$[\mathrm{E}]_0 = [\mathrm{E}] + [\mathrm{ES}] \tag{6.6}$$

式 (6.5) と式 (6.6) から，次式を得る．

$$[\mathrm{ES}] = \frac{[\mathrm{E}]_0[\mathrm{S}]}{K_\mathrm{s} + [\mathrm{S}]} \tag{6.7}$$

これを式 (6.4) に代入することにより，

$$v = \frac{k_{+2}[\mathrm{E}]_0[\mathrm{S}]}{K_\mathrm{s} + [\mathrm{S}]} \tag{6.8}$$

が得られる．

これを式 (6.1) と比較すると，$k_{+2}[\mathrm{E}]_0$ が最大速度 V に対応し，また式 (6.2) ($V = k_\mathrm{cat}[\mathrm{E}]_0$) から，$k_\mathrm{cat}$ が k_{+2} に対応する（$V = k_{+2}[\mathrm{E}]_0$）ことがわかる．つまり，ミカエリス・メンテンの機構に基づいて考えると，分子活性 k_cat は ES 複合体から生成物 P ができるときの反応速度定数である．また式 (6.1) と式 (6.8) の比較から，K_s がミカエリス定数 K_m に対応することがわかる $\left(K_\mathrm{m} = \dfrac{k_{-1}}{k_{+1}}\right)$．すなわち，E + S $\rightleftharpoons$ ES の過程が速い場合は，ミカエリス定数は ES 複合体の解離定数 K_s を表す．k_{+2} の値が大きい場合や，k_{-1} が小さい場合など，迅速平衡の仮定が成り立たない場合，一般的には，$K_\mathrm{m} = \dfrac{k_{-1} + k_{+2}}{k_{+1}}$ である（演習問題 Q.4）．

基質濃度大過剰，すなわち $[\mathrm{E}]_0 \ll [\mathrm{S}]$ であるから，$[\mathrm{ES}]$ の最大値は $[\mathrm{E}]_0$ である．例えば，$[\mathrm{E}]_0 = 1 \times 10^{-9}\,\mathrm{M}$，$[\mathrm{S}] = 1 \times 10^{-5}\,\mathrm{M}$ であるとすれば，$[\mathrm{ES}]$ の最大値は酵素の濃度に制限され，$1 \times 10^{-9}\,\mathrm{M}$ である．したがって，$v = k_{+2}[\mathrm{ES}]$ の $[\mathrm{ES}]$ に，その最大値である $[\mathrm{E}]_0$ を代入した $k_{+2}[\mathrm{E}]_0$ が，v の最大値である V に相当するこ

[*2] A と B が結合して複合体 AB を形成する場合，平衡状態での $[\mathrm{A}][\mathrm{B}]/[\mathrm{AB}]$ の値を解離定数といい，濃度の単位をもつ．値が小さいほど分母が大きいので，結合が強いことを表す．

とになる.

6.2.4 K_mとVの求め方

VやK_mの値は，K_m値をはさむ数点の基質濃度で酵素反応速度を測定し，**図6.7**(a) のようなグラフを描くことで求められる．反応開始後，時間経過とともに基質濃度は減少し，反応速度も減少するから，通常，各基質濃度での実験において，基質濃度があまり減少していない反応初期の速度（**初速度**：initial rate または initial velocity）を求める（演習問題 Q.2, Q.3）.

このような実験データからVやK_mを求めるには，統計機能をもつグラフ作成用ソフトウェアを用いるのがもっとも妥当で便利であるが，「直線プロット」と呼ばれる方法によって求めることも多い．その代表例が**ラインウィーバー・バークのプロット**，または**両逆数プロット**と呼ばれるものである［プロット (plot) は，数値データをグラフ上に描くことを意味する］．式 (6.1) を変形すると

$$\frac{1}{v} = \left(\frac{K_m}{V}\right)\frac{1}{[S]} + \frac{1}{V} \tag{6.9}$$

という，$y=ax+b$ 型の式が得られる（$1/v$ を y, K_m/V を a, $1/[S]$ を x, また $1/V$ を b と見なす）．すなわち，得られたそれぞれの実験データについて，縦軸に $1/v$, 横軸に $1/[S]$ をプロットすると，傾きが K_m/V, y 軸の切片が $1/V$, そして x 軸の切片が $-1/K_m$ の直線を与えることになる［図6.7 (b)］ので，K_mとVの値を簡便に求めることができる．この両逆数プロットはよく用いられるが，[S]とv

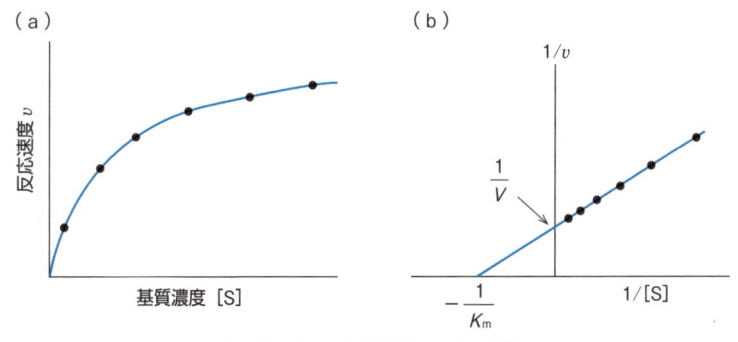

図6.7 K_mとVを求める

● は実験から得られたデータを表す．
(a) 各基質濃度で測定した反応速度（初速度）v を基質濃度 [S] に対してプロット．
(b) 両逆数プロット

それぞれの逆数をとるという性質上，わずかな実験誤差が結果に大きな影響を与えることがあるので，ほかの直線プロットが用いられることも多い（演習問題 Q.5）．

6.2.5　活性の比較と k_{cat}/K_m の意味

同じ種類の酵素であっても，タンパク質として異なると K_m や k_{cat} の値も一般には異なる．二種のアイソザイムAとBがあって，Aは K_m も k_{cat} も小さく，Bはいずれも大きいとすると，反応速度の基質濃度依存性は図 **6.8** のようになる．基質濃度 $[S]_1$ で比較するとAの活性が高く，$[S]_2$ で比較するとBの反応速度が大きい．すなわち，酵素の活性を反応速度で比較する場合には，厳密には測定条件を特定する必要がある．

K_m は酵素・基質複合体の形成のしやすさを表し，その値が小さいほど，すなわち，その逆数 $1/K_m$ の値が大きいほど，低い基質濃度で最大速度に近づく．また k_{cat} は，その値が大きいほど，酵素が基質と複合体を形成したときの反応速度が大きい．したがって，$1/K_m$ と k_{cat} の積の値は酵素の総合的な活性を表す．この値を**特異性定数**（specificity constant）ということがある．酵素活性の比較を行う場合は，この定数の値を用いることが多い．同じ酵素に複数種の基質がある場合，どの基質にもっともよく働くかを比較する場合にもこの値を用いる．

式（6.1）で，基質濃度が非常に低い場合（$[S] \ll K_m$）では，$v = (V/K_m)[S]$ となる．すなわち，反応速度 v を $[S]$ で割った値は V/K_m の近似値と見なすことができ，これを $[E]_0$ で割ると k_{cat}/K_m が得られる．これは k_{cat}/K_m を求める簡便法としてよく用いられる．

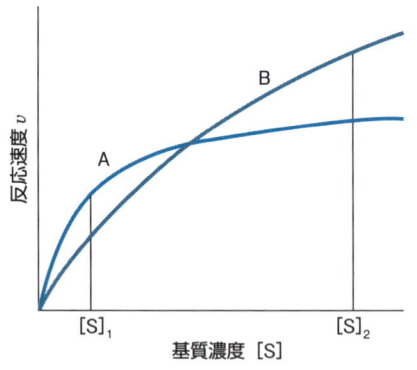

図 6.8　酵素活性の比較

基質濃度 $[S]_1$ ではAの反応速度が大きいが，$[S]_2$ ではBのほうが大きい．

また，$[S] \ll K_m$ では，酵素は ES 複合体をほとんど形成していない．すなわち，$[E]_0 = [E]$ とおくことができる．また，$K_m + [S] = K_m$ であるから，この場合，式 (6.8) で $k_{+2} = k_{cat}$，$K_s = K_m$ とすると，$v = \dfrac{k_{cat}}{K_m}[E][S]$ となり，k_{cat}/K_m は，E と S の二次反応[*3]の反応速度定数と見なせる．

生理的条件（細胞における環境）では，基質濃度がミカエリス定数を超えることはほとんどない（すなわち，$[S] < K_m$ または $[S] \ll K_m$）ので，k_{cat}/K_m は生理的条件での反応速度の目安となる．

なお，k_{cat} や K_m を明らかにできない場合には，**ユニット**（U）または**カタール**（kat）と呼ばれる単位を用いて酵素活性や酵素の量を表す．ユニットは**酵素の国際単位**（international unit of enzyme activity）といわれる単位で，「1 分間に $1\,\mu\mathrm{mol}$ ($1 \times 10^{-6}\,\mathrm{mol}$) の生成物を生成する酵素量」と定義される．また，酵素を含むタンパク質 1 mg 当たりのユニット数を**比活性**（specific activity）という．この単位は，酵素を細胞破砕物などから精製していく場合に精製の程度の目安となる．一方，カタールは **SI 単位系**に基づいた単位で「1 秒間に 1 mol の基質を生成物に転換する酵素活性」と定義される（1 kat = 6×10^7 U）．

6.2.6　酵素反応速度と温度，pH

酵素反応速度は，温度や pH に大きく依存する．もっとも反応速度が大きくなる温度や pH を，それぞれ**最適温度**（optimum temperature），**最適 pH**（optimum pH）という．

〔1〕最適温度

酵素反応は温度上昇とともに速くなるが，高温になるとむしろ反応速度が低下し，ついには全く反応が進まなくなる［図 **6.9**（a）］．温度上昇とともに反応速度が速くなるのは通常の化学反応と同様であるが，高温で速度が低下するのは，酵素タンパク質が**熱変性**[*4]を起こし，活性を失う（**失活**する）からである．

最適温度を求めるには，酵素濃度と基質濃度を一定にしてさまざまな温度で酵素

[*3] A+B → C のような反応の速度 v は，A と B それぞれの濃度に比例し，$v = k[A][B]$ となる．このような反応を二次反応という．反応速度定数 k は $\mathrm{M}^{-1}\mathrm{s}^{-1}$ の単位をもつ．

[*4] 酵素などのタンパク質は高温で立体構造が壊れる．これを熱変性という．多くの酵素は熱変性すると，低温に戻しても変性したままである（すなわち失活している）が，分子量が 1～2 万程度であまり大きくない場合，低温に戻すと構造が天然状態に巻き戻り，活性も戻ることがしばしばある．

反応を行い，一定時間に生産された生成物の量を測定する．この場合，反応時間が短いと酵素の失活が少なく，長ければ多くの酵素が失活するから，反応時間を長く設定するほど，みかけ上，最適温度は低くなる．また基質の結合によって酵素が保護されるため，基質濃度が高いと最適温度も，みかけ上，高くなる．適切な実験によって最適温度を求めることには実用上の利点が多いが，この値は反応の条件に大きく依存するので注意を要する．最適温度ではすでに酵素の熱変性が進み始めていることが多い．

〔2〕最適 pH

pH も酵素活性に大きく影響し，典型的には図 6.9 (b) に示したような，「**釣り鐘型**」になる．最適 pH は，その酵素が使われる生理的な環境の pH に近いことが多い．例えばペプシンは胃で働くタンパク質加水分解酵素であり，その最適 pH が 2 付近であるのに対して，小腸で働くトリプシンの最適 pH は中性である．

このような釣り鐘型曲線を説明する機構としては，酵素活性に関与する二つの解離基の存在を考える（図 6.10）．酵素タンパク質を構成するアミノ酸の側鎖には，カルボキシ基，アミノ基，スルフヒドリル基など，プロトン（H^+）の解離・会合が起こる**解離基**が数多く存在する．そのうちの二つ（X と Y とする）が直接，酵素反応に関与しており，X が解離型（$-COO^-$ のように H^+ が解離している），また Y が非解離型（$-COOH$ のように H^+ が結合している）の場合にのみ，酵素分子に活性があるものとする．卵白のリゾチームでは，X に相当するのが Asp52 のカルボキシ基，Y に相当するのが Glu35 のカルボキシ基である（図 6.1）．

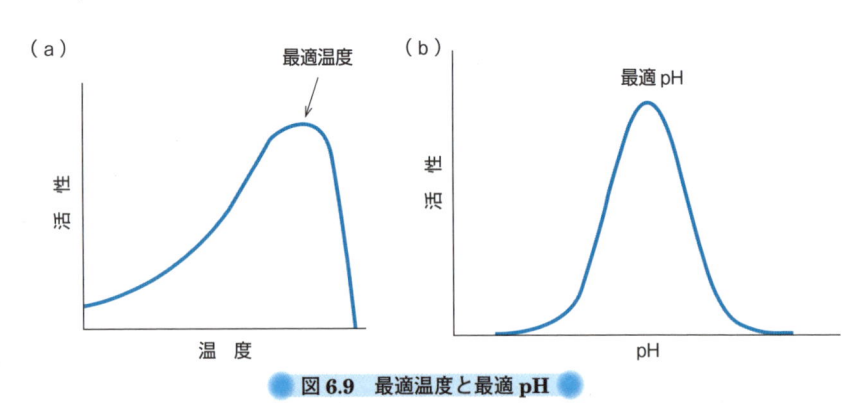

図 6.9 最適温度と最適 pH

(a) 低温側では温度上昇とともに酵素反応速度が大きくなるが，高温では熱変性するので活性は急激に低下する．
(b) 多くの酵素が，「釣り鐘型」の pH 依存性を示す．

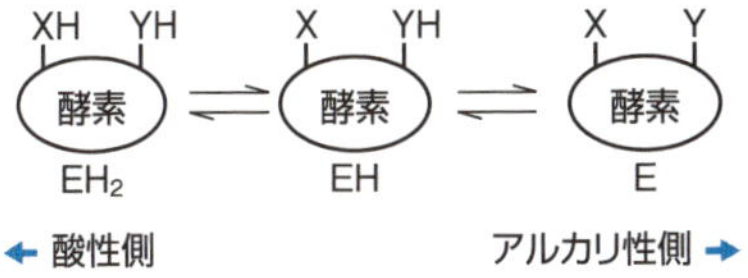

```
   XH  YH       X  YH        X  Y
   ↓↑            ↓↑            ↓↑
  (酵素) ⇌ (酵素) ⇌ (酵素)
   EH₂          EH            E
 ← 酸性側              アルカリ性側 →
```

図 6.10　酵素活性の pH 依存性を説明するモデル

右向きの矢印はプロトンの解離を，また左向きの矢印はプロトンの結合を表す．EH が活性型であるとすると，酸性側やアルカリ性側では EH の濃度が低いので，酵素活性が低い．

X の pK_a[*5] の値が Y の pK_a より小さい，つまり X は Y より酸性側で解離するものとする．酸性側では X と Y どちらも非解離型（これを EH_2 とする），アルカリ性側ではどちらも解離型（E）になり，活性をもたないが，その中間付近では，X が解離，Y が非解離である活性型の酵素（EH）が存在する．酵素活性は活性型酵素 EH の量に比例するから，pH に対して左右対称の依存性を示すことになる．

酵素が酸やアルカリで変性するために，酸性側・アルカリ性側で酵素活性が低下し，見かけ上釣り鐘型の pH 依存性を示すことがある．これは酵素分子が"壊れる"ことに起因するものである．しかし図 6.10 のモデルは，pH の変化で酵素活性の"スイッチ"が入るかどうかという問題であるから，両者を区別しなければならない．

6.3　酵素反応の阻害と調節

6.3.1　阻害剤

酵素に結合して酵素反応のじゃまをする物質を**阻害物質**，あるいは**阻害剤**（英語ではともに inhibitor）という．阻害剤はタンパク質であったり，糖であったり，金属であったりとさまざまである．酵素の阻害は生体での代謝を制御する重要な方法であり，したがって阻害剤は薬にも毒にもなりうる．たとえば，インフルエンザ治療薬のタミフルやリレンザ（いずれも商品名）は，インフルエンザが持つ酵素の阻害剤であるし，美白化粧品にはしばしば，メラニンを生成する酵素の阻害剤が含まれる．また阻害剤は，酵素の構造や反応機構を研究する手段としても重要である．

[*5] 弱酸 HA の解離平衡 $HA \rightleftharpoons A^- + H^+$ の平衡定数 $K_a = [A^-][H^+]/[HA]$ とすると，$-\log K_a$ の値を pK_a で表す．pK_a の値と同じ pH では，その弱酸分子の半数が解離している（→ 1.3.3 項）．

6.3.2 さまざまな阻害の形式

阻害剤による阻害は,酵素への結合の仕方や,V, K_m への影響からいくつかのパターンに分けられる.ここでは主に,阻害剤が酵素へ可逆的に結合する(結合したり解離したりする)場合を扱う.

〔1〕拮抗阻害

酵素の活性部位に可逆的に結合する物質は,活性部位に基質が結合することをじゃまする.この場合,阻害剤と基質は,いす取りゲームのように酵素の活性部位を奪い合う[図 6.11(a)].これを**拮抗阻害**,あるいは**競争阻害**(英語ではいずれも competitive inhibition)という.基質と似た構造をもつ分子は拮抗阻害剤であることが多い.

阻害剤が存在するときの反応の全体は次式のように表せる.I は阻害剤である.

$$\begin{array}{c} E+S \rightleftharpoons ES \longrightarrow E+P \\ + \\ I \\ K_i \updownarrow \\ EI \end{array} \qquad (6.10)$$

酵素の総濃度 $[E]_0$ は,

$$[E]_0 = [E] + [ES] + [EI] \qquad (6.11)$$

である.ここで $[EI]$ は,酵素・阻害剤複合体 EI の濃度であり,その解離定数は次式で表される.

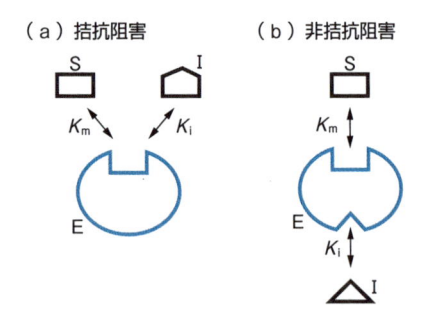

● **図 6.11 酵素分子への阻害剤の結合** ●

K_i は,酵素・阻害剤複合体の解離定数.

6.3 酵素反応の阻害と調節

$$K_\mathrm{i} = \frac{[\mathrm{E}][\mathrm{I}]}{[\mathrm{EI}]} \tag{6.12}$$

　この解離定数K_iを阻害物質定数ということがある．この値が小さいほど酵素への結合が強く，低い濃度で酵素反応を効率的に阻害する．
　$v=k_{+2}[\mathrm{ES}]$として反応速度vを求めると次式が得られる．

$$v = \frac{V[\mathrm{S}]}{K_\mathrm{m}\left(1+\dfrac{[\mathrm{I}]}{K_\mathrm{i}}\right)+[\mathrm{S}]} \tag{6.13}$$

　VとK_mは阻害剤が存在しない場合の最大速度とミカエリス定数である．濃度$[\mathrm{I}]$の阻害剤が存在すると，見かけ上，ミカエリス定数が$(1+[\mathrm{I}]/K_\mathrm{i})$倍になるが，最大速度は変化しない[図 6.12 (a)]．すなわち，阻害剤が存在すると，基質が酵素に結合しにくくなるが，いったん酵素・基質複合体 ES を形成すれば，反応は阻害剤が存在しない場合と同じように進む．阻害物質定数K_iと同じ濃度の阻害剤が存在すると，ミカエリス定数が見かけ上 2 倍になる［図 6.12 (a) を参照］．両逆数プロットでは，阻害剤が存在すると，y軸の交点（$1/V$）を中心にして反時計回りに直線が回転する［図 6.13 (a)］（演習問題 Q.2）．阻害剤の濃度が増大するに伴って，回転の度合いが大きくなる．

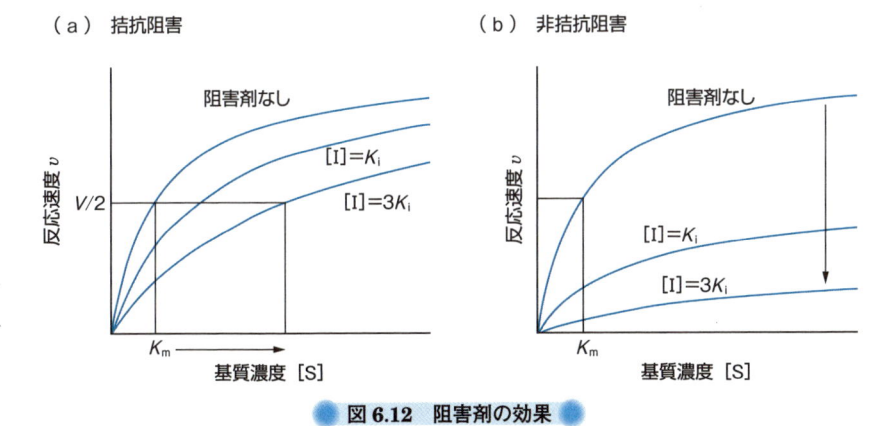

（a）拮抗阻害　　　　　　　　　（b）非拮抗阻害

図 6.12　阻害剤の効果

阻害剤の濃度$[\mathrm{I}]$が増大すると，みかけ上，(a)ではK_mの値が増大し，(b)ではVが減少する．

第6章 酵　素

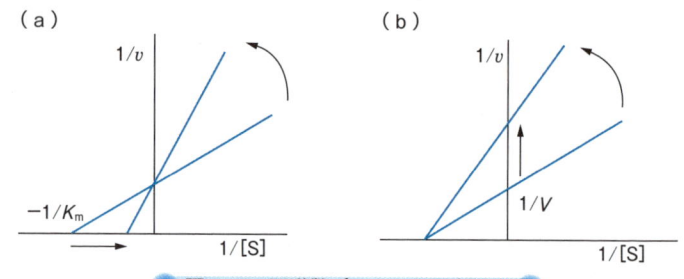

図6.13　両逆数プロットと阻害形式

阻害剤があると，両逆数プロットの直線が回転する．その様子から阻害形式がわかる．
(a) 拮抗型阻害では，V は変わらず，K_m が大きくなるので，横軸の切片（$-1/K_m$）の値が減少して原点に近づく．
(b) 非拮抗型阻害では，K_m は変わらず，V が小さくなるので，縦軸の切片（$1/V$）の値が大きくなる．

〔2〕非拮抗阻害

阻害剤が，活性部位とは異なった部位に可逆的に結合することで，酵素が不活性になる場合がある．基質は，酵素・阻害剤複合体 EI に結合でき，酵素・基質・阻害剤という三重複合体 ESI が形成される［図 6.11 (b)］．この三重複合体は不活性で，生成物を生じない．

$$\begin{array}{c} E + S \rightleftharpoons ES \longrightarrow E+P \\ +\quad\quad\quad + \\ I\quad\quad\quad\, I \\ K_i \updownarrow\quad\quad K_i' \updownarrow \\ EI + S \rightleftharpoons ESI \end{array} \tag{6.14}$$

このような阻害を**非拮抗阻害**あるいは**非競争阻害**（英語ではいずれも non-competitive inhibition）という．この阻害の特徴は，基質と阻害剤が互いに無関係に酵素分子に結合できることである．すなわち，

$$K_i = \frac{[E][I]}{[EI]} \quad \text{および} \quad K_i' = \frac{[ES][I]}{[ESI]} \tag{6.15}$$

とすると，$K_i = K_i'$ である．酵素の総濃度 $[E]_0$ は $[E]+[ES]+[EI]+[ESI]$ であるから，反応速度 v は次式で表される．

$$v = \frac{\dfrac{V}{\left(1+\dfrac{[I]}{K_i}\right)}[S]}{K_m + [S]} \tag{6.16}$$

非拮抗型の阻害剤が存在すると，ミカエリス定数に変化はないが，最大速度は $1/(1+[I]/K_i)$ に減少する［図 6.12（b）］．これは，酵素に阻害剤が結合することによって酵素が不活性化し，活性のある酵素の濃度が $1/(1+[I]/K_i)$ に減少するためである．阻害物質定数と同じ濃度の非拮抗阻害剤が存在すると，見かけ上，酵素濃度が 1/2 になり，したがって最大速度も 1/2 になる．両逆数プロットでは，x 軸との交点（$-1/K_m$）を中心にして反時計回りに回転する［図 6.13（b）］．

〔3〕その他の阻害形式

阻害剤が，遊離の酵素には結合できないが，酵素・基質複合体には結合して不活性な三重複合体を形成する場合，これを**不拮抗阻害**あるいは**不競争阻害**（英語ではいずれも uncompetitive inhibition）という．この阻害では，K_m も V もいずれも減少するが，両者の変化の割合は同じであり，V/K_m の値は変化しない．

また阻害剤が，遊離の酵素にも酵素・基質複合体のいずれにも結合するが，結合の強さが異なる場合がある．すなわち式（6.15）で，$K_i \neq K_i'$ の場合は，V，K_m，および V/K_m いずれの値も変化する．これを**混合阻害**（mixed inhibition）と呼ぶことがある．さまざまな阻害が，見かけ上，V，K_m，および V/K_m にどのように影響するかを**表 6.2** にまとめる．

表 6.2　阻害の形式と，K_m，V への見かけの効果

阻害の形式	K_m	V	V/K_m
拮抗阻害	増大	不変	減少
非拮抗阻害	不変	減少	減少
不拮抗阻害	減少	減少	不変
混合阻害	増大	減少	減少

以上の阻害はいずれも阻害剤が酵素に可逆的に結合する場合であるが，阻害剤が不可逆的に酵素に結合して酵素を失活させる場合がある．例えば，解熱剤のアスピリンや抗生物質のペニシリンは，それぞれが阻害する酵素に不可逆的に結合して失活させる．

〔4〕阻害剤が結合する部位と阻害の形式

阻害剤が酵素の活性部位に結合する場合は，その阻害形式は式（6.10）で表される．他方，阻害剤が基質結合部位とは異なる部位に結合する場合でも，酵素・阻害剤複合体 EI に基質が結合できず，酵素・基質・阻害剤三重複合体が形成されない場合，反応機構はやはり式（6.10）で表され，見かけ上，拮抗阻害と同じである．

第6章 酵素

つまり，阻害形式が拮抗型であっても，阻害剤が活性部位に結合するとは断定できないので注意が必要である．

6.3.3 酵素反応の調節

[1] アロステリック酵素とフィードバック阻害

　ひとつのタンパク質や酵素に同一種類の低分子物質や基質が複数結合するような場合，その結合や酵素活性に**協同性**（cooperativity）が見られることがある．酸素分子のヘモグロビンへの結合はその一例で，ヘモグロビンに4か所ある酸素結合部位のひとつに酸素分子が結合すると，ヘモグロビンの四次構造が変化し，ほかの部位にも酸素が次々と結合するようになる（→ 2.5.3 項）．このような現象は**アロステリック効果**[*6]（allosteric effect）と呼ばれ，アロステリック効果を示す酵素は**アロステリック酵素**（allosteric enzyme）と呼ばれる．アロステリック酵素はほとんどの場合オリゴマーで，複数のサブユニットからなっている．このアロステリック効果は，生体における酵素活性の調節機構のひとつである．

　アロステリック酵素のvと[S]の関係は，図6.5のような飽和曲線型ではなく，図 **6.14** に示すような**S字型**（シグモイド）になる．通常の飽和曲線型では，基質濃度が低い領域では基質濃度の増大に伴って反応速度が直線的に大きくなる．これ

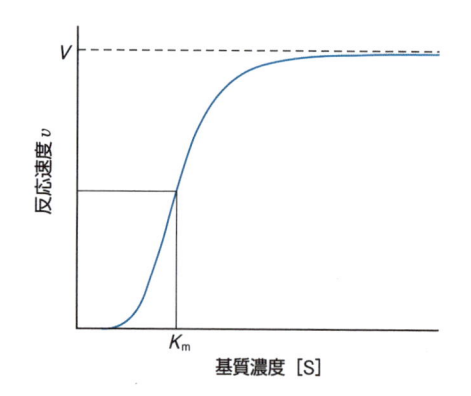

図 6.14　アロステリック酵素の活性の基質濃度依存性
飽和曲線型ではなく，S字型（シグモイド）である．

---

*6　アロステリック効果とは，本来，「低分子物質が基質の結合部位と異なった部位に結合することにより，酵素活性が変化する現象」を指す用語であった．その後，本文で述べた協同現象に対してもこの用語が使われるようになった．

に対してアロステリック酵素では，基質濃度が低いと反応速度が小さく，ミカエリス定数の前後で反応速度が急に増大するのが特徴である．すなわち，アロステリック酵素は，ミカエリス定数前後の基質濃度で酵素反応がオフ・オンになるように振る舞う．ただし，このような違いはあるものの，アロステリック酵素に関しても，ミカエリス定数の定義は「最大速度の1/2となる基質濃度」である．

生体では，ある酵素反応の生成物が次の酵素反応の基質になるなど，一連の秩序だった代謝経路を形成している．アロステリック酵素は，一連の代謝経路における始発点や分岐点など，重要な点の反応を担っていることが多い．よく知られた例のひとつは，アスパラギン酸トランスカルバモイラーゼ（ATCase, ATCアーゼ）で，この酵素は触媒活性をもつサブユニット6個と活性を調節する機能をもつサブユニット6個からできており，シチジン三リン酸（CTP）の合成経路の最初の段階を触媒する．この反応の基質濃度依存性は，図 **6.15** の「酵素のみ」の曲線に示すように弱いS字型であり，ミカエリス・メンテン型の飽和曲線とは異なる．

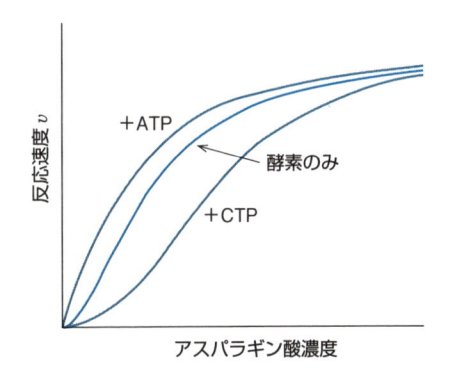

図 6.15 アスパラギン酸トランスカルバモイラーゼに対するCTPの効果

酵素のみの場合は，基質濃度に対して，ややS字型の依存性を示すが，CTPが共存するとその性質が強くなり，低い基質濃度での反応速度が小さくなる．ATPが共存すると飽和曲線型に近くなり，酵素を活性化する．

ATCアーゼが触媒する反応から6段階を経て，最終生成物であるCTPが合成される．CTPは，一連の反応の最初の段階を触媒するATCアーゼの調節サブユニットに結合してATCアーゼを阻害し，CTPをそれ以上合成しないようにする（図 **6.16**）．これは，温度が上がるとヒーターのスイッチを切るサーモスタットの働きと似ている．このような阻害を**フィードバック阻害**（feedback inhibition）とい

```
        カルバモイルリン酸
              +                       N-カルバモイル
        アスパラギン酸    ATCアーゼ    アスパラギン酸

                          │阻害
                          ↓
                      シチジン三リン酸
                          CTP
```

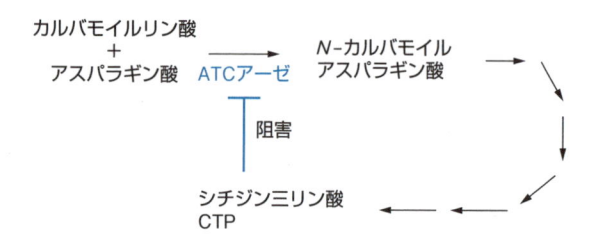

図 6.16 アスパラギン酸トランスカルバモイラーゼの CTP によるフィードバック阻害

アスパラギン酸トランスカルバモイラーゼ（ATC アーゼ）が触媒する反応から 6 段階を経た最終生成物であるシチジン三リン酸 CTP が，この酵素の活性調節サブユニットに結合して反応を阻害し，CTP の生成を抑える．

う．これもまた，生体における酵素活性調節の重要な手段のひとつである．

CTP による阻害は拮抗型や非拮抗型などの単純な阻害ではなく，図 6.15 に示したように，ミカエリス定数を大きくし，また S 字型の性質（シグモイド性）をより強くすることで，基質濃度が低い側での反応速度の低下を起こし，酵素をオフの状態にする．結晶構造解析の結果から，CTP が調節サブユニットに結合することで ATC アーゼの高次構造が変化し，シグモイド性が大きくなる機構が詳しく調べられている．なお，ATP も ATC アーゼに結合するが，ATP はシグモイド性を弱めてより飽和曲線型に近づけ，低基質濃度での活性を大きくする働きをする（図 6.15）．この場合，ATP は **活性化剤**（activator）として働いている．

〔2〕**酵素活性の調節**

生体における酵素活性の調節機構として，細胞の種類や発生段階などに応じてアイソザイムを使い分ける機構や，フィードバック阻害があることはすでに述べたが，これらのほかにも重要な酵素活性の調節法がある．ひとつは酵素誘導といわれるもので，必要に応じて酵素を生合成する方法である．例えば，グルコース（ブドウ糖）を含みラクトース（乳糖）を含まない状態で生育した大腸菌にラクトースを与えても，当初はこれをエネルギー源として利用すること（資化）ができないが，グルコースがなくなるとラクトースを資化する一群の酵素がつくられる．しかしラクトースが消費されてしまうと，再びそれらの酵素の合成も止まる．酵素誘導による酵素活性の調節は，遺伝子発現の調節を介して実現する．したがって，酵素誘導は一般に，アロステリック酵素やフィードバック阻害を介した調節よりも時間がかかる．

演習問題

　酵素分子に特定の分子を共有結合させたり，酵素分子の共有結合を切断したりすることで酵素活性を調整する方法もある．例えば，細胞内では多くの酵素がリン酸化・脱リン酸化によって活性の調整を受ける．この機構は，リン酸化によって酵素タンパク質のコンホメーションが大きく変化する（変成ではないが高次構造が変形する）ことを利用している．リン酸化を担う酵素を**キナーゼ**（kinase）といい，多くの種類が知られている．真核細胞の分裂，ホルモンや神経伝達物質によるシグナル伝達などでは，一連の酵素タンパク質にリン酸化が起こることが多い（→第15章）．

　このほか，プロテアーゼによる限定的分解を受けてはじめて活性を発現する酵素がある．例えば，細胞外に分泌されるキモトリプシンは，まず2個のジスルフィド結合をもつ1本のポリペプチドとして合成される．これはキモトリプシノーゲンといわれ，酵素活性をもたない．しかし，キモトリプシノーゲンは加水分解を受けて3本のポリペプチド鎖となり，それらがジスルフィド結合でつながると，活性をもつ酵素，αキモトリプシンとなる（通常，これを単にキモトリプシンという）．キモトリプシノーゲンのような酵素前駆体を一般に**プロ酵素**（proenzyme），または**チモーゲン**（zymogen）という．

演習問題

Q.1 次の文章の空欄を適切な語句で埋めよ．

　酵素は，物質としては (a) であり，その機能は (b) である．金属イオンや小型有機物質を必要とする酵素も多くある．これら酵素の働きを助ける物質を一般に (c) といい，それが小型有機分子の場合は特に，(d) という．

　酵素が働きかける対象の物質を (e) という．酵素分子には，(e) が結合して触媒反応を起こす (f) という部分がある．

　酵素は特定の (e) だけに働き，また，特定の反応だけを触媒する．前者の性質を，(g) ，また後者の性質を (h) という．

　一定の温度，pH，イオン強度で，酵素濃度を一定にした場合，一般に，基質濃度の増大に伴って反応速度は飽和曲線的に大きくなり，次第にある一定値に近づく．その一定値を (i) といい，その値の1/2となるときの基質濃度を (j) という．(i) の値を酵素の濃度で割った値を (k) という．

　基質濃度と反応速度の関係が，一般的な飽和曲線型ではなく，S字型を示す酵素がある．このような酵素を (l) という．

第6章 酵素

[m] は，酵素に結合して酵素反応速度を低下させる．基質と競争するように酵素の活性部位に可逆的に結合する場合を [n] 阻害という．また酵素の活性部位以外の部位に結合して酵素を不活性化する（ただし，基質が酵素に結合することを妨げない）場合を [o] 阻害という．

一連の酵素反応の最終生成物が，最初の段階や分岐点など重要な段階の酵素反応を阻害する場合がある．これを [p] 阻害という．

Q.2 基質と酵素の溶液を混合して反応を開始したところ，生成物の濃度 [P] が時間経過とともに下記のように増大した．このときの反応速度 v を有効数字 2 桁で求めよ．この間，基質はまだほとんど分解されず，基質濃度は一定であるとする．すなわち，原点を通る直線の傾きを反応初速度であるとする．

時間 /min	0	1	2	3	4	5
[P] /μM	0	0.45	1.1	1.5	2.1	2.5

Q.3 ある酵素反応で，基質濃度 [S] を種々変えて反応速度 v を測定したところ，以下のような結果が得られた．酵素濃度は 1.0 nM（1.0×10^{-9} M）である．

[S] /mM	2.0	4.0	8.0	12.5	17.0	20.0	30.0
v/μM min^{-1}	7.50	10.0	13.8	15.8	17.0	17.5	18.0

(1) この結果をグラフ用紙に表し，ミカエリス定数 K_m と最大速度 V の概値を目分量で求めよ．
(2) 両逆数プロットから，K_m, V, k_{cat} および k_{cat}/K_m を有効数字 2 桁で求めよ．
(3) 1.0 mM の阻害剤を加えて同じ実験を行ったところ，次のような結果となった．この阻害剤の阻害形式を判定し，阻害物質定数 K_i を有効数字 2 桁で求めよ．

[S] /mM	2.0	4.0	8.0	12.5	17.0	20.0	30.0
v/μM min^{-1}	3.10	5.25	8.55	10.5	12.3	12.9	15.0

Q.4 式 (6.3) で，k_{-1} が k_{+2} より十分に速く，$E + S \rightleftharpoons ES$ が平衡と見なせる場合は，ミカエリス定数 K_m は ES 複合体の解離定数に等しく，k_{-1}/k_{+1} であるが，この仮定は常に成り立つとは限らない．より一般的には，

$$K_m = \frac{k_{-1} + k_{+2}}{k_{+1}}$$

である．酵素反応開始後しばらくの間，ES 複合体の濃度が一定である（ES 複合体形成の速度と分解の速度が等しい）として，これを証明

せよ．ES 複合体の分解には二つの方向があることに注意せよ．

Q.5 K_m と V を求める直線プロットのひとつとして，縦軸に $[S]/v$，横軸に $[S]$ をとる方法がある．この場合，各軸の切片や傾きは何を表すかを示せ（統計学的には，このプロットのほうが両逆数プロットより適切であるとされる）．

参考図書

1. A. Fersht 著，桑島邦博ら訳：タンパク質の構造と機構，医学出版（2006）
2. T. D. H. Hugg 著，井上國世 訳：入門 酵素と補酵素の化学，シュプリンガー・フェアラーク東京（2006）
3. 広海啓太郎：酵素反応，岩波書店（1991）
4. 西沢一俊，志村憲助 編：新・入門酵素化学，南江堂（1995）

ウェブサイト紹介

1. http://au.expasy.org/enzyme/ (ExPASy Proteomics Server, Enzyme nomenclature database)
2. http://www.enzyme-database.org/ (ExplorEnz - The Enzyme Database)
3. http://www.ebi.ac.uk/thornton-srv/databases/enzymes/ (Enzyme Structure Database)
4. http://www.brenda-enzymes.info/

これらのサイトでは，酵素番号と酵素名の相互検索や，関連するデータベース情報へのアクセスができる．

第7章
低分子生理活性物質と金属イオン

本章について

　細胞を構成する生物に特有の高分子，いわゆる生体高分子は，大きくタンパク質，糖質，核酸，脂質に分類される．しかし，それらのどの分類にも属さないが重要な生体分子がある．例えば，補酵素は酵素の働きに必要なタンパク質以外の有機化合物である．また，ビタミンは生体高分子以外に，微量だが摂取する必要のある有機化合物として定義される．その他，ある種の金属イオンは細胞内外の電気化学的環境を形成したり，酵素などのタンパク質に結合し，直接あるいは間接的にその働きに関与したりする．本章では，これらの分子を低分子生理活性物質として紹介する．これらは構造的にも機能的にも多様で，本来ひとくくりにできるものではないが，それぞれについてどのようなものが知られているのかを概観し，特に重要なものや研究の進んでいるものを中心にその構造や働きを紹介する．

第7章
低分子生理活性物質と金属イオン

7.1 補酵素とビタミン

7.1.1 補酵素とは

　酵素は生物が生きていくために必要なさまざまな化学反応を触媒する．酵素の実体はタンパク質であるが，その機能を発揮するためにタンパク質以外の因子を必要とするものがある．酵素などの働きに必要なタンパク質以外の低分子を**補因子**（cofactor）と呼び，補因子を結合した状態の酵素を**ホロ酵素**（holoenzyme），結合していないものを**アポ酵素**（apoenzyme）と呼ぶ．酵素の補因子の中でも有機化合物であるものを特に**補酵素**（coenzyme）と呼ぶ．また，**補欠分子族**（prosthetic group）ということばがあるが，これはタンパク質部分に強く結合した補因子を指し，その中にはいくつかの補酵素も含まれる．

　酵素が触媒する化学反応では，電子や原子団が基質から切り取られたり，基質に付与されたりする．補酵素の多くは酵素の活性中心近くに結合し，酵素反応において中心的な役割を果たすが，そのとき，基質から切り出された電子や原子団を一時的に受け取ることが多い．補酵素が酵素に強く結合している場合，受け取った電子や原子団は，同一酵素上で基質のほかの部分やほかの基質に受け渡される．しかし，補酵素と酵素の結合が弱い場合，電子や原子団を受け取った補酵素は，そのまま酵素から解離してしまう．これらの電子や原子団は別の酵素上で別の基質に受け渡される．このような補酵素は，電子や原子団を運ぶ運搬体と見ることもできる．生物が補酵素を使うことの有用性は，20種類のアミノ酸だけでは実現できない精密な活性中心をつくり出すことと，異なる反応経路で生じた電子や原子団を相互に利用することの2点にあるといえる．

7.1.2 補酵素とビタミンの関係

　ビタミン（vitamin）とは，ヒトや動物が摂取する栄養素のうち，糖質，脂肪，タンパク質（アミノ酸）以外に，微量だが必要とされる有機化合物である．ビタミンは生命活動に必須だが自分の体内では合成できない（あるいは，合成が十分でな

い).そのため,ヒトや動物は植物や微生物が合成したものを取り込み利用している.ヒトにとってのビタミンは現在13種類の物質(群)が知られており,大きく水溶性ビタミンと脂溶性ビタミンに分類される.水溶性ビタミンには**ビタミンB群**に属する8種類(B_1, B_2, ナイアシン, パントテン酸, B_6, B_{12}, ビオチン, 葉酸)と**ビタミンC**があり(図7.1),脂溶性ビタミンには**ビタミンA**,**ビタミンD**,**ビタミンE**,**ビタミンK**の4種類がある(図7.2).先に述べたように,補酵素はその機能によって定義されているが,ビタミンは栄養学的に定義されている.これらの定義のうえでは,両者には,有機化合物であること以外に共通点がない.しかし,実際にはビタミン(特に水溶性ビタミン)の多くが補酵素の前駆体である.体内に取り込まれたこれらのビタミンを材料にして,補酵素が合成され,物質代謝や,エネルギー代謝に働いている.

7.1.3 水溶性ビタミンとその補酵素作用

水溶性ビタミン9種類は,ほぼすべて補酵素の前駆体であり,生体内の物質代謝や,エネルギー代謝に重要な働きをしている.

エネルギー代謝にかかわる補酵素として,**ナイアシン**(niacin,ニコチン酸とニコチンアミドの総称)を前駆体とする**ニコチンアミドアデニンジヌクレオチド**(nicotinamide adenine dinucleotide:NAD^+)がよく知られている[図7.1 (a)].NAD^+は非常に多くの酵素とともに働き,H^-[プロトン(H^+)と電子二つ($2e^-$)からなる]の転移にかかわる.例えば,グリセルアルデヒド3-リン酸デヒドロゲナーゼや,リンゴ酸デヒドロゲナーゼなど,解糖系やクエン酸回路の酵素の働きで,呼吸基質からH^-を受け取り,その電子をNADH-ユビキノンレダクターゼ複合体(呼吸鎖複合体I)に受け渡すことで,呼吸基質の酸化とATPの合成を共役させている(→第9章,図9.7,図9.8).

一方で,NAD^+にリン酸基がひとつだけ付いた**ニコチンアミドアデニンジヌクレオチドリン酸**(nicotinamide adenine dinucleotide phosphate:$NADP^+$)は,同じくH^-の転移にかかわるが,こちらは主に生体分子の生合成経路で働く.例としては,光化学系複合体Iから生じる還元型フェレドキシンから,フェレドキシン$NADP^+$レダクターゼによってH^-を受け取り,それをカルビン-ベンソン回路でのグリセルアルデヒド3-リン酸の合成に用いる.このように,ほぼ同じ構造,機能をもつ二つの補酵素が異なる役割を担うことで,細胞はエネルギー代謝と生体分子の生合成という二つの経路をそれぞれ独立に調節することができる.

第7章　低分子生理活性物質と金属イオン

（a）ニコチンアミドアデニンジヌクレオチド（NAD$^+$）

（b）フラビンアデニンジヌクレオチド（FAD）

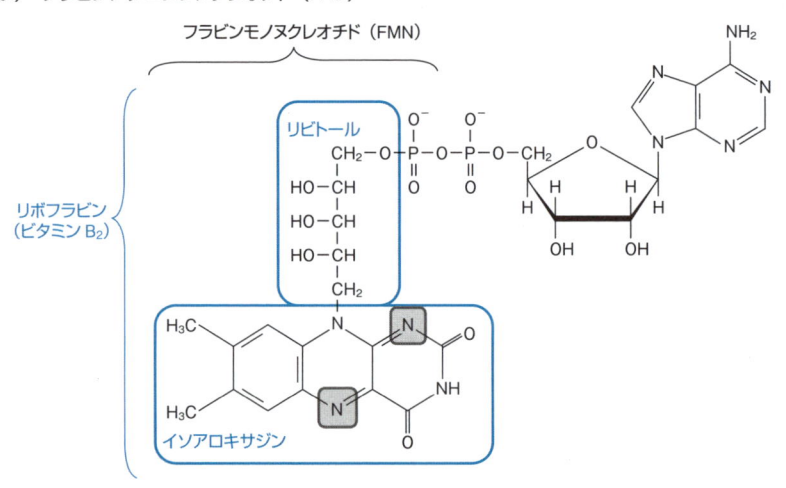

図 7.1　水溶性ビタミンを前駆体とする補酵素の構造

ビタミン部分，ビタミン名を青で示す．補酵素としての働きにかかわる部分を灰色で示す．
（a）ニコチンアミドアデニンジヌクレオチド（NAD$^+$）：ビタミン名，ニコチンアミド．灰色部分でH$^-$を受け取る．アデノシン残基のC2'にリン酸が付加されたものが，NADP$^+$である．
（b）フラビンアデニンジヌクレオチド（FAD）：ビタミン B$_2$ とも呼ばれるリボフラビンは，リビトールとイソアロキサジンからなる．これにリン酸基1個が結合したものがフラビンモノヌクレオチド（FMN）である．灰色部分で水素原子を受け取る．

7.1 補酵素とビタミン

（c） 補酵素 A（CoA）

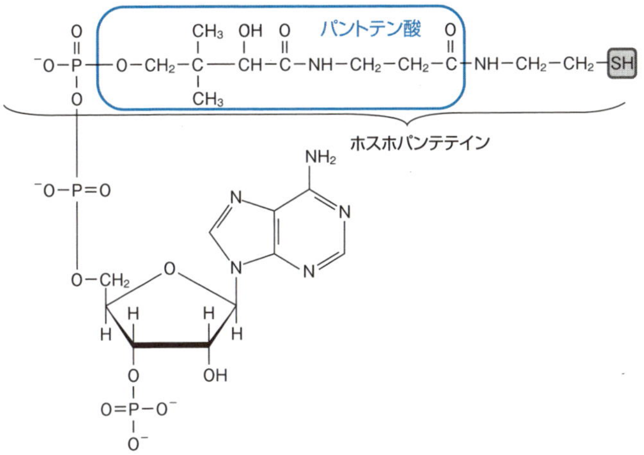

[構造式: パントテン酸、ホスホパンテテイン部分を含む補酵素 A の化学構造]

（d） テトラヒドロ葉酸

[構造式: 5位のNHと10位のNHが強調されたテトラヒドロ葉酸の化学構造]

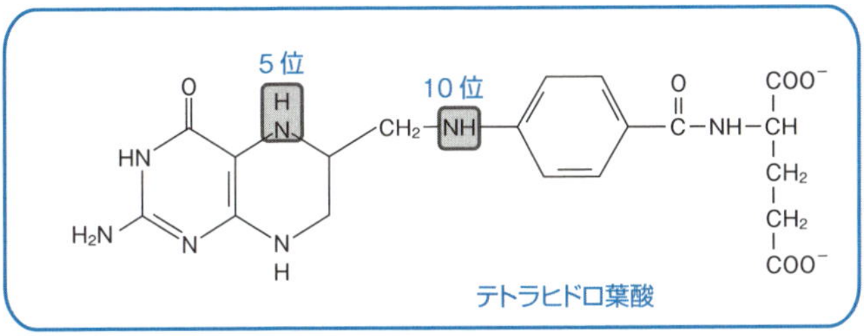

● 図 7.1　つづき ●

(c) 補酵素 A（CoA）：ビタミン名，パントテン酸．灰色部分でアシル基を受け取る．
(d) テトラヒドロ葉酸：ビタミンの1種である葉酸（ビタミン B_9 ともいう）が還元されたもの．灰色の5位と10位のNでC1基を受け取る．

第 7 章　低分子生理活性物質と金属イオン

（e）ビオチン

（f）チアミン二リン酸（TPP）

（g）ピリドキサル 5′-リン酸（PLP）

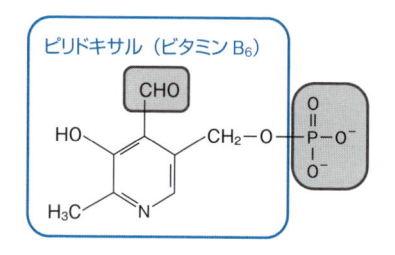

● 図 7.1　つづき ●

（e）ビオチン：ビタミン名もビオチン．灰色の COO$^-$ 部分で酵素のリシン残基と結合し，NH 部分でカルボキシ基を受け取る．
（f）チアミン二リン酸（TPP）：ビタミン名，チアミン．灰色部分でアルデヒド基を受け取る．
（g）ピリドキサル 5′-リン酸（PLP）：ビタミン名，ピリドキサル．灰色の CHO が酵素反応にかかわる．グリコーゲンホスホリラーゼと働く場合リン酸基が関与．

7.1 補酵素とビタミン

（h） コバラミン（ビタミン B_{12}）

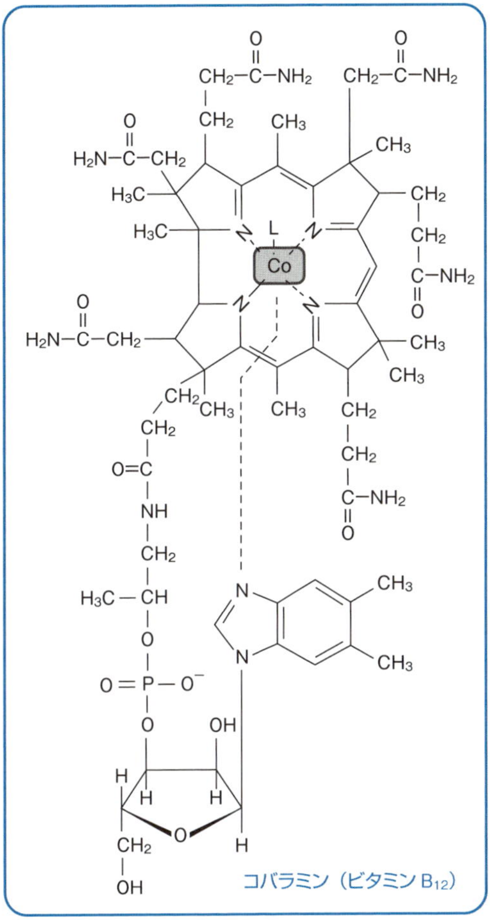

コバラミン（ビタミン B_{12}）

（i） アスコルビン酸（ビタミン C）

アスコルビン酸（ビタミン C）

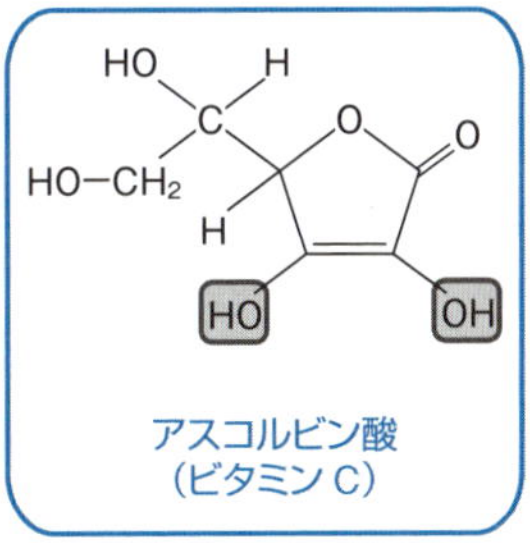

図 7.1　つづき

（h） コバラミン：ビタミン名もコバラミン．L 部分にはシアン，アデノシル基，メチル基などが配位．灰色のコバルト部分が酵素反応に関与．コバルトの価数は I〜III の値をとる．
（i） アスコルビン酸：ビタミン名もアスコルビン酸．灰色の二つの OH 部分が酸化還元反応にかかわる．

第 7 章　低分子生理活性物質と金属イオン

第 7 章　低分子生理活性物質と金属イオン

(a) レチノール（ビタミン A）

(b) コレカルシフェロール（ビタミン D_3）

(c) α-トコフェロール（ビタミン E）

(d) フィロキノン（ビタミン K_1）

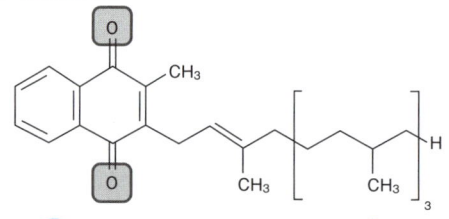

図 7.2　脂溶性ビタミンの構造

構造に多様性がある部分を青色で，補酵素としての働きにかかわる部分を灰色で示す．
　(a) レチノール（ビタミン A）：青色の部分が酸化されて，レチナール，レチノイン酸となる．
　(b) コレカルシフェロール（ビタミン D_3）：ビタミン D の種類によって青色部分が異なる．灰色の 1 位と 25 位の炭素がヒドロキシ化されて機能する．
　(c) α-トコフェロール（ビタミン E）：トコフェロールの種類によって青色部分の基が異なる．
　(d) フィロキノン（ビタミン K_1）：灰色部分で水素原子を受け取る．

7.1 補酵素とビタミン

　同じくエネルギー代謝などの過程で水素伝達を担う補酵素に，**フラビンモノヌクレオチド**（flavin mononucleotide：**FMN**），**フラビンアデニンジヌクレオチド**（flavin adenine dinucleotide：**FAD**）がある．これらは**フラビン補酵素**と呼ばれ，ビタミン B_2 である**リボフラビン**（riboflavin）を前駆体として合成される［図7.1 (b)］．フラビン補酵素は，NAD^+ や $NADP^+$ とは異なる二つの特徴をもつ．ひとつは酵素に強く結合して働くということで，もうひとつは，二つの水素原子を結合した2電子還元型のほかに，1電子還元型（ラジカル中間体）をとることができるということである[*1]．これらの性質によって，NAD^+/NADH のような2電子還元系により，ほかから運ばれてきた二つの電子を同時に受け取り，それを同じ酵素内にある鉄-硫黄クラスター（7.2.2項［4］，9.2.1項および10.1.3項）のような1電子還元系にひとつずつ受け渡すことができる．

　電子や水素ではなく，原子団を運搬する補酵素として，**補酵素A**（coenzyme A：CoA）［図7.1 (c)］，**テトラヒドロ葉酸**（tetrahydrofolic acid）［図7.1 (d)］などが知られている．CoAは**パントテン酸**（pantothenic acid）というビタミンを前駆体として合成される．CoAは種々のアシル基の転移を仲介することで，糖，脂肪酸，アミノ酸といったさまざまな生体分子の代謝にかかわる．また，ピルビン酸デヒドロゲナーゼ複合体（PDC）などの働きによってつくられる，アセチル基を結合したアセチル-CoA（→図9.2）は，クエン酸回路の初発物質としてよく知られている．テトラヒドロ葉酸は**葉酸**（folic acid）というビタミンを前駆体として合成され，炭素原子ひとつを含む原子団（C1単位と呼ばれる）の転移を仲介する．

　原子団の転移にかかわる補酵素にも，特定の酵素と強く結合して働くものがある．**ビオチン**（biotin）［図7.1 (e)］はその典型的な例で，酵素と共有結合した状態で働き，基質のカルボキシ基の転移にかかわる．ビオチンは，補酵素としての働きのほかに，卵白に含まれるアビジンというタンパク質と，非常に強く結合する性質でよく知られている．この性質を利用して，ビオチンとアビジンそれぞれで標識した生体分子を特異的に結合させることができる．このようにビオチンとアビジンは分子の「接着剤」として分子生物学の研究に広く用いられている．

　ビタミンB群には，ここまでに紹介したもののほかにも，ビタミンの中で初め

[*1] フラビン補酵素は，構造上，水素原子を結合できる部分を2か所もつ（図7.1 (b) 灰色部分）．両方に水素原子を結合した形が2電子還元型で，一方にのみ結合したものが1電子還元型である．1電子還元型は，分子内に不対電子をもち，ラジカル中間体とも呼ばれる．

第7章 低分子生理活性物質と金属イオン

て同定され，不足すると脚気を引き起こすことで知られる**チアミン**（thiamin）（ビタミン B_1）［図 7.1 (f)］や，アミノ酸代謝において重要な**ピリドキサル**（pyridoxal）（ビタミン B_6）［図 7.1 (g)］，ビタミンの中でもっとも複雑な構造をもつ**コバラミン**（cobalamin）（ビタミン B_{12}）［図 7.1 (h)］がある．

ビタミン C である**アスコルビン酸**（ascorbic acid）［図 7.1 (i)］は，水溶性ビタミンでありながら，発見の経緯が異なったために，ビタミン B 群には属さない．アスコルビン酸は，酸化されるとモノデヒドロアスコルビン酸やデヒドロアスコルビン酸になる．これらは，NADH，NADPH やグルタチオンの還元力を用いて，酵素の働きによって還元される（ただし，グルタチオンによる還元は非酵素的にも起こる）．還元型アスコルビン酸は，生体内のさまざまな場面で電子供与体として働く．主として，活性酸素種を直接除去するなどの非補酵素的な働きが知られているが，補酵素的な働きも示唆されている．例えば，コラーゲンの立体構造形成に重要なプロリン残基のヒドロキシ化を行う，プロリン水酸化酵素の鉄イオンの還元などに働くらしい．

7.1.4　脂溶性ビタミンとその作用

脂溶性ビタミンは，その機能において水溶性ビタミン以上に多様で，補酵素的な働きはほんの一部でしか見られない．

植物中で合成された**β-カロテン**（プロビタミン A）は，動物体内で酵素反応によって**レチノール**（retinol）（ビタミン A）に変換される［図 7.2 (a)］．レチノールが酵素の作用で酸化されると**レチナール**（retinal）となり，視細胞で光を感知する**ロドプシン**というタンパク質の補因子（ロドプシンは酵素ではないので補酵素とはいえない）として働く．また，レチナールの酸化によって生じる**レチノイン酸**（retinoic acid）は，核内にあるレチノイン酸受容体を介して，遺伝子発現制御に関与する．ビタミン A の欠乏症としては，暗闇での視力が低下する夜盲症がある．

カルシフェロール（calciferol）（ビタミン D）は，ステロイド様化合物[*2]の一群で，動物では**コレカルシフェロール**（cholecalciferol）（ビタミン D_3）がよく見られる［図 7.2 (b)］．その代謝産物である 1,25-ジヒドロキシコレカルシフェロール

[*2] ステロイドとは，特徴的な環状の炭素骨格をもつ一群の化合物の総称である．その基本骨格は，ペルヒドロシクロペンタノフェナントレンである．また，類似の構造をもつものを，ステロイド様化合物と呼ぶ．

は，小腸などの細胞で細胞質の受容体と結合し，核に運ばれてカルシウムやリン酸の代謝にかかわるタンパク質の発現調節を行う．これは，補因子というよりはホルモンのような働きといえる．

ビタミンEの実体は，**トコフェロール**（tocopherol）と**トコトリエノール**（tocotrienol）それぞれの同族体で，もっとも広く存在しているのはα-トコフェロールである［図 7.2（c）］．いずれも活性酸素種と反応してそれを除去し，細胞膜などに含まれる脂質の酸化を防いでいる．

ビタミンKには，主に植物がもつ**フィロキノン**（phylloquinone）（ビタミンK_1）［図 7.2（d）］と細菌がもつ**メナキノン**（menaquinone）（ビタミンK_2）とがある．フィロキノンは植物の光合成において，メナキノンは細菌のエネルギー代謝において電子伝達体として働く．ほ乳類では，ビタミンKの欠乏は血液凝固能の低下をもたらす．血液凝固にかかわるプロトロンビンは，特定のグルタミン酸残基が修飾されなければ機能できないが，その修飾を行うγ-グルタミルカルボキシラーゼの働きに，ビタミンKが必要である．

7.1.5　その他の分子の補酵素作用

ビタミンとしての特徴を部分的にもつビタミン様作用因子と呼ばれる物質がいくつか知られている．これらの中にも補酵素の前駆体となるものがある．また，ビタミンやビタミン様作用因子を前駆体とせず，アミノ酸などから動物体内で合成される補酵素もある．

リポ酸（lipoic acid）［図 7.3（a）］は，ヒトや動物で明確な必須性が認められておらず，ビタミン様作用因子と呼ばれる．リポ酸は，分子内にジスルフィド結合をもつ酸化型と，それが還元されてジチオールとなった還元型をとる．主要なリポ酸酵素であるピルビン酸デヒドロゲナーゼ複合体（PDC）では，複数の酵素と補酵素が協力して，原子団を酸化しながら転移させるという複雑な反応を触媒する．PDCはピルビン酸デヒドロゲナーゼ（E_1），ジヒドロリポアミド-S-アセチルトランスフェラーゼ（E_2），ジヒドロリポアミドデヒドロゲナーゼ（E_3）からなる複合体で，リポ酸は**リポアミド**（lipoamide）としてE_2に共有結合して働く．E_1では，チアミン二リン酸（ビタミンB_1由来の補酵素）がピルビン酸からヒドロキシエチル基を受け取り，酸化型のリポアミドに受け渡す．リポアミドは，E_2上で，それをアセチル基としてCoAに受け渡す．この過程で還元型となったリポアミドは，E_3上の反応性ジスルフィドとFADを介してNAD^+を還元し，リポアミド自身は

第7章 低分子生理活性物質と金属イオン

(a) リポ酸

(b) ユビキノン

(c) ヘム b（プロトヘム）

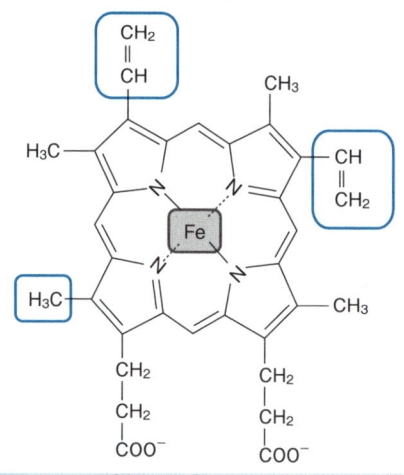

図7.3 リポ酸，ユビキノン，ヘム b の構造

(a) リポ酸：灰色の-COO$^-$部分で酵素のリシン残基と共有結合し，S-S部分で原子団を受け取る．
(b) ユビキノン：灰色部分で水素原子を受け取る．
(c) ヘム b（プロトヘム）：ヘムの種類によって青色部分の基が異なる．灰色の鉄イオンの酸化還元が酵素反応にかかわる．

再び酸化される．反応全体を見ると，ピルビン酸から切り出されたヒドロキシエチル基が，NAD$^+$を還元しながらCoAに結合し，アセチル-CoAを生成している．この反応は，クエン酸回路の入り口に位置する重要な反応であるが，リポ酸は，この反応で中心的な役割を果たしている（→ 9.1.2項）．

別のビタミン様作用因子である**ユビキノン**（ubiquinone）は，高等生物から微生物まで幅広く存在するベンゾキノン誘導体である．側鎖のイソプレン単位（$n =$ 1～12）の数は生物によって異なり，高等動物では10のものが用いられる［図7.3(b)］．動物体内でも十分量合成されるので，ビタミン様作用因子とされている．ユビキノンは主に呼吸鎖で電子伝達体として働く．まず，呼吸鎖複合体IでNADHからFMNを介して電子を受け取る［また別経路として，コハク酸-ユビキノンレダクターゼ（呼吸鎖複合体II）でコハク酸からFADを介して電子を受け取ることもできる］．そしてユビキノン-シトクロムcレダクターゼ（呼吸鎖複合体III）では，受け取った電子を，鉄-硫黄クラスターなどを介してシトクロムcに受け渡す．ユビキノンはフラビン補酵素と同様に，2電子還元型と1電子還元型（ラジカル中間体）をとることができる．ユビキノンのこの性質を利用した，Qサイクルと呼ばれる一連の反応により，電子伝達に伴う膜を介したH$^+$の輸送が行われる（→ 9.2.1項）．

最後に，ビタミンやビタミン様作用因子を前駆体としない例として，ヘモグロビンの補因子としてよく知られる**ヘム**（heme/haem）を紹介する．ヘムは，4個のピロール環が4個のメチンを介して環状になったポルフィリン環の中央に，鉄原子が結合したもので，側鎖の種類によって，ヘムa，ヘムb（プロトヘム），ヘムcなどがある［図7.3(c)］．これらは，動物体内でもアミノ酸などから合成できる．ヘムの中央に結合したヘム鉄は，通常二価［Fe(II)］あるいは三価［Fe(III)］の状態をとる．ヘモグロビンの場合，ヘム鉄が二価の状態のときのみ酸素分子を可逆的に結合し，働くことができる．ヘモグロビン以外のヘムを利用するタンパク質の多くは，その機能にヘム鉄の酸化還元反応を利用する．例えば呼吸鎖のタンパク質では，複合体IIにひとつ，複合体IIIに三つ，シトクロムcにひとつ，シトクロムcオキシターゼ（複合体IV）に二つのヘムが含まれており，ヘムは電子伝達体として酸化還元を繰り返す（→ 9.2.1項および10.1.3項）．また，ヘムは，カタラーゼ，ペルオキシターゼといった酸化還元反応を触媒する酵素の補酵素としても働く．

7.2 生体金属イオン

7.2.1 生物のもつ金属イオン

生物を構成する生体高分子，およびその働きを助ける補酵素はいずれも有機化合物であり，そのほとんどは6種の元素C, H, O, N, P, Sからできている．しかし，これらの6種の元素のほかにも，生物が生きていくために必要なさまざまな元素がある．例えば，生物体を構成している元素を見ると，上記6元素のほかにNa, K, Ca, Mg, Fe, Clが比較的多量に含まれている．また，含まれる量は微量だが，生命活動に必須であるとわかっているものにCu, Zn, Mn, Co, Si, V, Cr, Se, Mo, Sn, Iなどの元素がある（→図1.11）．主要6元素を含め，これら必須元素には原子番号の小さいものが多く見られる．これは，これらの元素が環境中にも多く存在し，生命が誕生し進化する過程で比較的容易に取り入れられたためと考えられる．また，主要6元素を除く必須元素には，金属元素が目立つ．金属元素は水溶液中で容易にイオン化し，酸化還元反応を行い，**ルイス酸**[*1]として働く．生物は，環境中の元素の中でもこうした性質をもつ金属元素を，電気化学的な環境を整えたり，化学反応を進めたりする道具として積極的に利用したと考えられる．

7.2.2 金属イオンの働き

〔1〕ナトリウム，カリウム

生体内に比較的多量に含まれる金属元素のうち，ナトリウムとカリウムは水溶液中で1価の陽イオンとなり，細胞の電気化学的環境や浸透圧の形成に重要な役割を果たす．高等動物では，Na^+/K^+-ATPアーゼがATPのエネルギーを使って$3Na^+$を細胞外に，$2K^+$を細胞内に輸送している．さらに，くみ入れられたK^+はK^+漏洩チャンネルから細胞外に流出するが，細胞外のNa^+のプラス電荷に阻まれて，細胞内外のK^+濃度が同じになるまでは流出しない．その結果，細胞内外の電気的勾配（内が−で外が+）と細胞内の高K^+，細胞外の高Na^+という化学的勾配が形成される．この電気化学的勾配はさまざまな活動に利用される．例えば，小腸からのグルコースの取込みは，Na^+の濃度勾配を利用したNa^+とグルコースの共

[*1] 1923年にルイスが提出した酸・塩基の理論における酸．この理論では，電子対を与えて相手と共有結合するものを塩基，電子対を受容するものを酸と定義している．

輸送によって行われる．また，神経細胞では Na^+ チャンネルの開閉と K^+ チャンネルの開閉が連続的に起こり，それぞれのイオンが瞬時に流入，流出することで活動電位の発生，伝播が起こる．

K^+ が細胞内に多く含まれるのは動物細胞だけではない．植物細胞では，K^+ が細胞質のコロイド状態の調節，浸透圧の調節，膜電位の決定に関与している．また，K^+ は細胞内でタンパク質などがもつ負電荷に結合し，立体構造の安定化に寄与する．ピルビン酸キナーゼやアクトミオシンの活性にかかわることも知られている．

〔2〕**カルシウム**

カルシウムは珊瑚や貝の殻，脊椎動物の骨などに多量に含まれており，動物の体を支える構造体の形成に重要であるが，それだけではない．カルシウムイオン（Ca^{2+}）は，**セカンドメッセンジャー**（second messenger）として細胞内のシグナル伝達を行っている．真核細胞の細胞膜や小胞体膜にある Ca^{2+}-ATP アーゼは，ATP のエネルギーを使って Ca^{2+} を細胞外にくみ出す．その結果，Ca^{2+} の濃度は細胞外で 10^{-3} mol/l，細胞内で 10^{-7} mol/l 程度に保たれる．細胞膜の脱分極やイノシトール三リン酸などの刺激によって，電位依存性 Ca^{2+} チャンネルや受容体依存性 Ca^{2+} チャンネルが開くと，Ca^{2+} が急激に細胞内に流入する．流入したカルシウムは，**カルモジュリン**（calmodulin）などのカルシウム結合タンパク質に結合し，さまざまな酵素の活性調節，筋収縮や神経伝達物質の放出などを引き起こす（→15.2.3 項）．

〔3〕**マグネシウム**

細胞に多く含まれるマグネシウムは，主に細胞内の負電荷をもつ生体分子と結合し，その構造維持や働きにかかわる．例えば，ATP はリン酸エステル部分でマグネシウムイオン（Mg^{2+}）と結合するが，ATP を基質とする酵素の多くは，この Mg^{2+} が結合した状態の ATP を酵素反応に利用する（図 4.11 も参照のこと）．

また，Mg^{2+} は植物や光合成細菌の光化学系において，光のエネルギーを受け取る**クロロフィル**（chlorophyll）の中心金属としても重要な役割を果たしている（→図 10.2）．

〔4〕**鉄，銅**

鉄はヘムの中心金属であり，ヘムタンパク質の必須因子である．また，鉄に無機硫黄とシステイン残基の硫黄が特定の配置で配位した，**鉄-硫黄クラスター**（iron-sulfur cluster）をもつタンパク質もある．呼吸鎖複合体 I，II，III にはそれぞれ鉄-硫黄クラスターがあり，ヘム同様電子伝達体として働く．鉄-硫黄クラスターは

光化学系でも電子伝達体として働く（→図 10.4）．また，アコニターゼというクエン酸回路の酵素も鉄-硫黄クラスターをもつが，これは例外的に電子伝達体ではなくルイス酸として触媒作用にかかわっている．リボヌクレオチドリダクターゼなど鉄が直接結合して働く酵素もある．また，多くの生物がもつフェリチンというタンパク質は，鉄を多量に結合することができ，鉄の貯蔵体として働く．

　銅も鉄ほどではないが，電子伝達体として使われる．例えば，呼吸鎖複合体 IV は電子伝達体として三つの銅イオンを含み，光化学系の因子であるプラストシアニンも電子伝達体として銅イオンをもつ．また，スーパーオキシドジスムターゼのような酸化還元酵素も銅を補因子として利用する．さらに，軟体動物の酸素運搬を行うヘモシアニンはヘム鉄ではなく銅を利用している．

〔5〕**亜　鉛**

　亜鉛は，生体内で非常に多くの酵素の補因子として働いている．DNA ポリメラーゼ，カルボニックアンヒドラーゼ，カルボキシペプチダーゼなどがその例である．亜鉛はこれらの酵素上で，主にルイス酸として触媒作用にかかわる．これは，鉄や銅が主に電子伝達体として働いているのとは対照的である．また，亜鉛はある種の DNA 結合タンパク質に結合し，**ジンクフィンガー**（zinc finger）と呼ばれる DNA の結合にかかわる特徴的な立体構造を形成する．

〔6〕**その他の金属元素**

　マンガンはカルシウム，塩素とともに，光化学系 II のマンガンクラスターを形成し，電子伝達体として水分子からの水素の引抜きに直接かかわる．コバルトは，ビタミン B_{12} であるコバラミンの中心金属として必須である［図 7.1(h)］．モリブデンは空気中の窒素をアンモニアに還元する，ニトロゲナーゼという酵素に含まれる．窒素循環において非常に重要な金属である．

演習問題

Q.1　補因子，補酵素，補欠分子族とは何か，それぞれの違いが明確になるように説明せよ．

Q.2　NAD^+ や CoA は分子の端に酵素反応にかかわる部分をもつが，それ以外の部分はどのような働きをもつと考えられるか．

Q.3　以下の文章は特定のビタミンに関する記述である．それぞれどのビタミン

に関するものか，ビタミン名を答えよ．
(ア) 補酵素として主にタンパク質（アミノ酸）の代謝にかかわるので，その所要量はタンパク質の摂取量を基準に求められている．
(イ) 欠乏すると夜盲症となる．代謝産物は遺伝子発現制御にも関与し，過剰摂取した場合，催奇形性が認められる．
(ウ) 欠乏すると骨の形成に異常が現れる．過剰に摂取すると高カルシウム血症や腎障害を引き起こす．
(エ) 世界で初めて見いだされたビタミンで，欠乏すると脚気症を引き起こす．

Q.4 呼吸鎖や光化学系で用いられる，有機化合物だけからなる電子伝達体にはどのようなものがあるかあげよ．

参考図書

1. 日本化学編：生化学実験講座 13　ビタミンと補酵素（上・下），東京化学同人 (1975)
2. 落合栄一郎：生命と金属，共立出版 (1991)

ウェブサイト紹介

1. 日本ビタミン学会ホームページ

    http://web.kyoto-inet.or.jp/people/vsojkn/

    個々のビタミンの発見の歴史や，栄養学的，生理学的知見がまとめられている．

第8章 糖質の代謝

本章について

　本章では単糖類，特にグルコースの分解（異化）経路として解糖系（glycolysis），およびペントースリン酸経路（pentose phosphate pathway），合成（同化）経路として糖新生（gluconeogenesis）を扱う．いずれも，もっとも基本的な代謝経路であり，解糖系は細胞活動に必要なエネルギーの産生に重要な役割を果たしている．また，いずれの経路も，細胞を構成するさまざまな物質の生合成の出発点として重要であり，第9章で扱うクエン酸回路と合わせて中心炭素代謝経路（central carbon metabolic pathways）とも呼ばれる．従来，ヒトなどの高等動物を中心として研究が行われてきたが，近年では，生物群によってさまざまな違いがあることもわかってきており，その違いについても触れる．本章では特に断らない限り高等動物の経路を中心に扱うが，ほかの生物群で重要な相違がある場合には具体的にあげて併記する．

第8章 糖質の代謝

8.1 解糖とアルコール発酵

8.1.1 解糖とは

〔1〕解糖系

　ほとんどの生物は糖質を分解してエネルギー源や細胞成分を構成する材料とすることができる．この過程が解糖である．代表的な単糖であるグルコースを分解する経路のうち，最初に明らかになった**エムデン・マイヤーホフ経路**（Embden-Meyerhof 経路，EM 経路[*1]）は，生物界に普遍的に分布しており，一般にこれを解糖系という．

　解糖系は**グルコース**（glucose，ブドウ糖）に始まり**ピルビン酸**（pyruvic acid）に至る，10 ステップよりなる反応で構成される．特徴的なことは，すべての中間体が**リン酸化**されていることで，解糖系は付加したリン酸基を転移して**高エネルギーリン酸結合**[*2]をつくり，ADP にリン酸基を転移して **ATP** を生み出す過程であると考えることができる．前半の 5 反応〔図 8.1（a）〕では，六炭糖であるグルコースが 2 分子の ATP を消費して 2 回リン酸化された後に分解されて 2 分子の C3 化合物，D-グリセルアルデヒド 3-リン酸（D-glyceraldehyde-3-phosphate：GAP）に変換される．後半の 5 反応〔図 8.1（b）〕では，1 分子の GAP から酸化とリン酸転移によって高エネルギーリン酸結合がつくり出され，リン酸基が ADP に転移されることによって 2 分子の ATP と 1 分子の **NADH** が生み出される．すべての反応をまとめると式(8.1)になり，解糖系全体の反応収支では，1 分子のグルコースから 2 分子のピルビン酸および 2 分子の ATP と 2 分子の NADH が生み出される．

[*1] 経路の発見に多大な功績をした研究者（Gustav Embden, Otto Meyerhof）に由来する．さらにパルナス（Jacob Parnas）を加えて Embden-Meyerhof-Parnas 経路，EMP 経路とも呼ぶ．

[*2] リン酸の加水分解に伴って大きな標準自由エネルギーの減少を伴う結合を高エネルギーリン酸結合といい，そのような結合をもつ化合物を高エネルギーリン酸化合物という．ATP がその代表で，通常では進行しないさまざまな反応と共役して加水分解することで生体内のさまざまな反応を実現している．構造式で"～"と示されることが多い．ATP などのピロリン酸型化合物，後述のアシルリン酸やエノールリン酸のほか，ホスホグアニジウムなどがある（→ 4.4.1 項）．

8.1 解糖とアルコール発酵

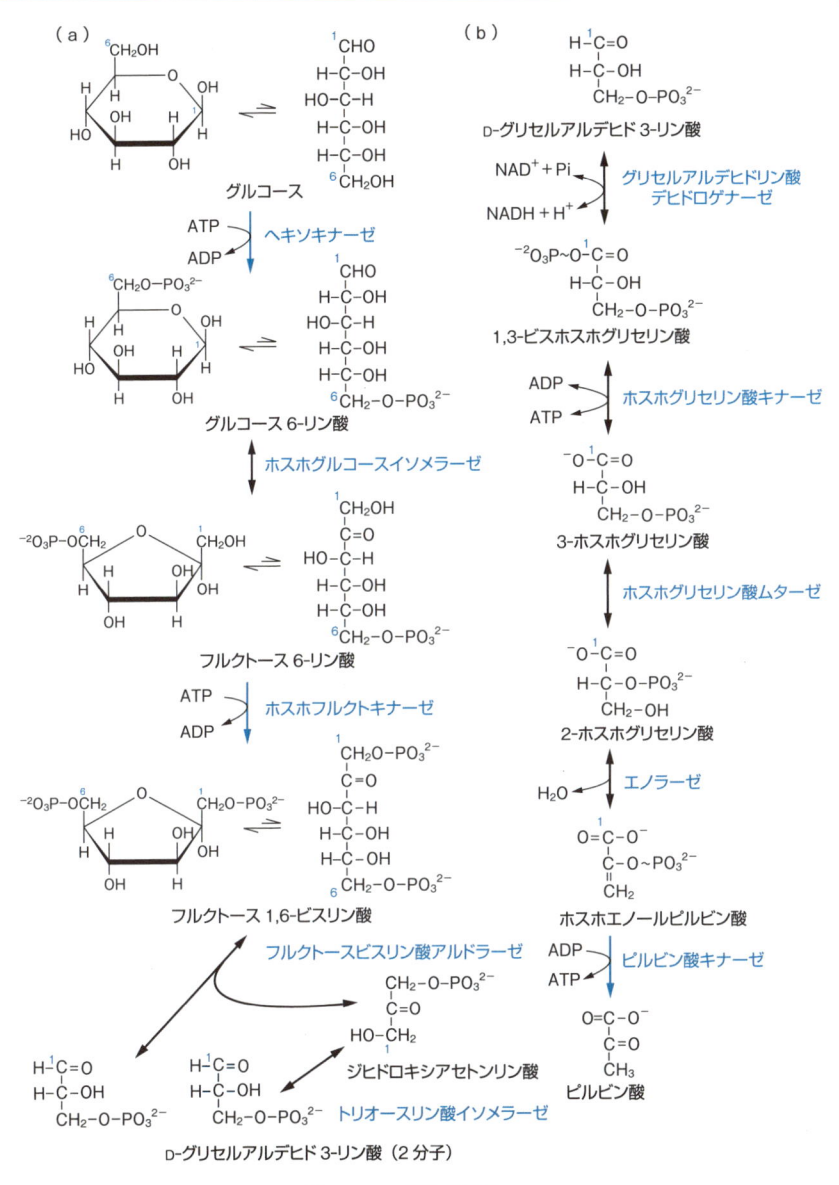

図 8.1　解糖系

グルコースから D-グリセルアルデヒド 3-リン酸までの前半部分（a），後半部分（b）を示した．代謝物質名を黒字，酵素名を青字で示した．生体内で一方通行の 3 反応は青矢印で示した．

第 8 章　糖質の代謝

グルコース + 2ADP + 2HPO$_4^{2-}$ + 2NAD$^+$
$\longrightarrow$ 2 ピルビン酸 + 2ATP + 2NADH + 2H$^+$ + 2H$_2$O　　　(8.1)

〔2〕細胞内の存在場所

解糖系の酵素は細胞質にあり，途中段階でオルガネラ間の物質輸送をすることなく，すべての反応が行われる．第 9 章で扱う**クエン酸回路**の各酵素が**ミトコンドリア**にあることと対照的である．

植物では細胞質とは別に葉緑体などの**プラスチド**（plastid, 色素体）にも解糖系が存在する．細胞質の解糖系が維管束によって運搬されてくるスクロース（sucrose）を主な開始物質としているのに対し，葉緑体では光合成によって貯蔵したデンプン（starch）を主な出発点として解糖を行っている．

8.1.2　解糖系の各反応

以下，解糖系を構成する 10 反応のそれぞれについて解説する．それぞれの反応機構やエネルギー変化について詳しくは触れないが，どのステップで ATP や NADH が生成，消費されるか，また，どのステップが非可逆的な反応であるかを知ることは系のエネルギー収支や調節機構を理解するうえで重要である．

〔1〕グルコースのリン酸化

細胞内でグルコースは，**ヘキソキナーゼ**（hexokinase：**HK**）[*3]によって ATP からリン酸基を受け取り，**グルコース 6-リン酸**（glucose-6-phosphate：G6P）に変換される．この反応は生体内では不可逆であり，また HK の酵素活性が G6P で強く阻害されるため，解糖系の流れを調節する最初のポイントとなる．

G6P は解糖系だけでなく，**ペントースリン酸経路**，**グリコーゲン合成**など，さまざまな生合成経路の出発点となっているので，G6P が解糖系の出発点と考えたほうが都合のよい場合も多い．例えば，グリコーゲンやデンプンなどの貯蔵物質が解糖系に使われる場合は，いったんグルコースになる必要はなく G6P が解糖系の出発点となる．

〔2〕グルコース 6-リン酸からフルクトース 6-リン酸

アルドースであるグルコース 6-リン酸（G6P）から，**ケトース**であるフルクトース 6-リン酸（fructose-6-phosphate：F6P）への異性化はホスホグルコースイソ

[*3] グルコースだけでなくフルクトースやマンノースなどのヘキソースも基質とする．肝臓では，HK の代わりにグルコースに対する特異性が高いグルコキナーゼが働いている（演習問題 Q.4）．

メラーゼ（phosphoglucoseisomerase：PGI）により行われる．G6P，F6Pは溶液中で主に閉環状分子として存在し，PGIによる反応は開環，異性化，閉環が連続して進行する［図8.1（a）では両方の構造を示した］．

〔3〕フルクトース6-リン酸からフルクトース1,6-ビスリン酸

ホスホフルクトキナーゼ（phosphofructokinase：PFK）によって，ATPからフルクトース6-リン酸（F6P）へとリン酸基が転移し[*4]，フルクトース1,6-ビスリン酸［fructose-1,6-bisphosphate：F1,6P（フルクトース1,6-二リン酸ともいう）］がつくられる．自由エネルギーの大きな減少を伴う反応であるため，生体内で逆反応は起こらない．

この反応は解糖系の**律速段階**であるといわれ，PFKの酵素活性はさまざまな代謝中間体によって**アロステリック**に調節されており（8.2.4項），解糖系調節の中心的な役割を果たしているステップである．

〔4〕フルクトース1,6-ビスリン酸からジヒドロキシアセトンリン酸とD-グリセルアルデヒド3-リン酸

フルクトースビスリン酸アルドラーゼ（fructose bisphosphate aldolase，もしくはアルドラーゼ，FBA）によって，フルクトース1,6-ビスリン酸（F1,6P）が2種類のC3化合物，ジヒドロキシアセトンリン酸（dihydroxyacetone phosphate：DHAP）とD-グリセルアルデヒド3-リン酸（GAP）に開裂する．

〔5〕ジヒドロキシアセトンリン酸からD-グリセルアルデヒド3-リン酸

D-グリセルアルデヒド3-リン酸（GAP）とジヒドロキシアセトンリン酸（DHAP）は，それぞれアルドースとケトースであり，G6PとF6Pの関係と同じである．GAPとDHAPは**トリオースリン酸イソメラーゼ**（triose phosphate isomerase：TPI）によって相互に変換される．すなわち，フルクトース1,6-ビスリン酸（F1,6P）から2分子のD-グリセルアルデヒド3-リン酸（GAP）が生成されたことになる．

この反応で解糖系の前半部が終了し，ここまでで1分子のグルコースから2分子のGAPがつくられるとともに，2分子のATPが消費されている．

〔6〕D-グリセルアルデヒド3-リン酸から1,3-ビスホスホグリセリン酸

D-グリセルアルデヒド3-リン酸（GAP）のアルデヒドが酸化されてアシル

[*4] ATPをADPにするPFKのほか，植物細胞質ではピロリン酸（pyrophosphate：PPi）をリン酸に，古細菌ではADPをAMPにする酵素も存在する．それぞれの生物種や細胞がおかれた代謝状況に応じた酵素が使われていることも，この反応の重要性を伺わせる．

第8章 糖質の代謝

基になると同時に無機リン酸が結合して1,3-ビスホスホグリセリン酸（1,3-bisphosphateglycerate：1,3PG）が生成される．この反応に共役して，NAD^+が還元されてNADHとなる．この反応は**グリセルアルデヒドリン酸デヒドロゲナーゼ**（glyceraldehyde phosphate dehydrogenase：GAPDH）によって触媒される．

$$GAP + NAD^+ + HPO_4^{2-} \rightleftharpoons 1,3PG + NADH + H^+ \tag{8.2}$$

この反応の平衡はGAP方向（←）に傾いているが，生成される1,3PGは高エネルギーリン酸化合物（**アシルリン酸**[*5]）であり，解糖系が進んでいる細胞では次の〔7〕の反応で速やかに消費されるため，1,3PG方向（→）に反応が進む．

〔7〕1,3-ビスホスホグリセリン酸から3-ホスホグリセリン酸

1,3-ビスホスホグリセリン酸（1,3PG）の1位のアシルリン酸基から，ADPにリン酸基が転移されて3-ホスホグリセリン酸（3-phosphoglycerate：3PG）になる．触媒する酵素は**ホスホグリセリン酸キナーゼ**（phosphoglycerate kinase：PGK）である．

$$1,3PG + ADP \rightleftharpoons 3PG + ATP \tag{8.3}$$

上記のステップ〔6〕と〔7〕のGAPDH，PGKを用いる通常の解糖経路のほか，植物や一部の細菌は，GAPから3PGまでの2ステップを1酵素（非リン酸化GAPDH，non-phosphorylating GAPDH）で行う経路ももっている．

$$GAP + NADP^+ \longrightarrow 3PG + NADPH + H^+ \tag{8.4}$$

ステップ〔6〕と〔7〕のようにGAPDH，PGKが順に働いた場合［式（8.2）+式（8.3）］に比べて，ATPが産生されないため，エネルギーの産生は少ないが，NADHでなく，NADPHを産生できるという利点がある．NADPHは各種の生合成経路に使われる分子であり（8.3.2〔1〕），動物では**ペントースリン酸経路**が主な供給源である．一方，非リン酸化GAPDHをもつ生物はペントースリン酸経路を使わずともNADPHを供給することが可能である．

[*5] アシル基にリン酸が結合したもの（**図8.2**）で，高エネルギーリン酸化合物のひとつ．

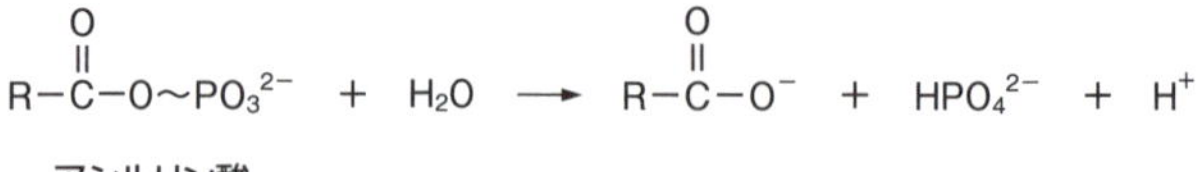

$$R-\overset{O}{\underset{\|}{C}}-O\sim PO_3^{2-} + H_2O \longrightarrow R-\overset{O}{\underset{\|}{C}}-O^- + HPO_4^{2-} + H^+$$

アシルリン酸

図8.2　アシルリン酸の加水分解

〜は高エネルギー結合を示す．

[8] 3-ホスホグリセリン酸から2-ホスホグリセリン酸

3-ホスホグリセリン酸（3PG）はホスホグリセリン酸ムターゼ（phosphoglycerate mutase：PGM）によって2-ホスホグリセリン酸（2-phosphoglycerate：2PG）へと変換される．このステップでは，3位から2位へリン酸基を転移しており，高エネルギーリン酸化合物であるホスホエノールピルビン酸を生成する準備段階と考えることができる．

[9] 2-ホスホグリセリン酸からホスホエノールピルビン酸

2-ホスホグリセリン酸（2PG）は**エノラーゼ**（enolase：ENO）によって脱水されて，ホスホエノールピルビン酸（phosphoenolpyruvate：PEP）になる．PEPは高エネルギーリン酸化合物の**エノールリン酸**[*6]であるが，この反応自体の自由エネルギー変化は少なく，どちらの方向にも進行可能である．

[10] ホスホエノールピルビン酸からピルビン酸

解糖系の最後の反応はホスホエノールピルビン酸（PEP）のリン酸基をADPに転移してATPを合成する反応であり，**ピルビン酸キナーゼ**（pyruvate kinase：PK）によって触媒される．PKの名称は逆反応に由来するが，ATPの合成を伴ってもなお自由エネルギー変化は大きいので，生体内では逆反応は起こらない．ホスホフルクトキナーゼと同様に解糖系の調節に重要な酵素であり，さまざまな分子によってその活性が調節される．

8.1.3 解糖系の産物の行き先

解糖系で生成したピルビン酸，NADH，ATPのうち，ATPは生体内のエネルギー通貨として細胞内代謝のさまざまな反応で消費される．ATPの産生が十分満ち足りていない限り解糖系を動かし続ける必要があるため，生成したNADHとピルビン酸を消費するさまざまな経路が存在する（図8.4）．

[*6] 二重結合に-OHが直接結合した化合物をエノールといい，一般に不安定であるが-OHにリン酸が結合したエノールリン酸では安定化している．リン酸の加水分解に伴い安定なケト型やアルデヒド型の化合物に変換しやすいため高エネルギーリン酸化合物となる（図8.3）．

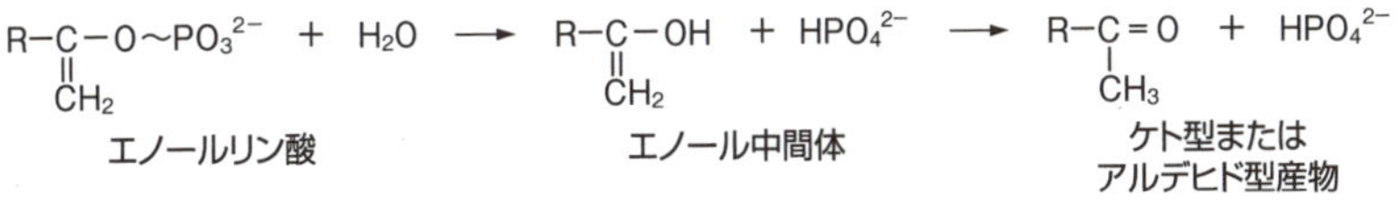

図8.3 エノールリン酸の加水分解

第 8 章 糖質の代謝

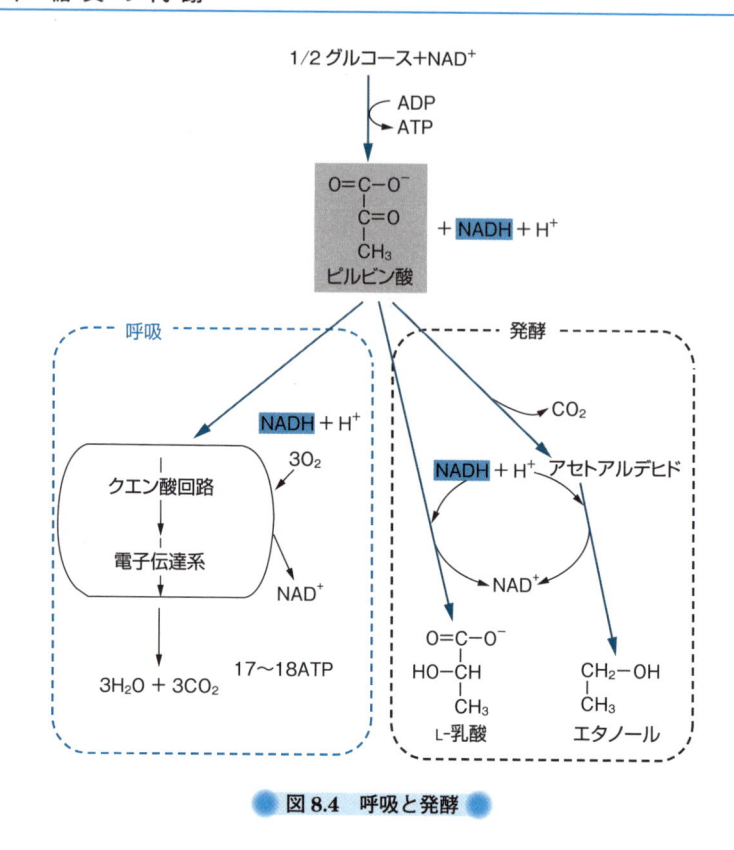

図 8.4 呼吸と発酵

[1] 呼　吸

　呼吸の行われている細胞では，ピルビン酸，NADH はミトコンドリアへ運ばれ[*7]，**クエン酸回路**，**電子伝達系**によって消費される．呼吸によって得られる ATP の分子数は解糖系で得られる ATP[*8] に比べずっと多いので，酸素が利用できる場合には呼吸によってピルビン酸，NADH を消費するのが一般的である．

[*7] ミトコンドリア内膜には NADH を輸送する仕組みがないので，いったんオキサロ酢酸を還元してリンゴ酸にし，ミトコンドリアに輸送してから NADH を再生するなどの方法で細胞質の NADH をミトコンドリアに輸送している．このように，いったん別の物質に換えてから輸送する方法はシャトルと呼ばれる（→ 9.2.3 項）．

[*8] 解糖系で ATP を得る反応のように，ある基質のリン酸基が酵素反応に伴って ADP に転移し，ATP が合成されることを基質レベルのリン酸化という．これに対して，電子伝達系で ATP を得る反応は酸化的リン酸化という．

〔2〕ホモ乳酸発酵

　激しい運動下にある骨格筋など，細胞によっては酸素不足で呼吸によってNADHを消費し切れない場合もある．その場合，NADHを別の系で消費してNADH/NAD$^+$比を保たなければ，解糖系を動かし続けて細胞活動に必要なだけATPを得ることができない．このような場合，骨格筋ではピルビン酸とNADHから**乳酸**をつくることでNADHを消費する．

$$\text{ピルビン酸}(C_3H_4O_3) + NADH + H^+ \longrightarrow \text{乳酸}(C_3H_6O_3) + NAD^+ \quad (8.5)$$

　この反応を解糖系と合わせて考えれば［式 (8.6)］，グルコースから乳酸とATPだけを生み出す反応となり，乳酸さえ細胞外に排出してしまえばグルコースの供給がある限り必要なだけATPを生み出し続けることができる．

$$\text{グルコース}(C_6H_{12}O_6) + 2ADP + 2HPO_4^{2-} \longrightarrow 2\,\text{乳酸} + 2ATP + 2H_2O \quad (8.6)$$

　ヒトの場合，排出された乳酸は主に肝臓で回収され，再利用される[*9]．また，乳酸菌によってヨーグルトやチーズをつくる際に行うホモ乳酸発酵も同じ反応である．

〔3〕アルコール発酵

　NADHを消費するため，ピルビン酸からエタノールを合成して細胞外に排出する生物もある．これはよく知られているアルコール発酵であり，以下の2ステップで行われる．

$$\text{ピルビン酸} \longrightarrow \text{アセトアルデヒド} + CO_2$$
$$\text{アセトアルデヒド} + NADH + H^+ \longrightarrow \text{エタノール} + NAD^+ \quad (8.7)$$

　ホモ乳酸発酵同様，解糖系でつくられたNADHを消費するため，エタノールとCO_2を細胞外に排出することができれば反応を継続することができる．

　この経路は酵母を始めとする真菌や植物のほか，限られた細菌[*10]だけがもっている．いうまでもなく，エタノールは飲料や燃料として，人間にとってもっとも重要な発酵生産物であり，この過程で出てくるCO_2もパンなどの製造に利用される．

〔4〕解糖系中間代謝物の利用

　解糖系は生体に必要なエネルギーを産生する**異化**経路であるが，同様に重要なのは生体にとって必要な物質の原料を供給する**同化**的な役割ももっていることであ

[*9] 肝臓では糖新生によりグルコースが再生され，必要に応じて再び血流に放出される (8.2節).
[*10] テキーラ製造に用いられる *Zymomonas* 族細菌など．アセチル-CoAを経由する別のアルコール発酵経路を有する細菌もあるが，この経路はアルコール生産目的では利用されていない．

第8章 糖質の代謝

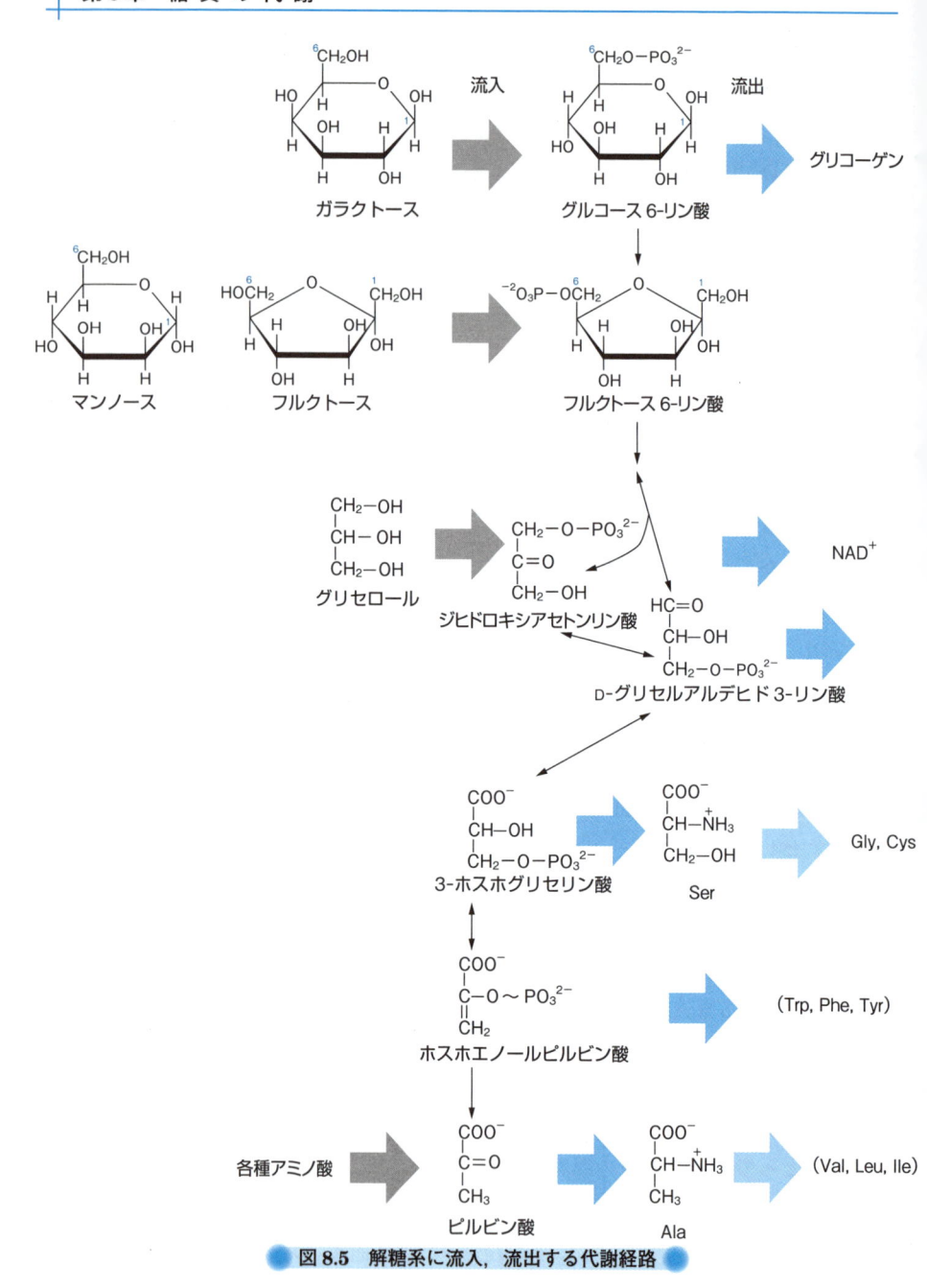

図8.5 解糖系に流入，流出する代謝経路

る．図 8.5 に示すように，解糖系の中間物質からアミノ酸など多くの物質が合成される（→第 12 章）．

8.1.4　グルコース以外のヘキソース代謝

グルコース以外のヘキソースで，自然界に多量に存在するのは**フルクトース**（fructose），**ガラクトース**（galactose），**マンノース**（mannose）である（→ 3.1 節）．フルクトースやマンノースはヘキソキナーゼ（HK）によって[*11]リン酸化され，フルクトース 6-リン酸（F6P）やマンノース 6-リン酸となる．後者は F6P を経て解糖系に流入する．ガラクトースはガラクトキナーゼで 1 リン酸化された後，グルコース 1-リン酸（G1P）を経てグルコース 6-リン酸（G6P）となって解糖系に合流する（図 8.5）．

8.2　糖　新　生

解糖系はグルコースなどの糖を分解してピルビン酸に分解する経路であった．**糖新生**は解糖系の逆経路で，ピルビン酸から糖質を合成する**同化経路**である．重要なことは，糖新生の反応は基本的には解糖系の逆の道筋をたどって進行するが，解糖系にはいくつかの不可逆なステップがあるので，全くの逆反応とはなっていない点である．糖新生が止まると解糖も止まってしまうのでは生体にとって不都合であり，部分的に別反応が存在して生体の必要な方向に経路を進めることができるのは都合の良い仕組みである．しかし，解糖系と糖新生が同時に進行した場合に，エネルギーをむだに使う**無益サイクル**（futile cycle）となってしまうので，両者の間には厳密な制御が必要である．

8.2.1　糖新生の役割
〔1〕乳酸からのグルコース再生

激しい運動下の骨格筋などが放出した乳酸が肝臓に取り込まれて利用されることはすでに述べた．このとき，肝臓では糖新生を行い，グルコースを再度血中に供給

[*11] ヘキソキナーゼをもたない細胞では別経路をたどる．例えば，フルクトースは肝臓では 1 リン酸化された後，いくつかのステップを経て GAP で解糖系に合流する．

している．つまり，骨格筋が呼吸によって消費しきれないピルビン酸を乳酸に変えて肝臓に運び，肝臓で乳酸をピルビン酸に変えて糖新生によってグルコースを再生し，再度血中に供給する．このように組織間の分業が成り立っている．これは，**コリ・サイクル**（Cori cycle）と呼ばれており，高等動物の糖新生はほとんどがこの過程で行われている．

〔2〕中間産物の供給

微生物には，糖質以外（乳酸，コハク酸など）を炭素源として増殖できる種がある．この際，必要なエネルギーは呼吸で賄われるが，細胞増殖に必要な解糖系の中間代謝物は別の方法でつくる必要がある．そのためにも，逆反応である糖新生が必要である．

〔3〕空腹時のグルコース供給

脳や赤血球の細胞はエネルギーのほとんどをグルコースに依存している．ヒトの体では，主要なグルコースの貯蔵場所は肝臓であるが，長時間食物をとれない場合は底をついてしまうので，肝臓では筋タンパク質の分解に由来するアミノ酸（特にアラニン）など，ほかの物質から糖新生を行って血中にグルコースを供給して，脳や赤血球に運ぶ．

8.2.2　糖新生の各反応

上で述べたように，糖新生は解糖系の逆反応であり，解糖系（8.1節）の10の反応のうち，七つは生体内で逆行可能であり，糖新生では単に逆反応が進行する．ここでは，糖新生に特異的な3ステップについて解説する．

〔1〕ピルビン酸からホスホエノールピルビン酸

解糖系の酵素ピルビン酸キナーゼ（PK）の触媒する反応は非常に大きな自由エネルギーの増大を伴う．この反応を直接逆行させることのできる酵素は動物には存在しない．そのため，ピルビン酸はオキサロ酢酸（oxaloacetate：OAA）を経由してホスホエノールピルビン酸（PEP）になる（図 **8.6**）．

最初のステップで，**ピルビン酸カルボキシラーゼ**（pyruvate carboxylase）はATPのエネルギーを使ってピルビン酸をカルボキシル化し，OAAにする．次に，PEPカルボキシキナーゼ（PEP carboxy kinase）によってGTPのリン酸基をOAAに転移し，同時に先の反応で付加したカルボキシ基がCO_2となって脱離する．注意すべき点は，ピルビン酸カルボキシラーゼ，もしくは両方の酵素がミトコンドリアにあることである．解糖や糖新生に関与するほかの酵素は細胞質に存在す

8.2 糖新生

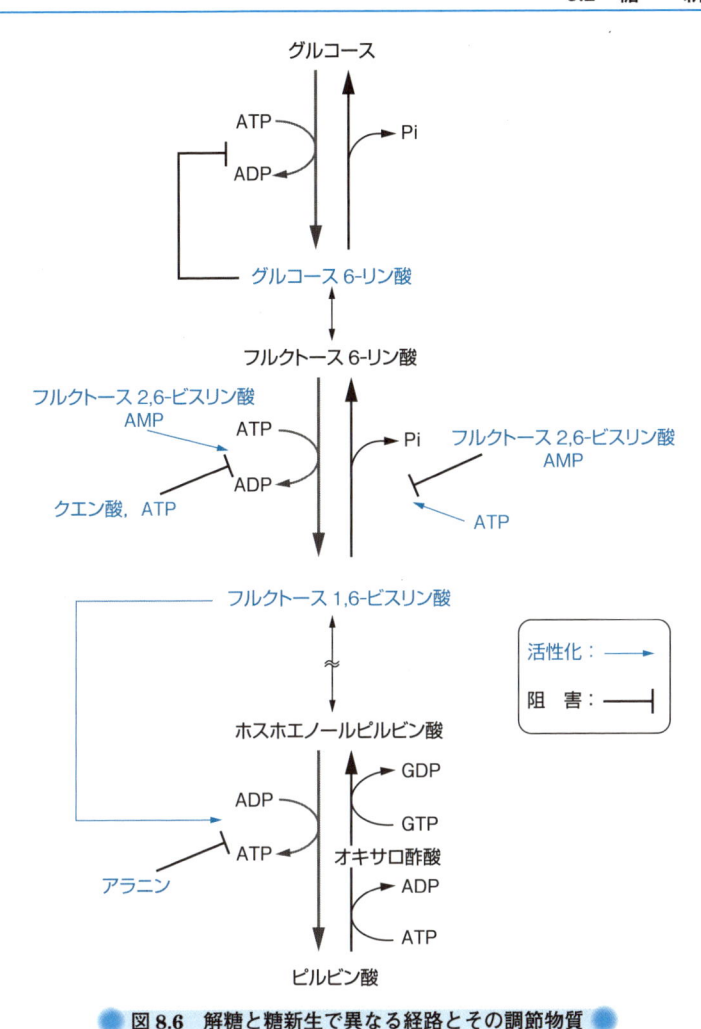

図 8.6　解糖と糖新生で異なる経路とその調節物質

解糖系特異的な反応（下向き）を灰色で示し，糖新生における反応を黒で示した．青字はアロステリックフェクターを示す．

るため，ピルビン酸を糖新生にのせるには，少なくとも1回，ミトコンドリア-細胞質間の輸送[*12]を行う必要がある．

一方，植物や細菌にはピルビン酸カルボキシラーゼが存在しない．代わりに，ピルビン酸を直接PEPにする酵素（ピルビン酸正リン酸ジキナーゼ，pyruvate orthophosphate dikinaseあるいはホスホエノールピルビン酸シンターゼ，PEP synthase）が存在する．この酵素が触媒する反応では，ATPをAMPに分解することでこの反応に必要なエネルギーを賄っている．

〔2〕 フルクトース1,6-ビスリン酸からフルクトース6-リン酸

フルクトース1,6-ビスリン酸（F1,6P）は**フルクトース1,6-ビスホスファターゼ**（fructose-1,6-bisphosphatase：FBP）によって脱リン酸化され，フルクトース6-リン酸となる．F6PからF1,6Pを生成するPFKとF1,6PからF6Pをつくるhttps://FBPはともに細胞質にあるので，両者が無制限に働かないための調節が行われているはずである．これについては，8.2.4項で述べる．

〔3〕 グルコース6-リン酸からグルコース

血中にグルコースを放出している肝臓では，**グルコース6-ホスファターゼ**（glucose-6-phosphatase）によってグルコース6-リン酸（G6P）の脱リン酸化が行われている．しかし，一般の細胞では，糖新生によってできたG6Pはグリコーゲンとして貯蔵されるため，グルコース6-ホスファターゼは発現していない．

8.2.3 糖新生に利用できる代謝物

乳酸やピルビン酸のほか，解糖系の中間産物に変換できる物質は糖新生に利用できる．オキサロ酢酸も糖新生の中間物質であるので，オキサロ酢酸に変換できるクエン酸回路の代謝物（リンゴ酸，クエン酸，α-ケトグルタル酸など．→9.1節）やアミノ酸を原料に糖新生を行うことも可能である．しかし，同じくクエン酸回路に流入する物質であっても，アセチル-CoAは糖新生の原料とすることができない．これはクエン酸回路を通って代謝される間に，アセチル基と同じ量の炭素がCO_2として抜けてしまうからである．

これに対して，植物や細菌では，**グリオキシル酸回路**という，いわばクエン酸回

[*12] ピルビン酸やPEPはミトコンドリア内膜上のトランスポーターで運び出すことができるが，OAAは膜を通過できない．そこで，リンゴ酸-アスパラギン酸シャトルなどのシャトルが使われる（→9.2.3項）．

路の近道（→ 9.1.3 項）を有しており，これを経由することでアセチル-CoA を糖新生に用いることができる．種子の主な貯蔵物質として脂肪酸をもつ植物が存在することや，細菌が酢酸を唯一の炭素源として増殖可能なことはグリオキシル酸回路をもつからである．一方で，人間がなかなかダイエットできないのは，脂肪を糖に変換できず，脂肪を分解してエネルギーとするほかに使い道がないからであろう．

8.2.4 糖新生と解糖の調節

それぞれの反応で述べたように，解糖系には ① グルコースから G6P，② F6P から F1,6P，③ PEP からピルビン酸の，三つの一方通行ステップがあり，いずれも解糖，糖新生の流量を調節するステップとなっている．両方向に進行可能な反応を使って流量制御を行うより，一方向の反応のオンオフだけで調節する機構のほうがうまく機能するからと解釈されている．

なかでも，F6P から F1,6P のステップは解糖系全体の流量を決める律速段階といわれるので，このステップについて，細胞内のエネルギー需要に応じた調節と，ホルモンを介した細胞間の情報伝達による調節について触れる．

細胞が活発に活動し，ATP がさかんに使われる（細胞内のエネルギー需要が高い）際には，ADP, AMP が増加し，ATP が減少する．細胞内では，AMP+ADP+ATP の濃度はほぼ一定になっているので，ATP 濃度が高いとき AMP や ADP の濃度が低く，ATP 濃度が低いとき AMP や ADP の濃度が高い．解糖系を進行させるホスホフルクトキナーゼ（PFK）は**アロステリック酵素**（→ 2.5.3 項，6.3.3 項）であり，AMP や ADP 濃度が高いとき，それらが PFK の調節部位に結合すると酵素活性は増大し，ATP 濃度が高いとき ATP が結合すると酵素活性が低下する．糖新生を進める 1,6-ビスホスファターゼ（FBP）は AMP，ADP によって阻害され，ATP によって活性化される．また，ATP が余っている条件で蓄積するクエン酸も PFK を阻害し，その結果，解糖系の進行が抑えられて糖新生の反応が進む．

ヒトでは**グルカゴン**，**インスリン**といった**ホルモン**が血糖値の調節を行っており，それぞれ血糖値を上昇，低下させる．フルクトース 2,6-ビスリン酸（fructose-2,6-bisphosphate：F2,6P）が細胞内でこれらホルモンの情報を伝達している．例えば，肝臓ではグルカゴンのシグナルにより F2,6P の分解が促進される．F2,6P は PFK を活性化，FBP 活性を抑制するので，肝臓ではグルカゴンによって（F2,6P レベルが下がり）糖新生が促進される．グルカゴンはグリコーゲンの分解も促進す

第8章 糖質の代謝

るので，肝臓からのグルコース供給量が増加して血糖値が上昇する．

解糖系，糖新生はクエン酸回路，電子伝達系などとも協調した調節がなされる必要がある．これについては9.2.4項で述べる．

8.3 ペントースリン酸経路

8.3.1 ペントースリン酸経路の概要

8.1節で述べた解糖系（EM経路）はもっとも一般的なグルコースの分解経路であるが，唯一ではない．**ペントースリン酸経路**は，解糖系のバイパス経路のひとつであり，解糖系同様にほとんどの生物がもっている．**図8.7**に示したように，グルコース6-リン酸（G6P）で解糖系から分岐し，フルクトース6-リン酸（F6P）とD-グリセルアルデヒド3-リン酸（GAP）で再び解糖系に合流する．ほぼ一本道の解糖系と比べると，やや複雑な経路であるが，すべての反応をまとめると以下のようになる．

$$3G6P + 6NADP^+ + 3H_2O \longrightarrow 6NADPH + 6H^+ + 3CO_2 + 2F6P + GAP \tag{8.8}$$

すなわち，ペントースリン酸経路だけでG6Pのすべての炭素をGAPにすることはできず，生じたF6Pは解糖系でGAPに代謝する必要がある．

8.3.2 ペントースリン酸経路の役割

[1] NADPH産生

ペントースリン酸経路は解糖の別経路ととらえることもできるが，なぜそのように重複した経路を多くの生物がもっているのだろうか．F6PとG6Pはホスホグルコースイソメラーゼ（PGI）により（エネルギー消費なしで）変換されるので，式(8.8)はエネルギー的に式(8.9)と等価と考えることができる．

$$3G6P + 6NADP^+ + 3H_2O \longrightarrow 6NADPH + 6H^+ + 3CO_2 + 5GAP \tag{8.9}$$

解糖系を通れば3分子のG6Pは6分子のGAPとなるところ，ペントースリン酸経路ではGAP5分子と3分子のCO_2に分解される代わりに6個のNADPHを得られることになる．解糖系の後半部とクエン酸回路を通れば，GAPは5NADHとFADH$_2$，GTP，2ATPを生産してCO_2に分解され，酸化的リン酸化によるNADHとATPの変換を考えるとペントースリン酸経路による分解はエネルギー的には少

8.3 ペントースリン酸経路

図 8.7 ペントースリン酸経路

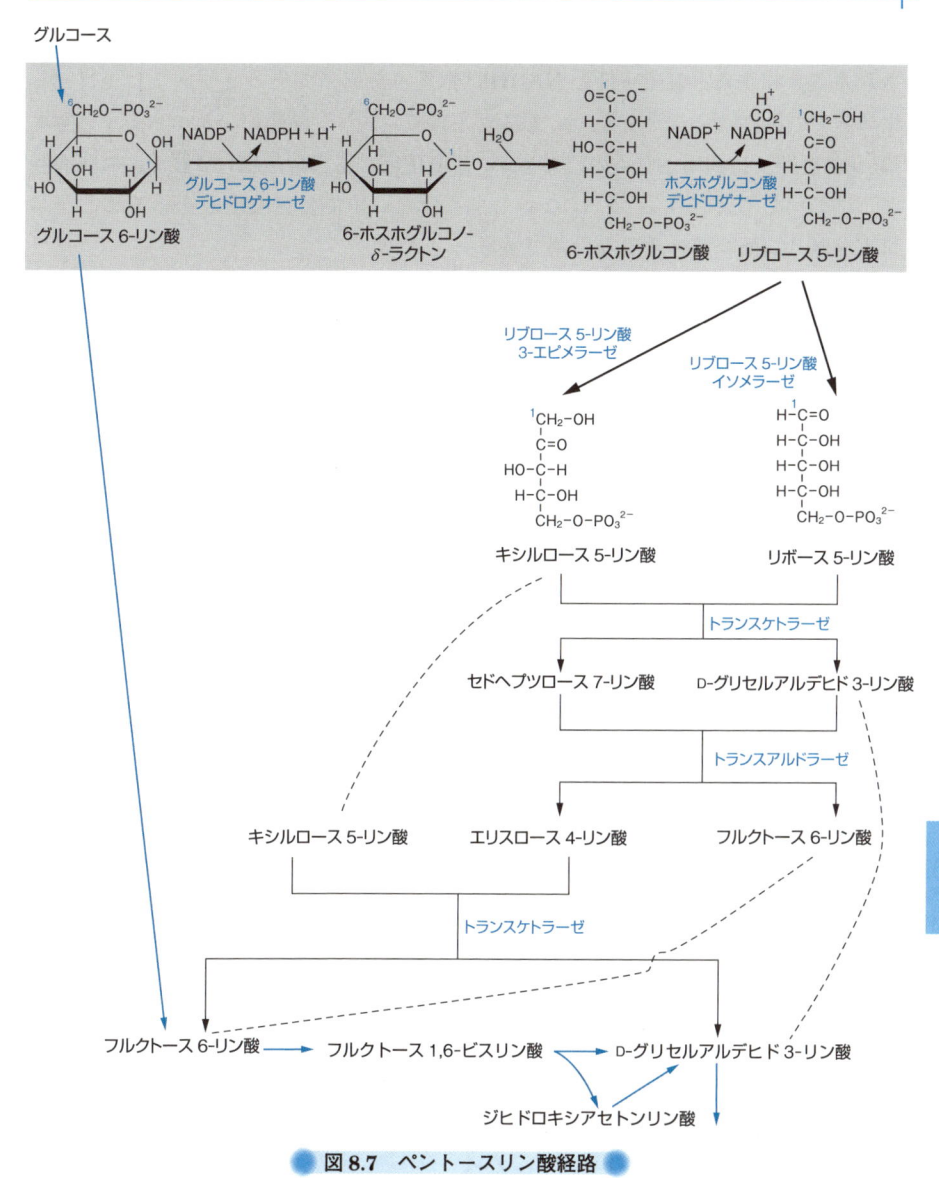

逆反応の起きない酸化的部分を太線と灰色の網かけで示した．構造式の示していない化合物については図 8.8 参照．

非酸化的部分の反応（細線）はすべて逆行が可能だが，リブロース 5-リン酸を出発点にして各種反応が進行する方向に矢印を示した．

解糖系との関連がわかるよう，解糖系での反応の流れを青矢印で示し，同じ物質が別の場所に示されている場合は点線で結んだ．

第8章 糖質の代謝

し不利である．しかし，それ以上に大きな違いは，NADHでなくNADPHが合成されることにある．NADPHとNADHは似通った構造である［→図7.1 (a)］が，生体内での役割は全く異なる．NADHが主に酸化的リン酸化によるエネルギー獲得（異化的経路）に利用されるのに対して，NADPHは主に各種生合成経路（同化的経路）において消費される[*13]．すなわち，生合成に必要なNADPHを得ることがペントースリン酸経路の重要な役割である．

〔2〕リボース5-リン酸など生合成中間体の合成，ペントースの同化

解糖系がさまざまな中間代謝物の同化，異化経路が流入，流出する場所であったように，ペントースリン酸経路も，いくつかの重要な物質の同化，異化経路となっている．特に重要なものとして，核酸合成に必要な**リボース5-リン酸**（ribose-5-phosphate：R5P）があげられる．逆に，ペントースのひとつリボース（ribose）はペントースリン酸経路を通って同化される．

これに加え，植物や細菌では，芳香族アミノ酸もエリトロース4-リン酸（erythrose-4-phosphate：E4P）を中間体として合成され，また，リボースだけでなく，キシロース，アラビノースなどのペントースがペントースリン酸経路を通って同化される．

8.3.3 ペントースリン酸経路の各反応

ペントースリン酸経路は**グルコース6-リン酸**（G6P）が**リブロース5-リン酸**（ribulose-5-phosphate：Ru5P）に酸化され，NADPHが生み出される酸化的部分と，Ru5Pがさまざまな糖リン酸を経由して**フルクトース6-リン酸**（F6P）と**D-グリセルアルデヒド3-リン酸**（GAP）になる非酸化的部分に分けて考えることができる（図8.7）．

〔1〕酸化的部分（G6PからRu5P）

図8.7に灰色の網かけで示した3反応よりなる．

最初の反応で**グルコース6-リン酸デヒドロゲナーゼ**（glucose-6-phosphate dehydrogenase：G6PDH）によって，G6Pの1位の炭素が酸化され，これに伴ってNADP$^+$はNADPHに還元される．生じた**6-ホスホグルコノ-δ-ラクトン**

[*13] NADH，NADPH両方を補酵素として使うことのできる酵素も存在するが，一方だけを使う酵素もある．解糖系やクエン酸回路，電子伝達系など，エネルギー産生に用いられる多くの酵素はNADHに特異的であるが，脂肪酸の合成を始めとして，生合成関連の酵素はNADPH特異的なものが多い．

(6-phosphoglucono-δ-lactone）は，非酵素的に加水分解して **6-ホスホグルコン酸** (6-phosphogluconic acid：6PG）になるが，6-ホスホグルコノラクトナーゼ（6-phosphogluconolactonase）がこれを促進する．次に，6PG の酸化によって 1 位の炭素が解離し，Ru5P と CO_2 がつくられる．これに伴って二つ目の NADPH ができる．この経路は生体内では一方通行であり，調節は主に最初のステップ[*14]で行われている．

〔2〕非酸化的部分（Ru5P から F6P と GAP）

非酸化的部分は Ru5P がリボース 5-リン酸（ribose-5-phosphate：R5P）とキシロース 5-リン酸（xylulose-5-phosphate：Xu5P）に変化する．続いて，R5P と 2 分子の Xu5P に対して**トランスケトラーゼ**（transketolase：TKT），**トランスアルドラーゼ**（transaldolase：TAL）が働いて（TKT，TAL，TKT の順に 3 回の反応で）F6P と 2 分子の GAP ができる．TKT，TAL の反応は，図 8.8 のように，C2 単位，C3 単位をそれぞれ転移させる反応である．

> **Column** その他の解糖系
>
> 解糖系（EM 経路）はもっとも基本的な代謝経路であるが，解糖系酵素を一部もっていない生物も存在する．ただし，それらの生物がすべてグルコースを利用できない訳ではない．エントナー・ドゥドルフ経路（Entner-Doudoroff pathway，ED 経路）を代表とした，EM 経路以外の解糖経路が存在する．ED 経路は 6-ホスホグルコン酸の生成まではペントースリン酸経路（図 8.8）と同様の反応をたどり，後の 2 ステップで GAP とピルビン酸が 1 分子ずつ生成する．EM 経路とエネルギー効率を比較すると，ED 経路ではグルコース 1 分子当たり ATP1 分子分，効率が悪い．乳酸発酵やアルコール発酵ではその差は大きいが，酸化的リン酸化で ATP を得るなら大きな差ではない．従来，ED 経路は一部の細菌のみが利用している経路とされてきたが，近年の研究によって，多くの真正細菌が ED 経路を中心的な解糖経路としており，真核生物の一部も ED 経路をもっていることがわかってきた．さらに，古細菌では，グルコースをリン酸化しないまま，ED 経路と同様の経路で分解する非リン酸化 ED 経路（non-phosphorylating ED pathway）や，途中段階でリン酸化を行う半リン酸化 ED 経路（semi-phosphorylative ED pathway）など，ED 経路のヴァリアントが使われるようである．EM 経路を単純に解糖系と呼ぶのは，ヒト中心主義の一端であろうか．

[*14] G6PDH 活性は NADPH によって阻害される．また，酵母やバクテリアでは酸化ストレスによって NADPH が必要になったとき転写レベルで G6PDH が誘導される．

第8章 糖質の代謝

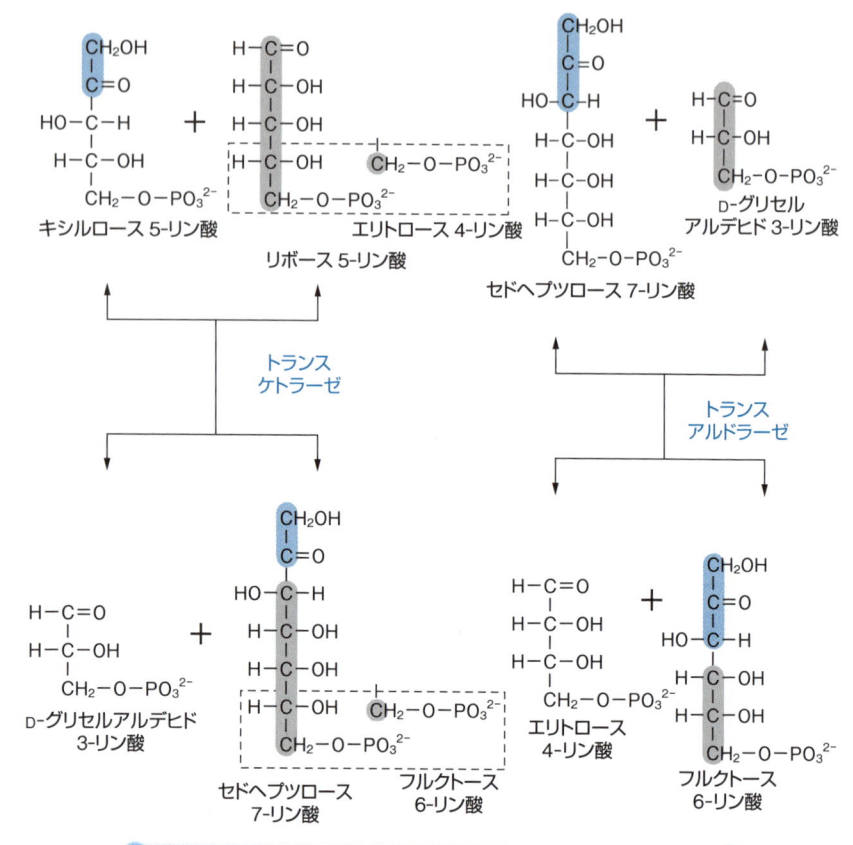

図8.8 トランスケトラーゼおよびトランスアルドラーゼ反応

非酸化的部分の反応はいずれも基質濃度によって生体内でどちらの方向へも進むことが可能である．例えば，核酸合成に使用されるR5PがNADPHの必要量を上回る場合，非酸化的部分の逆行によって不足分のR5Pが賄われる．

演習問題

Q.1 放射性同位体 ^{14}C で，1位の炭素をラベル（標識）したグルコースを動物細胞に取り込ませ，細胞中のD-グリセルアルデヒド3-リン酸（GAP）に取り込まれた同位体を測定した．同位体ラベルはGAPのどの炭素に取り込まれていると予想されるか．

演習問題

Q.2 Q.1 の実験で，ラベルされた GAP の割合を調べたところ，40％がラベルされており，60％は非ラベルの分子であることがわかった．この結果から，解糖系とペントースリン酸回路で代謝されたグルコースの割合を求めよ．ただし，ホスホグルコースイソメラーゼの逆行はないものとする．

Q.3 リボースは細胞中に取り込まれてから ATP によりリン酸化されてリボース 5-リン酸になる．細胞中に存在するリボース 1 モルがペントースリン酸経路と解糖系でピルビン酸に分解するときに得られる ATP と NADH はそれぞれ何モルか．

Q.4 肝臓では，ほかの組織で働いているヘキソキナーゼとは異なるグルコキナーゼが働いている．グルコキナーゼはグルコースに対して特異性が高いだけでなく，グルコース 6-リン酸による阻害を受けないこと，グルコースに対する親和性が HK のそれに比べ非常に低いことなどの特徴をもっている．肝臓でほかの組織とは違うグルコキナーゼが働いている意味はどこにあるか．

Q.5 動物では脂肪酸は糖新生に利用できないとしたが，実際に脂肪酸を同位体でラベルして追跡するとグルコース 6-リン酸やグリコーゲンにラベルが取り込でまれていることがわかる．これはどういうことか．

参考図書

1. L. テイツ，E. ザイガー著，西谷和彦，島崎研一郎 訳：植物生理学 第 3 版，培風館（2004）
2. 櫻庭春彦，大島敏久：新奇解糖系—超好熱アーキアの変形 Embden-Meyerhof 経路と新規酵素，蛋白質 核酸 酵素，Vol. 48, No.9, pp. 1256-1262（2003）
3. William C. Plaxton：THE ORGANIZATION AND REGULATION OF PLANT GLYCOLYSIS, Annual Review of Plant Physiology and Plant Molecular Biology 47, pp. 185-214（1996）

ウェブサイト紹介

1. BioCyc

   http://biocyc.org/

   ゲノム情報と文献情報をもとにつくられた，モデル生物のゲノム/代謝情報データベース．

2. KEGG pathway（京都大学化学研究所バイオインフォマティクスセンターおよび東京

第8章 糖質の代謝

　　大学医科学研究所ヒトゲノム解析センター）
　　http://www.genome.ad.jp/ja/gn_kegg_ja.html
　　ゲノム情報を元に構築された，非常に多くの生物の代謝経路情報が掲載されている．
3. BRENDA
　　http://www.brenda-enzymes.info/
　　酵素について，包括的かつ詳細な情報がまとめられている．
4. 香川大学希少糖研究センター
　　http://rare-sugar.com/jp/research1.html
　　自然界の単糖類の存在量データ．

第9章
クエン酸回路と電子伝達系

本章について

　解糖系で生成されたピルビン酸は，真核生物においてはミトコンドリアに取り込まれてアセチル補酵素A（アセチル-CoA）に変換される．また細胞内に取り込まれた脂肪酸やアミノ酸なども最終的にはアセチル-CoAにまで分解される．生成したアセチル-CoAのアセチル基はクエン酸回路に入ることで，二酸化炭素に完全に酸化される．そして，クエン酸回路中間体の酸化で生じた電子対はミトコンドリアの電子伝達系に入り，酸素に移る際にADPがリン酸化されATPが生成される．グルコース1モルを解糖系とクエン酸回路で完全酸化すると36〜38モルのATP（解糖系で2モル，クエン酸回路で2モル，電子伝達系で32〜34モル）が生成され，グルコースの酸化で生じたエネルギーがATPのリン酸結合内に蓄えられることになる．また，クエン酸回路で生じる中間代謝物質はアミノ酸などの二次代謝産物の生合成の前駆体としても利用されている．

　本章では，莫大なエネルギーの生成を担うクエン酸回路と電子伝達系について概説するとともに，クエン酸回路のエネルギー生成以外の役割についても解説する．

第9章

クエン酸回路と電子伝達系

9.1 アセチル-CoA の生成とクエン酸回路（TCA サイクル）

クエン酸回路（citric acid cycle）[*1] は糖質やアミノ酸などの分解により生じたア
セチル-**CoA**（acetyl coenzyme A：acetyl-CoA）を二酸化炭素に完全酸化する反
応である（図 9.1）．クエン酸回路の進行により 1 モルのアセチル-CoA から 3 モル
の **NADH**（nicotinamide adenine dinucleotide, reduced form），1 モルの **FADH**$_2$
（flavin adenine dinucleotide, reduced form）および 1 モルのグアノシン三リン酸
（guanosine triphosphate：**GTP**）が生成される[*2]．

$$\text{アセチル-CoA} + 3\text{NAD}^+ + \text{FAD} + \text{GDP} + \text{HPO}_4^{2-} + 2\text{H}_2\text{O} \longrightarrow$$
$$2\text{CO}_2 + 3\text{NADH} + \text{FADH}_2 + \text{GTP} + \text{Co-ASH} + 2\text{H}^+$$

クエン酸回路は八つの酵素により触媒される一連の反応により進行する．生じ
た NADH と FADH$_2$ は電子伝達系や酸化的リン酸化により酸素で酸化され，**アデ
ノシン三リン酸**（adenosine triphosphate：**ATP**）を生成することになる．また
GTP は速やかに ATP に変換される．ここでは，アセチル-CoA の生成およびクエ
ン酸回路の諸反応，クエン酸回路の酵素レベルでの調節，クエン酸回路のエネル
ギー生成以外の役割について概説する．

9.1.1 アセチル-CoA の生成

〔1〕ピルビン酸デヒドロゲナーゼ複合体によるアセチル-CoA の生成

アセチル-**CoA** は糖，アミノ酸，脂肪酸分解で生じる共通の生成物である（図
9.2）．糖質からのアセチル-CoA 生成の前駆体は**解糖系**（glycolysis）で生じる
ピルビン酸（pyruvic acid）である（→ 8.1 節）．ピルビン酸はミトコンドリア
（mitochodrion，複数形は mitochondria．図 9.3）の内膜に存在するピルビン酸輸

[*1] クエン酸回路はトリカルボン酸回路（tricarboxylic acid cycle）やその頭文字をとって TCA サイクル
（TCA cycle），発見者である Hans Krebs の名前をとってクレブス回路（Krebs cycle）とも呼ばれる．
[*2] 一般的に動物では GTP が生成されるが，植物や細菌では ATP が生成される．

9.1 アセチル-CoA の生成とクエン酸回路（TCA サイクル）

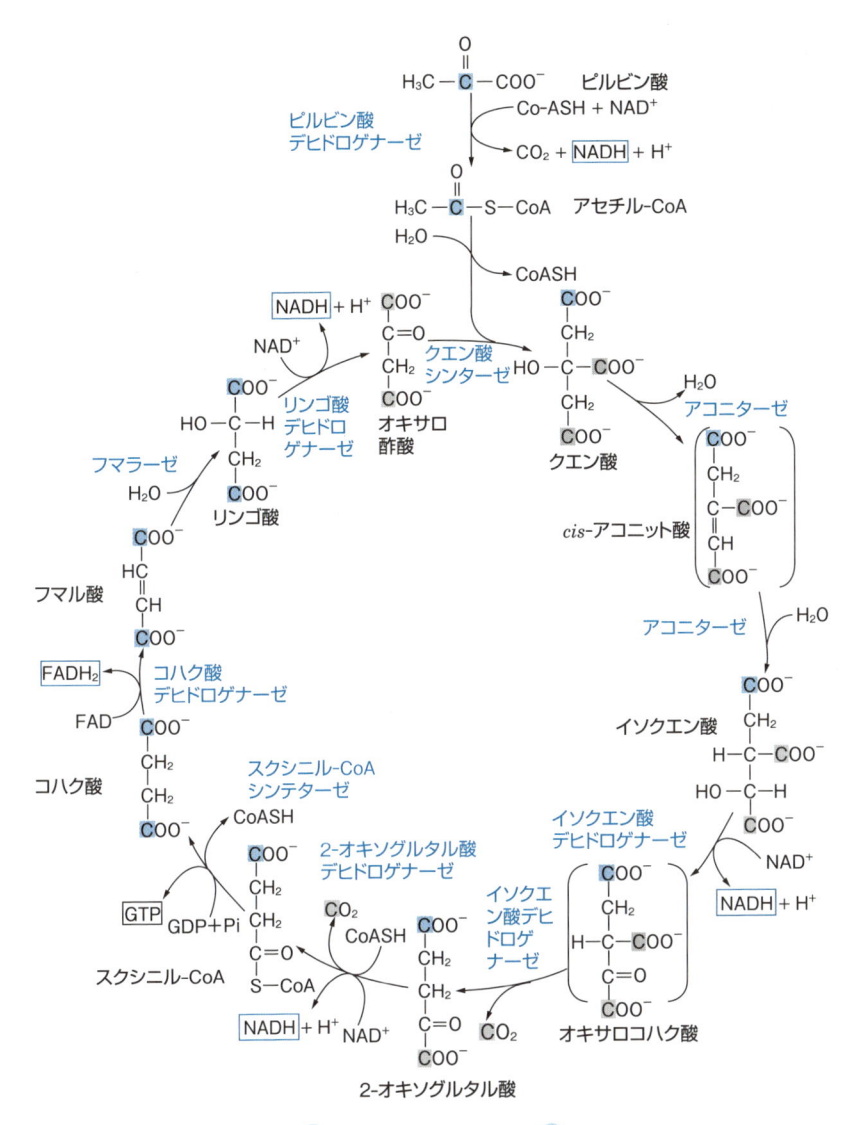

図 9.1 クエン酸回路

ピルビン酸の 2 位およびアセチル-CoA の 1 位の炭素原子を■で示す．アセチル-CoA がクエン酸回路に入り 1 周した際に，これらの炭素原子がオキサロ酢酸の 1 位か 4 位の炭素原子（■で示す）に引き継がれる．□で囲んだ NADH・FADH$_2$ は電子伝達系で再酸化される．また□で囲んだ GTP は速やかに ATP に変換される．

第 9 章　クエン酸回路と電子伝達系

図 9.2　アセチル-CoA の構造

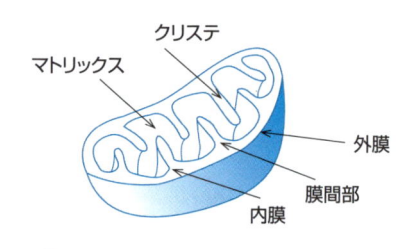

図 9.3　ミトコンドリアの構造

　ミトコンドリアは二重の膜（外膜と内膜）をもつ細胞内小器官である．特に内膜は，内側に折れ曲がりクリステと呼ばれるひだ状の構造をとる．ミトコンドリアの内部は外膜と内膜の間の膜間構造と内膜で囲まれたマトリックスの二つの区画を有している．酸化的リン酸化はミトコンドリア内膜に埋め込まれたタンパク質複合体で起こり，クエン酸回路の反応のほとんどはマトリックスで起きている．

送体で**マトリックス**（matrix）に取り込まれる．そして，3 種類の酵素の複合体である**ピルビン酸デヒドロゲナーゼ複合体**（pyruvate dehydrogenase complex）により脱炭酸され，アセチル-CoA を生成する（図 9.1）．

9.1 アセチル-CoA の生成とクエン酸回路（TCA サイクル）

ピルビン酸+CoA+NAD$^+$ ⟶ アセチル-CoA+CO$_2$+NADH

ピルビン酸デヒドロゲナーゼ複合体の反応に必要な**補酵素**（coenzyme）あるいは**補因子**（cofactor）としては，チアミン二リン酸（thiamine pyrophosphate：TPP），FAD（flavin adenine dinucleotide），NAD$^+$（nicotinamide adenine dinucleotide），リポアミド（lipoamide）がある（→ 7.1.3 項）．

〔2〕ピルビン酸デヒドロゲナーゼの活性制御

ピルビン酸デヒドロゲナーゼ複合体は，アセチル-CoA 由来のアセチル基をクエン酸回路に入れる量を調節している．ピルビン酸デヒドロゲナーゼの反応は不可逆であり，またほ乳類はピルビン酸をアセチル-CoA に変える代謝経路をほかにもたないので，ピルビン酸デヒドロゲナーゼの活性調節は重要となる．特に，アセチル-CoA や NADH の濃度がそれぞれ CoA や NAD$^+$ の濃度と比べて高いとき，ピルビン酸の脱炭酸は起こりにくくなる．

9.1.2 クエン酸回路

ここからは，クエン酸回路を構成する酵素についてみていく．

〔1〕クエン酸シンターゼ

クエン酸シンターゼ（citrate synthase）はアセチル-CoA 由来のアセチル基と**オキサロ酢酸**（oxaloacetate）を縮合し**クエン酸**（citric acid）を生成する反応，すなわちアセチル-CoA の炭素原子をクエン酸回路に投入するための最初の反応を触媒する．

〔2〕アコニターゼ

アコニターゼ（aconitase）はクエン酸と**イソクエン酸**（isocitric acid）の異性化反応を触媒する．この異性化反応では，***cis*-アコニット酸**（*cis*-aconitic acid）を中間体とする．クエン酸は対称な分子であるがアコニターゼは非対称に作用し，アセチル-CoA のメチル基由来ではなくオキサロ酢酸由来の炭素原子に OH 基を付加することでイソクエン酸を生成する（図 9.4）．

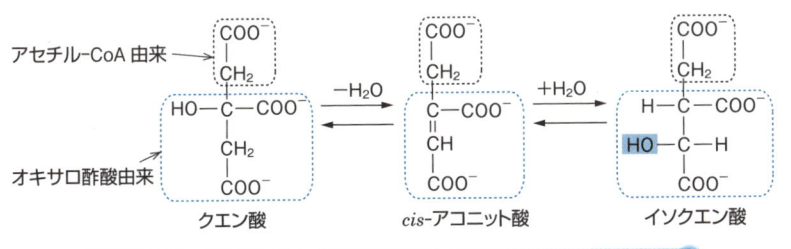

図 9.4 アコニターゼによるクエン酸からイソクエン酸の生成

第9章 クエン酸回路と電子伝達系

[3] イソクエン酸デヒドロゲナーゼ

イソクエン酸デヒドロゲナーゼ (isocitrate dehydrogenase) はイソクエン酸の脱炭酸反応を触媒し，**2-オキソグルタル酸** (2-oxoglutaric acid) を生成する．クエン酸回路で最初に CO_2 と NADH が生成する反応である．

ほ乳類は2種類のイソクエン酸デヒドロゲナーゼを有しており，そのうち一方は NAD^+ を補酵素としている．このイソクエン酸デヒドロゲナーゼは Mn^{2+} あるいは Mg^{2+} を補因子として要求し，イソクエン酸をオキサロコハク酸に酸化[*3]した後，カルボキシ基を CO_2 として脱炭酸すると考えられている．

[4] 2-オキソグルタル酸デヒドロゲナーゼ複合体

2-オキソグルタル酸デヒドロゲナーゼ複合体 (2-oxoglutarate dehydrogenase complex) は2-オキソグルタル酸の脱炭酸を触媒し，**スクシニル-CoA** (succinyl coenzyme A：succinyl-CoA) と CO_2，NADH を生成する．この酵素複合体はピルビン酸デヒドロゲナーゼ複合体と同じく，3種類の酵素の複合体として存在する．2-オキソグルタル酸デヒドロゲナーゼ複合体は補酵素・補因子として TPP, Mg^{2+}, NAD^+, FAD, リポ酸 (lipoic acid), CoA を必要とし，この点もピルビン酸デヒドロゲナーゼ複合体と同様である．

[5] スクシニル-CoA シンテターゼ

スクシニル-CoA シンテターゼ (succinyl-CoA synthetase) はスクシニル-CoA を**コハク酸** (succinic acid) と CoA に加水分解する反応を触媒する（図 9.5）．こ

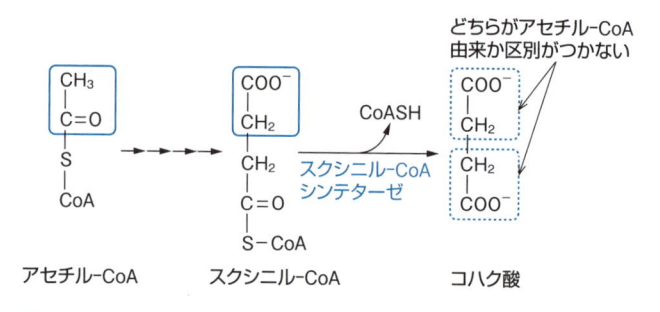

図 9.5 スクシニル-CoA シンテターゼによるコハク酸の生成

コハク酸は対称な構造であるため，スクシニル-CoA シンテターゼの反応により生成したコハク酸は，アセチル-CoA 由来の炭素原子とオキサロ酢酸由来の炭素原子の区別がつかなくなる．

[*3] イソクエン酸デヒドロゲナーゼの反応ではオキサロコハク酸の存在を仮定する必要があるが，その実験的な裏づけはまだない．

9.1 アセチル-CoA の生成とクエン酸回路（TCA サイクル）

の反応はほ乳類では GTP，植物や細菌では ATP を生成する反応と共役して進行する．ほ乳類においては，生じた GTP はヌクレオチド二リン酸キナーゼ（nucleotide diphosphate kinase）により速やかに ATP に変換される．

$$GTP + ADP \longrightarrow GDP + ATP$$

〔6〕コハク酸デヒドロゲナーゼ

コハク酸デヒドロゲナーゼ（succinate dehydrogenase）はコハク酸を脱水素して**フマル酸**（fumaric acid）を生成する反応を触媒する．ほかのクエン酸回路の酵素と異なりコハク酸デヒドロゲナーゼのみミトコンドリアの内膜に存在する．後で述べるように，このコハク酸デヒドロゲナーゼは電子受容体として FAD をもち，フマル酸を生成する過程で還元された $FADH_2$ は電子伝達系で再酸化される．

〔7〕フマラーゼ

フマラーゼ（fumarase）は，フマル酸の二重結合を水和することで**リンゴ酸**（malic acid）を生成する反応を触媒する．

〔8〕リンゴ酸デヒドロゲナーゼ

リンゴ酸デヒドロゲナーゼ（malate dehydrogenase）が触媒する反応では NAD^+ によりリンゴ酸が酸化され，オキサロ酢酸と NADH が生成される．

9.1.3 クエン酸回路の調節

クエン酸回路の代謝流量は ATP の必要性を満たすことができるように厳密に制御されている．クエン酸回路における**律速反応**（rate-limiting reaction）は，クエン酸シンターゼ，イソクエン酸デヒドロゲナーゼ，2-オキソグルタル酸デヒドロゲナーゼの三つの酵素がそれぞれ触媒する反応である．クエン酸シンターゼはクエン酸がオキサロ酢酸と競合することにより，また NADH の蓄積により阻害される．イソクエン酸デヒドロゲナーゼはアデノシン二リン酸（adenosine diphosphate：ADP）によりアロステリックに活性化され，酵素と ADP の基質親和性が増大する．また NADH や ATP により阻害される．2-オキソグルタル酸デヒドロゲナーゼは生成物であるスクシニル-CoA や ATP，NADH により阻害される．

これとは別に，大腸菌のイソクエン酸デヒドロゲナーゼは酵素タンパク質のリン酸化による調節を受ける．細菌や植物が酢酸を炭素源として好気的に増殖する際には，**グリオキシル酸回路**（glyoxylate cycle）を使うことによりクエン酸回路の二つの脱炭酸反応をう回する（→第 8 章）．このグリオキシル酸回路では，酢酸より生成されたアセチル-CoA とオキサロ酢酸が縮合してクエン酸となりその後異性

化されてイソクエン酸となる*4．このイソクエン酸は 2-オキソグルタル酸へ脱炭酸されずに，**イソクエン酸リアーゼ**（isocitrate lyase）*5 によりコハク酸と**グリオキシル酸**（glyoxyic acid）に分解される．コハク酸はそのままクエン酸回路に入るが，グリオキシル酸は**リンゴ酸シンターゼ**（malate synthase）の触媒によりアセチル-CoA と縮合することでリンゴ酸を生成する．大腸菌においてこのグリオキシル酸回路が働く際には，イソクエン酸デヒドロゲナーゼの活性部位がリン酸化されることでその活性が阻害され，代謝の流れがグリオキシル酸回路へ向かうことになる．

9.1.4　同化代謝におけるクエン酸回路の役割

　クエン酸回路は糖質などを酸化することでエネルギーをつくり出す**異化代謝**（catabolic metabolism）における役割を主に担っている．しかしながら，クエン酸回路の中間代謝物質は糖質やアミノ酸などの生体を構成する成分の**生合成**（biosynthesis）［あるいは**同化代謝**（anabolic metabolism）］にも使われる．クエン酸回路の中間代謝物質を利用する生合成経路としては，糖質の合成（糖新生），脂質や脂肪酸の合成，アミノ酸の生合成などがある（図 **9.6**）．

9.1.5　クエン酸回路中間代謝物質の補充反応

　クエン酸回路の中間代謝物質が生合成の目的で利用されてしまい不足すると，クエン酸回路の異化代謝の機能すなわちエネルギー生成が行えなくなる．そのため，使われてしまった中間代謝物質は別の代謝経路で補充しなければならない．このクエン酸回路の中間代謝物質を補う反応を**補充反応**（anaplerotic reaction）と呼ぶ（図 9.6）．主な補充反応としては，解糖系のピルビン酸からオキサロ酢酸を生成する反応が知られている*6．

$$\text{ピルビン酸} + CO_2 + ATP + H_2O \longrightarrow \text{オキサロ酢酸} + ADP + HPO_4^{2-}$$

------

*4　この反応は，細菌ではクエン酸回路の反応そのものを利用しているが，植物ではグリオキシソームと呼ばれる細胞内小器官で進行する．
*5　リアーゼとは，何らかの基が脱離して二重結合を残す反応を触媒する酵素である．イソクエン酸リアーゼの場合はイソクエン酸のスクシニル基が脱離することで，二重結合をもつグリオキシル酸を生成する．
*6　オキサロ酢酸を補う補充経路にはピルビン酸カルボキシラーゼによる反応のほかに，ホスホエノールピルビン酸カルボキシラーゼによる次の反応も知られている．
　　　ホスホエノールピルビン酸 + CO_2 + ADP ⟶ オキサロ酢酸 + ATP

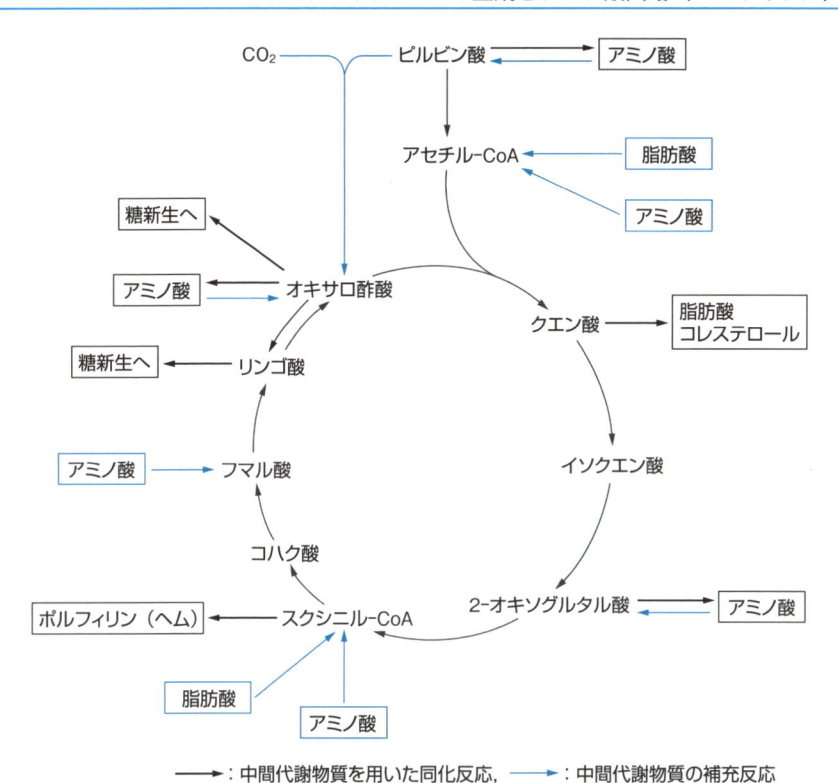

9.1 アセチル-CoA の生成とクエン酸回路（TCA サイクル）

図 9.6　クエン酸回路の中間代謝物質を用いた同化反応と中間代謝物質の補充反応

⟶：中間代謝物質を用いた同化反応，⟶：中間代謝物質の補充反応

ピルビン酸からオキサロ酢酸を生成する反応を触媒する**ピルビン酸カルボキシラーゼ**（pyruvate carboxylase）は，アセチル-CoA の細胞内の量からクエン酸回路中間代謝物質の必要性を感知する．クエン酸回路中間代謝物質が不足してクエン酸回路の速度が低下すると，アセチル-CoA が蓄積する．この蓄積したアセチル-CoA がピルビン酸カルボキシラーゼを活性化し，オキサロ酢酸を補充する．なお，クエン酸回路の速度が NADH 濃度の増加などにより低下した場合は，オキサロ酢酸と平衡の関係になるリンゴ酸の濃度が高くなり，リンゴ酸がミトコンドリアから細胞質へ輸送されて糖新生に用いられる．

ほかに，アミノ酸のアミノ基転移・脱アミノ反応，脂肪酸の酸化などによりクエン酸回路の中間代謝物質は補われる．

9.2 電子伝達系と ATP 生成

これまで見てきたように，グルコースは解糖系とクエン酸回路を経て酸素により二酸化炭素に完全酸化される．

$$C_6H_{12}O_6 + 6O_2 \longrightarrow 6CO_2 + 6H_2O$$

しかしながら，グルコースの酸化で生じる電子対が酸素分子を直接還元することはなく，解糖系やクエン酸回路のさまざまな反応で NAD^+ や FAD に渡される．そして，NADH や $FADH_2$ の再酸化で生じた電子は**電子伝達系**（electron transport system）に入り，さまざまな酸化還元反応を経て酸素分子を水に還元する（図 9.7，図 9.8）．電子伝達系の反応過程で H^+ はミトコンドリアから膜間部へとくみ出され，これにより生じるミトコンドリア膜内外の H^+ の濃度勾配を利用することで ATP を生成する．この一連の反応過程を**酸化的リン酸化**（oxidative phosphorylation）と呼ぶ．ここからは，電子伝達系による酸化的リン酸化と ATP 生成の機構について解説する．

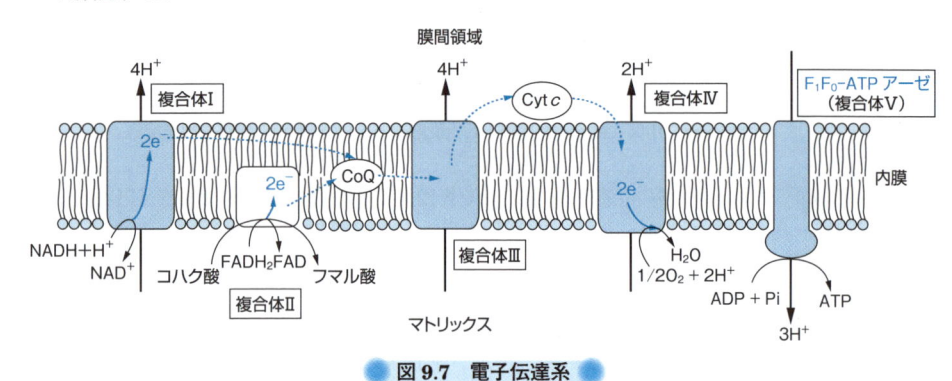

図 9.7 電子伝達系

······▶ は電子の移動を表す．（出典：掘越弘毅監修，井上明編：ベーシックマスター微生物学，p. 74，図 5.5，オーム社，2006 をもとに作成）．

9.2.1 電子伝達系

電子伝達系では解糖系やクエン酸回路で生成された NADH や $FADH_2$ のもつ電子を主にタンパク質で形成されている酸化還元中心どうしで受け渡し，最終的に酸素分子を還元して水を生成する．電子伝達系は四つの複合体（複合体 I，II，III，IV）から構成されている（図 9.7）．

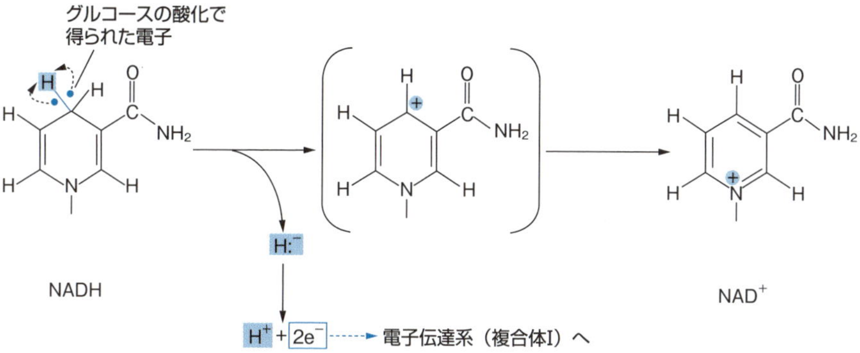

9.2 電子伝達系とATP生成

図9.8 NADHの酸化

解糖系・クエン酸回路で生じた電子はNAD$^+$やFADに蓄えられ，電子伝達系に受け渡される．NAD$^+$の場合，電子はニコチンアミド環に蓄えられる．ここにはNADHの酸化を示すが，FADH$_2$の酸化もほぼ同じ機構で行われる．[出典：B. Alberts, D. Bray, K. Hopkin, A. Johnson, J. Lewis, M. Raff, K. Roberts, P. Walter："Essential Cell Biology, Second Edition." Garland Science, 2004 (一部改変)].

[1] 複合体I：NADH-CoQオキシドレダクターゼ（NADHデヒドロゲナーゼ）

複合体IはNADHの電子を**補酵素Q**（coenzyme Q：**CoQ**）[*7]に受け渡す反応を触媒する．

$$NADH + CoQ（酸化型）+ 5H^+（in）\longrightarrow$$
$$NAD^+ + CoQH_2（還元型）+ 4H^+（out）$$

この複合体Iは1 000 kDa弱のタンパク質複合体であり，1個の**フラビンモノヌクレオチド**[flavin mononucleotide：FMN，→図7.1 (b)]と数個の鉄-硫黄クラスター[*8]が含まれている．NADHの電子はまずFMNに受け渡された後に鉄-硫黄クラスターに伝わり，最終的にCoQへと渡される．このとき，4当量のH$^+$がマトリックスから膜間部へとくみ出される．

[2] 複合体II：コハク酸-CoQオキシドレダクターゼ

複合体IIは，クエン酸回路のコハク酸デヒドロゲナーゼと3種類のタンパク質から構成されており，電子をコハク酸からCoQへと受け渡す．複合体IIには

[*7] 補酵素Qは酸化型をユビキノン（ubiquinone），還元型（CoQH$_2$）をユビキノール（ubiquinol）と呼ぶこともある．

[*8] 鉄-硫黄クラスターは鉄-硫黄タンパク質の補因子として発見された．ヘムに結合しない鉄原子がタンパク質のシステイン残基の硫黄原子と複合体を形成している．この鉄-硫黄クラスターが電子伝達系として機能している（→10.1.3項）．

FAD，3種類の鉄-硫黄クラスター，シトクロム $b560$ が含まれている．コハク酸の電子は FAD へと受け渡され，鉄-硫黄クラスターを通り，最終的に CoQ へと渡される．

$$\text{コハク酸} + \text{FAD} \longrightarrow \text{フマル酸} + \text{FADH}_2$$
$$\text{FADH}_2 + \text{CoQ}（酸化型）\longrightarrow \text{FAD} + \text{CoQH}_2（還元型）$$

複合体 II では，マトリックスから膜間部への H^+ のくみ出しは行わない．

〔3〕**複合体 III：CoQ-シトクロム c オキシドレダクターゼ**

複合体 III では，複合体 II で生成された還元型 CoQ の電子を**シトクロム c** (cytochrome c)[*9] に受け渡す．この複合体 III では，2個のシトクロム b，1個のシトクロム c，1個の鉄-硫黄クラスターからなる酸化還元にかかわる補因子が関与する．

$$\text{CoQH}_2（還元型）+ 2 \text{シトクロム } c（酸化型）+ 2H^+ (\text{in}) \longrightarrow$$
$$\text{CoQ}（酸化型）+ 2 \text{シトクロム } c（還元型）+ 4H^+ (\text{out})$$

この複合体 III では，4当量の H^+ がマトリックスから膜間部へとくみ出される．

〔4〕**複合体 IV：シトクロム c オキシダーゼ**

複合体 IV では，複合体 III で生じた還元型のシトクロム c の酸化により，酸素分子の還元により水を生じる．この複合体は約 200 kDa のタンパク質複合体で，シトクロム a，2個の Cu^{2+}，1個のシトクロム a_3 を有する．

$$2 \text{シトクロム } c（還元型）+ \frac{1}{2} O_2 + 4H^+ (\text{in}) \longrightarrow$$
$$4 \text{シトクロム } c（酸化型）+ H_2O + 2H^+ (\text{out})$$

この複合体 III では，2当量の H^+ がマトリックスから膜間部へとくみ出される．

9.2.2 酸化的リン酸化

ADP と Pi から ATP を合成する反応は，ミトコンドリア膜上に存在する **F_1F_0-ATP アーゼ**（F_1F_0-ATPase）[*10] により触媒される．

[*9] シトクロムは電子伝達にかかわるヘムタンパク質であり，ヘム鉄が 2 価（Fe^{2+}）と 3 価（Fe^{3+}）の酸化還元状態を行き来することで電子を伝達する．シトクロム c は，ヘム c と約 10 kDa のタンパク質の複合体である．ヘム c やシトクロム c の構造については 10.1.3 項および章末，巻末に記載されている参考図書を参照のこと．

[*10] この F_1F_0-ATP アーゼは ATP の加水分解反応から見つけられたものであるので，ATP 分解酵素の意味である ATP アーゼと名付けられているが，F_1F_0-ATP 合成酵素（F_1F_0-ATP synthase）と呼ばれることもある．また，F_1F_0-ATP アーゼは電子伝達系の複合体 I〜IV に合わせて複合体 V と呼ばれることもある．F_1F_0-ATP アーゼによる ATP の合成は H^+ の膜間の濃度差により生じた電気化学的な駆動力を用いた，基質（ADP や Pi）の結合による構造変化とタンパク質分子の回転により行われると考えられている．

電子伝達の過程で生じた H^+ は，複合体 I，III，IV によりミトコンドリア内膜を通して膜間部へとくみ出す（図 9.7）．したがって，1 分子の NADH，$FADH_2$ の酸化によって，それぞれ 10 当量，6 当量の H^+ がマトリックスから膜間部へとくみ出される．これにより，内膜を介して生じる電気化学勾配に**自由エネルギー**（free energy）が蓄えられ，この自由エネルギーを ATP 合成に用いる．このエネルギーを**プロトン駆動力**（proton motive force）という．H^+ のくみ出しにより生じる自由エネルギー変化は約 22 kJ/mol に相当する[*11]．くみ出された H^+ は F_1F_0-ATPase の働きにより，マトリックス内へと戻され，その際に ATP が合成される．さまざまな実験結果から，1 分子の ATP 合成にはおよそ 3 当量の H^+ がマトリックスへと戻される必要があると考えられているので，1 分子の NADH，$FADH_2$ が酸化されると，それぞれから 3 分子と 2 分子の ATP が生成されることになる．したがって，好気的条件下で，解糖系，クエン酸回路，電子伝達系によって，グルコース 1 分子が完全に酸化されて CO_2 になると，36〜38 分子の ATP が生成される（演習問題 Q.1 参照）．光合成に伴う光リン酸化による ATP 合成については，10.2.3 項を参照のこと．

9.2.3 ミトコンドリアの輸送系

ミトコンドリアの内膜は NADH や ATP などの荷電分子に対する透過性はほとんどないと考えられる．しかしながら，解糖系とクエン酸回路の反応は細胞内の異なる場所で進行するので，細胞質とミトコンドリアの膜との間では多くの分子のやりとりを行う必要があり，ミトコンドリアの膜上にはそのために必要なタンパク

[*11] 酸化的リン酸化によりミトコンドリア内膜の内外の H^+ の濃度勾配により生じる自由エネルギー変化 ΔG は

$$\Delta G = RT \ln \frac{[H^+]_{out}}{[H^+]_{in}} + ZF\Delta\Psi = 2.303RT(\mathrm{pH_{in}} - \mathrm{pH_{out}}) + ZF\Delta\Psi$$

により表される．なお，R は気体定数（8.3145 J/K・mol），T は温度，$[H^+]_{out}/[H^+]_{in}$ はマトリックスと膜間部の H^+ 濃度の比，Z はプロトンの荷電，F はファラデー定数（電子 1 mol 当たりの電気量：96 485 J/V・mol），$\Delta\Psi$ は膜内外に生じる膜電位（V），$\mathrm{pH_{in}}$・$\mathrm{pH_{out}}$ はマトリックス側・膜間部の pH を表す．一般的なミトコンドリアの内膜では，膜間部の pH はマトリックス側の pH よりも 1.4 低く，膜電位は 0.14 V で膜間部が正になっているといわれている．25℃（= 298 K）で H^+ の濃度勾配により生じる自由エネルギー変化 ΔG は

$\Delta G = (2.303 \times 8.3145 \mathrm{~J/K \cdot mol} \times 298 \mathrm{~K} \times 1.4) + (+1 \times 96\,485 \mathrm{~J/V \cdot mol} \times 0.14 \mathrm{~V}) \fallingdotseq 21.5 \mathrm{~kJ/mol}$

となる．1 モルの ATP を生成するために必要な自由エネルギー変化は 40〜50 kJ なので，1 モルの ATP を生成するために必要な H^+ は少なくとも 2 モルとなる．しかしながら，近年のさまざまな研究結果から，一般的に 1 モルの ATP を生成するために必要な H^+ はおよそ 3 モルと考えられている．

質が存在している．なお，NADHが直接ミトコンドリア膜を透過することはなく，ほかの代謝反応と共役させNADHがもつ電子だけを透過させている[*12]．ATPやADPについては，実際に膜を透過させるタンパク質が見つけられている．

9.2.4　ATP生成の制御

これまで述べてきたように，一般的な生物におけるATPの生成は解糖系・クエン酸回路・電子伝達系により行われるため，代謝の調節・制御は解糖系・クエン酸回路・電子伝達系それぞれの中で行われるだけでなくこれらの反応系で同調して行われる．ATP生成は電子伝達系への電子の流入すなわちNADHとNAD$^+$の濃度比［NADH］/［NAD$^+$］や細胞内のエネルギー状態[*13]（図9.9）により制御されている．解糖系・クエン酸回路の同調的な制御に関しては図9.10に示すとおりである．中でも，クエン酸は解糖系の**ホスホフルク**

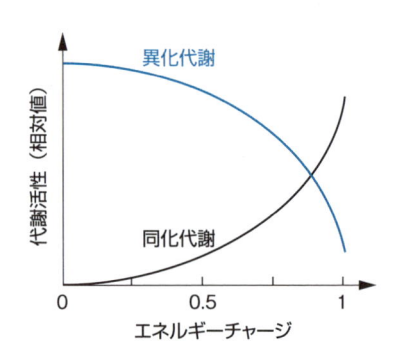

図9.9　細胞内のエネルギー状態（エネルギーチャージ）と異化・同化代謝活性の関係

[*12] ミトコンドリアに存在する膜輸送系としては，グリセロール生成反応と共役させNADHのもつ電子を透過させるグリセロールリン酸シャトル，リンゴ酸やアスパラギン酸のミトコンドリア膜透過反応と共役させてNADHのもつ電子を透過させるリンゴ酸-アスパラギン酸シャトルなどが知られている．

[*13] 細胞内のATPの必要度合いを表す指標として，［NADH］/［NAD$^+$］のほかにエネルギーチャージ（energy charge）というものがあり

$$\text{エネルギーチャージ} = \frac{[\text{ATP}] + 1/2 [\text{ADP}]}{[\text{ATP}] + [\text{ADP}] + [\text{AMP}]}$$

で表される．［ATP］，［ADP］，［AMP］はそれぞれATP，ADP，AMPのモル濃度（mol/l）を表す．ADPに蓄えられているエネルギーはATPの1/2であるため，1/2という係数がつく．エネルギーチャージは0から1の範囲をとり，細胞内のアデニンヌクレオチドがすべてAMPであればエネルギーチャージは0，すべてATPとなれば1となる．エネルギーチャージが高いときはATPを合成する反応（異化代謝）が抑制され，ATPを利用する反応（同化代謝）が促進される（図9.9）．

9.2 電子伝達系と ATP 生成

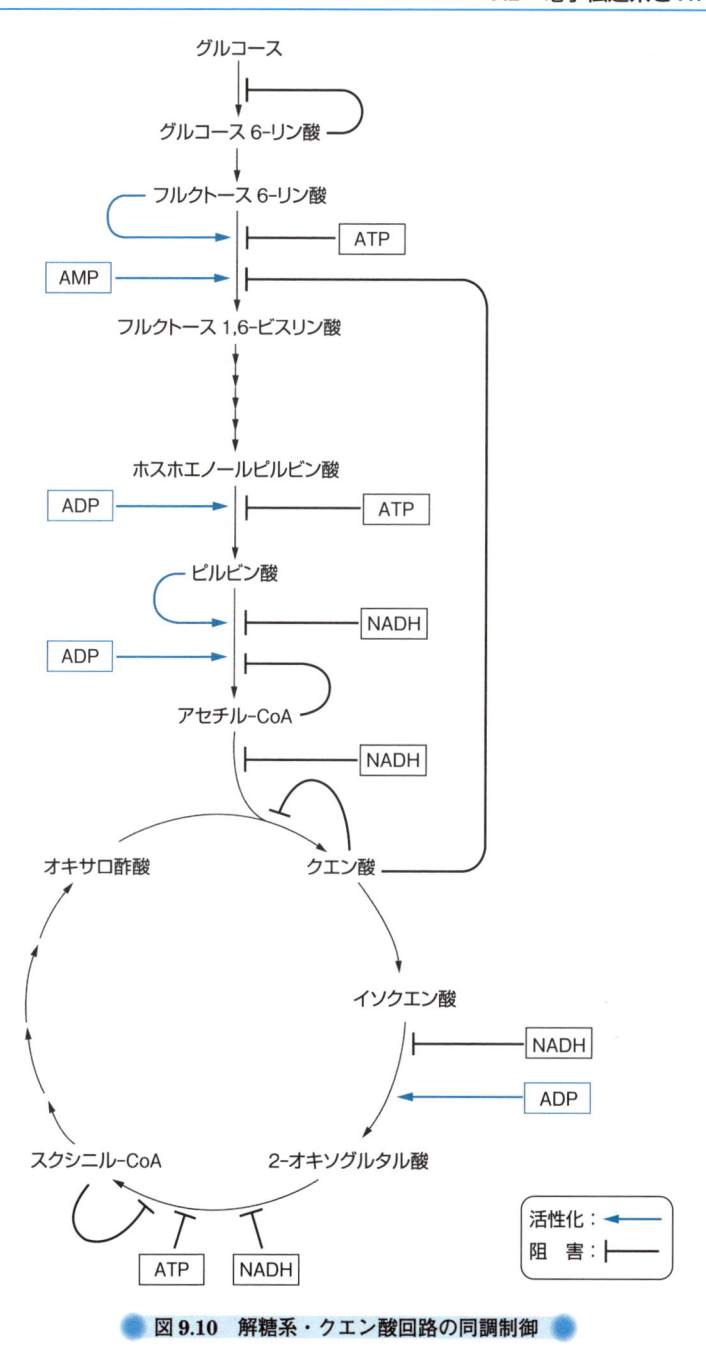

図9.10 解糖系・クエン酸回路の同調制御

トキナーゼ（phosphofructokinase）を阻害することが知られている（→図8.6）．ATPやNADHが高濃度に存在すれば，ADPで活性化されるイソクエン酸デヒドロゲナーゼやATPで阻害される2-オキソグルタル酸デヒドロゲナーゼの活性が低下し，その結果クエン酸が蓄積する．クエン酸はミトコンドリア内膜にある輸送体によりミトコンドリアマトリックスから細胞質へと入り，その結果ホスホフルクトキナーゼを阻害して解糖系の進行を阻害する．これによりむだなATPの生成を抑えることができる．

9.3　酸化ストレス：活性酸素種と抗酸化分子

　酸素分子はその高い電子親和性により電子伝達系の末端電子受容体として非常に適していると考えられる．電子伝達系で伝達される4個の電子が酸素分子に渡されると2分子の水を生成するが，その際大きなリスクを伴う．それは酸素分子に正確に電子が伝達されないと非常に反応性の高い**活性酸素種**（reactive oxygen species：ROS）を生成してしまうからである．ROSは細胞に傷害，いわゆる酸化ストレスを与えることが知られている．

　図9.11に示すように，ROSは酸素分子に電子が4個正確に渡されるまでの中間体として生成される．実際の電子伝達系では少量のROSの生成は避けられないので，生物はROSを除去するような仕組みを備えている．主要なROS防御機構としては**スーパーオキシドジスムターゼ**（superoxide dismutase：SOD）があげられる．SODはラジカル2個を過酸化水素と酸素に変換する反応を触媒し，**スーパーオキシドアニオン**（superoxide anion）をとらえる．

$$2O_2^- + 2H^+ \longrightarrow O_2 + H_2O_2$$

　そして，SODあるいはほかの原因により生じた過酸化水素（hydrogen peroxide）は**カタラーゼ**（catalase）により捕捉され，水が生成する．

$$2H_2O_2 \longrightarrow O_2 + 2H_2O$$

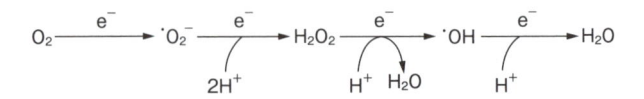

$$O_2 \xrightarrow{e^-} {}^{\cdot}O_2^- \xrightarrow[2H^+]{e^-} H_2O_2 \xrightarrow[H^+]{e^-} {}^{\cdot}OH \xrightarrow[H^+]{e^-} H_2O$$

図9.11　活性酸素種の生成

Column 代謝フラックス解析

　生物の代謝を解析しかつ理解するためには，細胞内の代謝物質レベルの測定のみならず，個々の代謝反応がどれくらいの流量で進行しているかを知ることが重要となる．細胞内の代謝物質レベルの計測は古くから行われており，最近では細胞内の代謝物質を網羅的に計測しようとするメタボローム解析（metabolome analysis）の技術が発展している．メタボローム解析では代謝物質の細胞内レベルを知ることはできるが，個々の代謝反応の流量（流束・フラックス，flux）を定量的にとらえることはむずかしい．

　近年，細胞内の代謝を定量的にとらえる代謝フラックス解析（metabolic flux analysis）が注目されている．代謝フラックス解析は，各代謝物質に対してその代謝物質の生成にかかわる反応の流量の和と分解にかかわる反応の流量の和は等しいという定常状態を仮定して量論式を作成し（図），細胞外へ排出された物質の生成速度をもとに細胞内の代謝フラックスを推定するというものである．しかしながら，この手法では可逆反応の正逆それぞれの反応やクエン酸回路のようなサイクリックな反応，ペントースリン酸経路のように解糖系からいったん分岐して再び解糖系に戻るような反応などをもつ複雑な代謝ネットワークのフラックスを決めることはむずかしい．そこで安定同位体である ^{13}C で標識した糖質を用いて細胞を培養し，細胞に取り込まれた ^{13}C がどの代謝物質にどれだけ取り込まれたかを定量することで，詳細な代謝フラックスを推定するという試みがなされている．^{13}C を用いた代謝フラックス解析では，代謝物質を構成する炭素原子のレベルで上記の定常状態を仮定して量論式を作成し，代謝物質への ^{13}C の取込み度合いを説明することのできる代

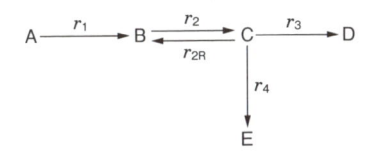

図　定常状態と量論式

　いま上のような A から B・C を経て D が生成される，また C から E が生成されるという代謝経路を考える（B と C の間の反応は可逆であるとする）．$r_1 \cdot r_2 \cdot r_{2R} \cdot r_3$ は各反応のフラックスを表す．定常状態では代謝物質 B の生成フラックスの和 r_1+r_{2R} と分解フラックスの r_2 が等しいと考えられるので，

$$d[B]/dt = (r_1+r_{2R})-r_2 = 0$$

となる．このような式を量論式という．同様にして，物質 C について量論式を立てると，

$$d[C]/dt = r_2-(r_{2R}+r_3+r_4) = 0$$

となる．代謝フラックス解析を行う際には，このような量論式を考慮するすべての代謝物質に対して作成し，実測したフラックスを代入した後で量論式（連立方程式）を解くことによりフラックスを決定する．

第 9 章　クエン酸回路と電子伝達系

謝フラックスをコンピュータ計算により推定する．一般的には細胞を構成するタンパク質由来のアミノ酸に ^{13}C がどれだけ取り込まれたかをガスクロマトグラフ-質量分析（gas chromatograph-mass spectrometery：GC-MS）や核磁気共鳴（nuclear magnetic resonance：NMR）などにより測定する．アミノ酸は解糖系やクエン酸回路などの中間代謝物質をもとに生合成されるため，糖質由来の ^{13}C がどれだけ中間代謝物質に取り込まれたかをアミノ酸の情報から知ることができる．また最近では，メタボローム解析の技術を応用して，解糖系やクエン酸回路などの中間代謝物質に ^{13}C がどれだけ取り込まれたかを直接測定し，代謝フラックスを推定する試みもなされている．

代謝フラックス解析は微生物を用いた産業上有用な物質（例えば，調味料や飼料，薬品の成分として利用されているアミノ酸，生分解性プラスチックの原料など）の生産，動物細胞を用いた有用タンパク質（抗体やワクチンなど）の生産や投与した薬物の代謝解析などに応用できる技術として注目されている．

すべての好気性生物は SOD をもっているといわれており，ROS に対する細胞の防御システムの重要性が示唆されている．また ROS による細胞の傷害はがんの発症や老化にもかかわっているといわれており，ROS により引き起こされる細胞傷害と病気発症のメカニズムの解明もさかんに行われている．

演習問題

Q.1 次の文章の [　] にあてはまる数字を答えよ．

グルコース 1 モルが解糖系（グルコース→ピルビン酸）・クエン酸回路（ピルビン酸デヒドロゲナーゼの反応を含む）を経て完全酸化されるとき，解糖系では [①] モルの NADH が，クエン酸回路では [②] モルの NADH と [③] モルの $FADH_2$ が生成される．1 モルの NADH と $FADH_2$ が電子伝達系で酸化されるとそれぞれ [④] モル，[⑤] モルの ATP が生成されるので，原核生物において解糖系とクエン酸回路で生じた NADH・$FADH_2$ の酸化的リン酸化により [⑥] モルの ATP が生成されることになる．また，解糖系・クエン酸回路では基質レベルでのリン酸化も起き，グルコース 1 モルから解糖系では [⑦] モル，クエン酸回路では [⑧] モルの ATP が生じる．以上のことから，原核生物では，グルコース 1 モルが解糖系・クエン酸回路を経て完全酸化されるときには [⑨] モルの ATP が生成されることになる．また真核生物においては，解糖系で生じた NADH がミトコンドリアの内膜を透過できず特殊な輸送系を用いて NADH のもつ電子をミトコンドリアへと取り込むので，グルコース 1 モルの解糖系・クエン酸回路による完全酸化で得

られる ATP は 36 ～［⑨］モルとなる．

Q.2 生物の代謝反応の解析には，同位体で標識された化合物を細胞抽出液に加えたり細胞に直接取り込ませたりして，その標識同位体がどの代謝物質に移されたかを追跡するトレーサー実験がしばしば行われる．

いま放射性同位体である ^{14}C で標識した化合物を，解糖系・クエン酸回路の反応に必要な物質・酵素などをすべて含んだ反応液に加えるトレーサー実験について考える．
(1) 1位の炭素原子が ^{14}C で標識されたピルビン酸を反応液に加えた場合，^{14}C はどの物質から検出されるか．
(2) 2位の炭素原子が ^{14}C で標識されたピルビン酸を反応液に加えた場合，クエン酸回路が1周したときにオキサロ酢酸のどの炭素原子に ^{14}C が取り込まれているか．
(3) 2位の炭素原子が ^{14}C で標識されたグルコースを反応液に加えた場合，すべての ^{14}C が CO_2 に変換されるためにクエン酸回路は何周しなければならないか．

Q.3 オキサロ酢酸と2-オキソグルタル酸はアスパラギン酸やグルタミン酸の生合成の前駆体として用いられるので，クエン酸回路の反応を行わせるためにはクエン酸回路の中間代謝物質を減少させることなく合成する必要がある．生合成のためにクエン酸回路の中間代謝物質が利用されても，それらの量を減少させることなくピルビン酸から2-オキソグルタル酸を生成する経路について説明せよ．

Q.4 1861年，フランスの学者 Louis Pasteur は，酵母を好気条件におくとグルコースの消費とエタノールの生成が嫌気条件に比べて激減するという現象を発見した．この現象はパスツール効果と呼ばれている．なぜ嫌気条件に比べて好気条件のほうが，グルコース消費が低下するのか．

参考図書

1. B. Alberts, D. Bray, K. Hopkin, A. Johnson, J. Lewis, M. Raff, K. Roberts, P. Walter：Essential Cell Biology Second Edition, Garland Science（2004）
2. 掘越弘毅 監修，井上 明 編：ベーシックマスター微生物学，オーム社（2006）

第9章　クエン酸回路と電子伝達系

ウェブサイト紹介

1. KEGG pathway database（京都大学化学研究所バイオインフォマティクスセンター）

    http://www.kegg.jp/kegg/pathway.html

    代謝ネットワークのみならず遺伝子発現やシグナル伝達などのネットワークを描画したマップのデータベース．Web上でマップを閲覧するだけでなく，ダウンロードして自ら作成したプログラムに実装し，実際の実験データなどさまざまな情報をマッピングすることも可能である．

2. MetaCyc

    http://metacyc.org/

    900種類の生物の研究論文をもとに作成された代謝経路データベース．

3. Expasy-Biochemical pathways

    http://www.expasy.org/tools/pathways/

    有名なRoche Applied Science "Biochemical Pathways" をネット上で閲覧することができる．検索機能もある．

第10章
光 合 成

本章について

　地球上に生息するほぼすべての生物は光合成によって得られた産物に直接または間接に依存して生活している．光合成反応は光をエネルギー源として利用し，水などの単純な物質から電子を取り出して電子伝達鎖の成分へと伝達し，その間に生じた還元力（NADPH）とATPによってCO_2を同化し糖のような化学エネルギーへと変換する過程である．このことから，光合成を行う植物は無機物から光エネルギーを利用して有機物をつくる工場に例えられる．本章では，工場としての植物が光エネルギーを用いて糖をつくる際に必要な装置や道具（細胞内の器官や光受容色素と電子伝達成分）とその仕組みについて，酸素を放出する緑色植物やシアノバクテリアの光合成を中心にその基礎を解説する．光合成のなかで光を必要とする過程（明反応）は物理的・化学的な過程であり，その仕組みは生物間でほぼ共通している．一方，暗所で行われるCO_2の固定と同化（炭素固定反応）には三つのタイプがある．これらは，植物の生育場所の違いに対応しており，炭素固定の効率化と水の節約に向けた植物の進化の結果と考えられる．章末に紹介したウェブサイトには豊富な写真やユニークな図があるので学習の参考にして欲しい．

第10章

光　合　成

　光合成は，光エネルギーを化学エネルギーに変換する反応で，色素による光の吸収とエネルギーの移動，電子伝達，ATPの生成といった一連の反応と炭素固定により糖の生成を行う酵素反応とが緊密に連動した二つの過程から成り立っている．

　その過程は，光を必要とするいわゆる**明反応**（light reaction）と光を必要としない**炭素固定反応**（carbon fixation）または**暗反応**（dark reaction）とも呼ばれるものに分けられる．これらの反応は後述するように葉緑体のチラコイド膜とストロマの異なる領域で起こり（10.1.1項），反応開始から糖の生成まで10秒以内で完結する速い反応である．それらの反応を特徴や反応の起こる順序に従って見てみると次のようになる．厳密には①と②が光を必要とする光化学反応で，③，④は光化学反応と緊密に結び付いているが暗所で起こる反応も含まれる．ここでは，通例に従い①～④までを明反応と呼ぶことにする．

明反応（葉緑体チラコイド膜）

① 色素が光エネルギーを吸収し励起され，そのエネルギーが次々と色素間を移動していく．

② エネルギーは最終的に酸化還元[*1]を行うことのできる特殊な色素である反応中心クロロフィル[*2]に伝えられ電子を放出する．

[*1] 電子を与えることは相手を還元する（自分は酸化される）ことで，電子を奪うことは相手を酸化する（自分は還元される）ことである．電子伝達体の酸化還元にはシトクロムのように，反応には電子のみを利用する場合と，キノンやフラビンのように電子とプロトンが一緒に利用される場合があり，その際は水素分子を受け取ることが還元されることであり，水素分子を引き抜かれることが酸化となる．物質のもつ酸化や還元の強さ（ポテンシャル）は，**酸化還元電位**（oxidation-reduction potential）として，V（ボルト）で表される．水素電極を0Vとしたときの相対値で求められ，自由エネルギーへ変換して表すこともできる．光合成反応における標準酸化還元電位（酸化型と還元型が等量存在するとき）の差を計算してみると，$NADP^+$–NADPH = −0.32〔V〕，H_2O–O_2 = +0.82〔V〕と実測値が求められているので，1.14Vとなる．

[*2] 集光性のクロロフィルと異なり酸化還元をする特殊なクロロフィルで，光エネルギーを用いて電子の放出を行う役割をもっている．高等植物では光化学系ⅡのP680と光化学系ⅠのP700の2種類がある．680 nmまたは700 nmに吸収極大をもつクロロフィルaとされているが，実体は未だわかっていない．反応中心クロロフィルでの電子の放出は，金属に光が当たると電子が飛び出す光電効果と同じで，光によって放出された電子を与えて相手を還元し自らは酸化される．また電子をもらって再生（還元）され，その反応を何度でも繰り返すことができる．一方通常の集光性クロロフィルは，酸化還元はできず光によって励起されたエネルギーを直接またはほかの色素を通して反応中心クロロフィルに渡す役割を担っている．

③ 放出された電子は電子伝達系へとつながり，電子の移動（酸化還元）が起こる．さらに次の反応のために H_2O が分解され，生じた電子（e^-）とプロトン（H^+）が供給される．それらは最終的に $NADP^+$ へ渡され NADPH を生じる．
④ 電子伝達に伴って，チラコイド膜の内と外にプロトンの濃度差が形成され，そのエネルギー（電気化学ポテンシャル差）により ATP がつくられる．

炭素固定反応（葉緑体ストロマ）

⑤ 明反応で生じた ATP のエネルギーと NADPH を利用して CO_2 から糖を合成する．

光合成には酸素の発生の有無によって**酸素発生型光合成**（oxygenic photosynthesis）と**酸素非発生型光合成**（anoxygenic photosynthesis）の 2 種類に分けられる．前者は原核生物の**シアノバクテリア**（cyanobacteria）から真核生物の藻類，緑色植物までの多様な生物によって行われる．一方，後者はシアノバクテリアを除く水圏の生態系の主要な構成員である**光合成細菌**（photosynthetic bacteria）類で見られる．この違いは次の式（10.1），式（10.2）で表すことができる．

$$\text{酸素発生型} \quad CO_2 + 2H_2O \xrightarrow{h\nu} (CH_2O) + O_2 + H_2O \tag{10.1}$$

$$\text{酸素非発生型} \quad CO_2 + 2H_2S \xrightarrow{h\nu} (CH_2O) + 2S + H_2O \tag{10.2}$$

ここで，CO_2 は電子を受け取る側で電子受容体，H_2O と H_2S は電子を遊離し供給する物質で電子供与体である．この式から，両者の違いは単に電子供与体の違いによるもので，光合成反応自体は同じであることがわかる．つまり，酸素発生型光合成では H_2O が電子供与体として使われ，分解されて電子とプロトンが取り出される．また，その分解過程で生じた O_2 は副産物として放出される．この発生する O_2 は，CO_2 由来ではなく H_2O に由来することが同位体（^{18}O）を用いた実験によって証明されている．一方，酸素非発生型光合成では電子供与体として水を用いることができないので，その代わりに有機物や硫黄化合物が用いられる．そのため硫黄を利用する細菌では O_2 を発生せず，元素硫黄が生じ，細胞内に蓄積または培地中へ排泄される．プロトンは両型とも後述するように電子の伝達に伴って膜の一方向に濃度勾配を形成し，ATP 合成のためのエネルギー源となる（10.2.3 項）．また，1 分子のグルコース合成には 6 分子の CO_2 の固定が必要であることがわかる［式（10.3）］．これらの反応に必要なエネルギーはすべて光エネルギーによって供給される．

第10章 光　合　成

$$6CO_2 + 6H_2O \xrightarrow{h\nu} C_6H_{12}O_6 + 6O_2 \quad \Delta G' = +686 \text{ kcal} \quad (10.3)$$

10.1　葉緑体と光エネルギー

10.1.1　光合成反応の場としての葉緑体

上に述べた光合成反応は真核生物の緑色植物や藻類では**葉緑体**（chloroplast）と呼ばれる二重の同心円状の膜で覆われた細胞内小器官で行われる（図 **10.1**）．その形や細胞当たりの数は生物種によって異なるが，ホウレンソウでは楕円形で，大きさは直径 $4 \sim 10\,\mu m$，厚さ $1 \sim 2\,\mu m$ である．原核生物のシアノバクテリアでは**ラメラ**（lamella）と呼ばれる層状の構造をとる．葉緑体は外膜と内膜で覆われており，内部にはよく発達した膜系である**チラコイド**（膜）(thylakoid) が存在する．

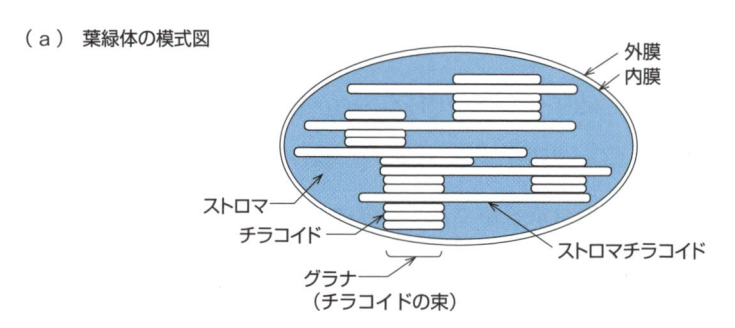

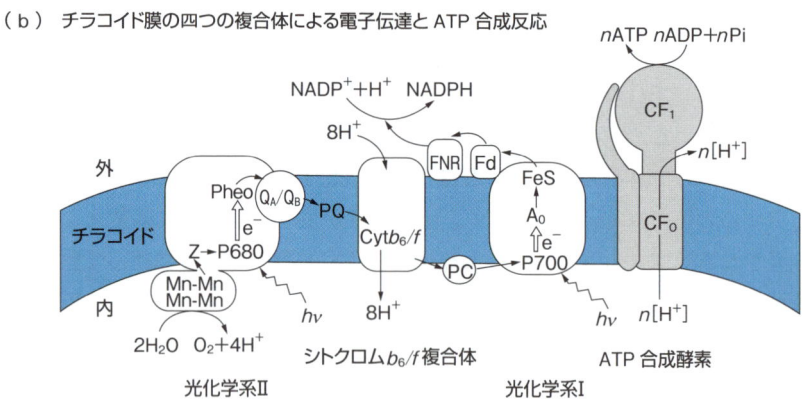

（a）葉緑体の模式図

（b）チラコイド膜の四つの複合体による電子伝達と ATP 合成反応

図 10.1　葉緑体の構造

略号については 10.2.2 項と 10.2.3 項を参照．

そのチラコイド膜に囲まれた内部空間はチラコイド内腔と呼ばれる．チラコイドが何層にも重なった部分を**グラナ**（grana）またはグラナラメラといい，グラナとそれを連絡する膜系のチラコイドをストロマチラコイドという．それらの膜間を埋める可溶性の画分は**ストロマ**（stroma）と呼ばれる．チラコイドには光を吸収し光合成電子伝達を行うための主要な装置（タンパク質複合体）が埋め込まれており，また一部はゆるく結合し表層に存在している．一方，ストロマには炭素固定系や有機酸代謝系の酵素群，葉緑体DNA，原核型のリボソームなどがありタンパク質合成系も存在する．葉緑体の起源は酸素を発生するシアノバクテリアが真核細胞への内部共生によって生じたと考えられており，このような遺伝系をもつことがその証拠のひとつとなっている．葉緑体は光合成の反応の場としてだけではなく，その光合成に必要な色素や膜の主要成分である脂肪酸の合成なども行う，植物にとって重要な物質の生産の場としても機能している．また貯蔵器官としても働くなど多彩な役割をもっている．

10.1.2 光合成色素

葉緑体のチラコイド膜には，光化学反応で光をとらえる**光合成色素**（photosynthetic pigments）がタンパク質と結合した色素複合体が存在している．光合成をする生物種によって含まれる色素は異なり，特に藻類は系統的に多様で，さまざまな色素が含まれている．光合成生物に共通して存在する色素は**クロロフィル**（chlorophyll）類と**カロテノイド**（carotenoid）類である．シアノバクテリアや紅藻などでは，これらの色素のほかに，ビリン誘導体を含むものがある．代表的な光合成色素の化学構造（**図 10.2**）と吸収スペクトル（**図 10.3**）を示した．クロロフィルは金属ポルフィリン化合物の一種で，リング中央にマグネシウムを含む．ポルフィリン環への水素付加および側鎖の違いによって分類され，酸素発生型ではクロロフィル a，b，c などが，酸素非発生型ではバクテリオクロロフィル a，b，c，d などが知られている．カロテノイドは植物だけではなく動物界にも広く見られる色素でテルペノイドの誘導体である．分子中の酸素の有無によって，酸素を含まない**カロテン**（carotene）類と酸素を含む**キサントフィル**（xanthophyll）類の2種類に大別される．前者としては，緑黄色野菜に含まれるβ-カロテンやリコペン，後者としては，ルテインやビオラキサンチンなどが代表としてあげられる．このカロテノイド類は光をとらえるだけではなく，抗酸化能をもち，活性酸素からの生体自体の防御も行っていることがわかっている．

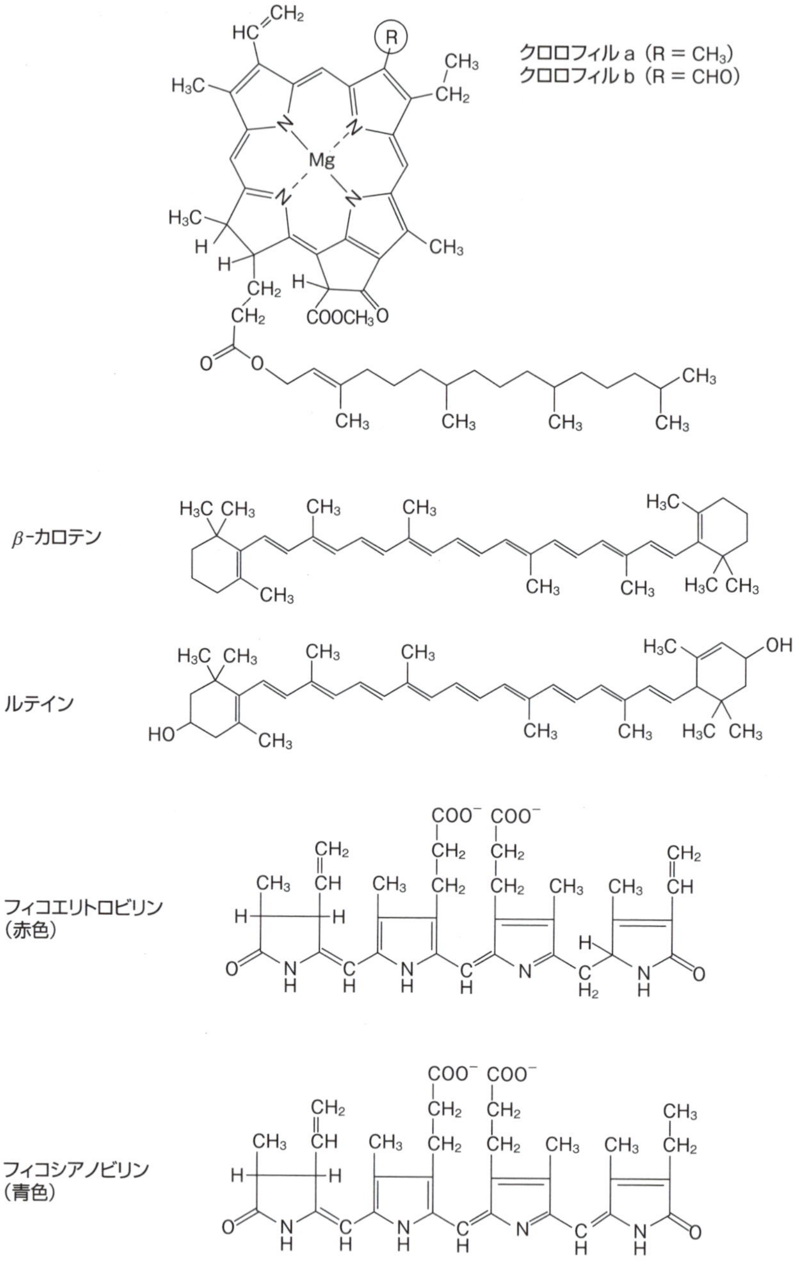

第10章 光合成

クロロフィル a （R = CH₃）
クロロフィル b （R = CHO）

β-カロテン

ルテイン

フィコエリトロビリン
（赤色）

フィコシアノビリン
（青色）

図 10.2　光合成色素の化学構造

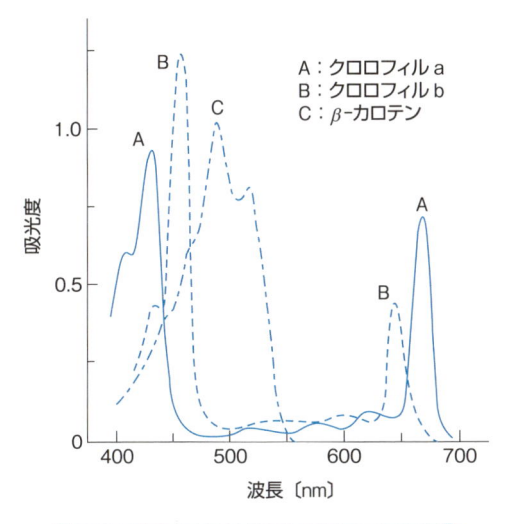

図 10.3 光合成色素の吸収スペクトル

　ビリン誘導体はポルフィリンが開環した構造の化合物で，主なものは青色のフィコシアノビリン（phycocyanobilin）と赤色のフィコエリトロビリン（phycoerythrobilin）で，タンパク質と結合し組織化されてフィコビリソーム（phycobilisome）と呼ばれる膜表在性の巨大なタンパク質複合体を形成している．ビリン化合物には，植物の光形態形成や光周性にかかわるフィトクロムや動物の胆汁色素も含まれる．

10.1.3　電子伝達体

　葉緑体のチラコイド膜上では，一方向に鎖状に配列した**電子伝達体**（electron transport components）が対になって順次酸化還元（＊1 参照）することによって電子が鎖に沿って流れていく．それによってエネルギーも流れていくことになる．図 10.4 に主な電子伝達体の構造を示した．**ヘムタンパク質**（hemeprotein）の**シトクロム**（cytochrome）は，鉄を含むヘムの構造の違いによって分類され，光合成系ではシトクロム b や $f(c)$ が機能している．そのほかに金属を含むものとして，銅タンパク質のプラストシアニン（plastocyanin）がある．非ヘム鉄タンパク質のフェレドキシン（ferredoxin）はポルフィリンと結合していない鉄原子と無機硫黄原子を含むタンパク質で，2 個の鉄と 2 個の硫黄からなる 2Fe-2S クラスターと 4 個の鉄と 4 個の硫黄からなる 4Fe-4S クラスターがある．これらの金属を含む電

フラビンタンパク質のフラビン分子（FAD）

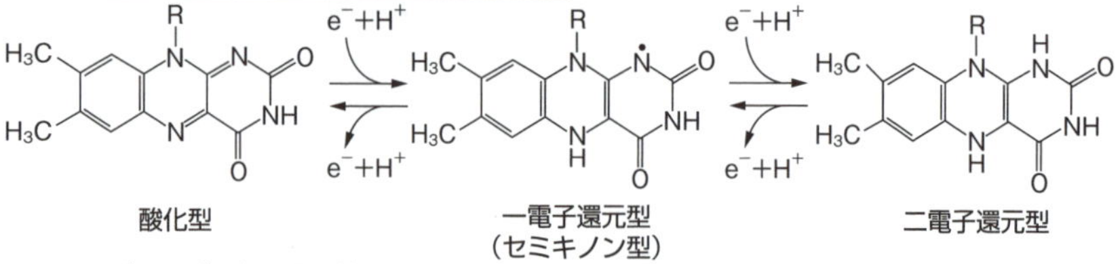
e⁻+H⁺
e⁻+H⁺
e⁻+H⁺
e⁻+H⁺
酸化型
一電子還元型
（セミキノン型）
二電子還元型

R：アデニンジヌクレオチド

プラストキノン（*n*＝9）

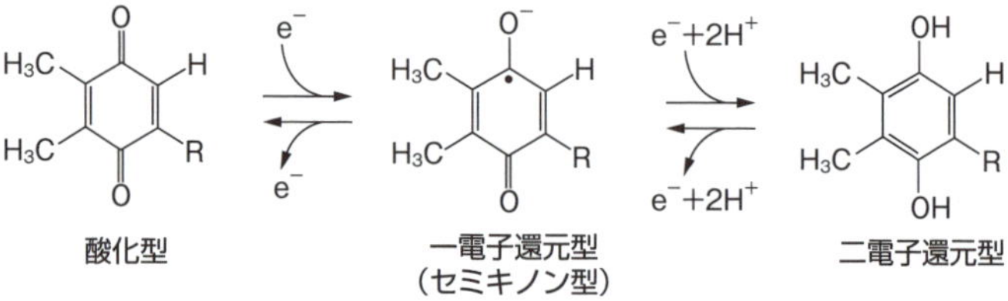
e⁻
e⁻
e⁻+2H⁺
e⁻+2H⁺
酸化型
一電子還元型
（セミキノン型）
二電子還元型

R：$(CH_2-CH=C(CH_3)-CH_2)_n-H$

シトクロム *f*（*c*）

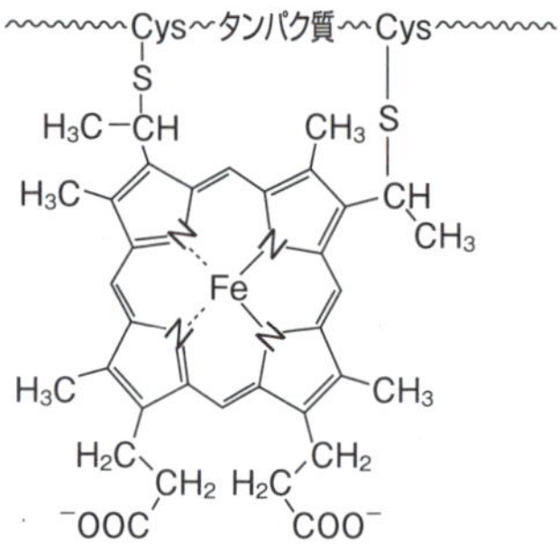
Cys〜タンパク質〜Cys
Fe

非ヘム鉄

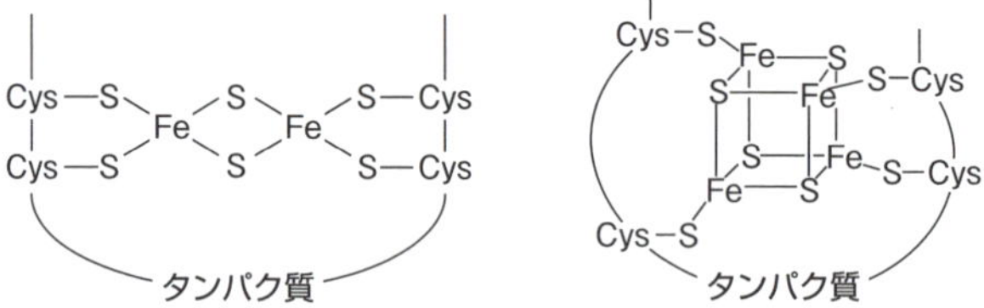
タンパク質
タンパク質

2Fe-2S クラスター　　4Fe-4S クラスター

図 10.4　電子伝達体の構造

子伝達体は，電子のみを利用する一電子酸化還元である．一方，フェレドキシン-NADP$^+$オキシドレダクターゼ（ferredoxin-NADP$^+$ oxidoreductase）と呼ばれる**フラビンタンパク質**（flavoprotein）やプラストキノン（plastoquinone）やフィロキノン（phylloquinone）は水素分子を利用し，ひとつの水素原子が付加したセミ還元と1分子の水素が付加した2電子還元の二つの還元型が存在する．キノン類は脂溶性の物質で唯一特定のタンパク質との複合体を形成していない．

10.2 明 反 応

10.2.1 光エネルギーの吸収とエネルギーの伝達

　光合成生物は光エネルギーを効率良く転移する仕組みをもっており，光を集めるための色素は**集光性色素**（light harvesting pigments），アンテナ色素または補助色素と呼ばれる．これらの色素は，特有のタンパク質と結合し複合体をつくり規則的にチラコイド膜の中に組み込まれている．色素類は特有の光を吸収し，それは**吸収スペクトル**（absorption spectrum）として表されるが，吸収されたエネルギーは，光の波長に逆比例する．光のエネルギーは，色素分子間の距離が短く重なり合い，エネルギーが自由に移動できることから，色素の吸収波長が短くエネルギーの高いものから長波長のエネルギーが低いものへと移動する．つまり，カロテノイド→クロロフィルb→クロロフィルaのように複数の集光色素を経由して酸化還元をする限定された**反応中心クロロフィル**（reaction center chlorophyll）（*2参照）へとエネルギーが伝えられ電子の放出が起こり，光エネルギーは最終的に化学エネルギーへと変換される．高等植物の葉緑体の膜構造の中では反応中心クロロフィル1個に対して集光色素分子が約200～300の割合で集合したクロロフィル分子複合体が形成されており，この機能的複合体を**光合成単位**[*3]（photosynthetic unit）と呼ぶ．光合成単位の構成は，日当たりのよい場所で生育した葉（陽葉）と日陰で生育した葉（陰葉）で色素組成や量に違いが見られるように，植物の生育環境，特

[*3] この光合成単位の構成はパラボラアンテナに例えられる．アンテナはタンパク質と複合体をつくった集光性色素の集団（光合成単位）で，入ってきた光エネルギーはアンテナ内を移動し最終的に中央の反応中心クロロフィルに集められ，そこで反応が開始され，電子の放出が起きる．光が弱いところ（陰葉）では，色素集団を多くしてアンテナを広げ，逆に光が強いところ（陽葉）では色素集団を少なくしてアンテナを小さくし光の捕集を調節していると考えられる．

に光条件（光強度と光質）に依存して変動するので一定ではない．

10.2.2 電子伝達系

酸素発生型の光合成では，H_2O を分解して生じた電子は二つの光化学反応系，反応中心クロロフィル P680 をもつ**光化学系 II**（photosystem II）と反応中心クロロフィル P700 をもつ**光化学系 I**（photosystem I）との間をつなぐ電子伝達体の働きによって，最終的に $NADP^+$ に渡されて還元型の NADPH を生じる（**図10.5**）．また，酸素の発生と ATP の合成を伴う．この系では四つの分子複合体，① 光化学系 I，② 光化学系 II，③ シトクロム b_6/f 複合体（Cyt b_6/f），④ ATP 合成酵素が機能している．次に個々の複合体について見てみよう．

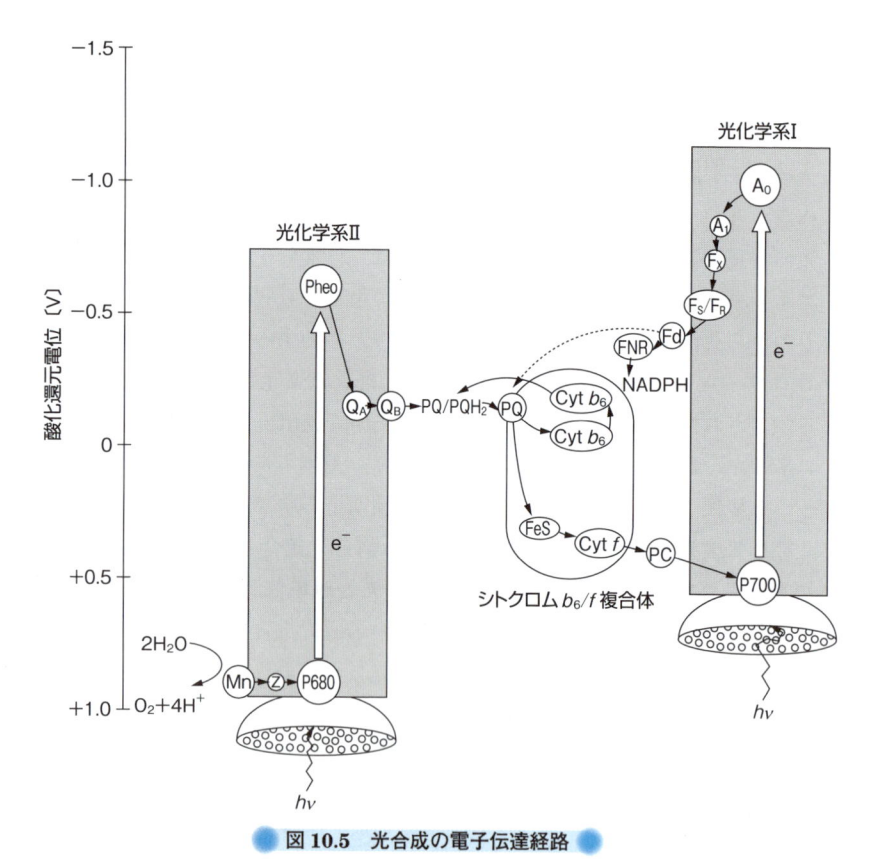

図 10.5 光合成の電子伝達経路

Cyt b_6：シトクロム b_6．その他の略号については本文参照．

〔1〕光化学系 II

 光合成の電子の流れは，光化学系 II の集光性色素によって集められた光エネルギーによる反応中心クロロフィル **P680** の電子の放出から始まる（図 10.5）．電子は最初の受容体であるフェオフィチン a（Pheo）（クロロフィル a から Mg が外れた誘導体）を通り，さらに Q_A，Q_B と呼ばれるプラストキノン（PQ）に次々と渡される．その還元されたプラストキノン（PQH_2）はチラコイド膜の脂質層を拡散し，シトクロム b_6/f 複合体に電子を渡す．

 光により放出された P680 の電子は，光化学系 II に結合している O_2 発生系によって H_2O より補充される．P680 には強い酸化力があり，近接するマンガンを含んだ酸化系を利用して，H_2O を分解する．この反応が 4 回繰り返されて，2 分子の H_2O から 4 個の電子と 4 個のプロトンと 1 分子の分子状 O_2 を生じることになる（$2H_2O \rightarrow 4e^- + 4H^+ + O_2\uparrow$）．生じた電子はチロシン（Z）を経て酸化された P680 を再還元する．またこの反応で生じたプロトンはチラコイド内腔へ放出される．

〔2〕シトクロム b_6/f 複合体

 光化学系 II でプラストキノンまで伝達された電子はシトクロム b_6/f 複合体へと渡される．その電子は非ヘム鉄タンパク質（FeS），シトクロム f（Cyt f）を経て銅タンパク質のプラストシアニン（PC）へ渡され最終的には光化学系 I の反応中心クロロフィル P700 へと運ばれる．シトクロム b_6/f 複合体には二つのキノンの結合部位があり，そのことによって電子伝達だけではなく ATP の合成に必要なプロトンの輸送にも大きくかかわっている．この複合体では合計 8 分子のプロトンが放出されることになる．このような電子伝達や H^+ の輸送の仕組みはミトコンドリアの呼吸系のシトクロム b/c_1 複合体（複合体 III）と相同である（→9.2.1 項）．

〔3〕光化学系 I

 光化学系 I では反応中心クロロフィル **P700** が光を吸収して電子を放出し，最初に A_0（クロロフィル a の単量体）に渡され，フィロキノン（A_1）といくつかの非ヘム鉄タンパク質（F_X, F_S/F_R）を経由してフェレドキシン（Fd）に電子を与える（図 10.5）．電子はさらに，フラビンタンパク質のフェレドキシン-$NADP^+$ オキシドレダクターゼ（FNR）を介して $NADP^+$ へ渡され，炭酸固定に必要な NADPH を生じる．電子を放出した酸化型の P700 はシトクロム b_6/f 複合体からシトクロム f を経て還元型のプラストシアニンによって電子が与えられ再還元される．

 このような光化学系 II と光化学系 I を経て $NADP^+$ へと電子を渡す経路は**非循

第10章 光合成

環的電子伝達系 (non-cyclic electron transport system) と呼ばれる，またはZの形をしていることからZスキームとも呼ばれる．また，光化学系Iからフェレドキシンを経て，シトクロム b_6/f 複合体のプラストキノンへ戻る回路があり，**循環的電子伝達系** (cyclic electron transport system) と呼ばれる．

　このような電子伝達系の経路については部分的な反応を用いた活性の測定や電子伝達系を特異的に阻害する物質を用いて研究され，組み立てられてきた．ここでは学生実験などに用いられる例を紹介しておこう．光合成系IIの簡便な活性測定法として**ヒル反応** (Hill reaction) がある．発見者の名前にちなんで付けられたもので H_2O から人工的な電子受容体である無機鉄塩やジクロロインドフェノール (DCIP) までの反応は酸素の発生を伴う．一方，電子伝達の阻害は，除草剤のジクロロフェノールジメチル尿素 (DCMU) やアトラジンが，光化学系IIのプラストキノンが遊離結合する部位に阻害剤として結合することによって起こされることがわかっている．また，除草剤のパラコート（メチルビオローゲン）は酸化還元電位が低く，パラコートによる電子伝達の阻害は，光化学系Iの還元側で電子と反応して活性酸素（$\cdot O_2^-$）が生成されることで起こる．このように，その反応機構はDCMUやアトラジンのそれとは異なる．

10.2.3　光リン酸化によるATPの合成

　電子伝達反応に伴って電子の移動，つまり酸化還元が起こる．その際にシトクロムのようにその還元に電子のみを必要とする場合は，プロトンは使用されず残される．その余ったプロトンは，電子伝達系と**ATP合成酵素** (ATP synthase) がチラコイド膜に一定方向をもって配列されているので，一方向（膜の内側）に排出されることになり，それによってチラコイド膜の内外にプロトンの濃度勾配が形成される（図10.1）．そのエネルギーは，プロトンのもつ電気的な性質と化学的な性質から，電気化学ポテンシャル差（$\Delta\mu H^+$）と呼ばれ，プロトンの濃度差（ΔpH）と膜電位差（$\Delta\Psi$）の和として表される．図10.1のようにプロトンの濃度差は，H_2O の分解部位とシトクロム b_6/f 複合体の2か所で形成され，2分子の H_2O が分解されて1分子の O_2 が放出されるとき，生じた電子4個の移動によってチラコイド内腔に形成される H^+ の数は電子伝達系全体で12個になる．

　この明反応で生じた電気化学ポテンシャル差を利用してATPが合成される．それは**光リン酸化反応** (photophosphorylation) と呼ばれ，ATP合成酵素で行われる．この反応では明反応による $\Delta\mu H^+$ の形成とそのエネルギーを利用し無機リン酸

をADPに結合させるリン酸化反応が緊密に連係（共役）している（図10.1）．反応を触媒するATP合成酵素はタンパク質で，二つの主要な領域がある．チラコイド膜に埋まっているCF_0はプロトンが膜を透過するチャンネルの動力である分子モーターとして働くもので，もうひとつはATPの結合と合成に関与するストロマ側に突出したCF_1である．CF_0を通ってプロトンが内腔からストロマに移動するに伴いエネルギーが遊離してCF_1のヌクレオチド結合部位に構造変化を引き起こす．そのことによりATPが生成し放出される．

10.3 炭素固定と光呼吸

明反応で生じたエネルギー（ATP）と還元物質（NADPH）を利用してCO_2から糖を合成する．この反応は炭素固定反応と呼ばれ葉緑体のストロマで行われ，ヘキソースとして有機物が生成する場合は式（10.4）で表される．酸素発生型の植物の主な炭素固定経路は3種類ある．次にそれを詳しく見てみよう．

$$6CO_2 + 12H_2O + 12NADPH + 18ATP + 12H^+$$
$$\longrightarrow C_6H_{12}O_6 + 12NADP^+ + 18ADP + 18HPO_4^{2-} \quad (10.4)$$

10.3.1 カルビン-ベンソン回路と光呼吸

植物の主な炭素固定経路は発見者にちなんで**カルビン-ベンソン回路**（Calvin-Benson cycle），または C_3 **回路**（C_3 cycle），**還元的ペントースリン酸回路**（reductive pentose phosphate cycle）などと称される．その回路をもつ植物はCO_2との反応生成物の炭素鎖数によって，C_3 **植物**（C_3 plant）と呼ばれ，温帯の大半の植物がこれに属する（**図10.6**）．ストロマ中で，気孔（stomata）から吸収されたCO_2は，**リブロース二リン酸カルボキシラーゼ／オキシゲナーゼ**（ribulose bisphosphate carboxylase/oxygenase：**RuBisCO**）の働きによって，リブロース1,5-二リン酸（RuBP）と反応して2分子の3-ホスホグリセリン酸（PGA）を生じる（炭素の固定）（図10.6）．PGAはさらに，明反応で生成したATPとNADPHによってグリセリアルデヒド3-リン酸（GAP）となる．GAPは，いくつかの反応を経て，フルクトース6-リン酸とさらにリブロース5-リン酸を生じる（還元による六炭糖の生成）．そのリブロース5-リン酸はATPからリン酸の転移を受けて最初のCO_2受容体であるRuBPを生じ回転する（RuBPの再生）．このようにカルビン-ベンソン回路は三つ

第10章 光 合 成

の段階から成り立っていることがわかる．その回路の一部の中間体（GAP）は細胞質内に運ばれてショ糖（スクロース）となり，植物のほかの組織へ運ばれ，代謝あるいは貯蔵される．また，ストロマ中でデンプンやアミノ酸，脂肪酸合成の原料となる．

CO_2 と RuBP の反応を触媒する RuBisCO は炭酸固定反応以外に酸素添加反応

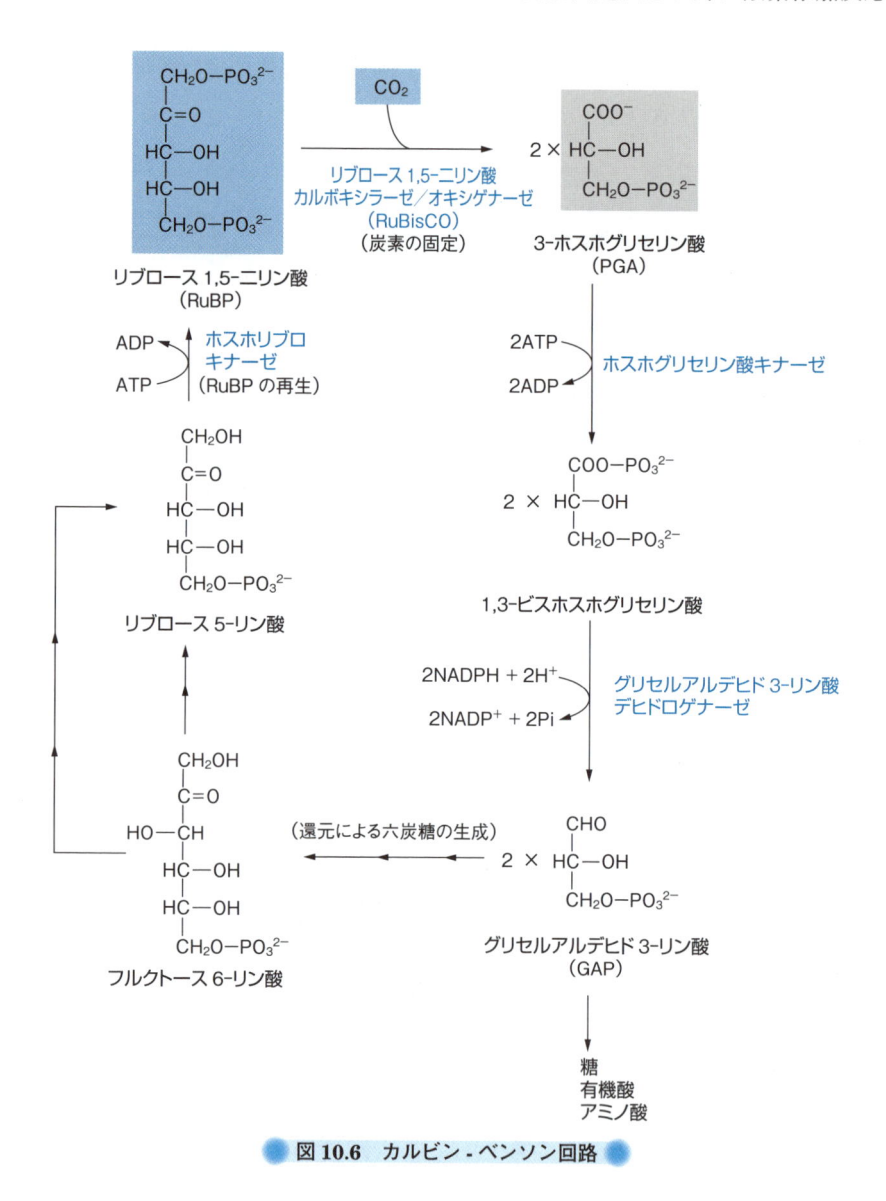

図10.6 カルビン‐ベンソン回路

10.3 炭素固定と光呼吸

も行い，図 10.7 のように，PGA とホスホグリコール酸（PGly）を生じる．この物質は葉緑体からペルオキシソームとミトコンドリアを経て**グリコール酸回路**（glycolic acid cycle）で代謝され CO_2 を放出する（図 10.8）．このように明条件下で O_2 が吸収され，CO_2 が放出されるので，これを**光呼吸**（photorespiration）という．この反応の全体は次の式（10.5）で表される．

$$2RuBP + 4O_2 + 2ATP + NADH \longrightarrow 3PGA + CO_2 + 2ADP + NAD^+ \quad (10.5)$$

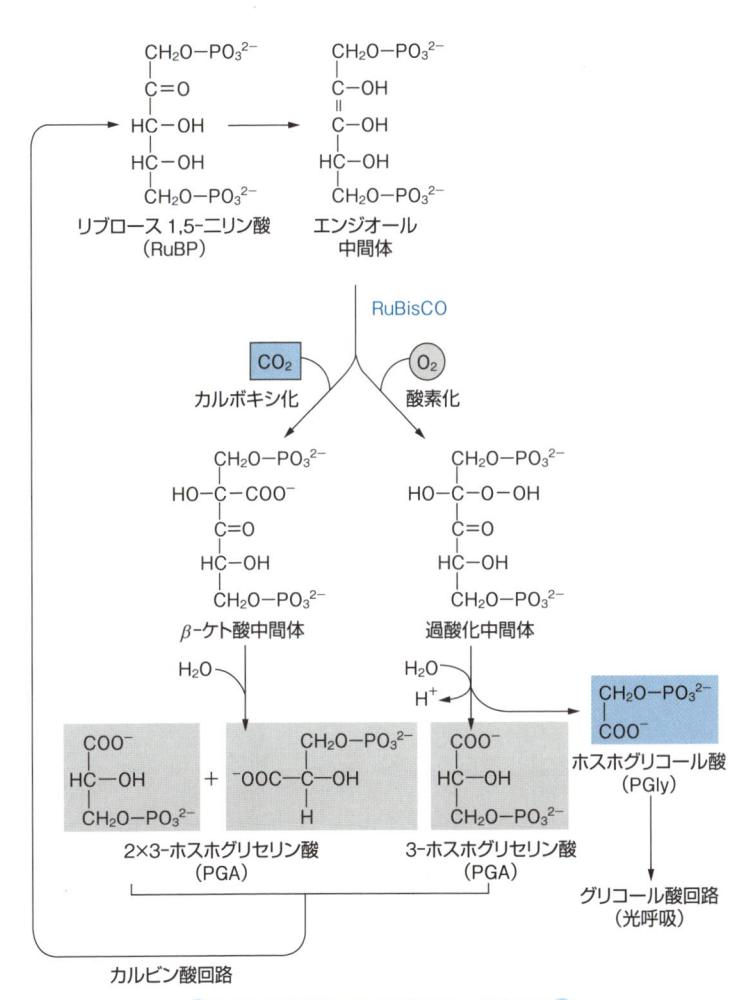

図 10.7 RuBisCO の働きと光呼吸

第10章 光合成

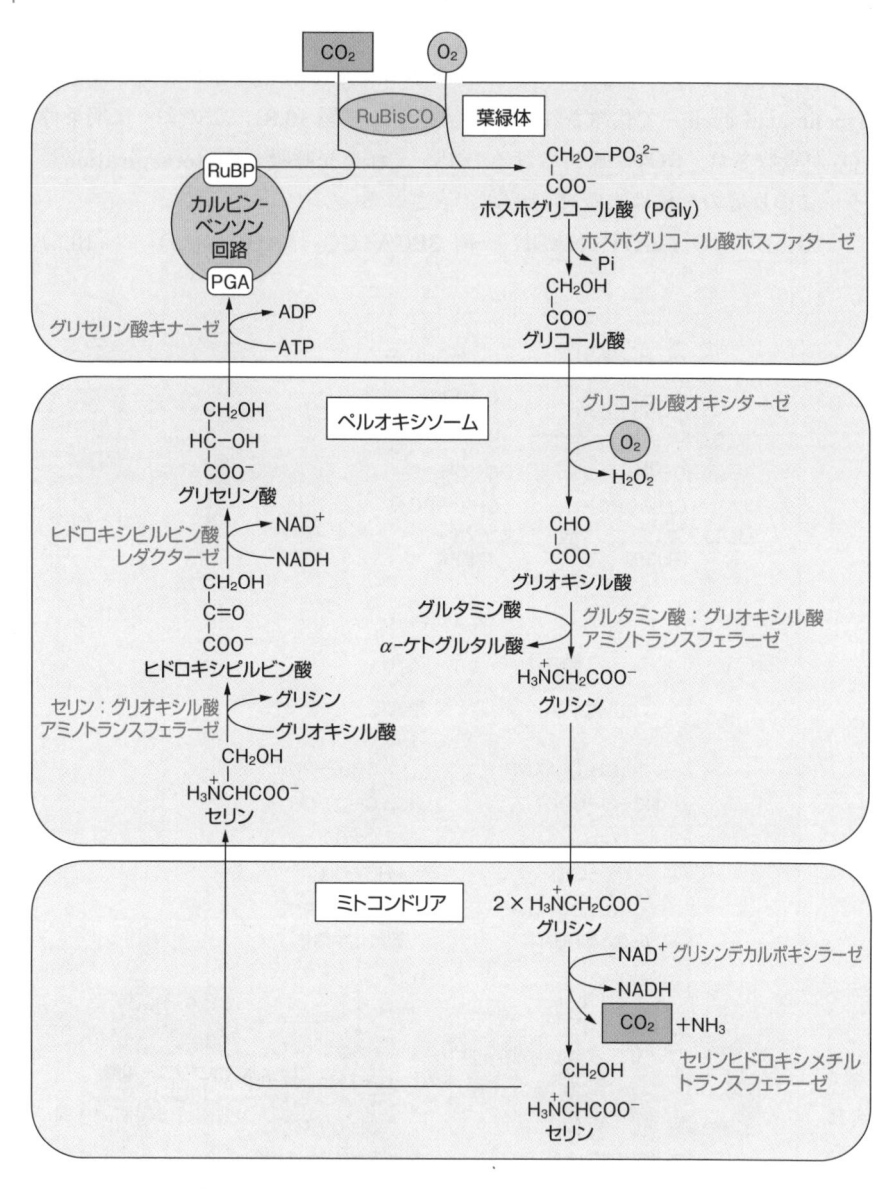

図10.8 グリコール酸の代謝（グリコール酸回路）

10.3.2　C_4-ジカルボン酸回路（C_4植物）

　亜熱帯から熱帯のサバンナなどの高温で乾燥した環境に生育する植物にはカルビン-ベンソン回路に加えてCO_2を濃縮するための**C_4-ジカルボン酸回路**（C_4-dicarboxylic acid cycle）をもつものがあり，その植物はC_3植物と同様に反応生成物の炭素鎖数によって，**C_4植物**（C_4 plant）と呼ばれる．イネ科植物（サトウキビ，トウモロコシ）に多く，アカザ科（アカザ）やヒユ科植物（アオビユ）などが含まれる．C_3植物に比べてC_4植物では通導組織を取り巻く維管束鞘と呼ばれる細胞が発達しているのが形態的な特徴で，葉肉細胞（mesophyll cell）と維管束鞘細胞（vascular bundle sheath cell）の葉緑体で炭素の固定と同化（糖の合成）が別々に行われる（**図10.9**）．葉肉細胞でCO_2がHCO_3^-に変換された後，C_3化合物であるホスホエノールピルビン酸（PEP）は，ホスホエノールピルビン酸（PEP）カルボキシラーゼによってC_4化合物のオキサロ酢酸（OAA）に変換される．OAAは速やかにリンゴ酸などに変えられ（図10.9），維管束鞘細胞へ運ばれて，脱炭酸酵素によりCO_2が放出される．そのCO_2はC_3植物と同様にカルビン-ベンソン回路によって有機物に同化される．C_4植物はCO_2をいったんOAAなどの形で固定して濃縮したCO_2を再放出して用いるので，C_3植物に比べてATPを2分子多く必要としエネルギー的に効率は悪い．しかし，RuBisCOに比べてPEPカルボキシラーゼのO_2に対する親和性が低いので，光呼吸の影響が少なくPGAの損失を防ぐことができる．C_4-ジカルボン酸回路はCO_2放出の際の脱炭酸酵素の種類によって3種類に大別されるが，図10.9ではNADP-リンゴ酸酵素[*4]の関与する代表的な1経路のみを示した．生理的には，C_4植物は正味の光合成速度に相当する**CO_2補償点**（CO_2 compensation point）[*5]が0に近く，CO_2濃度に律速されないので強光下でも光合成速度が維持される．また，光合成の最適温度も30〜40℃で，高温，高光度下に適していることがわかる．一方，C_3植物はCO_2補償点が50〜100 ppmと高く弱光下で飽和し，光合成の最適温度も低く10〜25℃である．

[*4]　C_4-ジカルボン酸回路には有機酸としてリンゴ酸を蓄積するNADP-リンゴ酸酵素型のほかにアスパラギン酸を主として蓄積するNAD-リンゴ酸酵素型とPEP-カルボキシキナーゼ型が存在する．これらの名称は維管束鞘細胞で有機酸からCO_2を再放出する際に働く脱炭酸酵素名によって名付けられている．

[*5]　呼吸と光合成がつりあってO_2あるいはCO_2の出入りが見かけ上ない状態を補償点という．このような状態をもたらすCO_2濃度をCO_2補償点，また光強度を光補償点と呼ぶ．

第10章 光　合　成

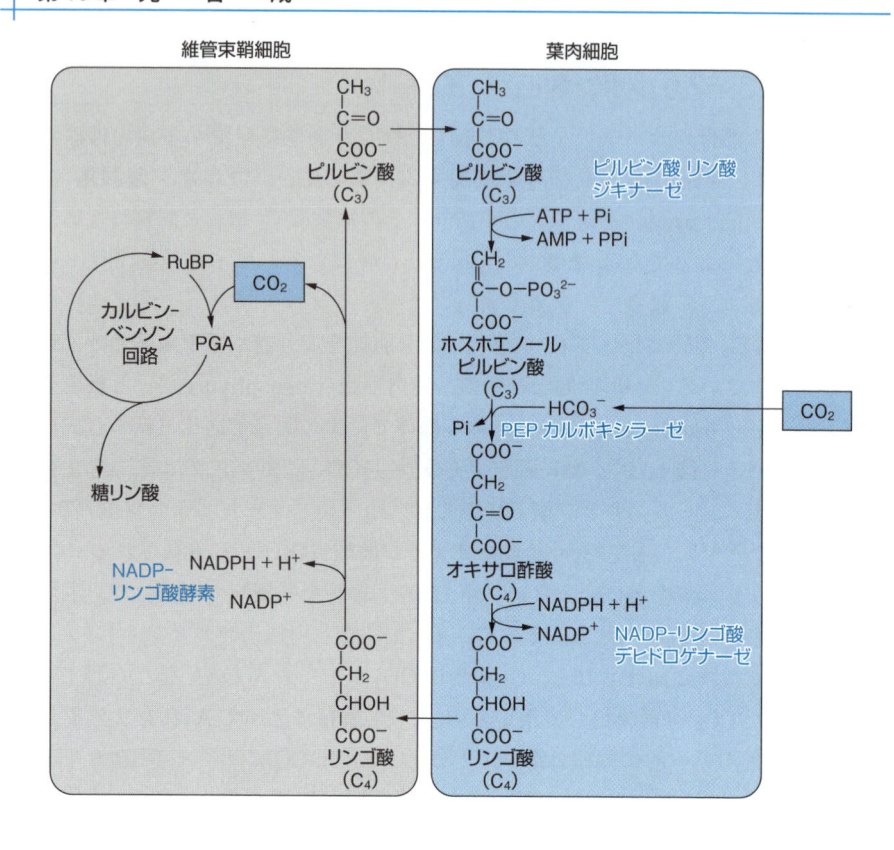

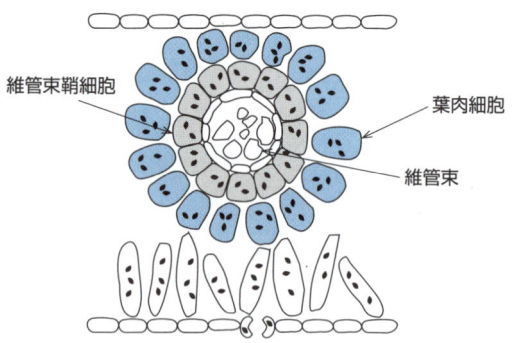

図 10.9　C_4-ジカルボン酸回路と C_4 植物の葉の形態

10.3.3 CAM 植物

熱帯や高熱のより乾燥した環境に生育する植物の中には，C_4 植物と同じ炭素固定経路をもつが，炭素固定と同化を同一の細胞で夜と昼で分業する乾燥環境に適応した **CAM**（crassulacean acid metabolism）（ベンケイソウ型有機酸代謝）という反応系をもつ植物がある．この植物は **CAM 植物**（CAM plant）と呼ばれ，ベンケイソウ科，サボテン科，アナナス科などが含まれ，サボテンなどのように多肉のものが多い．炭酸同化に用いられる CO_2 は葉にある気孔から吸収されるが，その気孔は O_2 や水蒸気の出入り口にもなっている．熱帯の高温乾燥地帯の植物では，昼間炭素固定のために CO_2 を取り込むとすると，同時に蒸散（transpiration）によって体内の水を失うことにもなる．植物にとって降水量の極端に少ない乾燥地帯

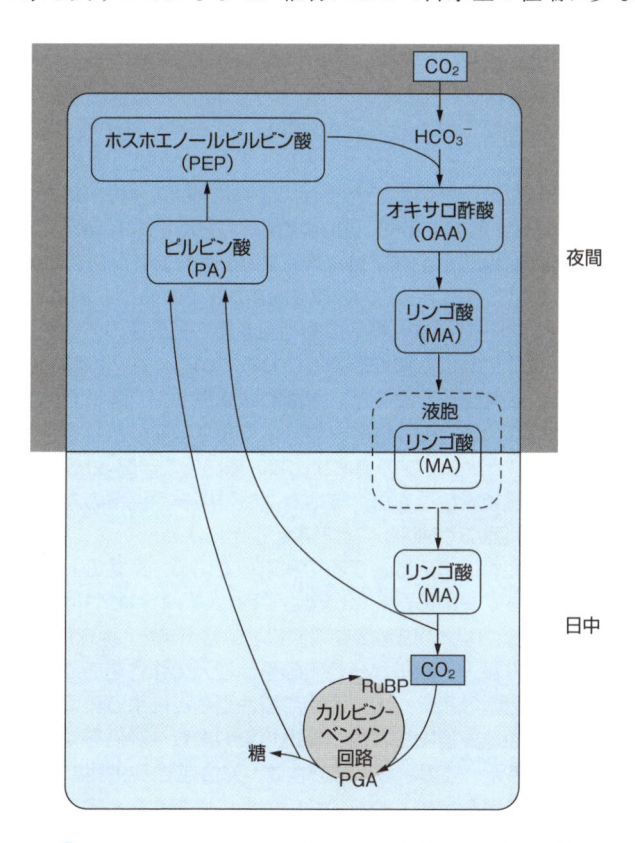

図 10.10　CAM 植物の日中と夜間の炭素固定経路

第 10 章 光　合　成

では水の確保は特に重要で，そのため植物は気孔からの蒸散を少なくするためにサボテンのように葉はとげ状になり気孔を少なくし，緑の多肉の茎が光合成の場となっている．この CAM 植物では，図 10.10 に示すように比較的温度の低い夜に気孔を開いて炭酸固定が行われ，生成物のリンゴ酸は液胞に蓄えられる．日中には夜間に蓄えたリンゴ酸から脱炭酸し CO_2 を再放出してカルビン-ベンソン回路を回す分業が行われている．つまり，C_4 植物では細胞部位によって空間的に行われた炭素固定と同化の分業が，CAM 植物では同一の細胞で日中と夜間の時間的な分業によって行われる節水型で，乾燥環境に適応して進化してきた証といえよう．

Column 緑色（クロロフィル）のもうひとつの役割

　木々や植物の緑は公園や森でなく，家庭にある小さな植物でも心が和むものである．その緑色の素は有機金属化合物の一種のクロロフィルによるもので，ほぼすべての植物から細菌の一部に至るまで広く存在し，光合成には不可欠な色素である．では，地球上にはいったいどれくらいのクロロフィルが存在するのであろうか．膨大な計算が必要になりそうな質問であるが，それに答えた英国の学者たちがいる．ヘンドリー（Geroge A. F. Hendry）らによると，いろいろな数値を元に計算したので誤差が含まれるが，地球上全体では年間に約 12 億トンのクロロフィルが生産され，また分解されているという．この数値を大まかにわかりやすいように例えると，20 万トンの石油タンカーで 6 000 杯分にも相当する．その量の多さからクロロフィルは世界最大量の有機金属化合物であるといわれている．さらに陸地と海洋などの水圏のどちらが多いかを比べてみると，水圏では 9 億トン，陸地では 3 億トンが存在すると見積もられている．この量は一見緑に見えない海の色から不思議な気もするが，水圏では植物プランクトンの寿命が比較的短いので年間 40 回以上の代謝回転が起こり，生産・分解を繰り返すが，陸地では熱帯雨林や温帯の常緑樹があるために比較的遅く年間 0.3 回の代謝回転にとどまることによる．

　この緑の色をわれわれは身近なところで利用している．菜園のトマトやアボガドの食べごろをどうやって決めるかを思い出して欲しい．われわれは緑色の退色を視覚的な目安として果物や作物の成熟度を判断している．また，地球規模でも，リモートセンシングと呼ばれる人工衛星から色素の量や蛍光の強さをモニタリングすることによって，作物や樹木の病気，大気汚染や酸性雨などによる環境変化の影響を観測し，穀物の生産量や地表植物の状態，環境汚染の調査や評価をするうえで貴重な情報を得ているのである．このように緑の色は，光合成での役割はいうまでもなく，経済や環境といったことを含めてわれわれの生活には欠くことのできないものであり，また心を和ませてくれるものでもある．

演習問題

Q.1 光合成の反応の場である葉緑体の構造を描き名称を付けよ．また明反応と炭素固定反応は葉緑体内のどこで行われるか，図中に示せ．

Q.2 光合成で機能する主な色素と電子伝達体の種類と性質を簡潔に述べよ．

Q.3 酸素発生型光合成における電子供与体と最終の電子受容体は何か．また，その電子供与体から電子受容体に至る電子伝達経路の概略を説明せよ．

Q.4 酸素発生型の光合成においては，光化学系Ⅰと光化学系Ⅱの二つの光化学系が存在する．二つの光化学系が存在することはどのようなことから証明できるか．

Q.5 弱い光のとき，光合成単位が大きい場合と小さい場合ではどちらが光合成の収率が高いか，また，その理由を述べよ．

Q.6 光合成におけるATPの合成は何反応と呼ばれるか．また，その反応の過程を述べよ．さらに暗所でATP合成が起こるかどうかを考察せよ．

Q.7 3種類の炭素固定回路または経路の名称と特徴を，植物の生育環境と関連付けて説明せよ．

Q.8 光呼吸は一般的にC_3植物の炭素固定の収率を下げる浪費的な過程と考えられている．光呼吸の反応の仕組みについて簡潔に述べよ．また，光呼吸を低くするにはどのようなことを考えればよいか．

Q.9 光合成と呼吸の電子伝達系の類似点および相違点を比較説明せよ．

参考図書

1. B. B. Buchanan 他編集，杉山達夫 他監訳：植物の生化学・分子生物学，学会出版センター（2005）
2. 日本光合成研究会編：光合成事典，学会出版センター（2003）
3. 西村光雄：光合成，岩波書店（1987）
4. 桜井英博 他：植物生理学入門，培風館（2001）

第10章 光　合　成

ウェブサイト紹介

1. アリゾナ州立大学光合成センターのサイト

    http://photoscience.la.asu.edu/photosyn/education/learn.html

    教師および学生向けの教育関連サイト．「光合成とは何か」というタイトルで，学年別に分けられた20以上の光合成関連の項目がある．低学年向けではビデオによる授業も見られる．

2. イリノイ大学のGovindjee博士のサイト

    http://www.life.uiuc.edu/govindjee/photoweb

    光合成に関連したウェブサイトを一同に集めたもので，グループ，個別の項目，個人のサイトなど，ほぼ網羅されている．

3. Flying Turtleのサイト

    http://www.ftexploring.com/photosyn/photosynth.html

    豊富なイラストレーション（写真，手書きのスキームや漫画）が使われており，わかりやすくユニークなサイト．

第11章
脂質の代謝

本章について

　ヒトをはじめとする動物の主要なエネルギー源は糖と脂質である．グルコースが解糖系によって分解され，一方で貯蔵エネルギーとしてグリコーゲンに合成されるように，脂肪酸もまたβ酸化によって分解されてATPを産生するとともに，中性脂肪に変換されて細胞内に貯蔵される．飢餓や糖尿病など，糖を十分に利用できない条件下では，脂肪酸は肝臓で活発に代謝され,ケトン体に変換されて筋肉などの末梢組織に供給される．本章では，主にエネルギー代謝の側面から脂肪酸の分解と生合成の過程を解説するとともに，不飽和脂肪酸やリン脂質，さらにコレステロールや胆汁酸の生合成経路について概観する．中性脂肪やコレステロールなど，水に溶けない脂質が血流を介して各組織に輸送されるためにはリポタンパク質が重要な役割を果たすが，それに関しては章末のColumnを参照されたい．

第11章 脂 質 の 代 謝

11.1 脂肪酸の分解

11.1.1 脂肪酸の活性化と β 酸化

　脂肪酸[*1]は，食餌や脂肪組織の貯蔵脂肪に由来し，血流中から細胞内に取り込まれた後，小胞体やミトコンドリア外膜に存在する**アシル-CoA シンテターゼ**（acyl-CoA synthetase）によって**補酵素 A**（coenzyme A：CoA-SH）とのチオエステル，すなわち**アシル-CoA**（fatty acyl-CoA）に活性化される（**図11.1**）．脂肪酸は，アシル-CoA に活性化されて初めて代謝されるようになるが，この過程で ATP が消費されて AMP と**ピロリン酸**が生成する．ピロリン酸はさらに加水分解され，結果として ATP の高エネルギーリン酸結合が 2 個失われることになる．アシル-CoA の主要な分解経路は**ミトコンドリア内部のマトリックス**に存在する **β 酸化**[*2] 系であるが，アシル-CoA はそのままの形ではミトコンドリア内膜を通過できない．そこで，外膜と内膜の間の膜間腔内で**カルニチン-パルミトイルトランスフェラーゼ I**（carnitine palmitoyltransferase I：CPT-I）によってアシルカルニチンに変換され，トランスロカーゼによりマトリックス内に輸送された後，内膜の内表面で CPT-II によって再びアシル-CoA に変換される．このようにしてミトコンドリア内にたどり着いたアシル-CoA は，連続した 4 段階の酵素反応からなる β 酸化を繰り返し受けて，多数の $FADH_2$，NADH とアセチル-CoA を生成する．

　β 酸化の初発段階は，**アシル-CoA デヒドロゲナーゼ**（acyl-CoA dehydrogenase）によって触媒され，FAD を補酵素として**アシル-CoA** の α および β 炭素から 2 個の水素原子を引き抜いて二重結合をつくる反応である（図11.1）．生成した Δ^2-

---

[*1] 本章では体内に豊富に存在する長鎖脂肪酸の代謝について解説する．脂肪酸は鎖長によって代謝のされ方が異なる場合があり，例えば中鎖脂肪酸はカルニチン輸送系を介さずにミトコンドリア内膜を通過して，マトリックス内で直接活性化される．

[*2] 脂肪酸の β 位（3位）の炭素原子が酸化されることからそう呼ばれる．ミトコンドリアとは異なる酵素群によって構成される β 酸化系がペルオキシソームにも存在する．β 酸化の過程で起こるアシル-CoA の一連の構造変化は，いずれの系でも変わらない．

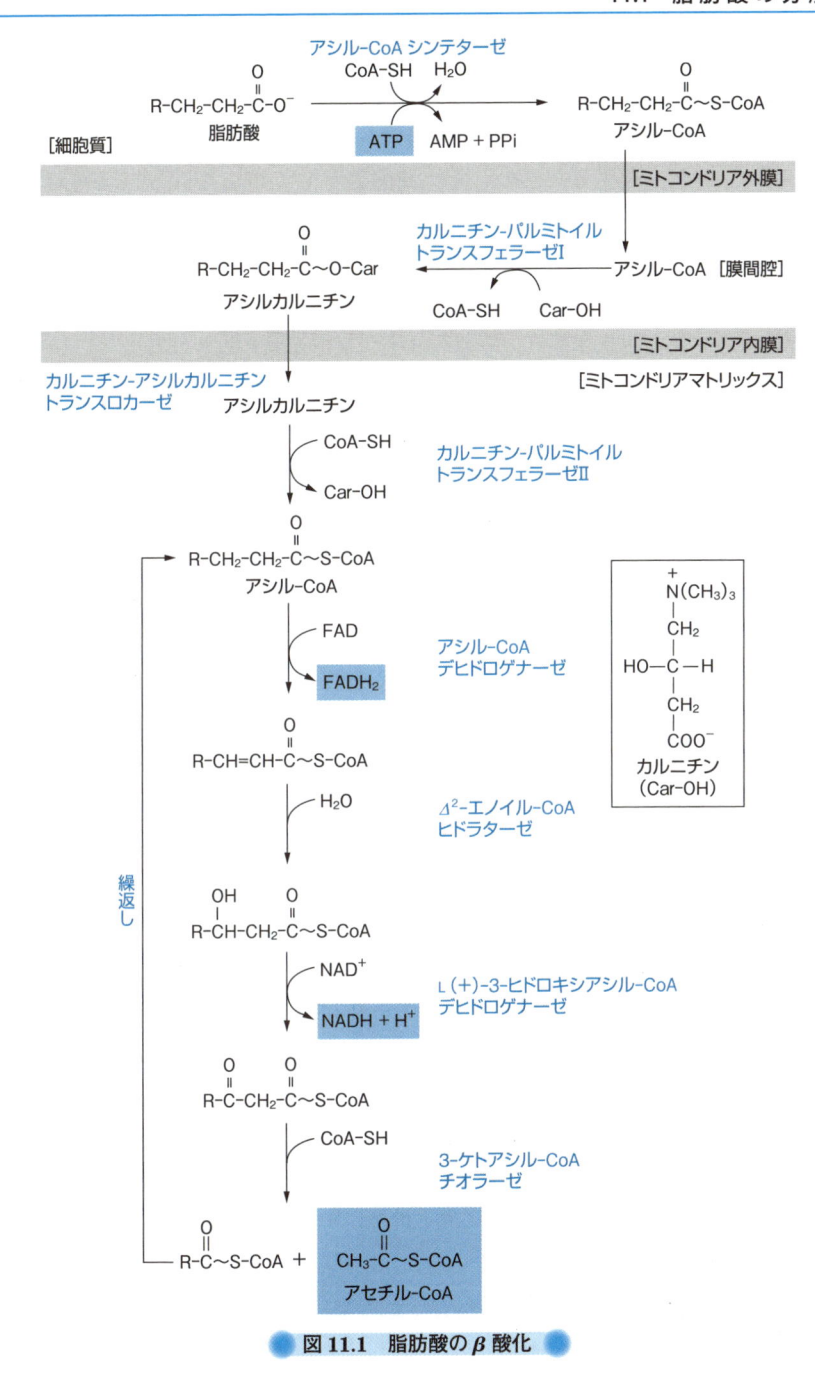

11.1 脂肪酸の分解

[細胞質]

$R-CH_2-CH_2-\overset{O}{\underset{\|}{C}}-O^-$ 脂肪酸

アシル-CoA シンテターゼ
CoA-SH、H_2O
ATP → AMP + PPi

$R-CH_2-CH_2-\overset{O}{\underset{\|}{C}}\sim S-CoA$ アシル-CoA

[ミトコンドリア外膜]

$R-CH_2-CH_2-\overset{O}{\underset{\|}{C}}-O-Car$ アシルカルニチン

カルニチン-パルミトイルトランスフェラーゼI
アシル-CoA [膜間腔]
CoA-SH ← Car-OH

[ミトコンドリア内膜]

カルニチン-アシルカルニチントランスロカーゼ
アシルカルニチン [ミトコンドリアマトリックス]

CoA-SH
Car-OH

カルニチン-パルミトイルトランスフェラーゼII

$R-CH_2-CH_2-\overset{O}{\underset{\|}{C}}\sim S-CoA$ アシル-CoA

FAD → FADH$_2$

アシル-CoA デヒドロゲナーゼ

$R-CH=CH-\overset{O}{\underset{\|}{C}}\sim S-CoA$

H_2O

Δ^2-エノイル-CoA ヒドラターゼ

$R-\overset{OH}{\underset{|}{CH}}-CH_2-\overset{O}{\underset{\|}{C}}\sim S-CoA$

NAD^+ → $NADH + H^+$

L(+)-3-ヒドロキシアシル-CoA デヒドロゲナーゼ

$R-\overset{O}{\underset{\|}{C}}-CH_2-\overset{O}{\underset{\|}{C}}\sim S-CoA$

CoA-SH

3-ケトアシル-CoA チオラーゼ

$R-\overset{O}{\underset{\|}{C}}\sim S-CoA$ + $\overset{O}{\underset{\|}{CH_3-C}}\sim S-CoA$ アセチル-CoA

繰返し

$\begin{array}{c} \overset{+}{N}(CH_3)_3 \\ | \\ CH_2 \\ | \\ HO-C-H \\ | \\ CH_2 \\ | \\ COO^- \end{array}$
カルニチン (Car-OH)

図 11.1 脂肪酸の β 酸化

trans-エノイル-CoA は，エノイル-CoA ヒドラターゼによって二重結合に水が付加されて，L 体の 3-ヒドロキシアシル-CoA を生じる．次いで，第 3 段階では L（＋）-3-ヒドロキシアシル-CoA デヒドロゲナーゼによる脱水素反応によって 3-ケトアシル-CoA が生成する．このとき，補酵素として用いられるのは NAD である．そして最後に，3-ケトアシル-CoA チオラーゼによって，CoA-SH の付加と同時に α-β 炭素間の開裂が起こり，アセチル-CoA と炭素原子が 2 個短くなったアシル-CoA が生成する．この鎖長が短縮されたアシル-CoA はアシル-CoA デヒドロゲナーゼによって再び脱水素され，一連の β 酸化反応が繰り返される．

このような方法で，脂肪酸は C_2 単位（アセチル-CoA）に分解され，**クエン酸回路**を経由して最終的に H_2O と CO_2 にまで酸化される．また，反応過程で生成した $FADH_2$ と NADH は**電子伝達系**と**酸化的リン酸化**を経て ATP 産生に利用される．もし，パルミチン酸（炭素数 16）が完全に酸化されると，7 回の β 酸化サイクルを経て合計 8 分子のアセチル-CoA が生成し，8×12=96 分子の ATP（96 個の高エネルギーリン酸結合）が産生される（1 分子のアセチル-CoA はクエン酸回路に入り，電子伝達系を経て，12 分子の ATP を生じる）．この間，それぞれ 7 分子の $FADH_2$ と NADH から 35 分子の ATP がつくられる．したがって，パルミトイル-CoA への活性化に要した高エネルギーリン酸結合 2 個を差し引いても，パルミチン酸 1 分子（炭素数 16）の酸化によって，正味 129 分子の ATP が得られることになる．グルコース 1 分子（炭素数 6）の完全酸化によって，肝臓では 36 分子の ATP が産生されるが，これと比較すると脂肪酸の**カロリー密度**（caloric density）がいかに高いものか理解できよう．

11.1.2 ケトン体の生成と利用

生体は飢餓状態[*3]に陥ると貯蔵エネルギーを利用し始めるが，脂肪組織においては中性脂肪がリパーゼによって加水分解されて**遊離脂肪酸**（free fatty acid：FFA）が放出される（図 11.2）．この脂肪酸は，血流を介して肝臓に流れ込み，β 酸化によってアセチル-CoA に代謝される．このとき，ミトコンドリア内ではオキサロ酢酸の濃度が低下しているために，アセチル-CoA はクエン酸回路で酸化されにくく，**ケトン体**（ketone body：アセト酢酸，3-ヒドロキシ酪酸，およびアセト

[*3] 糖尿病によりインスリン作用が高度に損なわれた場合，組織における糖利用が妨げられて代謝的に飢餓状態となる．ケトアシドーシスは糖尿病の重篤な急性合併症である．

11.1 脂肪酸の分解

ンの総称）の生成経路に向かう．まず，アセチル-CoA 2 分子が縮合してアセトアセチル-CoA が生成し，そこにもう 1 分子のアセチル-CoA が結合して **3-ヒドロキシ-3-メチルグルタリル-CoA**（3-hydroxy-3-methylglutaryl-CoA：HMG-CoA）が生成する．次いで HMG-CoA は，HMG-CoA リアーゼの作用を受けて開裂し，アセト酢酸が生じる．アセト酢酸は，NADH の存在下に還元されて D（−）-3-ヒドロキシ酪酸になり，一方，非酵素的に脱炭酸されてアセトンを生じる．アセトンは生体内で代謝を受けにくく，大部分が呼気中に排出されるが，ほかのケトン体は血

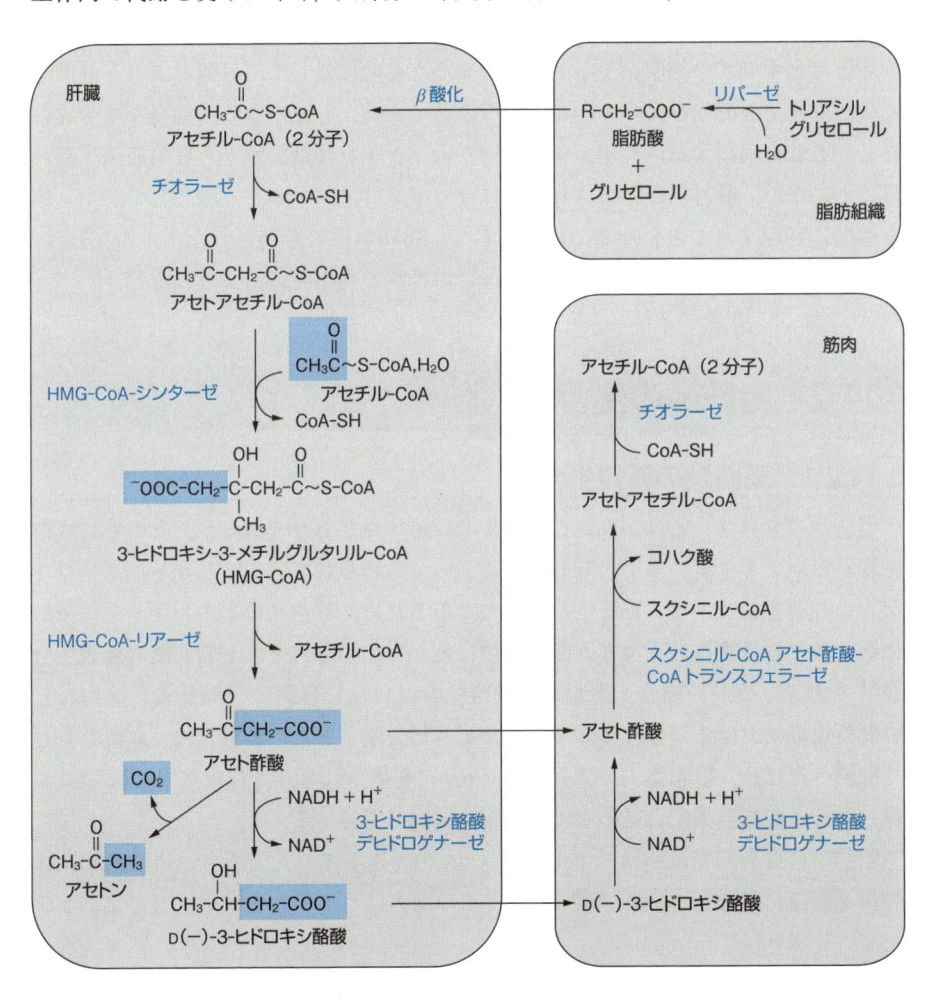

第 11 章 脂質の代謝

図 11.2 ケトン体の生成と利用

流を介して筋肉などの肝外組織に取り込まれ，重要なエネルギー源として利用されることになる．

　肝外組織，例えば筋肉におけるケトン体活性化の主要過程はミトコンドリア内で起こる（図 11.2）．D（−）-3-ヒドロキシ酪酸はアセト酢酸に変換され，アセト酢酸は**スクシニル-CoA アセト酢酸-CoA トランスフェラーゼ**（succinyl-CoA acetoacetate-CoA transferase）によってアセトアセチル-CoA に活性化される．さらに，アセトアセチル-CoA は，チオラーゼの作用を受けてアセチル-CoA 2 分子に開裂し，クエン酸回路で酸化される．ここで重要なことは，中枢神経系を含めてほとんどすべての細胞がケトン体を代謝できるのに対して，肝臓はアセト酢酸を直接活性化する酵素を欠いているということである．したがって，活発な生合成に対してそれを利用する活性が非常に低いため，ケトン体は肝臓から肝外組織へ流れることになる．肝外組織ではこれが逆になっており，エネルギー源としてケトン体を活発に利用することになる．結果として，脂肪組織に貯蔵されたエネルギーは，飢餓状態においては，ケトン体として全身の細胞で利用されるようになる．

11.2　脂肪酸の生合成

11.2.1　脂肪酸の新規生合成

　脂肪酸のカロリー密度が高いことはすでに述べたとおりであるが，ヒトを含めた動物が摂取する食餌の多くの部分は糖によって占められている．しかし，グリコーゲンの貯蔵容量はかなり制限されたものであるため，糖由来のエネルギーを効果的に脂肪酸に転換するメカニズムが生体には備わっている．それが脂肪酸の**新規生合成**[*4] である．ヒトの場合，新規の脂肪酸生合成は主に肝臓で行われる．筋肉などの肝外組織における解糖によって生じた**ピルビン酸**（または**乳酸**）は，血流を介して肝臓へ運ばれ，肝細胞内でアセチル-CoA に変換される．これが基本材料（C_2 単位）となって脂肪酸生合成の全工程が細胞質内で完結する．

　脂肪酸合成の初発反応は，アセチル-CoA のカルボキシ化であり，合成過程全体の律速段階にもなっている（図 11.3）．この反応はビオチン含有酵素である**アセチ**

[*4] 鎖長延長などを含めた広義の脂肪酸生合成に対して，アセチル-CoA から脂肪酸をつくり上げていく，いわゆる *de novo* 合成を新規生合成と表現した．

11.2 脂肪酸の生合成

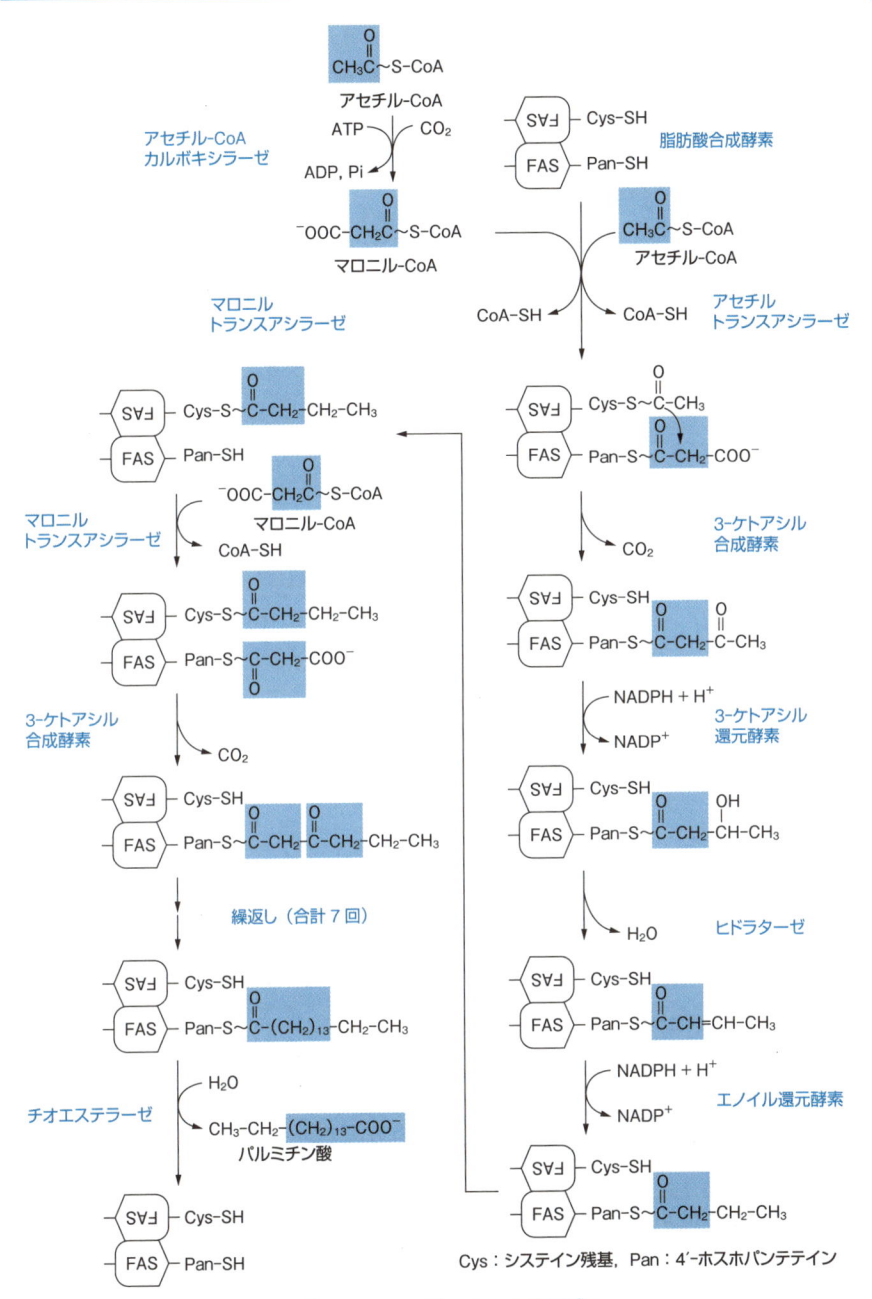

図 11.3 脂肪酸の生合成

第 11 章 脂質の代謝

ル-CoA カルボキシラーゼ（acetyl-CoA carboxylase：ACC）によって触媒され，生成したマロニル-CoA の**マロニル基は脂肪酸合成酵素**（fatty acid synthase：FAS）**アシルキャリアータンパク質**（acyl carrier protein：ACP）ドメインのホスホパンテテイン-SH 基（Pan-SH）にチオエステル結合される（**図 11.4**）。このとき，ケトアシル合成酵素ドメインのシステイン-SH 基（Cys-SH）にも，反応開始のプライマーとしてアセチル基が導入される．次いで，アセチル基がマロニル基中のメチレン基を攻撃することによって，脱炭酸とともに 3-ケトアシル基が生成し（縮合反応），同時にシステイン-SH 基が解放される．その後，3-ケトアシル基は，還元，脱水，さらに還元されて，飽和アシル基を生じる．2 回の還元反応でNADPH が補酵素として使われ，これで第 1 サイクルが完了する．そして，飽和アシル基は空いているシステイン-SH 基に移され，新しいマロニル基がホスホパンテテイン-SH 基に導入されて，次のサイクルが始まる．通常，この工程が 7 回繰り返されてパルミトイル基（炭素数 16）がつくられると，チオエステラーゼドメインによって**パルミチン酸**が切り離されて脂肪酸合成は完結する．そして，最初にプライマーとなったアセチル基はパルミチン酸の 15，16 位炭素となり，それに

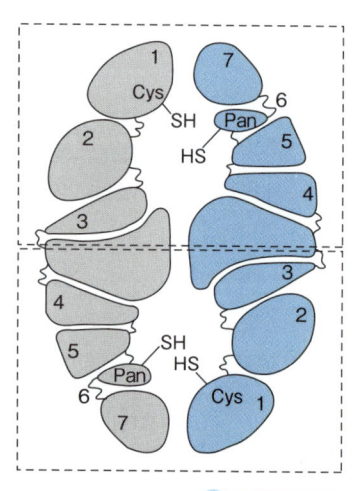

1 ：ケトアシル合成酵素
2 ：トランスアシラーゼ
3 ：ヒドラターゼ
4 ：エノイル還元酵素
5 ：ケトアシル還元酵素
6 ：アシルキャリアータンパク質
7 ：チオエステラーゼ
Cys：システイン残基
Pan：4′-ホスホパンテテイン

図 11.4　脂肪酸合成酵素

脂肪酸合成酵素は同一の二つのサブユニットからなるホモ二量体であり，それぞれのサブユニット上に脂肪酸合成に必要な 7 種類の機能ドメインを併せもつ多機能タンパク質である．二つのサブユニットは互いに 'head to tail' の配置をとって結合しており，実際の機能単位は一方のサブユニットの頭部側半分と他方の尾部側半分からなる．そのため，一度に 2 分子の脂肪酸が合成されることになる．

11.2 脂肪酸の生合成

続くすべての C_2 単位は**マロニル-CoA**から供給されることになる．

さて，ここでひとつ問題がある．脂肪酸合成の炭素源（C_2 単位）として利用されるアセチル-CoA は，主として**ピルビン酸デヒドロゲナーゼ**（pyruvate dehydrogenase）によってミトコンドリア内でつくられるが，そのままの形ではミトコンドリア内膜を通過することができない．それでは，どのようにして脂肪酸合成が行われる細胞質に C_2 単位を輸送しているのであろうか．この問題を克服するために，肝細胞には特別なシャトル系が存在する（図 11.5）．すなわち，アセチル-CoA を**オキサロ酢酸**と縮合させて**クエン酸**とし，トリカルボン酸輸送体によってミトコンドリア外へ運び出し，そこで **ATP-クエン酸リアーゼ**（ATP-citrate lyase）の作用によって再びアセチル-CoA とオキサロ酢酸に分解するのである．このとき生成したオキサロ酢酸は，**リンゴ酸デヒドロゲナーゼ**（malate dehydrogenase）によって**リンゴ酸**，さらに**リンゴ酸酵素**（malic enzyme）によってピルビン酸に変換されて，再びアセチル-CoA を生成する材料となる．さらに，リンゴ酸には，それ自身がクエン酸と交換にミトコンドリア内に入り，オキサロ酢

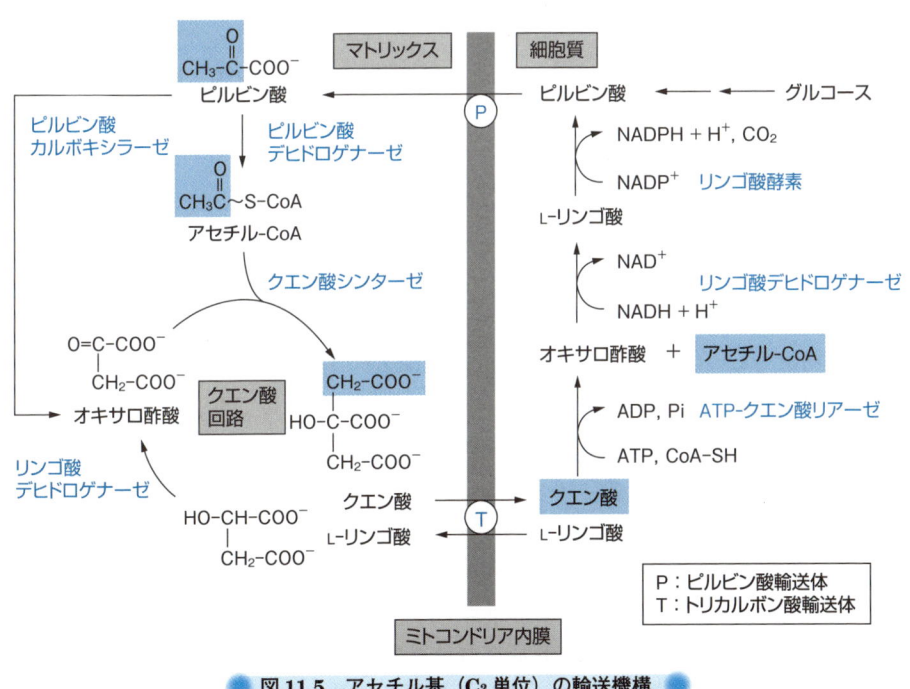

図 11.5 アセチル基（C_2 単位）の輸送機構

酸を再生する経路もある．クエン酸は，栄養条件のよいときに増加してアセチル-CoAを再生するが，同時にアセチル-CoAカルボキシラーゼを**アロステリック**（→ 2.5.3項，6.3.3項）に活性化する因子（リガンド)として脂肪酸合成を自ら促進する．

　基本的に脂肪酸合成は，（脂肪酸に由来しない）エネルギーが十分あるいは過剰に供給される条件下で活性化される．しかし，そのとき脂肪酸の分解が同時に進行していてはエネルギーを浪費するだけである．そのため脂肪酸の生合成とβ酸化は，互いに緊密に，負に調節し合っている．例えば，飽食状態でアセチル-CoAカルボキシラーゼによって生成するマロニル-CoAは，β酸化の律速酵素であるカルニチンパルミトイルトランスフェラーゼⅠ（CPT-Ⅰ）の強力な阻害剤である．一方，アシル-CoAはアセチル-CoAカルボキシラーゼの阻害剤であるため，飢餓状態で肝臓に遊離脂肪酸が流入して細胞内アシル-CoA濃度が上昇すると，脂肪酸合成は阻害される（図11.2）．その結果，マロニル-CoAの生成量が低下してCPT-Ⅰの阻害が解除され，β酸化が活発化する．同様なことは，必要以上の脂肪酸合成が行われないように，高脂肪食の摂食時にも起こる．アシル-CoAとマロニル-CoAは，それぞれ脂肪酸の合成および分解に対するフィードバック阻害剤となっている．これらのほかにも脂肪酸合成は，アセチル-CoAカルボキシラーゼの活性調節を介して**インスリン**や**グルカゴン**，**アドレナリン**といったホルモンによって厳密に制御されている．

11.2.2　脂肪酸の鎖長延長と不飽和化

　脂肪酸合成酵素によって新規に生合成される脂肪酸は，基本的にはパルミチン酸（16：0）である．しかしながら，生体内にはより鎖長の長い脂肪酸や二重結合をもつ不飽和脂肪酸が豊富に存在する．これらは食餌に由来するものや，生合成された脂肪酸あるいは食餌中から摂取した脂肪酸を材料として鎖長延長や不飽和化によってつくられたものである．

　脂肪酸の**鎖長延長**（fatty acid elongation）は，ミトコンドリアと小胞体で起こるが，後者のいわゆるミクロソーム系のほうがはるかに高い鎖長延長活性をもつ（図11.6）．縮合，還元，脱水，そして再び還元といった一連の反応の後，マロニル-CoAから供給されるC_2単位を，カルボキシ基側に付け足す形で鎖長延長が行われる．還元反応に用いられる補酵素はNADPHであり，また反応過程におけるアシル基の構造変化も脂肪酸生合成における場合と同じである（つまりβ酸化と逆）．ただし，鎖長延長反応の各段階は4種類の個別の酵素によって触媒され，ま

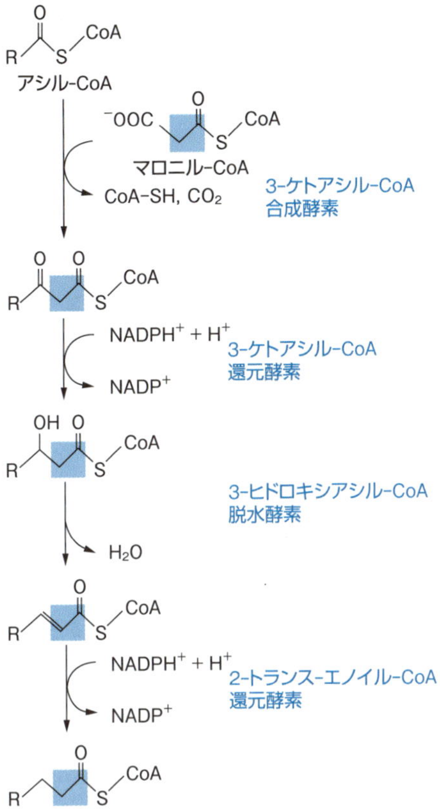

11.2 脂肪酸の生合成

図 11.6 脂肪酸の鎖長延長

たアシル基は ACP ではなく CoA-SH に結合しており，基質も生成物もアシル-CoA である点が異なる．

　一方，脂肪酸の不飽和化は，小胞体の**アシル-CoA デサチュラーゼ**（acyl-CoA desaturase）によって触媒され，この酵素は電子伝達物質としてシトクロム b_5 を利用する（**図 11.7**）．導入される二重結合はシス型であり，生合成や分解，鎖長延長の過程で生じるトランス型とは異なる．動物細胞では，脂肪酸のメチル末端（ω 位）から数えて 3 位と 6 位に二重結合を導入することができない（言い換えると，カルボキシ基側から 9 位を超えて不飽和化できず，二重結合は 4, 5, 6, および 9 位に導入される）．例えば，**ステアリン酸**の $\omega 9$ 位を不飽和化して**オレイン酸**をつ

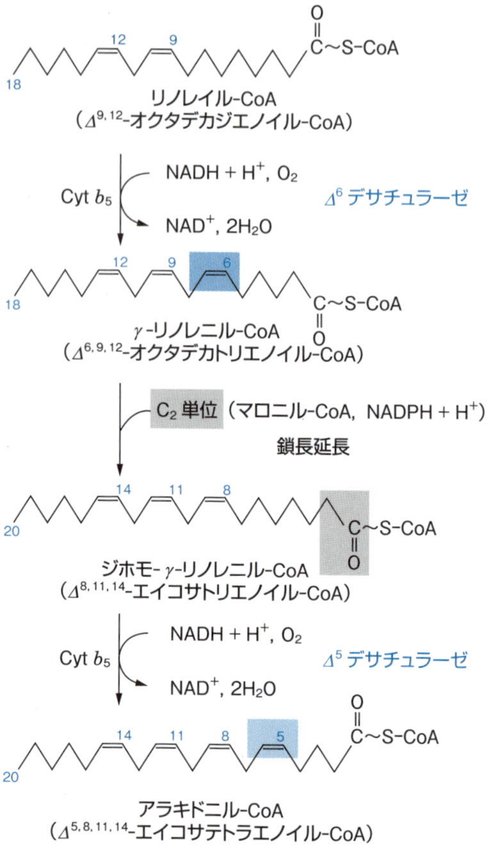

第11章 脂質の代謝

リノレイル-CoA
($\Delta^{9,12}$-オクタデカジエノイル-CoA)

Cyt b_5 / NADH + H$^+$, O$_2$ → NAD$^+$, 2H$_2$O　Δ^6デサチュラーゼ

γ-リノレニル-CoA
($\Delta^{6,9,12}$-オクタデカトリエノイル-CoA)

C$_2$ 単位 (マロニル-CoA, NADPH + H$^+$)
鎖長延長

ジホモ-γ-リノレニル-CoA
($\Delta^{8,11,14}$-エイコサトリエノイル-CoA)

Cyt b_5 / NADH + H$^+$, O$_2$ → NAD$^+$, 2H$_2$O　Δ^5デサチュラーゼ

アラキドニル-CoA
($\Delta^{5,8,11,14}$-エイコサテトラエノイル-CoA)

● 図 11.7　脂肪酸の不飽和化

くることはできるが，これをさらに不飽和化してリノール酸やα-リノレン酸をつくることはできない（図 11.8）．したがって，これらの脂肪酸は食餌を通じてのみ補給され，それ故に必須脂肪酸と呼ばれるわけである．オレイン酸，およびリノール酸，α-リノレン酸は，細胞内でさらに鎖長延長と不飽和化を受ける．その結果，これらの脂肪酸から始まる三つの脂肪酸代謝系列が形成され，それぞれω9，ω6，ω3 系列と呼ばれる．アラキドン酸やエイコサペンタエン酸に代表される高度不飽和脂肪酸（polyunsaturated fatty acids：PUFA）は，細胞膜を構築する重要な成分として，あるいは生理活性物質前駆体として，生体にとって不可欠な役割を果たしている．

11.3 その他の脂質の合成

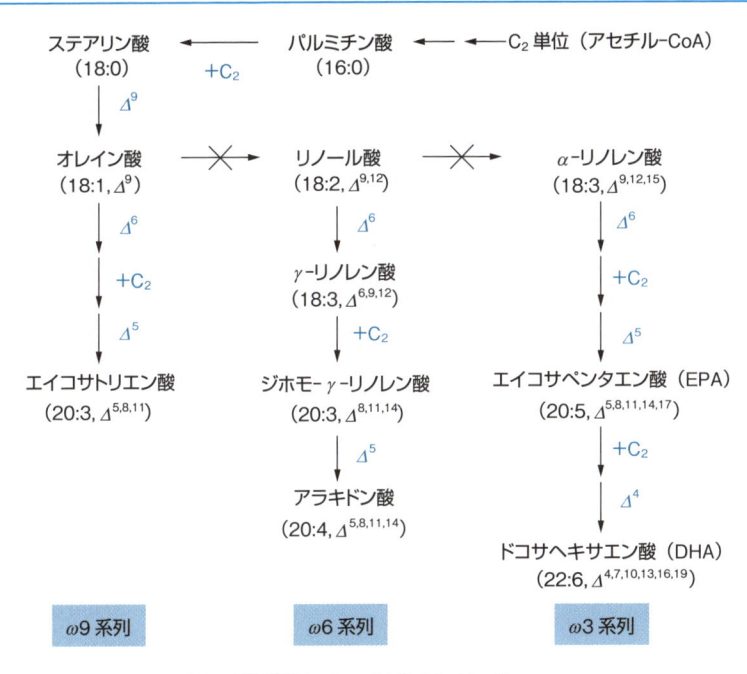

```
ステアリン酸  ←――――  パルミチン酸  ←――  ←―― C₂単位（アセチル-CoA）
 (18:0)      +C₂      (16:0)
  ↓ Δ⁹
オレイン酸    ―×→   リノール酸    ―×→   α-リノレン酸
 (18:1, Δ⁹)          (18:2, Δ⁹,¹²)       (18:3, Δ⁹,¹²,¹⁵)
  ↓ Δ⁶                ↓ Δ⁶                ↓ Δ⁶
  ↓ +C₂            γ-リノレン酸            ↓ +C₂
  ↓ Δ⁵              (18:3, Δ⁶,⁹,¹²)        ↓ Δ⁵
                     ↓ +C₂
エイコサトリエン酸    ジホモ-γ-リノレン酸    エイコサペンタエン酸（EPA）
 (20:3, Δ⁵,⁸,¹¹)     (20:3, Δ⁸,¹¹,¹⁴)      (20:5, Δ⁵,⁸,¹¹,¹⁴,¹⁷)
                     ↓ Δ⁵                   ↓ +C₂
                  アラキドン酸                ↓ Δ⁴
                   (20:4, Δ⁵,⁸,¹¹,¹⁴)     ドコサヘキサエン酸（DHA）
                                           (22:6, Δ⁴,⁷,¹⁰,¹³,¹⁶,¹⁹)

    ω9系列              ω6系列              ω3系列
```

$+C_2$：鎖長延長，$Δ^n$：$Δ^n$-デサチュラーゼ

図 11.8 高度不飽和脂肪酸の生合成

11.3 その他の脂質の合成

11.3.1 中性脂肪とリン脂質の生合成

　動物の体内で脂肪酸は，その大部分が**中性脂肪**（トリアシルグリセロール，triacylglycerol：TG）や**グリセロリン脂質**（glycerophospholipid）の構成成分としてエステル化されて存在する．アシルグリセロールの生合成に先だってグリセロールは ATP によって活性化されなければならず，**グリセロールキナーゼ**（glycerol kinase）によって**グリセロール-3-リン酸**に活性化される（図 11.9）．脂肪組織や筋肉のように，この酵素を欠くか，あるいは活性が低い組織では，グリセロール-3-リン酸は**ジヒドロキシアセトンリン酸**からつくられる．ジヒドロキシアセトンリン酸は，解糖の中間代謝物であり，糖と脂質代謝をつなぐ重要な接点となっている．グリセロール-3-リン酸にアシル-CoA 2 分子がエステル結合して**ホス**

第11章 脂質の代謝

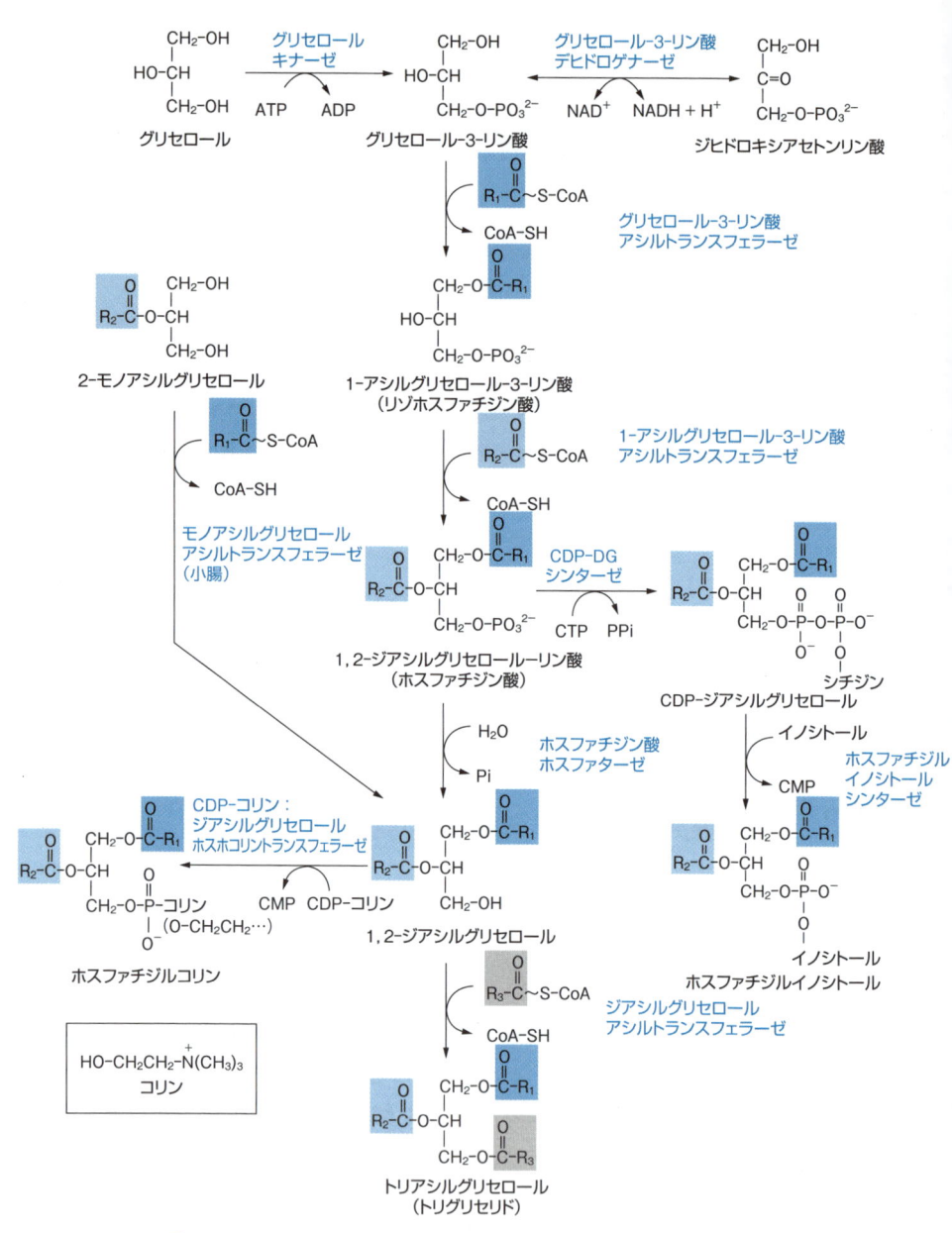

図11.9 トリアシルグリセロールとグリセロリン脂質の生合成

ファチジン酸（phosphatidic acid）が生成するが，主として1位アシル基は飽和脂肪酸，2位アシル基は不飽和脂肪酸に由来する．この生合成経路の重要な分岐点はホスファチジン酸の段階にあり，ここからCDP-ジアシルグリセロールを経由して酸性リン脂質（ホスファチジルセリンやイノシトール，カルジオリピン）が，一方，ジアシルグリセロールを経由してトリアシルグリセロールと中性リン脂質（ホスファチジルコリンやエタノールアミン）が生成する．グリセロリン脂質の生合成においては，CDP誘導体が重要な役割を果たしている．

11.3.2 コレステロールと胆汁酸の生合成

コレステロールは，エネルギー代謝の観点からは必ずしも中心的な脂質ではないが，細胞膜の必須の構築成分であるばかりか，動物においてはすべての**ステロイドホルモンとビタミンD**，**胆汁酸**の前駆体としてきわめて重要な脂質である．コレステロールの生合成は主に肝臓で行われ，アセチル-CoAを出発材料として，小胞体と細胞質にまたがる多数の反応段階を経る．体内で合成されるコレステロールの量は，食餌から摂取する量の2〜3倍あるいはそれ以上に及ぶ．

コレステロールの生合成は，大きく5段階に分けられる（**図11.10**）．すなわち，① アセチル-CoAから**メバロン酸**（mevalonic acid）の合成，② メバロン酸の脱炭酸による**イソプレン**（C_5）単位の生成，③ イソプレン単位6個の縮合によるスクアレンの生成，④ スクアレンの閉環によるラノステロールの生成，⑤ ラノステロールからコレステロールの生成である．第1段階のメバロン酸合成は，小胞体の**HMG-CoAレダクターゼ**（HMG-CoA reductase）によって触媒され，この反応がコレステロール合成の律速段階となる．HMG-CoAはミトコンドリア内でも合成されてケトン体の生成に利用されるが（図11.2），ここで関与する酵素はミトコンドリア外に存在し，小胞体にはHMG-CoAリアーゼは存在しない．また，第2段階で生成するイソペンテニルピロリン酸は，イソプレン単位として**ドリコール**（dolichol）や**ユビキノン**（ubiquinone）の合成，あるいはras Gタンパク質のプレニル化などにも利用される．最終的に生成したコレステロールは，遊離コレステロール，あるいは3位OH基で脂肪酸を結合したコレステロールエステルとして，組織や血液中に分布することになる．律速酵素であるHMG-CoAレダクターゼは，メバロン酸とコレステロールによって**フィードバック阻害**を受け，その活性はまた**インスリン**や**甲状腺ホルモン**によって正に，**グルカゴン**や**グルココルチコイド**によって負に調節される．コレステロール合成は，HMG-CoAレダクターゼ遺伝子

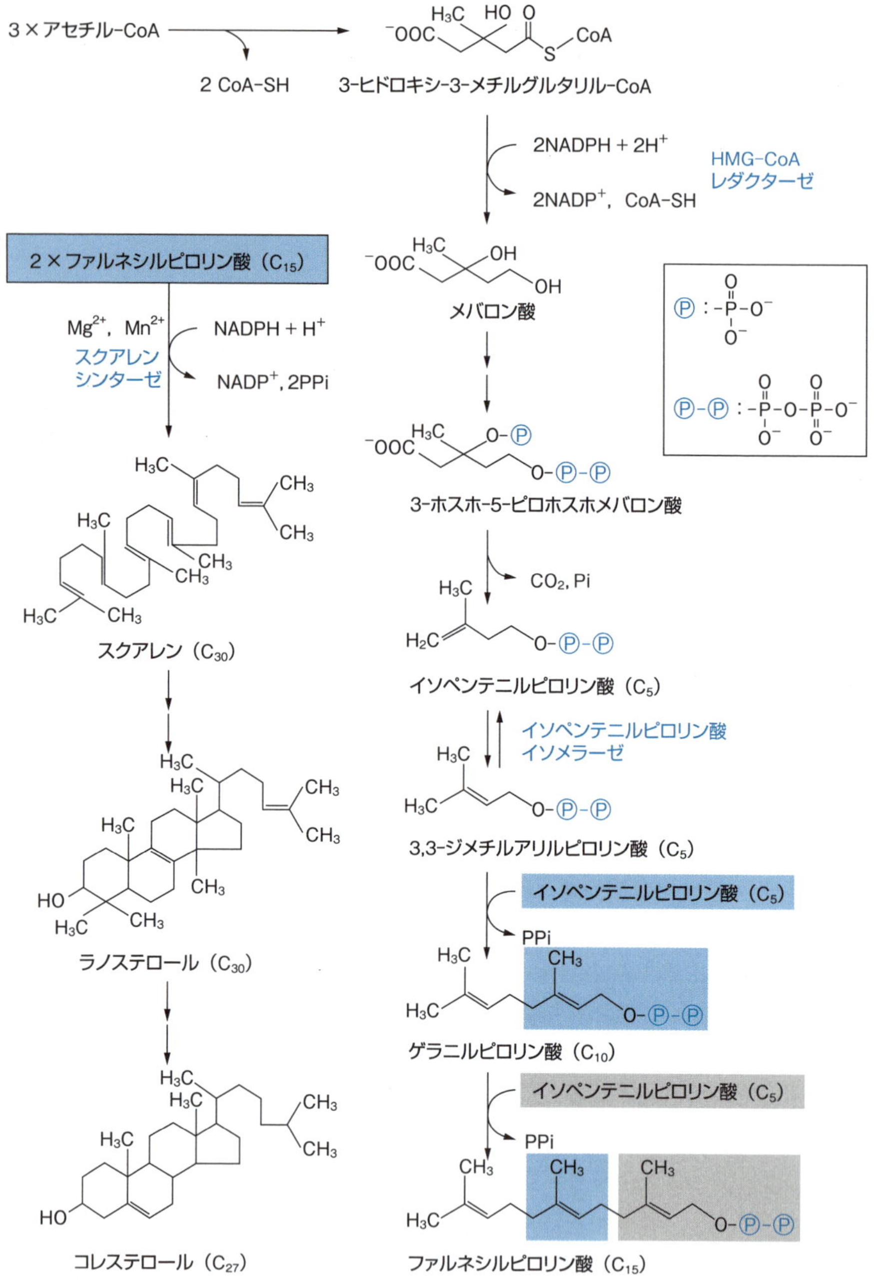

第11章 脂質の代謝

図11.10 コレステロールの生合成

11.3 その他の脂質の合成

の転写や翻訳，翻訳後修飾の各段階で厳重に制御されており，その活性変化を反映して**日内変動**（diurnal variation）が認められる．肝臓におけるコレステロールの生合成は，夜間に高まることが知られている．

コレステロールの主要な代謝経路は，肝臓における胆汁酸，すなわち**コール酸**（cholic acid：もっとも多量に見いだされる）と**ケノデオキシコール酸**（chenodeoxycholic acid）への変換である（図11.11）．**一次胆汁酸**（primary bile acid）と呼ばれるこれらの代謝物は，通常アミノ酸抱合を受けて，グリシンあるいはタウリンと結合した形で胆汁中に分泌される．胆汁酸生成の初発反応は，小胞体の **7α-ヒドロキシラーゼ**（7α-hydroxylase）により触媒されるコレステロール 7α位炭素原子の水酸化反応であり，この反応が合成系全体の律速段階にもなって

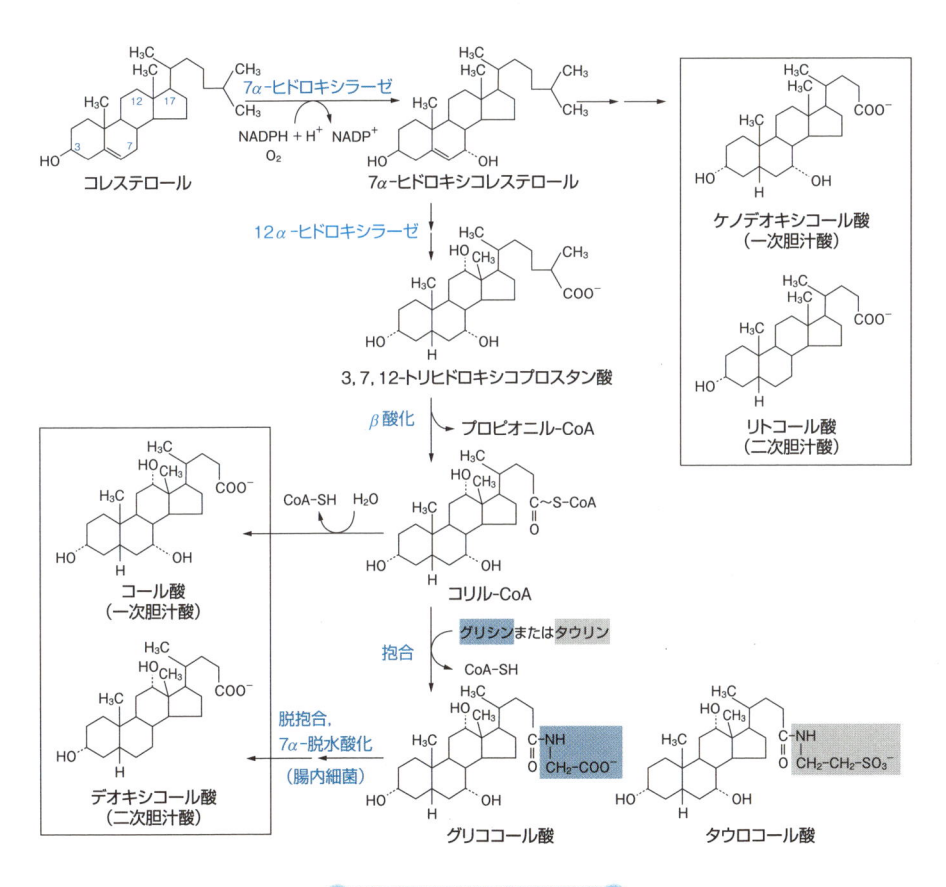

図 11.11 胆汁酸の生合成

いる．これに続いて 12α-水酸化が起これはコール酸が生成し，起こらなければケノデオキシコール酸が生成する．胆汁中に分泌された一次胆汁酸は，さらに腸内細菌によって脱抱合と 7α-脱水酸化を受けて，それぞれデオキシコール酸とリトコール酸に変換される．これらの胆汁酸を二次胆汁酸と呼ぶ．ヒトは 1 日に約 1 g のコレステロールを排泄する．そのうちの約半分はそのままの形で，残りの半分は胆汁酸として排泄され，その大部分が**腸肝循環**（enterohepatic circulation）を繰り返すことになる．

本章では，エネルギー代謝を中心に脂質の分解・生合成経路について概説した．いずれの経路もまた生体成分の相互変換（物質代謝）にとって重要な役割を果たしている．個体として調和のとれた生命活動を営むために，生体にはそれぞれの経路を協調的に制御するメカニズムが備わっている．紙面の都合上，詳述することはできなかったが，こうした観点から改めて脂質代謝とその調節機構を考察し，理解を深めることが大切である．

Column　高脂血症と動脈硬化

近年の健康ブームのおかげでマスコミ各誌により「動脈硬化」なる専門用語が取り上げられて，わが国においても高脂血症（hyperlipidemia）に対する関心が随分と高まってきたように思う．**高脂血症**とは血液中のコレステロールと中性脂肪が異常高値を示す病態を指し，その状態が長く続くと心臓や脳の血管に脂質が沈着して血管壁がもろくなる．血管を内張りする内膜の直下には，コレステロールなどの脂質が貯まってどろどろの固まりができる．この状態を粥状動脈硬化という．このもろくなった血管壁は最後には破れて，そこに血の固まり（血栓）がつくられ，とうとう血管は詰まってしまう．こうなると心臓や脳細胞は酸素や栄養の補給路を断たれて死んでしまう．これが心筋梗塞・脳梗塞（いわゆる心臓発作・脳卒中）である．

それでは一体どうしてこんなことが起こるのだろうか．それには血液中における脂質の輸送[*5]が大いにかかわっている．本来水に溶けないコレステロールや中性脂肪は，界面活性剤の役目をするリン脂質につつまれてタンパク質と複合体を形成し，血液中を流れている．この複合体をリポタンパク質といい，大きく分けて 4 種類に分類される．そのうち**低密度リポタンパク質**（low-density lipoprotein：LDL）は，コレステロールを末梢組織に分配する役割を担っている．しかし，酸化されて変性すると血管壁に潜り込んだマクロファージによって貪食され，結果として血管

---

*5　脂質の輸送：血液中の遊離脂肪酸はアルブミンと結合して輸送される．

壁にコレステロールを運び込むことになる．そのため，悪玉コレステロールと呼ばれる（悪玉リポタンパク質と呼ぶべきだろう）．これに対して**高密度リポタンパク質**（high-density lipoprotein：HDL）は，末梢組織で余ったコレステロールを回収して肝臓へもち帰る役割を果たすので，善玉コレステロールと呼ばれる（善玉リポタンパク質）．現在，大規模臨床試験によって，血液中のLDLコレステロール濃度が高いほど，またHDLコレステロール濃度が低いほど動脈硬化になりやすいことが明らかにされている．さらに，中性脂肪はキロミクロン（chylomicron）と超低密度リポタンパク質（very low density lipoprotein：VLDL）によって輸送されるが，血液中の中性脂肪濃度が高過ぎることもまた動脈硬化を促進する．リポタンパク質粒子は運搬中の脂質を互いにやり取りしたり，ほかの粒子に変換されたりするため，高中性脂肪血症のときは低HDLコレステロール血症を伴うことが多く，新たに超悪玉コレステロール（small dense LDL）が出現することもわかってきた．

最近では脂質異常症（dyslipidemia）という新しい呼び方で表現されるこれらの病態には，食事や運動を中心とする生活習慣の改善がもっとも効果的な予防・治療法である．しかし，それでも十分でなければ，高脂血症治療薬を服用することになる．その主なものは，HMG-CoAレダクターゼ阻害薬（スタチン）や胆汁酸吸収阻害薬（レジン），中性脂肪低下薬（フィブラート），多価不飽和脂肪酸（PUFA）製剤（EPA）など，脂質代謝の原理に基づいて開発された薬剤であり，臨床現場で高く評価されている．

演習問題

Q.1 オレイン酸をアセチル-CoAにまで完全に分解するには，β酸化系酵素のほかに，どのような反応を触媒する酵素が必要か．

Q.2 パルミチン酸，2-メチルパルミチン酸，5-メチルパルミチン酸，およびヘプタデカン酸がβ酸化を受けるとき，それぞれから生じる生成物を列挙せよ．また，それらのうち糖新生の基質として利用されるものはどれか．

Q.3 ミトコンドリアにおけるパルミチン酸のβ酸化は，マロニル-CoAによって抑制されるが，オクタン酸のβ酸化は影響されない．その理由を説明せよ．

Q.4 飢餓時の肝臓における脂肪酸生合成の調節機構について説明せよ．

Q.5 脂肪酸の生合成で使われるNADPHはどのようにして供給されるのか，説明せよ．

Q.6 肝臓内のコレステロール量が減少すると，LDL受容体が血液中からコレス

テロールを活発に取り込むようになる．この事実に基づいて，胆汁酸吸収阻害薬と HMG-CoA レダクターゼ阻害薬の併用による血清コレステロール低下作用を説明せよ．

参考図書

1. R. K. Murray 他著，上代淑人 監訳：ハーパー生化学　第 26 版，丸善（2003）
2. H. R. Matthews 他著，藤本大三郎・井上晃 監訳：マシューズ生化学要論，東京化学同人（2000）

ウェブサイト紹介

1. Principles of Biochemistry

    http://www.prenhall.com/horton

    Web 版ホートン生化学の手引き．書籍（巻末の参考図書参照）の章立てに対応して，多数の演習問題が掲載されている．やさしい英文なので誰にでも馴染みやすい．

2. The Medical Biochemistry Page

    http://themedicalbiochemistrypage.org/

    米国インディアナ大学医学部の講義資料．広範囲に及ぶ内容を，それぞれ項目別に簡潔にまとめてある．リンク集も充実している．

第12章
窒素同化とアミノ酸代謝

本書について

　本章では，生物が窒素を取り込んで生体内で必要な有機化合物を合成し，さらにそれらを分解・排泄していく過程について，生化学的に解説する．植物は，土壌中の NH_4^+，NO_3^- などの無機窒素化合物を取り込み，それをもとにしてアミノ酸をはじめとする窒素化合物を合成する．また一部の細菌は，単独あるいは植物と共生することで，空気中に豊富に存在する N_2 をアンモニアに変換して利用する．アミノ酸は，解糖系およびクエン酸回路の中間代謝産物を経由して生合成され，タンパク質に取り込まれる．一方，動物は生存に必要なアミノ酸の一部を合成することができず，植物や微生物からの供給に依存する．

　細胞内のアミノ酸の大部分はタンパク質に取り込まれるが，余分なアミノ酸は分解される．分解されたアミノ酸の炭素部分は脂肪酸や糖などのエネルギー源の合成に使われる一方，窒素部分はアンモニアとなり，さらに尿素回路を経て尿素として排泄される．生活様式によっては，アンモニアや尿酸として排泄する動物もある．

第12章 窒素同化とアミノ酸代謝

12.1 窒素固定と同化

12.1.1 窒素同化

窒素分子（N_2），アンモニウムイオン（NH_4^+），硝酸イオン（NO_3^-）といった無機窒素化合物を有機窒素化合物として生物に取り込むことを**窒素同化**（nitrogen assimilation）という．空気中には N_2 が豊富にあるが，これを利用できるのは根粒菌など一部の生物に限られる（窒素固定）．植物は，土壌中の NH_4^+，NO_3^- などの無機窒素化合物を根から吸収し，主に葉で窒素同化を行う．一方動物では，肝臓で窒素同化が行われるが，その能力は弱く，捕食という形で微生物や植物の有機窒素化合物を利用する．

植物の根から吸収された NH_4^+ は直接使われる．NO_3^- は葉肉細胞の細胞質にある硝酸還元酵素によって，亜硝酸イオン（NO_2^-）に還元され，葉緑体の中に入った後に亜硝酸還元酵素により NH_4^+ に還元される．NH_4^+ を有機窒素化合物へ同化する方法は，生物によってさまざまである．主要な経路として，まず NH_4^+ がグルタミンシンテターゼによりグルタミン酸と結合してグルタミンに同化される（後述）．その後，アミノ基転移酵素により解糖系やクエン酸回路で生じるピルビン酸，2-オキソグルタル酸，オキサロ酢酸などの有機酸に取り込まれ，アラニン，グルタミン酸，アスパラギン酸などのアミノ酸となる．なお，同化された窒素化合物の一部は，土壌細菌によって NO_3^- へ（硝化），さらに N_2 へ（脱窒）と変換され，大気中に放出される．

12.1.2 窒素固定

窒素ガス（N_2）が窒素化合物へと変換することを**窒素固定**（nitrogen fixation）という．N_2 は空気中の 4/5 を占めるが，きわめて安定な化合物であり，固定するのは容易でない．工業的には N_2 と H_2 から鉄化合物を触媒としてアンモニアを合成するハーバー・ボッシュ法が使われるが，この反応は高温高圧を必要とする．大気中では，雷や紫外線のエネルギーによって N_2 は O_2 と反応して NO，NO_2 や

12.1 窒素固定と同化

HNO_3 などの窒素化合物となる．その一方で固定量がもっとも多いのは生物によるものであり，N_2 は還元されアンモニアがつくられる．生物による窒素固定は，窒素肥料の軽減という点において農業上きわめて重要な意味をもつ．

窒素固定の能力のある生物は限られており，根粒菌，ある種の土壌細菌，らん藻などがそれに該当する．生物による窒素固定には，高等植物と共生する窒素固定（**共生的窒素固定**：symbiotic nitrogen fixation）と共生しない窒素固定（**非共生的窒素固定**：free-living nitrogen fixation）がある．共生的窒素固定菌の代表例として，マメ科植物の根に共生する**根粒菌**（*Rhizobium*）が有名である．また放線菌やらん藻の中にも共生的窒素固定を行うものがいる．一方，好気性の土壌細菌（*Azotobacter*）や嫌気性の土壌細菌（*Clostridium*）などは共生せずに窒素固定を行う．

窒素固定，すなわち窒素ガス（N_2）を還元してアンモニアと水素ガスをつくる反応は**ニトロゲナーゼ**（nitrogenase）と呼ばれる酵素で触媒される．

$$N_2 + 8H^+ + 8e^- + 16ATP + 16H_2O \longrightarrow 2NH_3 + H_2 + 16ADP + 16HPO_4^{2-}$$

ニトロゲナーゼは，鉄-硫黄クラスター（[4S-4Fe] クラスター）（→図 10.4）をもつ鉄タンパク質（Azoferredoxin）と鉄（Fe）およびモリブデン（Mo）を含むタンパク質（Molybdoferredoxin）という二つのコンポーネントに分かれて存在する．1 分子の N_2 を還元（固定）するのに 16 分子の ATP を必要とする，エネルギーコストの高い反応である．なお，ニトロゲナーゼは，酸素（O_2）で容易に失活する．

らん藻は，窒素が枯渇するとヘテロシストと呼ばれる窒素固定専門の細胞へと分化する．ここでは光化学系 II[*1] が存在しないので，O_2 によるニトロゲナーゼの失活は問題にならない．

窒素固定でつくられた NH_3 は，主にグルタミン酸に取り込まれ，グルタミンを経て各種アミノ酸の合成に用いられる．

[*1] 光化学系 II は PSII，光化学系複合体 II ともいう．葉緑体のチラコイド膜に存在する二つの光反応中心のひとつで，光合成における明反応の初期段階において，光エネルギーを吸収することで水を分解し O_2 を発生する働きをもつ．ここで生じた電子は，プラストキノン，シトクロム b_6/f 複合体，プラストシアニンを経て光化学系 I に伝達される（→第 10 章）．

12.1.3　共生的窒素固定

　根粒菌は土壌中に存在するが，単独では窒素固定を行わない．マメ科植物の根に侵入した根粒菌は巨大化し**バクテロイド**と呼ばれるようになり，根にはコブ状の**根粒**（nodule）が形成される．根粒は植物と細菌の共生であり，両者の共同作業によって初めて窒素固定が行われるようになる．

　根粒菌の根への侵入を促す最初の信号は，マメ科植物の根から放出される**フラボノイド**である．フラボノイドは，根粒菌のゲノム（あるいはプラスミド）にコードされている根粒形成および窒素固定にかかわる一連の遺伝子群の発現を刺激する．刺激を受けた根粒菌は，細胞外に N-アセチルグルコサミンを含む特殊なオリゴ糖（Nod Factor）を放出するが，これが菌の侵入および根粒形成にかかわる宿主側の一連の遺伝子群の発現を促す．なお，根粒菌の種によって宿主（マメ，クローバ，アルファルファなど受入側の豆科植物）が異なるが，フラボノイドの化学構造とNod Factorの化学構造が宿主特異性を決める主な要因となっている．

　バクテロイドの周辺の O_2 濃度は低く保たれている．これは，酸素に弱いニトロゲナーゼを保護するためであり，**レグヘモグロビン**がその役割を担っている．レグヘモグロビンは動物のヘモグロビンと構造および機能上の類似性が高い．レグヘモグロビンのうち，グロビン（タンパク質）部分は宿主（植物）のゲノムにコードされているのに対して，ヘム合成にかかわる遺伝子群は根粒菌のゲノムにコードされている．レグヘモグロビンがあるために，根粒はピンク色を呈している．

12.2　アミノ酸の生合成

12.2.1　アミノ酸の生合成

　20種類のアミノ酸は，いずれも**解糖系**および**クエン酸回路**の中間代謝産物を経由して生合成される（図 **12.1**）．

12.2 アミノ酸の生合成

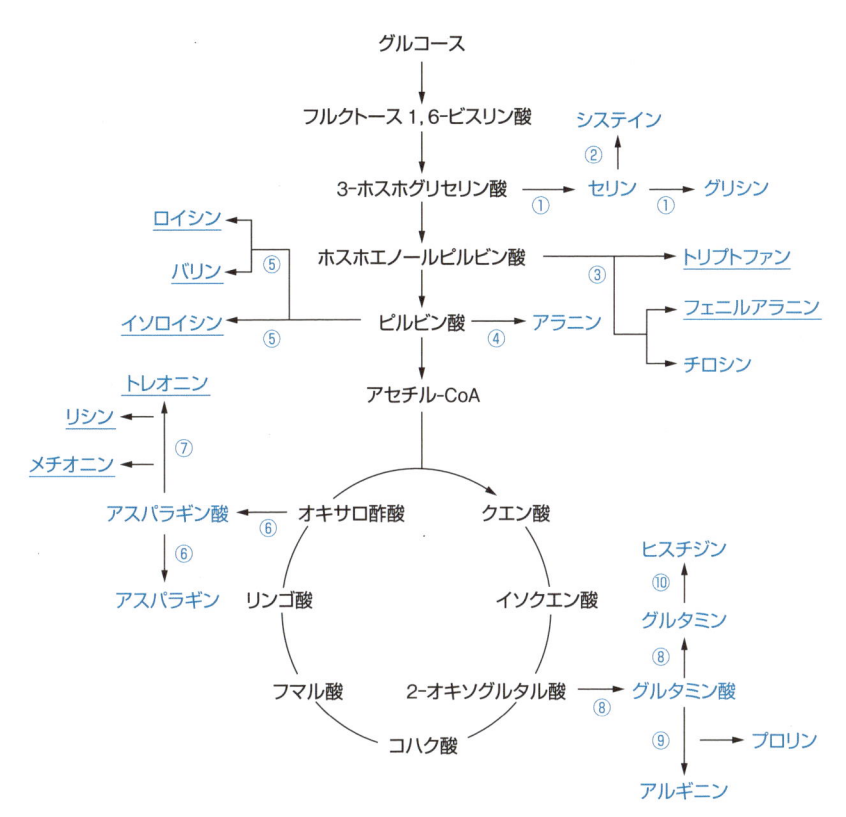

```
                    グルコース
                        ↓
              フルクトース 1,6-ビスリン酸
                        ↓                システイン
                        ↓                  ②↑
              3-ホスホグリセリン酸 ──→ セリン ──→ グリシン
                        ↓          ①        ①
    ロイシン ←┐          ↓
    バリン  ←┤⑤  ホスホエノールピルビン酸 ──┬──→ トリプトファン
              │                        ③├──→ フェニルアラニン
    イソロイシン←┘ ピルビン酸 ──→ アラニン └──→ チロシン
              ⑤            ④
                        ↓
                    アセチル-CoA
    トレオニン                   ↓
    リシン  ←┐                  ↓
    メチオニン←┤⑦
              │  オキサロ酢酸        クエン酸
    アスパラギン酸 ←──┘⑥                            ヒスチジン
              ⑥                                    ⑩↑
    アスパラギン   リンゴ酸      イソクエン酸      グルタミン
                                                    ⑧↑
              フマル酸  2-オキソグルタル酸 ──→ グルタミン酸
                                    ⑧           ⑨│──→ プロリン
                    コハク酸                      ↓
                                              アルギニン
```

図12.1 解糖系，クエン酸回路とアミノ酸合成経路の概略
ヒトの必須アミノ酸には下線を付した（12.2.2項）．

① **セリン**は解糖系の中間代謝産物である3-ホスホグリセリン酸から合成される．**グリシン**は，グリシンヒドロキシメチルトランスフェラーゼによってセリンから合成される．この反応は，テトラヒドロ葉酸（THF）から5,10-メチレンテトラヒドロ葉酸（5,10-メチレンTHF）への変換を伴う．グリシンはまた，グリシンシンターゼにより5,10-メチレンTHF，NH_3およびCO_2からも合成される．この反応は，グリシン分解（グリシン開裂反応）の逆反応である．

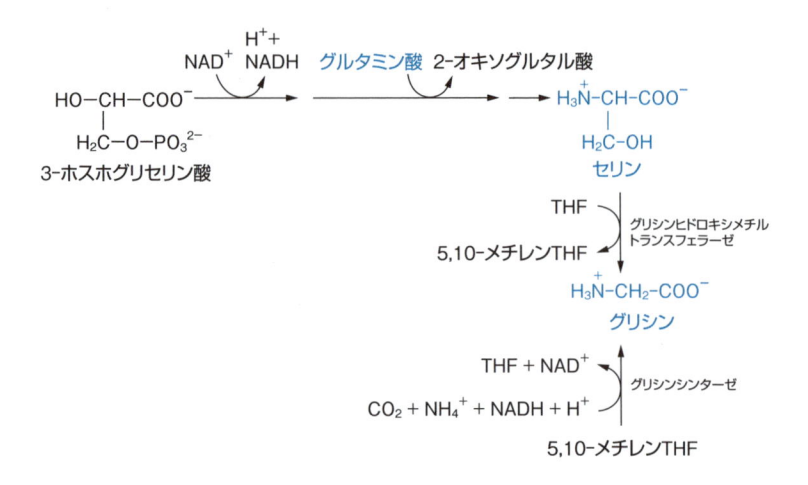

第12章 窒素同化とアミノ酸代謝

$$\text{HO-CH-COO}^- \xrightarrow[\text{NAD}^+ \quad \text{NADH}]{\text{H}^+} \xrightarrow[\text{グルタミン酸} \quad \text{2-オキソグルタル酸}]{} \text{H}_3\overset{+}{\text{N}}\text{-CH-COO}^-$$

3-ホスホグリセリン酸 → セリン ($H_2C\text{-OH}$)

セリン →(THF / 5,10-メチレンTHF, グリシンヒドロキシメチルトランスフェラーゼ)→ グリシン ($H_3\overset{+}{N}\text{-CH}_2\text{-COO}^-$)

グリシン →(THF + NAD$^+$ / CO$_2$ + NH$_4^+$ + NADH + H$^+$, グリシンシンターゼ)→ 5,10-メチレンTHF

② **システイン**は，セリンとホモシステインからシスタチオニンを経由して合成される．ある種の細菌では，セリンに H_2S が反応してシステインを生じる．なおホモシステインは，メチオニンから S-アデノシルメチオニン（SAM），S-アデノシルホモシステイン（SAH）を経由して合成される．

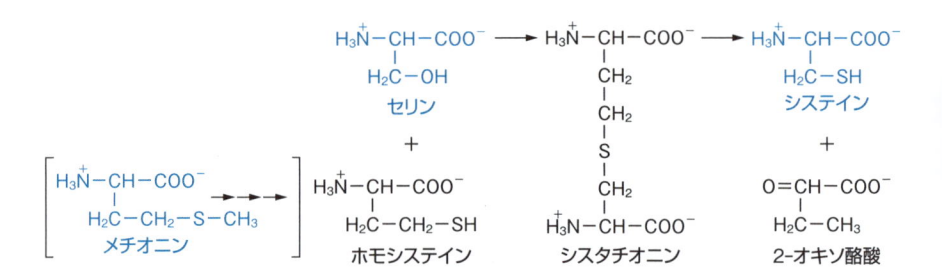

[メチオニン: $H_3\overset{+}{N}\text{-CH-COO}^-$, $H_2C\text{-CH}_2\text{-S-CH}_3$] →→→ ホモシステイン ($H_3\overset{+}{N}\text{-CH-COO}^-$, $H_2C\text{-CH}_2\text{-SH}$) + セリン → シスタチオニン → システイン ($H_3\overset{+}{N}\text{-CH-COO}^-$, $H_2C\text{-SH}$) + 2-オキソ酪酸 ($O=CH\text{-COO}^-$, $H_2C\text{-CH}_3$)

③ 以下は芳香族アミノ酸を合成する経路で，**シキミ酸経路**とも呼ばれる．エリトロース 4-リン酸は，ペントースリン酸経路から供給される．動物ではこの経路は存在せず，**チロシンはフェニルアラニンのヒドロキシ化によって合成される**．この反応を触媒するフェニルアラニン 4-モノオキシゲナーゼを欠損すると**フェニルケトン尿症**を起こす．

12.2 アミノ酸の生合成

④ **アラニン**は**グルタミン酸**のアミノ基をピルビン酸に転移することで合成される．この逆反応（2-オキソグルタル酸にアミノ基を転移する反応）はグルタミン酸を合成する反応となる（⑧）．④の反応を触媒する酵素アラニンアミノトランスフェラーゼ（ALT）は，グルタミン酸-ピルビン酸トランスアミナーゼ（GPT）とも呼ばれる．同様のアミノ基転移反応は⑥でも見られ，いずれも，**ピリドキサル 5′-リン酸（PLP）** を必要とする．

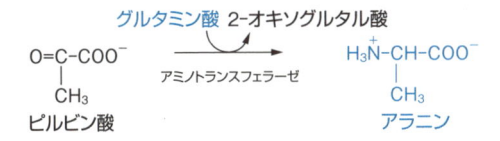

⑤ 分岐鎖アミノ酸はピルビン酸から合成される．第一段階の酵素であるアセト乳酸合成酵素（ALS）は，2分子のピルビン酸から**バリン・ロイシン**合成に向かう反応およびピルビン酸と 2-オキソ酪酸から**イソロイシン**合成に向かう反応の両方を触媒する．反応には，チアミン二リン酸（TPP）を必要とする．

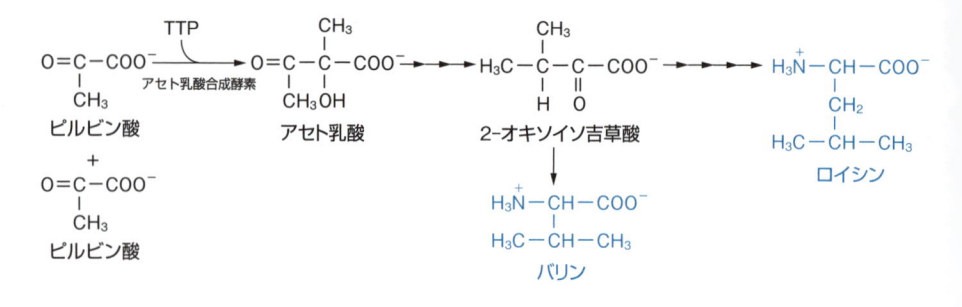

第12章 窒素同化とアミノ酸代謝

[ピルビン酸 + ピルビン酸 → (TTP, アセト乳酸合成酵素) アセト乳酸 → 2-オキソイソ吉草酸 → ロイシン / バリン の合成経路図]

[ピルビン酸 + 2-オキソ酪酸(トレオニン由来) → (TTP, アセト乳酸合成酵素) 2-アセト-2-ヒドロキシ酪酸 → イソロイシンの合成経路図]

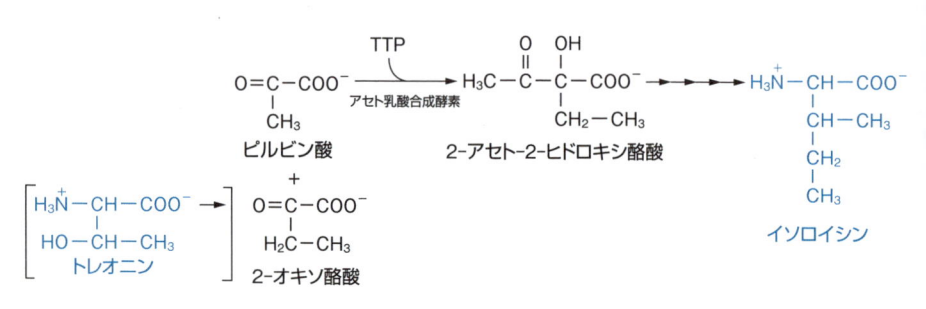

⑥ **アスパラギン酸**はオキサロ酢酸にグルタミン酸のアミノ基を転移することで合成される．この反応を触媒する酵素アスパラギン酸アミノトランスフェラーゼ（AST）は，2-オキソグルタル酸にアスパラギン酸のアミノ基を転移することでグルタミン酸を合成する酵素（⑧）でもあるので，グルタミン酸-オキサロ酢酸トランスアミナーゼ（GOT）とも呼ばれる．反応にはGPTと同様，PLPが関与する．

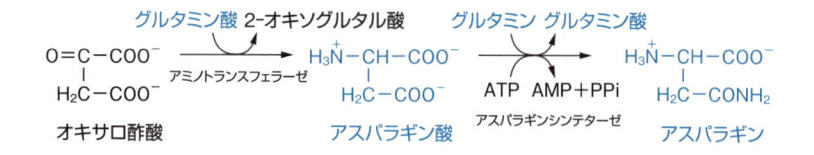

[オキサロ酢酸 → (グルタミン酸 / 2-オキソグルタル酸, アミノトランスフェラーゼ) アスパラギン酸 → (グルタミン / グルタミン酸, ATP / AMP+PPi, アスパラギンシンテターゼ) アスパラギン]

⑦ **リシン，トレオニン，メチオニン**は，以下の経路でアスパラギン酸からアスパラギン酸4-セミアルデヒドを経由して合成される．

12.2 アミノ酸の生合成

$$\underset{\text{アスパラギン酸}}{\overset{H_3\overset{+}{N}-CH-COO^-}{\underset{H_2C-COO^-}{|}}} \xrightarrow[\text{ATP ADP NADPH NADP}^+]{H^+ +} \underset{\text{アスパラギン酸 4-セミアルデヒド}}{\overset{H_3\overset{+}{N}-CH-COO^-}{\underset{H_2C-CHO}{|}}} \longrightarrow\longrightarrow\longrightarrow \underset{\text{リシン}}{\overset{H_3\overset{+}{N}-CH-COO^-}{\underset{H_2C-CH_2-CH_2-CH_2-\overset{+}{N}H_3}{|}}}$$

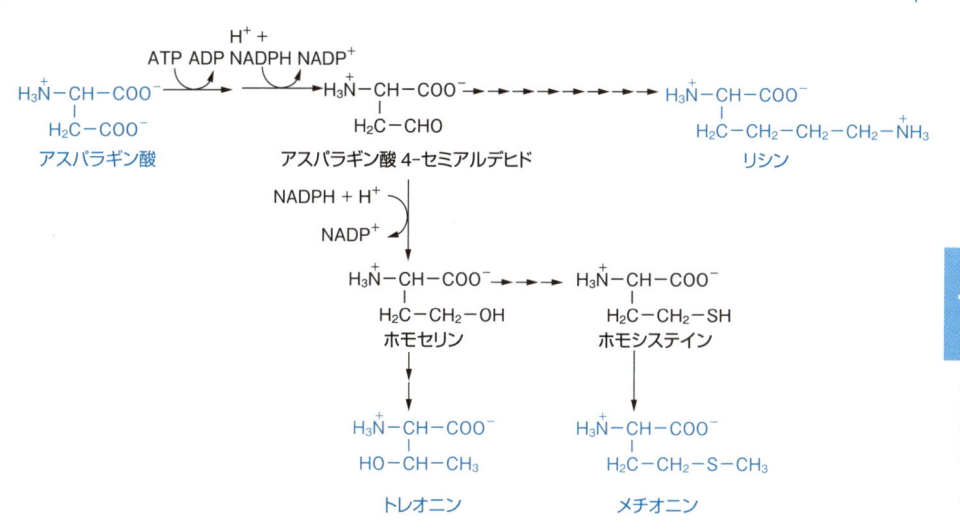

$$\downarrow \text{NADPH} + H^+ / \text{NADP}^+$$

$$\underset{\text{ホモセリン}}{\overset{H_3\overset{+}{N}-CH-COO^-}{\underset{H_2C-CH_2-OH}{|}}} \longrightarrow\longrightarrow \underset{\text{ホモシステイン}}{\overset{H_3\overset{+}{N}-CH-COO^-}{\underset{H_2C-CH_2-SH}{|}}}$$

$$\underset{\text{トレオニン}}{\overset{H_3\overset{+}{N}-CH-COO^-}{\underset{HO-CH-CH_3}{|}}} \qquad \underset{\text{メチオニン}}{\overset{H_3\overset{+}{N}-CH-COO^-}{\underset{H_2C-CH_2-S-CH_3}{|}}}$$

⑧ **グルタミン酸**は，GOT によるアミノ基転移（⑥ の逆反応）あるいは GPT によるアミノ基転移（④ の逆反応）によって，いずれも 2-オキソグルタル酸から合成される．

 グルタミンシンテターゼ（GS）は，ミトコンドリアに存在し，神経毒性のあるアンモニアをグルタミン酸に取り込ませることにより無毒化するという作用をもつ．ほ乳類のグルタミンシンテターゼは，2-オキソグルタル酸で活性化される．またこの反応は，窒素固定で固定したアンモニアを有機窒素化合物へと同化するための主要な経路となっている．

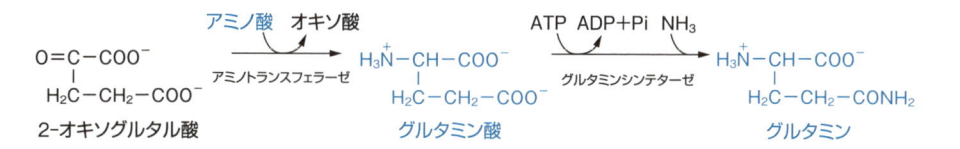

$$\underset{\text{2-オキソグルタル酸}}{\overset{O=C-COO^-}{\underset{H_2C-CH_2-COO^-}{|}}} \xrightarrow[\text{アミノトランスフェラーゼ}]{\text{アミノ酸 オキソ酸}} \underset{\text{グルタミン酸}}{\overset{H_3\overset{+}{N}-CH-COO^-}{\underset{H_2C-CH_2-COO^-}{|}}} \xrightarrow[\text{グルタミンシンテターゼ}]{\text{ATP ADP+Pi NH}_3} \underset{\text{グルタミン}}{\overset{H_3\overset{+}{N}-CH-COO^-}{\underset{H_2C-CH_2-CONH_2}{|}}}$$

⑨ グルタミン酸は，グルタミン酸セミアルデヒドを経て，**プロリン**あるいは**オルニチン**となる．オルニチンは尿素回路（後述）を経由して，**アルギニン**となる．

 微生物では，グルタミン酸はアセチル-CoA により N-アセチルグルタミン酸となり，N-アセチルグルタミン酸セミアルデヒドを経て，プロリンとアルギニンが合成される．

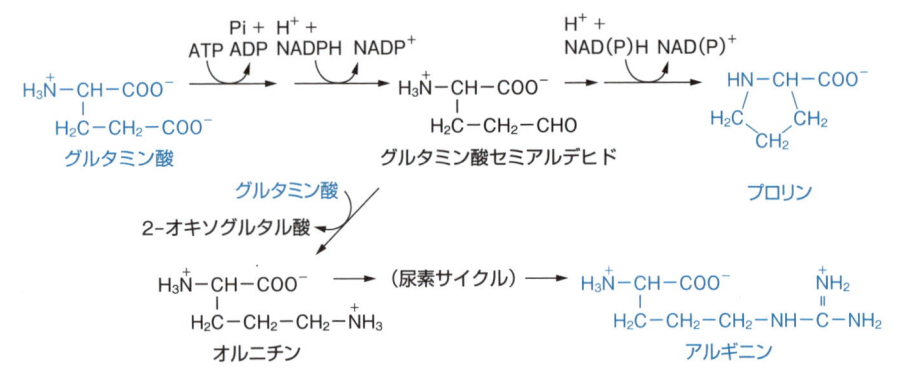

第 12 章　窒素同化とアミノ酸代謝

（反応図：グルタミン酸 → グルタミン酸セミアルデヒド → プロリン；オルニチン →（尿素サイクル）→ アルギニン）

⑩　ヒスチジンは 5-ホスホリボシル 1-二リン酸（PRPP）から多段階の反応を経て合成される．PRPP は，ペントースリン酸経路（→第 8 章）から供給され，ヌクレオチドの合成にも関与する（→第 13 章）．

（反応図：5-ホスホリボシル 1-二リン酸 → ヒスチジン）

12.2.2　必須アミノ酸

　多くの植物や微生物は，タンパク質合成に必要な 20 種類のアミノ酸を自ら合成することができる．一方，動物はアミノ酸の一部を自身で合成することはできず，いくつかのアミノ酸は外部から摂取しなければならない．このようなアミノ酸は**必須アミノ酸**（essential amino acid）と呼ばれ，ヒトでは 8 種類が必須アミノ酸に分類される（図 12.1）．ヒスチジンは体内で合成できるが，合成量が必要量をまかなえないため，外部からの摂取が必要となる．アルギニンは分解が激しいため，幼少期においては外部からの摂取が必要となるので**準必須アミノ酸**とも呼ばれる．同様の理由で，システインとチロシンを準必須アミノ酸として扱うこともある．

12.3 窒素の排泄と尿素サイクル

12.3.1 アミノ酸の分解

　細胞内のアミノ酸の大部分はタンパク質に取り込まれる．その他，脱炭酸されて生理活性アミン[*2]（Column「アミノ酸に由来する生理活性アミン」）になるなど，さまざまな生理活性物質へと変換される．そして，余分なアミノ酸は分解される．

　分解を受けたアミノ酸の炭素部分は，アセチル-CoA あるいはアセト酢酸を経て脂肪酸あるいはケトン体の合成に使われるか，ピルビン酸あるいはクエン酸回路の代謝産物（2-オキソグルタル酸，スクシニル-CoA，フマル酸，オキサロ酢酸）を経て糖新生に使われる（**図12.2**）．分解してアセチル-CoA あるいはアセト酢酸になるアミノ酸を**ケト原性アミノ酸**（ketogenic amino acid）と呼び，ピルビン酸あるいはクエン酸回路の代謝産物になるアミノ酸を**糖原性アミノ酸**（glycogenic amino acid）と呼ぶ．

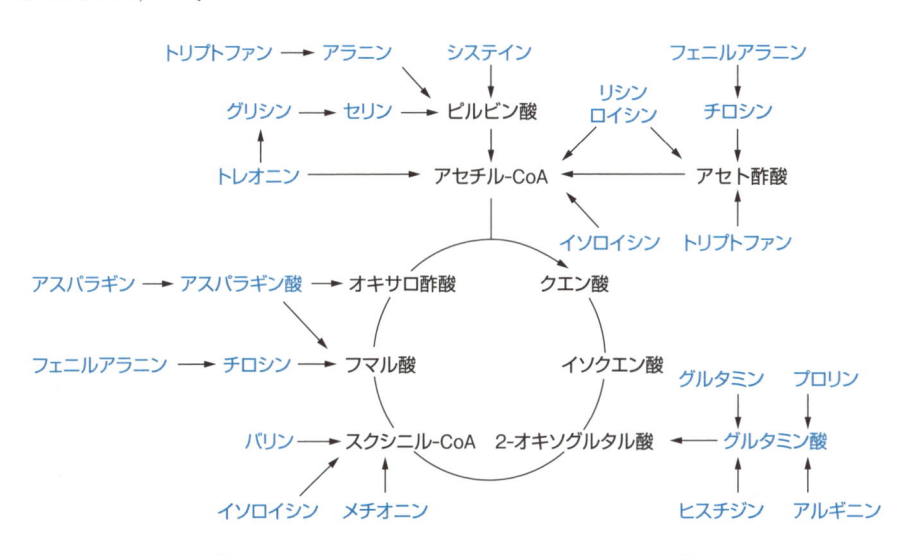

図12.2　炭素部分から見たアミノ酸の分解経路
ケト原性アミノ酸と糖原性アミノ酸の両方にまたがるアミノ酸も複数ある．

[*2] 生体中で働くアミン類の総称．

12.3.2 尿素回路

アミノ酸の窒素部分，すなわちアミノ基の多くは，アミノトランスフェラーゼが触媒するアミノ基転移（アミノ酸合成の項，例えば ⑧ の反応あるいは ④ や ⑥ の逆反応）を受ける．例えば，筋肉ではアミノ酸のアミノ基はピルビン酸に受け渡され，アラニンとなって肝臓に運ばれる（**グルコース-アラニン回路，図 12.3**）．肝臓では，アミノ基は主にグルタミン酸（あるいはアスパラギン酸）としてミトコンドリアに集められる．

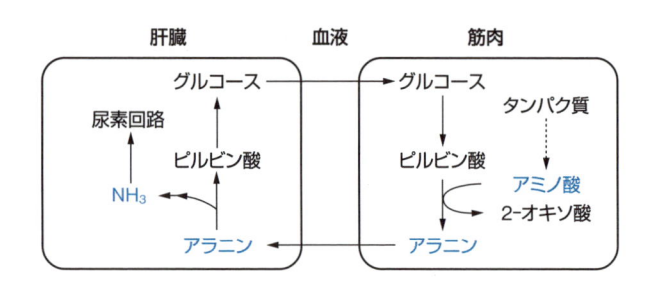

図 12.3 グルコース-アラニン回路

ピルビン酸がアミノ基の受容体となって，筋肉と肝臓の間をシャトルする．肝臓においてアラニンのアミノ基が外れてできたピルビン酸は糖新生によりグルコースとなって，筋肉に戻される．

ミトコンドリアに集められたグルタミン酸は，グルタミン酸デヒドロゲナーゼ（GDH）の作用（酸化的脱アミノ）を受けてアンモニアを生じる．アンモニアはグルタミナーゼによるグルタミンの分解からも供給される．有毒なアンモニアは直ちに**尿素回路**（urea cycle），別名**オルニチン回路**（ornithine cycle）に取り込まれ，最終的に無毒な尿素に変換され肝臓から腎臓に運ばれる．

尿素回路の正味の反応は，

$NH_3 + HCO_3^- +$ アスパラギン酸 $\longrightarrow$ 尿素 + フマル酸

となる（**図 12.4**）．合計 3 分子の ATP の加水分解を必要とする．

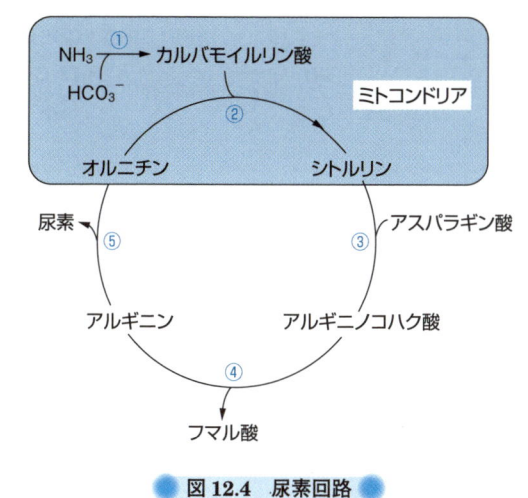

12.3 窒素の排泄と尿素サイクル

図 12.4 尿素回路
青く囲んだ部分はミトコンドリアで，それ以外は細胞質で行われる．

① アンモニアと炭酸からカルバモイルリン酸を合成する反応で，2 分子の ATP の分解を伴う．

$$NH_3 + HCO_3^- \xrightarrow[\text{カルバモイルリン酸シンテターゼ}]{2ATP \quad 2ADP + Pi} H_2N-\underset{\underset{O}{\|}}{C}-O-PO_3^{2-}$$

カルバモイルリン酸

グルタミン酸 → N-アセチルグルタミン酸
アセチル-CoA

　この反応を触媒するカルバモイルリン酸シンテターゼ (CPS I) は，N-アセチルグルタミン酸でアロステリックな活性化（→第 2 章および第 6 章）を受ける．なお，N-アセチルグルタミン酸はグルタミン酸とアセチル-CoA から合成される．つまり，アミノ酸の分解量が増えると，グルタミン酸濃度が上昇することにより N-アセチルグルタミン酸の濃度も上昇し，その結果この反応が促進される．この調節機構のおかげで，急激なアミノ酸の分解により発生する多量のアンモニアを処理することが可能になる．

② 細胞質で合成された**オルニチン**はミトコンドリアに運ばれて，カルバモイルリン酸と反応する．生じたシトルリンは，細胞質に戻される．

第 12 章 窒素同化とアミノ酸代謝

オルニチン + カルバモイルリン酸 →(オルニチンカルバモイルトランスフェラーゼ, Pi) シトルリン

③ シトルリンの活性化により AMP-シトルリンという中間体を経て，最終的に尿素になる二つの窒素原子（青）が，ひとつの分子（アルギニノコハク酸）に取り込まれる．

シトルリン + アスパラギン酸 →(アルギニノコハク酸シンテターゼ, ATP → AMP+PPi) アルギニノコハク酸

④ アルギニノコハク酸からアルギニンとフマル酸を生じる反応で，この反応で生じたフマル酸は，リンゴ酸，オキサロ酢酸となり，糖新生に使われる．あるいは，さらにアミノ基転移を受けてアスパラギン酸となり，再度 ③ の反応に使われる．

アルギニノコハク酸 →(アルギニノコハク酸リアーゼ) アルギニン + フマル酸

⑤ 再生されたオルニチンはミトコンドリアに入り，② の反応に使われる．

アルギニン + H_2O →(アルギナーゼ) オルニチン + 尿素

12.3.3 窒素の排泄

動物は，窒素をアンモニア，尿素，尿酸のどれかとして排泄する．アンモニアは毒性が強いが水に溶けやすいので，水生動物はアンモニアを排泄する．ほ乳類をはじめとする多くの陸生動物はアンモニアを尿素に変換して排泄する．オタマジャクシはアンモニアを排泄し，カエルになると尿素を排泄するようになる．鳥類，爬虫類，昆虫などは，不溶性の尿酸を沈殿させて排泄する．

なお，ヒトの尿は尿素だけでなくアンモニアおよび尿酸を含む．アンモニアは主に腎臓中のグルタミンがグルタミナーゼにより分解した結果生じたものであり，尿酸は核酸の分解産物である．窒素化合物の尿酸への変換は次章で扱う．

> **Column** アミノ酸に由来する生理活性アミン

アミノ酸から炭酸が外されて生じたアミンや，あるいはさらにそれが修飾を受けた化合物が，生体内で生理活性を示す例が多い．

チロシンは水酸化されて **DOPA** となり，その後脱炭酸されて**ドーパミン**となる．ドーパミンは修飾を受けて**ノルアドレナリン**となり，さらに**アドレナリン**となる．ドーパミン，ノルアドレナリンおよびアドレナリンはカテコールを基本骨格とした化学構造をもつため，**カテコールアミン**と総称される．

カテコール

ドーパミンは脳，交感神経節，腸管に含まれ，快楽に関係する神経伝達物質として働く．パーキンソン病患者では，大脳におけるドーパミンが不足しており，さまざまな運動障害が生じる．ドーパミンは血液脳関門を通過することができないので，**パーキンソン病**患者の治療には前駆体である DOPA の投与が有効である．

ノルアドレナリン（ノルエピネフリン）は主に脳および交感神経系で神経伝達物質として作用する．ノルアドレナリンからアドレナリン（エピネフリン）への合成は副腎髄質で行われ，そこから放出されるホルモンとして働くほか，交感神経系における神経伝達物質として作用する．ノルアドレナリンもアドレナリンも興奮に関係する．

第12章 窒素同化とアミノ酸代謝

チロシン → DOPA → ドーパミン → ノルアドレナリン → アドレナリン

セロトニンは腸管や気管支においてトリプトファンからつくられる．消化管の運動に関係するほか，精神を安定させる神経伝達物質として作用する．
なお，脳の松果体ではセロトニンから**メラトニン**が合成される．メラトニンは概日リズムの調節にかかわる．

トリプトファン → セロトニン → メラトニン

ヒスタミンは，免疫系の細胞である肥満細胞においてヒスチジンから合成され，普段は細胞内に貯蔵されているが，抗原が細胞表面の抗体（IgE）に結合することにより細胞外に放出され，炎症や血管拡張，胃酸分泌などさまざまな作用を示すようになる．抗ヒスタミン剤は，ヒスタミンがヒスタミン受容体に結合するのを阻害することで，ヒスタミンの作用を和らげる薬剤である．

ヒスチジン → ヒスタミン

GABA（4-アミノ酪酸）は神経細胞内でグルタミン酸から脱炭酸によってつくられ，抑制性の神経伝達物質として働く．ハンチントン舞踏病患者は，大脳におけるGABAが不足しており，性格変化や知能障害といった症状を呈する．

$$\text{H}_3\overset{+}{\text{N}}-\text{CH}-\text{COO}^- \quad\quad \text{H}_3\overset{+}{\text{N}}-\text{CH}_2$$
$$\underset{\text{グルタミン酸}}{\text{H}_2\text{C}-\text{CH}_2-\text{COO}^-} \longrightarrow \underset{\text{GABA}}{\text{H}_2\text{C}-\text{CH}_2-\text{COO}^-}$$

また，オルニチンからは，プトレシン，スペルミジン，スペルミンといった**ポリアミン**が合成される．ポリアミンは核酸と結合しやすく，細胞分裂やタンパク質合成などに対してさまざまな生理活性を示す．

演習問題

Q.1 動植物は空気中の窒素を取り込んで同化することができるか．

Q.2 根粒がピンク色をしている理由を述べよ．

Q.3 窒素固定でつくられたアンモニアが最初に取り込まれる主な化合物は何か．

Q.4 マメ科植物の共生的窒素固定において，宿主特異性を決定する要因をあげよ．

Q.5 核酸の合成と関連した経路で合成されるアミノ酸をあげよ．

Q.6 分解されても糖にならず，脂肪酸になるアミノ酸をあげよ．

Q.7 分解されるアミノ酸量が増えることに伴い，尿素回路が活性化される仕組みについて記せ．

Q.8 尿素回路の生理的意義を述べよ．

Q.9 尿素回路の反応が行われているのは，どの器官か．また，細胞内のどこで，行われているか．

Q.10 尿素回路で最終的につくられる尿素の窒素は何に由来するか．

ウェブサイト紹介

1. http://www.asahi-net.or.jp/~it6i-wtnb/BNF.html
   窒素固定について詳細に述べられている．

第13章
ヌクレオチドの代謝

本章について

　ヌクレオチド (nucleotide) は，DNA や RNA など核酸の構成成分である．しかしながら，ヌクレオチドは核酸合成の原料となり，その構成成分となるだけではない．第4章や第7章などにも述べられているように，例えば，ATP はエネルギー要求反応で使用され，さまざまな補酵素の構成成分の一部ともなる．また cAMP は，二次メッセンジャーとして機能する．
　ヌクレオチドは，生体内の物質循環に直接・間接にかかわっており，その細胞内濃度や量比は厳密な制御を受けている．本章の目的は，ヌクレオチドの合成と分解がどのような制御を受けているのかについて分子レベルで理解することである．
　ヌクレオチドの塩基の主要構成成分はアミノ酸から供給される．それゆえ，塩基合成は重要なアミノ酸代謝経路のひとつとも考えることができる．また，塩基の窒素原子はアスパラギン酸，グルタミン，グリシンから供給される．一方，塩基の分解経路で生じる尿素やアンモニアは窒素原子を含む．したがって，ヌクレオチド代謝経路は生体内の重要な窒素循環経路でもある．ヌクレオチド代謝とアミノ酸代謝の相関については，第12章も参照していただきたい．これら二つの代謝経路は密接にリンクし，生命現象の根幹をなすヌクレオチド・アミノ酸代謝経路であるタンパク質合成系へとつながっている．

第13章 ヌクレオチドの代謝

13.1 プリンとピリミジンの生合成

13.1.1 プリンの合成

1948年，Buchananはいろいろな同位体標識化合物をハトに餌として与え，排出される**尿酸**［プリン（purine）の代謝産物］に標識原子が取り込まれる様子を調べた．その結果，図13.1に示すように，プリン骨格の大部分はアミノ酸から供給されることが推定された．

現在では，さまざまな生物種でプリン合成経路が調べられ，すべての生物で基本的に同じ経路を利用していることがわかっている．プリンヌクレオチドで最初に合成される化合物は，**イノシン一リン酸**（inosine monophosphate：IMP，図13.2）である．IMPはAMPとGMP合成両方の前駆体となるので，プリンヌクレオチドの総合成量は，IMP合成で決まることになる．

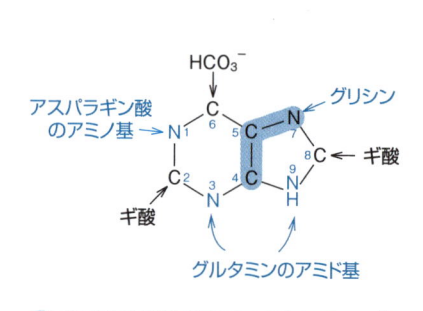

図13.1 プリン環構成成分の由来

図13.2 イノシン一リン酸（IMP）

プリンは，塩基部分が独立して合成されるわけではない．ペントースリン酸経路から供給される**D-リボース5-リン酸**（D-ribose 5-phosphate）を初発材料とし，**5-ホスホリボシル1-二リン酸**（5-phosphoribosyl 1-pyrophosphate：PRPP）を介して，11段階からなる多段階反応で，糖を土台として塩基部分が合成される（図13.3）．この一連の反応で生じる中間体化合物はきわめて不安定である．この不安定な化合物を溶媒中に解離せず分解から守るため，バクテリア酵素は巨大な複合体

13.1 プリンとピリミジンの生合成

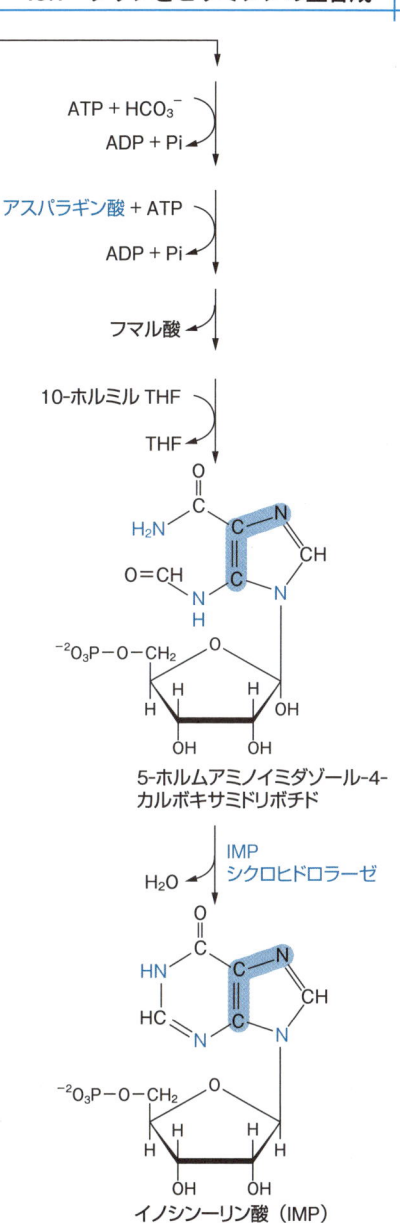

図 13.3 イノシン一リン酸の新規生合成経路

第 13 章 ヌクレオチドの代謝

をつくり，動物ではマルチドメイン[*1]からなる複合酵素が反応にたずさわる．

13.1.2 AMP と GMP の合成

AMP も GMP も，IMP から合成される．IMP は，すぐに AMP もしくは GMP 合成に消費されるので，細胞内に蓄積することはない（図 13.4）．AMP 合成には

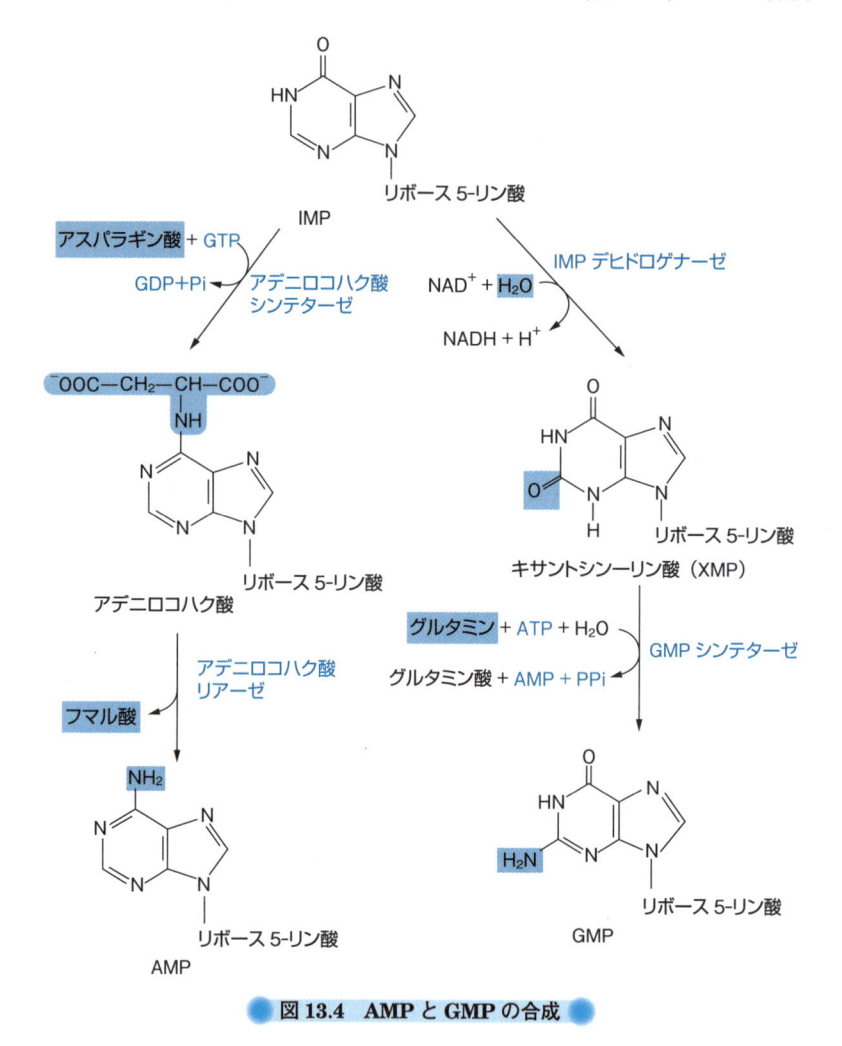

図 13.4　AMP と GMP の合成

[*1] α-ヘリックスや β-シートなどのタンパク質の二次構造がいくつか集まってできる機能性単位のことをドメインという．タンパク質は複数のドメイン（マルチドメイン）から構成されることが多い（→ 2.3.3 項）．

1分子のGTPが必要であり，逆にGMP合成には1分子のATPが必要である．つまり，お互いの合成経路におのおのが必須因子としてかかわることにより，合成されるAMP濃度とGMP濃度のバランスが保たれる．また，D-リボース5-リン酸からIMPを合成するのに6分子のATPが必要であること（図13.3）を考慮すると，AMP・GMPいずれの合成でも7分子の高エネルギーリン酸化合物が必要となる．すなわち，プリンヌクレオチドの新規合成はきわめて多くのエネルギーを消費する反応である．

13.1.3　ATP・GTPへの変換

合成されたAMPは**アデニル酸キナーゼ**（adenylate kinase）の作用により，1分子のATPを消費して2分子のADPに変換される（図13.5 ①）．この反応は可逆的であり，細胞内のAMP，ADP，ATPの濃度比はこの酵素によって保たれている．ADPは，**解糖系**やミトコンドリアでの**酸化的リン酸化**によりATPへと変換される．したがって，活発に呼吸している細胞では，細胞内のアデニンヌクレオチドはATPが大部分を占めることになり，AMPやADPの濃度はATPに比べてはるかに低い状態に保たれる．

```
                    アデニル酸キナーゼ
①  AMP+ATP      ⇌       2 ADP

                    グアニル酸キナーゼ
②  GMP+ATP      ⇌       GDP+ADP

                  ヌクレオシド二リン酸キナーゼ
③  GDP+ATP      ⇌       GTP+ADP      解糖系，ミトコ
                                      ンドリアの酸化
                                      的リン酸化
                            ATPへ
```

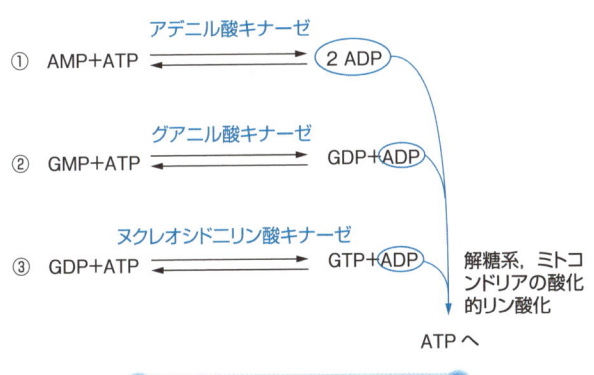

図13.5　ATP・GTPへの変換

一方，GMPは**グアニル酸キナーゼ**（guanylate kinase）の作用で，GDPへと変換される（図13.5 ②）．この酵素は，糖がデオキシリボースであるか，リボースであるかを区別しない．したがって，dGMPからdGDPへの変換もこの酵素が触媒できる．しかし，細胞内には圧倒的にdGMPよりもGMPのほうが多く，図13.5 ②の反応が主経路となる．生じたGDPは，さらに**ヌクレオシド二リン酸キ**

第13章 ヌクレオチドの代謝

ナーゼ（nucleoside diphosphate kinase）の作用でGTPへと変換される（図13.5 ③）．この酵素は塩基部分も糖も区別しないが，活発に呼吸する細胞内には圧倒的にATP量が多いので，ATPを消費する図13.5 ③が主経路となる．

13.1.4　プリンヌクレオチド合成の調節

プリンヌクレオチドの合成量は，中間代謝産物の合成を多重に調節することにより保たれている．まず，PRPPの合成は生産物のADP，GDPによりフィードバック阻害される（**図13.6**）．また，**5-ホスホリボシルアミン**（5-phosphoribosyl amine）の合成はアデニンヌクレオチド，グアニンヌクレオチドにより**フィードバック阻害**される．これらの仕組みによって，IMPは必要量だけ合成される．一方，中間代謝産物のPRPPは，アミドホスホリボシルトランスフェラーゼ（amido phosphoribosyl transferase）を活性化し，5-ホスホリボシルアミンの合成を促進する．さらに，**アデニロコハク酸**（adenylosuccinic acid）合成はAMPによって，

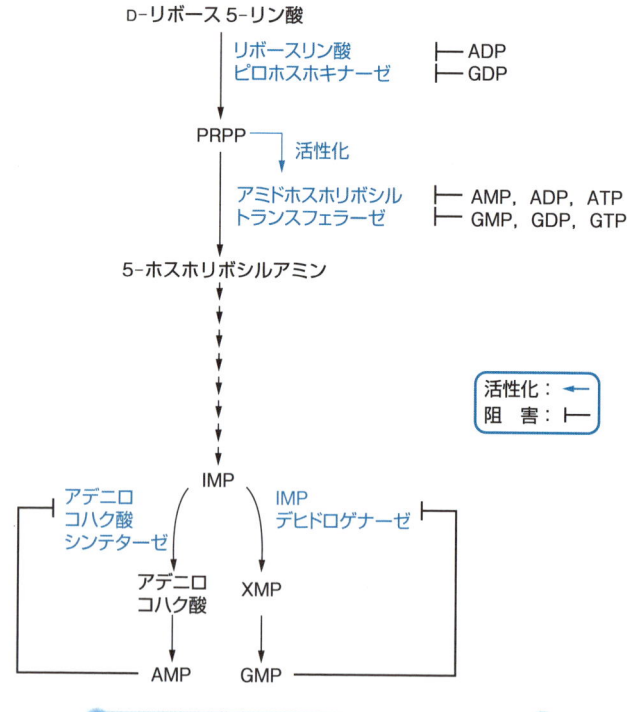

図13.6　プリンヌクレオチド合成経路の調節

XMP（xanthosine monophosphate, xanthylic acid）合成は GMP によって，フィードバック阻害がかかる．

さらに，AMP と GMP の合成は互いに調節されてもいる．図 13.4 に示したように AMP 合成には GTP が，GMP 合成には ATP が必要であり，ATP 濃度が増加すれば GMP 合成が促進され，GTP 濃度が増せば AMP 合成が促進される．すなわち，AMP と GMP の合成量，量比は多重に調節されている．

13.1.5　プリンのサルベージ経路

ほ乳類は食餌中のヌクレオチドはほとんど分解してしまう．そのため細胞内のヌクレオチドは，新規合成されるか，RNA などの分解産物を再利用（**サルベージ，salvage**）することにより維持されている．RNA の分解で生じたアデニン，グアニン，ヒポキサンチンは再利用され，ヌクレオチドに戻る．この経路をプリンの**サルベージ経路**（salvage pathway）と呼んでいる．サルベージ経路は生物種によってさまざまな形式が存在するが，ほ乳類では遊離プリン塩基を PRPP に結合させ AMP，GMP，IMP が合成される（**図 13.7**）．

①　アデニン + PRPP　─（アデニンホスホリボシルトランスフェラーゼ）→　AMP + PPi

②　ヒポキサンチン + PRPP　─（ヒポキサンチン-グアニンホスホリボシルトランスフェラーゼ）→　IMP + PPi

③　グアニン + PRPP　─（ヒポキサンチン-グアニンホスホリボシルトランスフェラーゼ）→　GMP + PPi

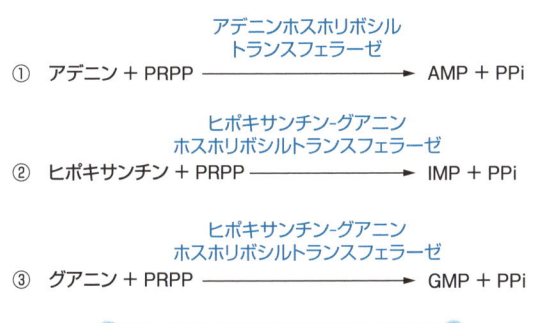

図 13.7　プリンのサルベージ経路

サルベージ経路のもっとも重要な役割は，プリン新規合成で大量消費される高エネルギーリン酸化合物を節約することである．しかしながら，神経細胞ではそれ以上の役割を担っているらしい．サルベージ経路で GMP，IMP 合成にたずさわるヒポキサンチン-グアニンホスホリボシルトランスフェラーゼ（hypoxanthine-guanine phosphoribosyl transferase）が欠損すると，レッシュ・ナイハン症候群（Lesch-Nyhan syndrome）を発症する．この病気の患者はサルベージ経路が機能しないため，遊離のグアニン，ヒポキサンチンの分解産物である尿酸を大量に生産

する．また，蓄積した PRPP によってアミドホスホリボシルトランスフェラーゼ
が活性化され，プリンの新規合成がさらに亢進する．この病気はこのような生化学
的な代謝異常だけではなく，けいれん，知的障害，自傷行動など特徴的な神経症状
をも伴う．これらの神経症状がどのような仕組みで現れるのか未解明であるが，少
なくとも神経細胞の場合，サルベージ経路は高エネルギーリン酸化合物を節約する
以上の意味をもつと考えられている．

13.1.6　ピリミジンの合成

　ピリミジン（pyrimidine）塩基も，骨格の大部分はアミノ酸（アスパラギン酸，
グルタミン）から供給される（**図 13.8**）．ピリミジンヌクレオチドで最初に合成さ
れる化合物は UMP である．

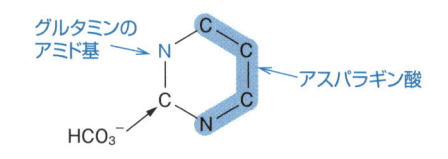

図 13.8　ピリミジン環の構成成分の由来

　UMP 合成は 6 段階からなる（**図 13.9**）．プリンヌクレオチドの場合と異なり，
ピリミジンヌクレオチドでは，まず塩基部分が合成され，後から PRPP が結合し
てヌクレオチドとなる．この最初のヌクレオチドが**オロチジン一リン酸**（orotidine
monophosphate：OMP, orotidylic acid）である．プリンヌクレオチド合成と同
様にピリミジンヌクレオチド合成においても，不安定な中間体化合物を遊離しない
ようにマルチサブユニット酵素が働くことが知られている．例えば，動物ではマル
チサブユニット酵素が**ジヒドロオロト酸**（dihydroorotic acid）までを一気に合成
する．UMP の合成では，合計 2 分子の ATP が消費される．つまり，ピリミジン
ヌクレオチド合成でも高エネルギーリン酸化合物の消費を伴うが，プリンヌクレチ
ド合成に比べれば，消費量は少なくて済む．

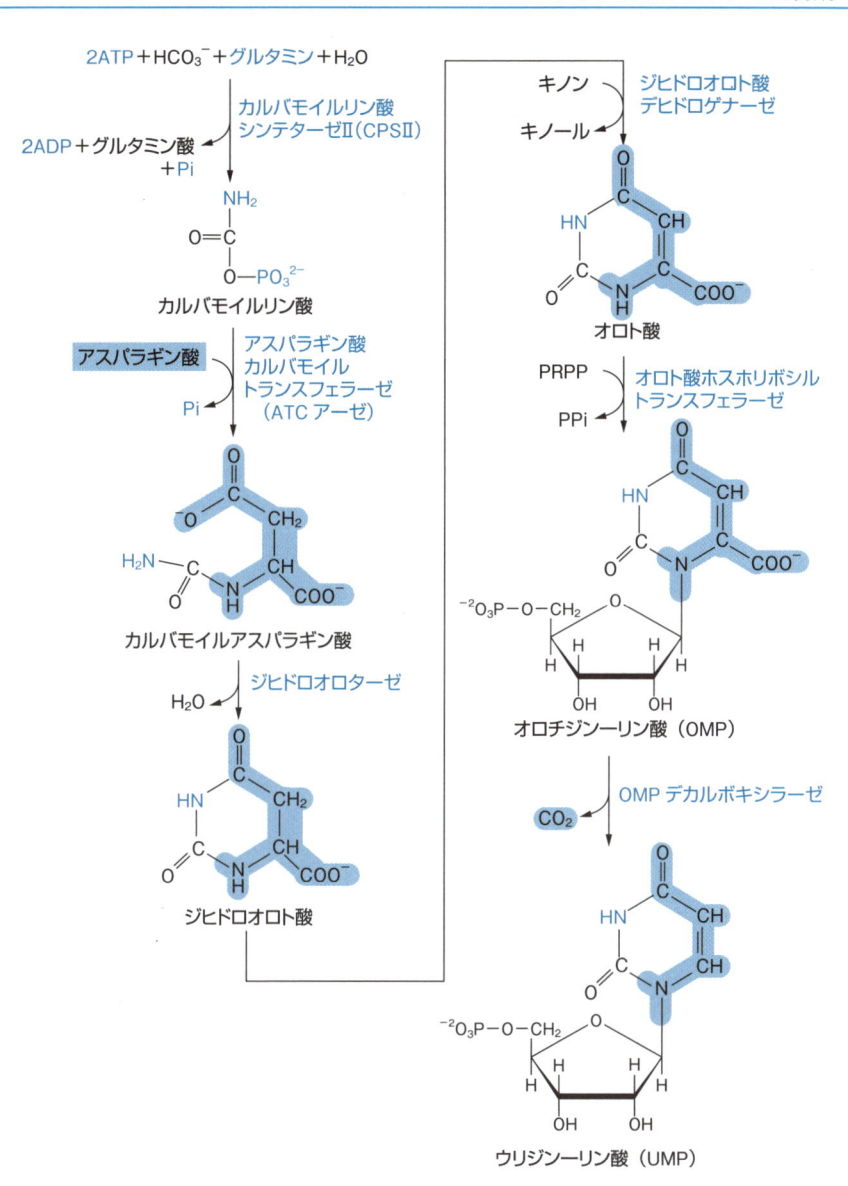

13.1 プリンとピリミジンの生合成

図13.9 UMPの合成

13.1.7 UTP・CTP の合成

UMP から UTP の合成は，プリンヌクレオシド三リン酸の場合と同様に，ヌクレオシド一リン酸キナーゼ（図 13.10 ①）とヌクレオシド二リン酸キナーゼ（図 13.10 ②）が作用する．CTP は，UTP を基質にして，CTP シンテターゼの作用により，アミノ基転移して合成される（図 13.10 ③）．この転移反応のアミノ基供与体はほ乳類の場合グルタミンであるが，バクテリア酵素ではアンモニアである．

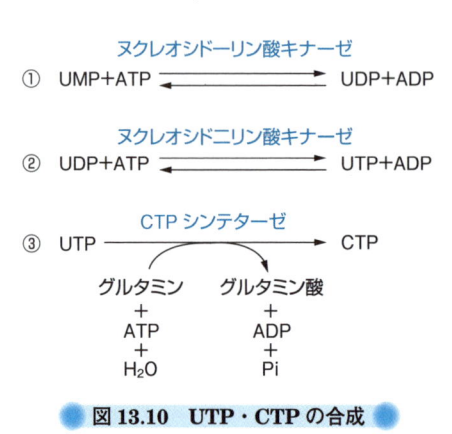

ヌクレオシド一リン酸キナーゼ
① UMP+ATP ⇌ UDP+ADP

ヌクレオシド二リン酸キナーゼ
② UDP+ATP ⇌ UTP+ADP

CTP シンテターゼ
③ UTP ⟶ CTP
グルタミン　グルタミン酸
　　+　　　　　+
　ATP　　　ADP
　　+　　　　　+
　H_2O　　　Pi

図 13.10　UTP・CTP の合成

13.1.8 ピリミジン合成の調節

ほ乳類のピリミジン合成経路の調節を図 13.11 に示す．ほ乳類のピリミジン合成は，遊離の PRPP と ATP の存在により活性化され，生産物の UMP, UDP, UTP でフィードバック阻害がかかる．もっとも重要な反応中間体化合物である OMP の合成は PRPP 濃度に依存しており，PRPP を合成するリボースリン酸ピロホスホキナーゼ（ribose phosphate pyrophosphokinase）の反応（図 13.3）は ADP と GDP で阻害されるので，ピリミジン合成はプリンヌクレオチドの濃度比による調節を受けることになる．

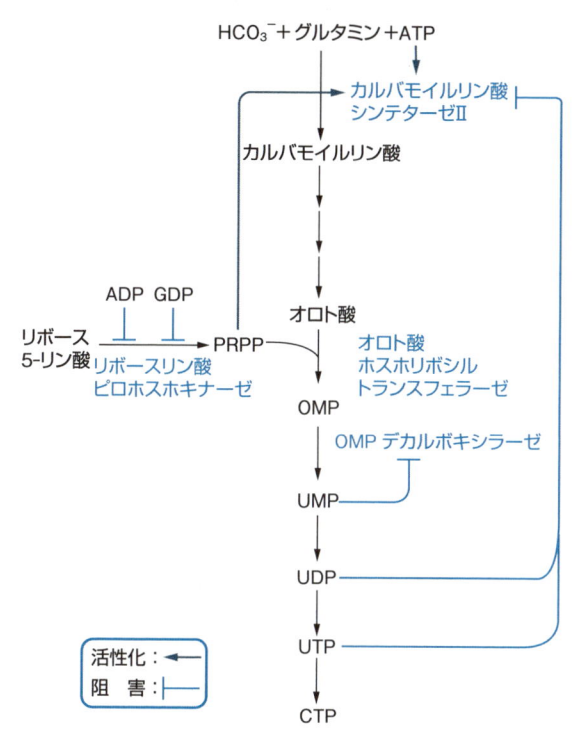

13.1 プリンとピリミジンの生合成

図 13.11　ピリミジン生合成の調節

13.1.9　デオキシリボヌクレオチドの合成

デオキシリボヌクレオチド（deoxyribonucleotide）の合成は，リボヌクレチドの 2′ 位の OH 基の還元による．すなわち，遊離のデオキシリボースが新規に合成されるわけではない．この還元を触媒する酵素が，**リボヌクレオチドリダクターゼ**（ribonucleotide reductase）である．酸素呼吸を行う生物には，Fe 原子を補欠分子族[*2]とするリボヌクレオチドリダクターゼが分布する．

リボヌクレオチドリダクターゼの還元反応に必要な電子は，2 個のシステイン残基を一単位とし，これを複数組み合わせたリレーシステムにより伝達される（図 **13.12**）．NDP から dNDP への還元で生じたリボヌクレオチドリダクターゼの酸

[*2] タンパク質が機能を発揮するために必要なポリペプチド以外の因子で，共有結合をしているもののこと．ヘムやフラビンなど有機化合物や金属原子などが知られている．

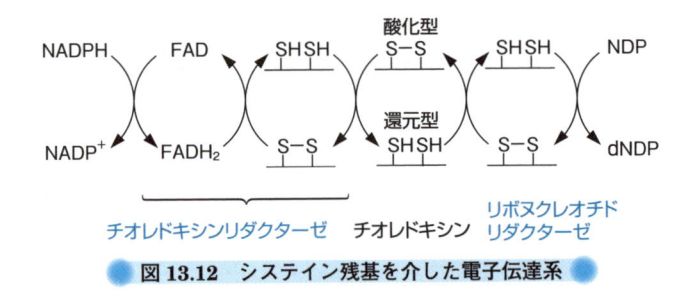

第13章 ヌクレオチドの代謝

図 13.12 システイン残基を介した電子伝達系

化型活性中心へは還元型の**チオレドキシン**（thioredoxin）から電子が伝達される．このリレーシステムで生じた酸化型のチオレドキシンは，FAD 補欠分子をもつチオレドキシンリダクターゼ（thioredoxin reductase）の作用で，還元型に戻る．最終の電子供与体は NADPH である．このようにして触媒サイクルが回転する．

13.1.10 デオキシリボヌクレオチド合成の調節

細胞内では，デオキシリボヌクレオチドは DNA 合成に必要な分だけ供給されなければならない．dATP, dGTP, dCTP, dTTP[*3]のどれかひとつでも不足すると DNA 合成は停滞してしまうし，逆にどれかが過剰に生産されると DNA ポリメラーゼが誤ったヌクレオチドを取り込む頻度が増し，遺伝情報が書き換えられてしまうリスクが増大する．ゆえに，これら4種類の dNTP は必要なだけ，量比をそろえて合成される必要がある．このうち，dTTP だけは異なる経路で合成されるが（図 13.13．次項および Column「細胞分裂とチミジル酸（dTMP）合成」），その他の三つのデオキシリボヌクレオチド（dATP, dGTP, dCTP）は，リボヌクレオチドリダクターゼが直接合成量を決定する．dTTP の合成量はリボヌクレオチドリダクターゼにより合成される dCDP と dUDP の濃度に依存するので，結果としてリボヌクレオチドリダクターゼは，すべての dNTP の量・濃度比を直接もしくは間接的に決定することになる．

リボヌクレオチドリダクターゼは，マルチサブユニット酵素できわめて複雑なアロステリック制御を受ける．もっとも重要な制御因子は，ATP と生産物に由来する dNTP である．この酵素の反応は ATP で促進されるが，生産物の dNDP が

[*3] 通常，デオキシチミジン三リン酸は TTP と記載する．これは，細胞内にリボースを糖とするチミジン三リン酸は存在せず，すべてがデオキシ体であるためである．しかし，本書ではデオキシ体であることを明示するため，あえて dTTP と記載した．

リン酸化された dNTP でフィードバック阻害される（図 13.14）．dTTP 合成量は，リボヌクレオチドリダクターゼの活性制御および次項で述べる 5,10-メチレンテトラヒドロ葉酸（5,10-methylene-tetrahydrofolic acid）供給量で制御される．

dNDP はリボヌクレオシド二リン酸キナーゼの作用で dNTP へと変換され，最終的に DNA 合成に用いられる．

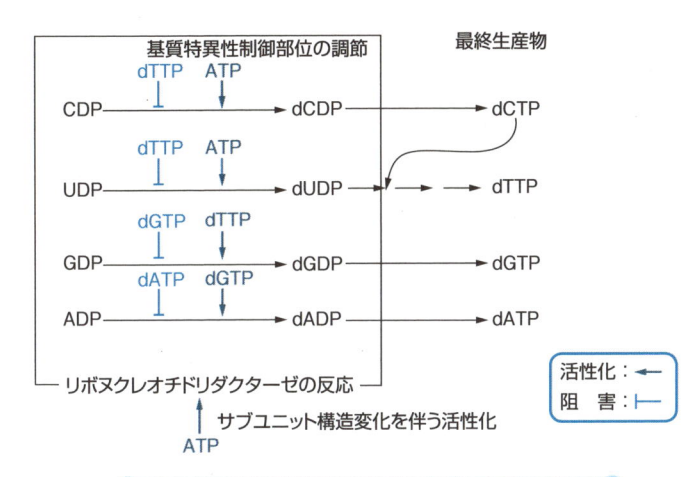

図 13.13　リボヌクレオチドリダクターゼの調節

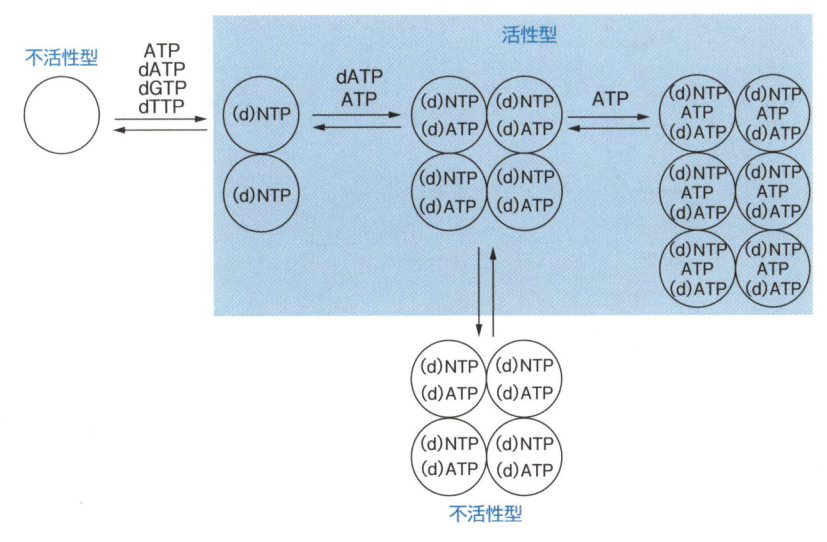

図 13.14　リボヌクレオチドリダクターゼのサブユニット構造変化と活性調節

13.1.11　チミンの合成

リボヌクレオチドリダクターゼとリボヌクレオシド二リン酸キナーゼの作用で生じた dUTP は，**dUTP ピロフォスファターゼ**（dUTP pyrophosphatase）の作用で，いったん dUMP に加水分解される（**図 13.15**）．この反応は高エネルギーリン酸化合物をわざわざ加水分解する反応で，エネルギー代謝の観点からは不利な反応である．生命がこの不利な反応をあえて選んでいるのは，DNA ポリメラーゼが dTTP の代わりに dUTP を取り込むリスクを最小限に抑えるためかもしれない．生じた dUMP は**チミジル酸シンターゼ**（thymidylate synthase）の作用でメチル化され，dTMP となる（**図 13.16**）．この反応のメチル基供与体は，一般的なメチル化反応と異なり，5,10-メチレンテトラヒドロ葉酸である．5,10-メチレンテトラヒドロ葉酸は不安定な化合物であり，細胞内に過剰なストックはない．したがって，dTMP 合成量は，5,10-メチレンテトラヒドロ葉酸の供給量に依存し，チミジル酸シンターゼの反応がしばしば DNA 合成全体の律速段階となる．

$$\text{dUTP} + H_2O \xrightarrow{\text{dUTP ピロフォスファターゼ}} \text{dUMP} + \text{PPi}$$

図 13.15　dUTP から dUMP の合成

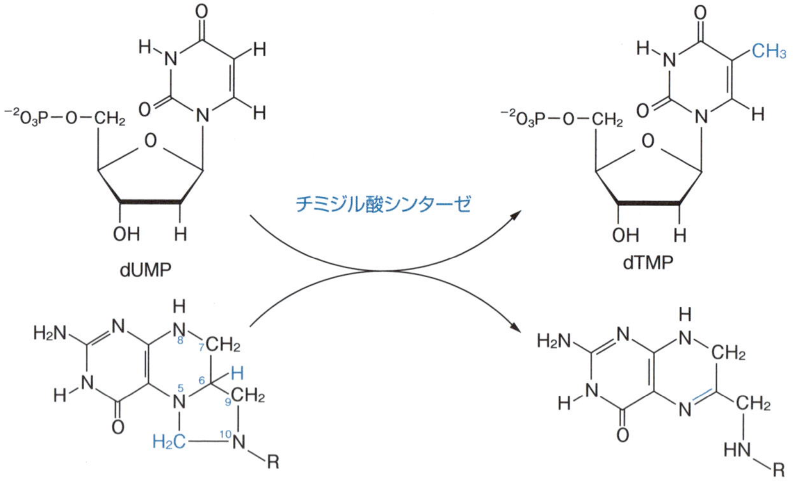

5, 10-メチレンテトラヒドロ葉酸　　ジヒドロ葉酸

図 13.16　dUMP から dTMP の合成

葉酸関連物質については，図 7.1（d）を参照．

13.2 ヌクレオチドの分解

放射性同位体を使用したトレーサー実験によると，ほ乳類は食物中の核酸をそのまま細胞内に取り込むことはない．食物中の核酸は，十二指腸や小腸でヌクレオシドもしくは塩基，糖，リン酸に分解され，小腸粘膜から吸収される．細胞内のヌクレオチド量は新規合成とサルベージ経路によって維持されており，食物に由来する塩基の大部分は分解されて排出される．

13.2.1 プリン塩基から尿酸へ

プリン塩基は，AMPにせよ，GMPにせよ，**キサンチン**（xanthine）を介して**尿酸**（uric acid）へと変換される（**図 13.17**）．ほ乳類のプリンヌクレオシドホスホリラーゼ（purine nucleoside phosphorylase）は，**アデノシンとデオキシアデノシン**に作用しない．このため，アデノシン（もしくはデオキシアデノシン）は**アデノシンデアミナーゼ**（adenosine deaminase：ADA）の作用により**イノシン**（デオキシイノシン）へと脱アミノ化されてから，プリンヌクレオシドホスホリラーゼの作用で**ヒポキサンチン**（hypoxanthine）へと変換される．プリンヌクレオシドホスホリラーゼの作用で生じたリボース 1-リン酸は，PRPP 合成の前駆体となり，ヌクレオチド合成経路で再利用される．

ADA の欠損は，**重症複合免疫不全症**（severe combined immunodeficiency disease：SCID）を引き起こす．SCID はさまざまな原因で起こることが知られているが，**ADA 欠損症**は全 SCID の 20 ～ 30％を占める．ADA の完全欠損は呼吸器，皮膚，消化器などに重篤な感染を繰り返し，生後すぐに患者を無菌的な環境に置かないと死に至る．これは，ADA が欠損するとデオキシアデノシンが脱アミノ化されず，リン酸化酵素活性の高い胸腺の未分化 T 細胞内で dATP の濃度が上昇し，致死的な作用をもたらすからである．ADA 欠損症の治療では，正常 ADA 遺伝子を患者の体内から取り出した細胞に導入し，これを再び体内に戻す**遺伝子治療**が用いられている．

第13章 ヌクレオチドの代謝

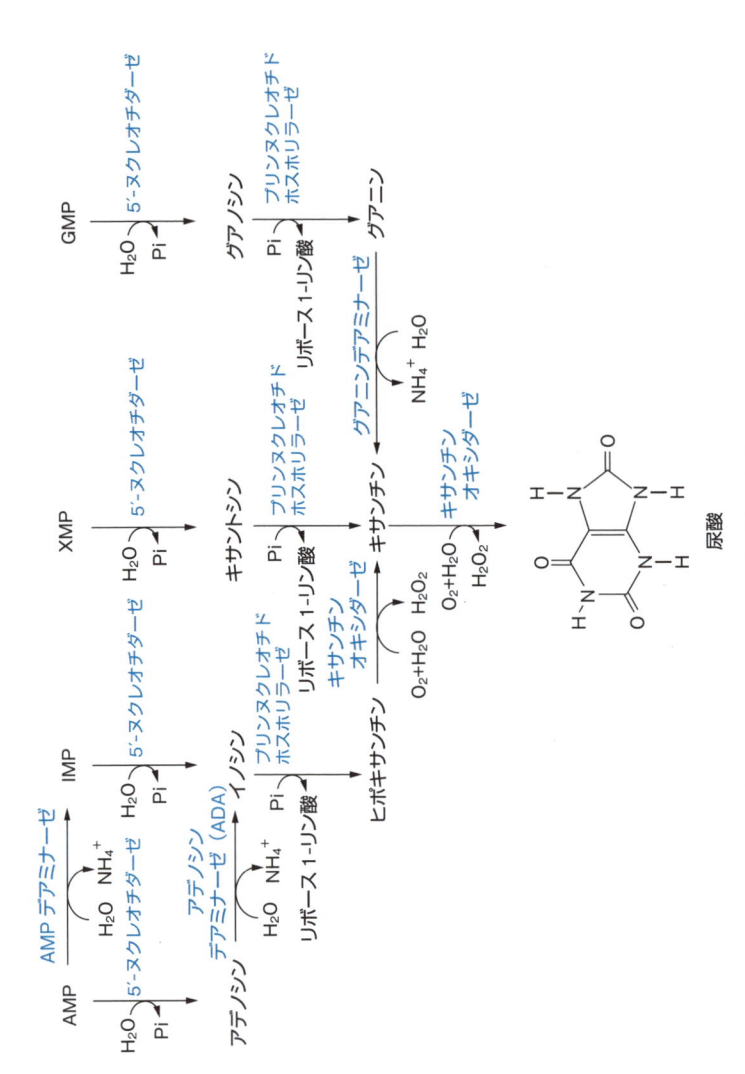

図13.17 プリン塩基から尿酸への分解経路

13.2.2 尿酸態窒素の排泄

プリン塩基の分解で生じた尿酸をどこまで分解して排出するかは生物種によって異なる（図 13.18）．霊長類，鳥類，は虫類（カメを除く），昆虫は，尿酸をそのまま排出する．霊長類以外のほ乳類やカメは**アラントイン**（allantoin）で，硬骨魚類は**アラントイン酸**（allantoic acid）で，軟骨魚類と両生類は**尿素**（urea）で，多くの無脊椎動物はアンモニアで排出する．尿酸態窒素の排出は動物では主要な窒素排出経路であるが，尿酸のように，十分に分解されない状態で窒素化合物が排出されると，炭素も同時に排出されてしまうことになる．しかし，このように一見エネルギー的に不利に思われるこの排出方法は，体内の水分維持と体重の軽減に役立つのかもしれない．尿酸は溶解度が低く，難溶性である．これを少量の水とともに混合物として排泄することにより，体内の水分の消失を防ぐことができる．一方，溶解度の高い尿素を排出しようとすると，浸透圧の関係で大量の水分が必要になる．これは，限られた水分を利用して生きる陸生動物にとっては不利な排出方法である．また，鳥類や昆虫では，体重の増加は飛翔を困難にする．そのため，食物が未消化でも，尿酸としてより早く体外に排出し，体を軽くしたほうが生存に有利になるのかもしれない．

尿酸の溶解度が低いという性質は，痛風という病気とも関連する．痛風では，体液中の尿酸濃度が高くなり尿酸ナトリウムの結晶が析出し，これが原因で関節痛が起こる．症状が進行すると，腎臓や尿管にも結石が沈着し，腎機能低下や尿路障害も併発する．

13.2.3 ピリミジン塩基の分解

ピリミジンヌクレオチドの分解経路を図 13.19 に示す．まず，ピリミジンヌクレオチドは脱リン酸化され，ピリミジンヌクレオシドへ変換される．シチジンはシチジンデアミナーゼの作用により，ウリジンへと変換される．ウリジンとデオキシチミジンは，同じ分解経路を経て，ウリジンの場合はマロニル-CoA，デオキシチミジンの場合はメチルマロニル-CoA に至る．マロニル-CoA は脂肪酸合成で消費され，メチルマロニル-CoA はスクシニル-CoA に変換され，TCA 回路に入る．

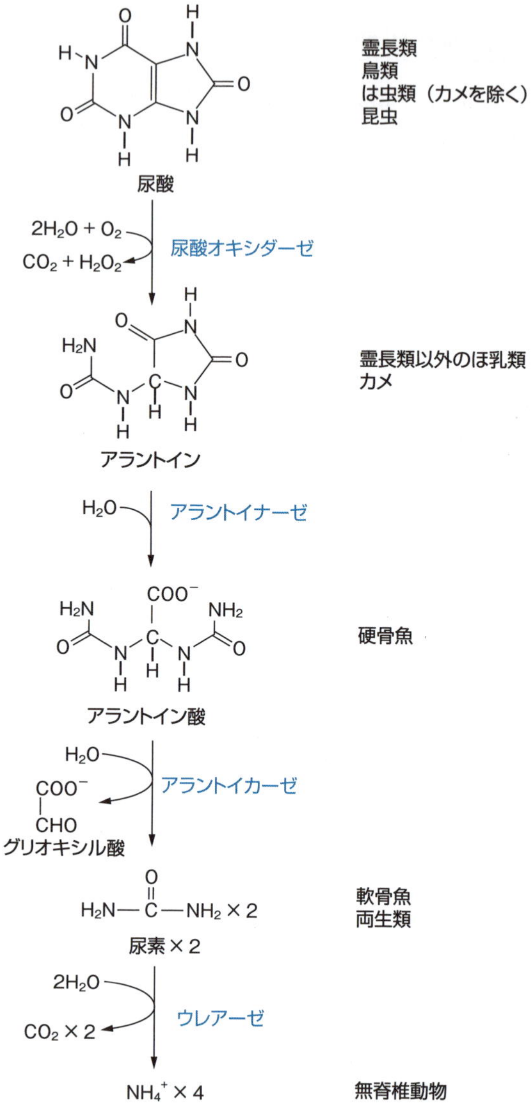

第13章 ヌクレオチドの代謝

尿酸

霊長類
鳥類
は虫類（カメを除く）
昆虫

$2H_2O + O_2$
$CO_2 + H_2O_2$
尿酸オキシダーゼ

アラントイン

霊長類以外のほ乳類
カメ

H_2O
アラントイナーゼ

アラントイン酸

硬骨魚

H_2O
COO^-
CHO
グリオキシル酸
アラントイカーゼ

尿素×2

軟骨魚
両生類

$2H_2O$
$CO_2 \times 2$
ウレアーゼ

$NH_4^+ \times 4$

無脊椎動物

図 13.18　尿酸由来窒素の排出経路

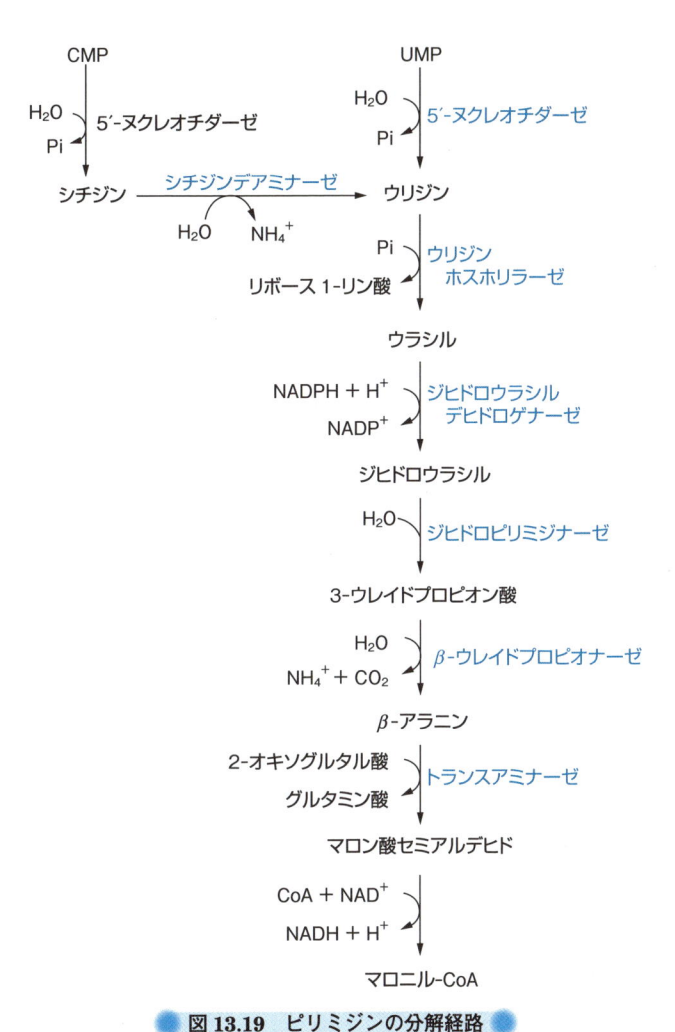

13.2 ヌクレオチドの分解

```
    CMP                           UMP
  H₂O ┐                        H₂O ┐
      ├ 5′-ヌクレオチダーゼ           ├ 5′-ヌクレオチダーゼ
   Pi ┘                         Pi ┘
    ↓                             ↓
  シチジン ──シチジンデアミナーゼ──→ ウリジン
           H₂O↘ ↗NH₄⁺
                            Pi ┐
                               ├ ウリジン
                               │ ホスホリラーゼ
                 リボース 1-リン酸┘
                               ↓
                             ウラシル
              NADPH + H⁺ ┐
                         ├ ジヒドロウラシル
                  NADP⁺ ┘  デヒドロゲナーゼ
                               ↓
                          ジヒドロウラシル
                      H₂O ┐
                          ├ ジヒドロピリミジナーゼ
                               ↓
                      3-ウレイドプロピオン酸
                      H₂O ┐
                          ├ β-ウレイドプロピオナーゼ
               NH₄⁺ + CO₂ ┘
                               ↓
                           β-アラニン
           2-オキソグルタル酸 ┐
                           ├ トランスアミナーゼ
               グルタミン酸 ┘
                               ↓
                    マロン酸セミアルデヒド
             CoA + NAD⁺ ┐
                         │
             NADH + H⁺ ┘
                               ↓
                          マロニル-CoA
```

図 13.19 ピリミジンの分解経路

第13章 ヌクレオチドの代謝

第13章 ヌクレオチドの代謝

Column 細胞分裂とチミジル酸（dTMP）合成

あなたが何か細胞を培養しているとしよう．あなたは，自分の飼っている細胞の増殖速度を正確に把握したい．どうすればよいだろうか．

もっとも簡便な方法は，細胞数を毎日顕微鏡下で数え，培地 1 ml 当たりの細胞数をプロットしてみることだろう．だが，この方法は死んだ細胞も数えてしまうおそれがある．極端に分裂速度の遅い細胞では，そもそも，培養している細胞がこの培地中で分裂するかどうかも予測できない．それでは，どうすればよいだろうか．

ひとつの方法は，^{3}H-dTMP を細胞に取り込ませ，DNA 中に含まれる放射性チミンの含量を測ることである．古典的手法だが，この方法によって岡崎フラグメントは発見されたし，半保存的複製の証拠にもなった．そしてこの方法は，細胞分裂を行っていない S 期の細胞にも適用できる．dTMP の供給量は DNA 合成量に直結しているので，dTMP 合成は，DNA 合成を介して細胞分裂の律速因子ともなりうる（図）．

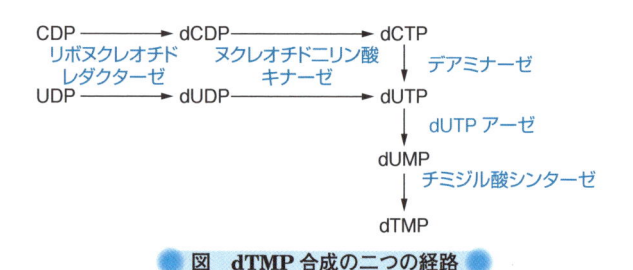

```
CDP ──────→ dCDP ──────→ dCTP
     リボヌクレオチド   ヌクレオチドニリン酸  │ デアミナーゼ
     レダクターゼ      キナーゼ           ↓
UDP ──────→ dUDP ──────→ dUTP
                                      │ dUTP アーゼ
                                      ↓
                                     dUMP
                                      │ チミジル酸シンターゼ
                                      ↓
                                     dTMP
```

図 dTMP 合成の二つの経路

この性質を利用した医薬品が，**チミジル酸シンターゼ**を標的にした**抗がん剤**である．がん細胞の増殖を止めるためには，DNA 合成を阻害すればよい．DNA 合成の律速段階がチミジル酸シンターゼによる dTMP 合成であることに着目して開発されたのが，**5-フルオロデオキシウリジル酸**である．この薬は，チミジル酸シンターゼの酵素反応を綿密に調べてデザインされた．5-フルオロデオキシウリジル酸は dUMP のアナログであるが，単なる競争阻害剤以上の機能を発する．なんと，チミジル酸シンターゼと共有結合して酵素を不活性化させるのである．チミジル酸シンターゼが失活してしまえば，dTMP は合成されず，結果として DNA 合成が阻害される．すなわち，がん細胞は増殖できなくなる．もちろん，5-フルオロデオキシウリジル酸は正常細胞の分裂をも停止させる両刃の剣だが，DNA 合成の阻害剤は今も昔も有力な抗がん剤の候補となり得る．

演習問題

Q.1 ほ乳類のヌクレオチド合成は，ミトコンドリアにおける呼吸と密接にかかわっている．その理由を記述しなさい．

Q.2 ヌクレオチド代謝経路は，タンパク質合成系とならんで重要なアミノ酸代謝経路のひとつととらえることができる．どのような過程で，アミノ酸代謝経路とリンクしているのか列挙しなさい．

Q.3 dTTPの合成速度は，しばしばDNA合成全体の律速因子となる．dTTPの合成量はどのような調節を受けているのか説明しなさい．

Q.4 細胞内において，もっとも主要なメチル基供与体はS-アデノシル-L-メチオニンである．しかし，チミン（dTMP）の合成では，例外的に5,10-メチレンテトラヒドロ葉酸がメチル基供与体として用いられる．チミン（dTMP）の合成で，S-アデノシル-L-メチオニンを用いた場合，どのような不都合が起こるのか考察しなさい．

Q.5 ほ乳類では，食物中の核酸は，ヌクレオチド，糖，塩基，リン酸などに分解され，小腸の粘膜から吸収される．もし，ポリヌクレオチドの状態の核酸を分解せずに取り込んだ場合，どのようなリスクが生じるであろうか考察しなさい．

Q.6 アデノシンデアミナーゼ（ADA）の欠損は，重症複合免疫不全症（SCID）を引き起こす．この原因は，未分化T細胞内でdATPの濃度が上昇し，細胞にとって致死的な作用をもたらすからである．それでは，dATP濃度が上昇すると，どのような機構で細胞毒性を発揮するのであろうか．考えられる理由を列挙しなさい．

Q.7 プリン塩基の分解排出経路と比較すると，ピリミジン塩基の分解経路のほうが物質循環の観点からやや有利である．その理由を説明しなさい．

ウェブサイト紹介

1. ExPASy Proteomics Server

    http://www.expasy.ch/

    Swiss Institute of Bioinformaticsの提供する総合プロテオミクスサイト．ヌクレオチド代謝のみならず，ありとあらゆるタンパク質に関する総合データベースである．ヌクレオチド代謝に関しては，対象とする酵素名・反応が明らかであれば，かなりの情報を引き出せるが，使い方が難しい．

第13章 ヌクレオチドの代謝

2. KEGG：Kyoto Encyclopedia of Genes and Genomes
   http://www.genome.ad.jp/kegg/
   日本の京都大学・東京大学が提供するデータベース．ヌクレオチド代謝のみならず，代謝経路といえば，まずこのサイトの KEGG PATHAY を閲覧するのがお勧めである．代謝経路全体を俯瞰するのに役立つ．難をいえば，酵素名が古典的な酵素分類命名法で記載されていることで，このマップを見て酵素名や反応がすぐに思い浮かぶ人はかなりの達人だろう．また，最終産物が DNA などであった場合，複数の代謝経路の末端で DNA の名称が表示されていて，全体像を理解するにはかなりの知識が必要である．

3. NetBiochem
   http://library.med.utah.edu/NetBiochem/NetWelco.htm
   Allegheny University of the Health Sciences と University of Utah の提供する生化学関連のサイト．1990年代の後半から情報が更新されておらず，やや古いともいえるが，ヌクレオチド代謝経路の基本は変わっていない．教科書に書かれている一般的知識を理解するうえでは役に立つ．

4. National Center for Biotechnology Information
   http://www.ncbi.nlm.nih.gov/
   最新の文献情報をもとに，遺伝子情報やタンパク質構造などを対比して検索することができる．ヌクレオチド代謝に限らず，生化学，分子生物学者ならば，誰もが使っているサイトである．

第14章
DNA複製と遺伝子発現

本章について

　生物が自己と同じものを複製するために次世代に伝える情報を遺伝情報という．遺伝情報の担体は核酸であり，核酸には主にタンパク質の構造に関する情報が記されている．核酸とタンパク質の構造および生化学的特性については他章にゆずり，本章では，遺伝物質としてのDNAがどのような機構で子孫に伝えられるか，DNAの塩基配列に記された遺伝情報がどのような仕組みで発現するか，あるいは，DNAに生じた"傷"を生物はどのようにして修復するかといった問題を扱う．さらに本章では，分子生物学の黎明期を俯瞰する．

第14章
DNA複製と遺伝子発現

14.1 分子生物学のセントラルドグマ

14.1.1 遺伝子の本体としてのDNA

「遺伝」は，親の形質が子孫に現れる現象である．遺伝現象自体は，はるか昔から認識されていたが，学問的な対象になったのは19世紀以降である．**遺伝の法則**を明らかにして遺伝学の基礎を築いたのは**メンデル**（G. J. Mendel）で，1865年に彼は，形質を規定する因子を想定することで遺伝現象が説明できることを発表した．メンデルはチェコのブルノ（当時はオーストリア領）にある修道院の庭で有名なエンドウマメの交配実験を行い，この結論を得た．メンデルの研究は後世の研究者によって，**優劣の法則**，**分離の法則**，**独立の法則**としてまとめられている．メンデルが想定した因子は，後に**遺伝子**（gene）と呼ばれるようになるが，この因子がどのようなものであるかは，この時点ではわからなかった．

その後，肺炎双球菌を用いた研究で遺伝子（メンデル因子）の正体がしだいに解明されていくことになる．肺炎双球菌のうち，S型と呼ばれる菌はマウスを発病させるが，R型と呼ばれる菌はほとんど病原性を示さない．1928年，**グリフィス**（F. Griffith）は奇妙な発見をした．加熱して殺したS型菌をマウスに注射してもマウスは発病しないが，同様にして殺したS型菌をR型菌に混ぜてマウスに注射すると，マウスは発病し，さらにそのマウスの血液からはS型菌が見つかった（図14.1）．この結果は，S型菌に含まれる何らかの物質に，R型菌をS型菌に変える能力があることを意味している．その後，**エーブリー**（O. T. Avery）らによってその物質の正体が明らかにされた．彼らは，S型菌からさまざまな物質を取り出し，R型菌と混ぜ合わせて，病原性の有無を調べた．そして最終的に，S型菌のDNAがR型菌をS型菌に変えることを突き止めたのである．エーブリーらはDNAを形質転換物質と呼んだが，これがとりもなおさず，今日いうところの遺伝子の実体であった．

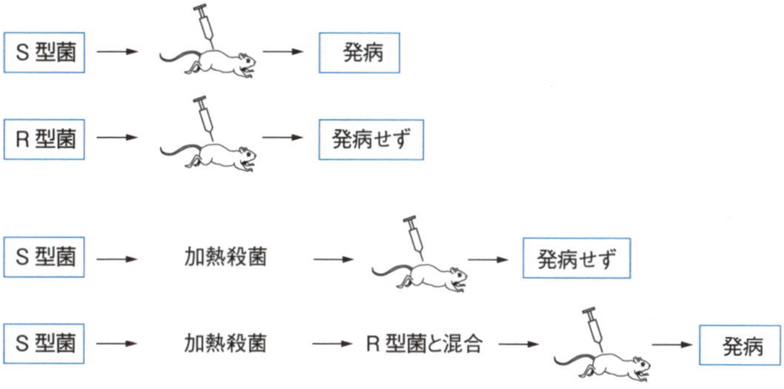

図 14.1 グリフィスの実験

14.1.2　DNA 二重らせんの発見とセントラルドグマ

　遺伝子の実体が DNA であることがわかり，次の興味はその構造に移った．そして 1953 年，**ワトソン**（J. D. Watson）と**クリック**（F. H. C. Crick）がついに DNA の構造を解明した．彼らは，**フランクリン**（R. Franklin）と**ウィルキンズ**（M. H. F. Wilkins）が撮った DNA の結晶の X 線回折像を解析し，DNA が 2 本のポリヌクレオチド鎖からなるらせん構造を形成し，両鎖は，一方の鎖の塩基がアデニンであれば，他方の鎖の塩基はチミン，グアニンであればシトシンという厳密な対応関係をとった，塩基間水素結合で結び付いていること（これを**相補的塩基対**の形成という）を明らかにした．そして，全体として DNA は右巻きの**二重らせん**（double helix）構造を形成していることを明らかにした（**図 14.2**）．これにより，一方のポリヌクレオチド鎖が，他方のポリヌクレオチド鎖の塩基配列の情報をもっていることが明らかになり，この時点で遺伝子（DNA）の構造を正確にコピーできる仕組み（DNA 複製；後述）の謎も基本的に解けた．彼らは 1962 年，ウィルキンズとともに，「核酸の分子構造と遺伝情報伝達におけるその意義の発見」という業績でノーベル医学生理学賞を受賞している．

　生体の主要成分はタンパク質である．DNA の構造と複製の仕組みが理解できても，DNA がどのようにしてタンパク質の情報を保持しているかは，その時点ではまだわからなかった．クリックは，1957 年，核酸の特異性は塩基の配列で決まり，塩基の配列がタンパク質のアミノ酸配列を決定すると予測した（**シーケンス仮説**，sequence hypothesis）．さらに，核酸-タンパク質間の情報の流れに関して，情報は，核酸から核酸，または核酸からタンパク質に移ることはあっても，タンパク質

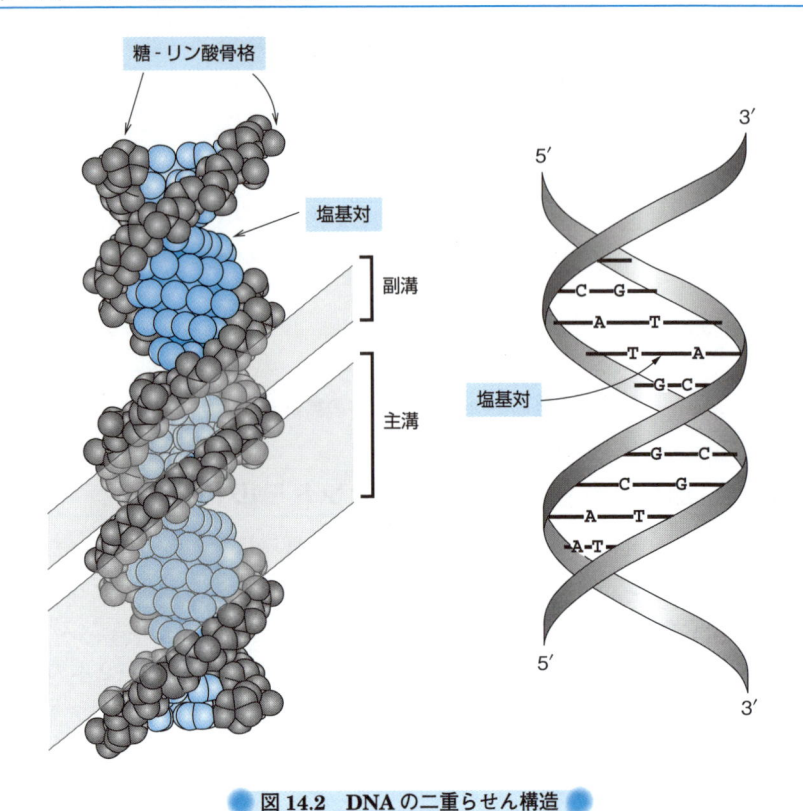

第14章 DNA複製と遺伝子発現

図14.2 DNAの二重らせん構造

（出典：東中川徹，大山隆，清水光弘編：ベーシックマスター分子生物学，p.13, 図1.4, 2006, オーム社より）

からタンパク質に移ることはないし，タンパク質から核酸に移ることもないと述べ，この原理を**セントラルドグマ**（central dogma）と呼んだ．セントラルドグマはあらゆる生物に共通な一般原理とされ，その後に行われた実験はすべてこのドグマを支持した．セントラルドグマによって導かれるかたちで，遺伝子をめぐる研究の中心は，物質としての遺伝子研究から，DNAの複製や，DNA→RNA→タンパク質という「遺伝情報の流れ」の解明へと移っていき，これが現在の**分子生物学**（molecular biology）の隆盛へとつながった．なお，最近では遺伝情報の流れを制御する機構である**エピジェネティクス**（epigenetics）に対して大きな関心が向けられている（後述）．

14.2　遺伝子組換え技術の登場

　1970年代に入ると，**遺伝子組換え技術**（recombinant DNA technology）が開発されて生命科学の方法論が一変した．この技術に必須の酵素である**制限酵素**（restriction enzyme）と **DNA リガーゼ**（DNA ligase）は，ともに1960年代後半に発見されていた．前者は DNA の特定の塩基配列を認識して切断する酵素で，後者は DNA どうしをつなぎ合わせる酵素である．これらの酵素を用いて，1972年に**バーグ**（P. Berg）が遺伝子の組換えに，また，1973年に**コーエン**（S. N. Cohen）と**ボイヤー**（H. W. Boyer）が組換えプラスミドを大腸菌に導入して増やすことに成功した．これら一連の研究で **DNA クローニング**（DNA cloning）の方法論が確立した（**図 14.3**）．一方1973年には，クローニングした DNA の塩基配列を決定する方法が**マクサム**（A. M. Maxam）と**ギルバート**（W. Gilbert）によって開発され，さらに**サンガー**（F. Sanger）によって改良された．その後，こ

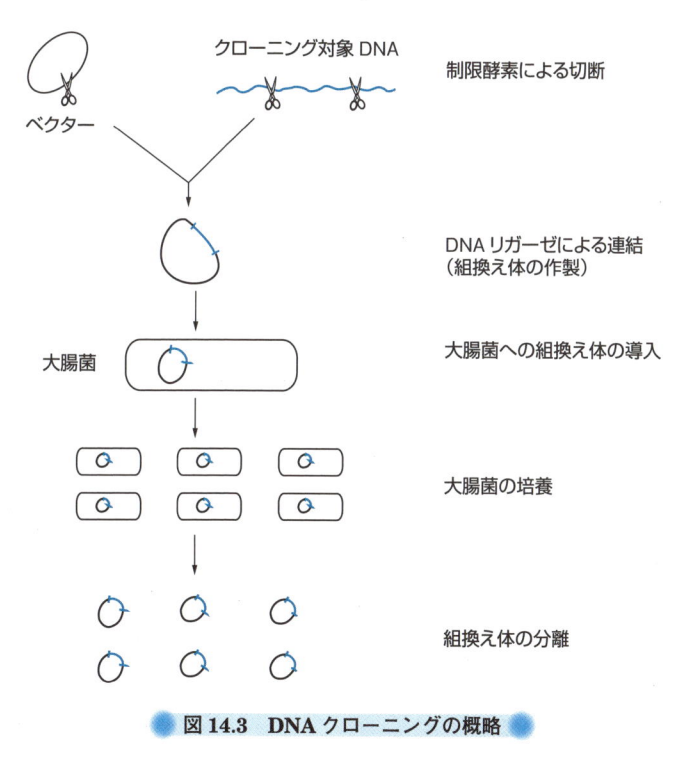

図 14.3　DNA クローニングの概略

第 14 章　DNA 複製と遺伝子発現

れらの技術を基礎としてさまざまな遺伝子操作技術が開発され，分子生物学のみならず，生命科学全般の飛躍的な発展の礎となった．ギルバート，サンガー，バーグは 1980 年にノーベル化学賞を受賞している．また 1985 年には，**マリス**（K. B. Mullis）によって，耐熱性の DNA ポリメラーゼ（DNA polymerase）を用いて試験管内で DNA 断片を増幅する **PCR**（polymerase chain reaction）**法**が開発され，さまざまな研究に利用されている（図 14.4）．なお，マリスはこの業績により 1993 年にノーベル化学賞を受賞した．

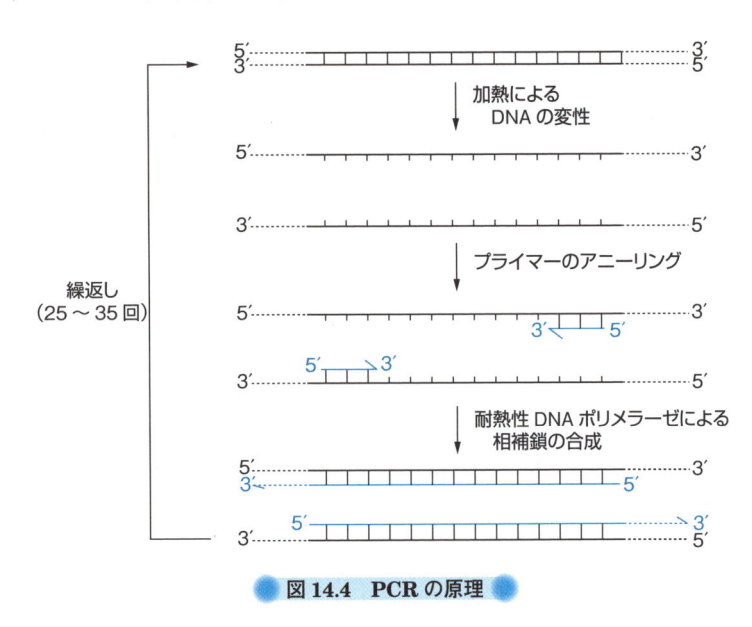

図 14.4　PCR の原理

14.3　DNA の複製と修復

14.3.1　ゲノムの構造

ゲノム（genome）とは，生物の生命活動と遺伝のもととなる必要最小限の全遺伝情報を指す．一倍体生物の場合，それらがもつ**染色体**（chromosome）DNA がゲノムであり，二倍体生物の場合，生殖細胞（配偶子）に含まれる染色体 DNA がゲノムである．したがって，例えばヒトの体細胞 1 個中には二つのゲノム（それぞれ母親と父親に由来）が存在する．なお，ミトコンドリアや葉緑体も固有の DNA

をもっており，それらは，やはりゲノムと呼ばれる．細胞が増殖分裂する際には，まったく同じ遺伝情報（塩基配列）をもったゲノムが複製（DNA 複製）され，娘細胞に分配される．

14.3.2 複製開始点と複製の基本様式

DNA 複製（DNA replication）は，特定の部位からはじまることが知られており，このような部位を**複製開始点**または**複製起点**（replication origin）と呼ぶ．原核生物のゲノムは，一般に環状の二本鎖 DNA であり，その複製は 1 か所の複製開始点から始まる．一方，真核生物のゲノムは原核生物に比べて大きく，しかも多くの場合，分割されている（複数の線状二本鎖 DNA として存在）．そして，各 DNA には多数の複製開始点が存在している．例えば，ほ乳類のゲノムでは，およそ 100 kb に 1 か所の複製開始点が存在すると見積もられている．この見積りをもとに計算すると，ヒトのゲノム（約 3×10^9 bp）には，およそ 3×10^4 個の複製開始点が存在することになる．

すでに述べたように，DNA は 2 本のポリヌクレオチド鎖からなる二重らせん構造をとっている．DNA 複製においては，各ポリヌクレオチド鎖が鋳型になって，それぞれに相補的な配列をもつ新しいポリヌクレオチド鎖（相補鎖）が合成される．その結果，もとのポリヌクレオチド鎖の 1 本ずつが分配された 2 組の二本鎖 DNA が生まれる．DNA がこのような様式で複製されることは，ワトソンとクリックにより予測され，**メセルソン**（M. Meselson）と**スタール**（F. W. Stahl）によって証明された．この複製様式は**半保存的複製**（semiconservative replication）と呼ばれ，その機構は原核生物・真核生物を問わず基本的に同じである．

14.3.3 DNA ポリメラーゼ

DNA の合成には，**DNA ポリメラーゼ**が使われる．DNA ポリメラーゼは，ヌクレオチドを 5′ から 3′ 方向に重合させる酵素で，反応には，**鋳型**（template），**プライマー**（primer），および基質となる**デオキシリボヌクレオシド三リン酸**（dATP, dGTP, dCTP, dTTP）を必要とする．プライマーは鋳型鎖に相補的な配列をもったオリゴヌクレオチドのことで，これは DNA ポリメラーゼが相補鎖の合成を開始するための"足場"として機能する．大腸菌の場合，**プライマーゼ**（primase）という酵素によって合成される 10〜12 ヌクレオチドの RNA がプライマーとして用いられる．

DNAポリメラーゼには別の機能もある．それは**校正**（proofreading）と呼ばれる機能で，伸長中のポリヌクレオチド鎖に誤ったヌクレオチドが取り込まれてしまった場合に働く．このような場合，DNAポリメラーゼのもつ$3'\rightarrow 5'$エキソヌクレアーゼ活性により誤ったヌクレオチドは速やかに除去され，正しいヌクレオチドが取り込まれる．DNAポリメラーゼは，校正を行うことできわめて高精度なDNA複製を進めることができる．ちなみに大腸菌の場合，誤ったヌクレオチドが取り込まれる確率は$1/10^{10}$程度であり，きわめて低い．

生体内には，複数種のDNAポリメラーゼが存在している．しかし，それらのすべてがDNA複製の機能を担っているわけではない．例えば大腸菌の場合，5種類のDNAポリメラーゼ（**Pol I**から**Pol V**）が知られているが，DNA複製に主に関与するのは，**DNAポリメラーゼIII**（**Pol III**）**ホロ酵素**（holoenzyme）だけである（表14.1）．この酵素は少なくとも10種類のサブユニットから構成されており，各サブユニットが，DNA合成，校正，二本鎖の巻戻し，コア酵素の形成，コア酵素のDNA鎖へのつなぎ留めや移動，といった役割を分担している．真核生物には，**Pol α**，**Pol β**など10種類以上のDNAポリメラーゼが存在しており，ゲノムDNAの複製には，Pol α，**Pol δ**，**Pol ε**が，またミトコンドリアDNAの複製には**Pol γ**が関与している．原核生物の場合も，真核生物の場合も，上記以外のDNAポリメラーゼは主に**DNA修復**（DNA repair：後述）に関与している．

表14.1 DNAポリメラーゼの種類

原核生物	
ゲノム複製に主に関与するもの	Pol IIIホロ酵素
DNA修復に主に関与するもの	Pol I，Pol II，Pol IV，Pol V
真核生物	
ゲノム複製に主に関与するもの	Pol α, Pol δ, Pol ε
ミトコンドリアゲノム複製に関与するもの	Pol γ
DNA修復に主に関与するもの	Pol β, Pol θ, Pol ζ, Pol λ, Pol μ, Pol κ, Pol η, Pol ι など

14.3.4 原核生物におけるDNA複製

DNAの複製機構は1970年代に大腸菌を用いて盛んに研究され，この時代にその大要が解明された．大腸菌のゲノムは4.6×10^6塩基対からなる環状の二本鎖DNAで，その複製は1か所の開始点から開始され，左右両方向に進行する．DNA合成が行われている最前線は**複製フォーク**（replication fork）と呼ばれ（図

14.3 DNAの複製と修復

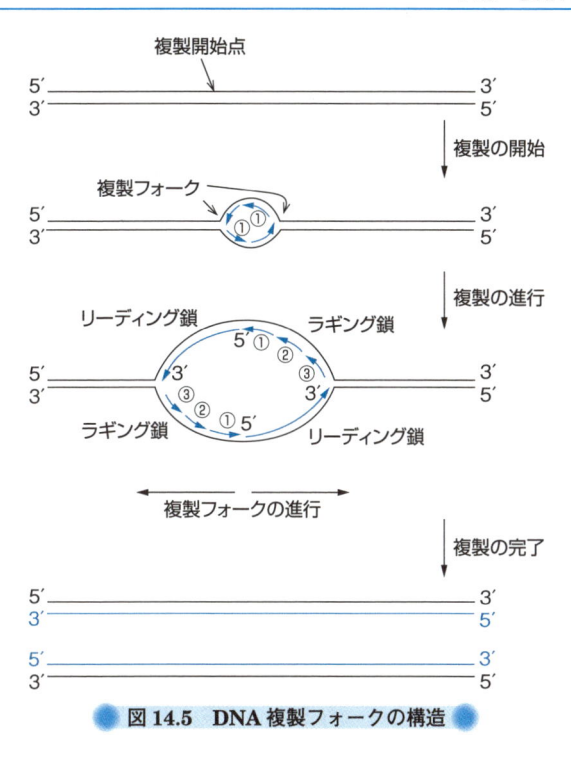

図 14.5 DNA複製フォークの構造

14.5)，二つの複製フォークが環状DNA分子をほぼ半周して出会うと複製は完了する．

　DNA複製は，複製開始点で二本鎖のDNAが一本鎖に巻き戻されるところから始まる．大腸菌の場合，まず，**DnaA**と呼ばれるタンパク質が複製開始領域に複数個結合する．これにより，領域の一部が開裂する．次に，この部位に**DNAヘリカーゼ**（DNA helicase）がやってきて，これが一本鎖領域を拡大する．続いて，各一本鎖DNAを鋳型として，プライマーゼがプライマーRNAを合成すると，これを足場としてDNAポリメラーゼIIIホロ酵素がDNAの複製を開始する．

　複製フォークには，DNAポリメラーゼを含む複合体が形成されており，この複合体もフォークの移動とともにゲノム上を移動していく．DNAポリメラーゼは $5' \rightarrow 3'$ 方向にポリヌクレオチド鎖の合成を行うので，各複製フォークにおいてDNAの巻戻しに応じて連続的に合成される鎖（つまり複製フォークの移動方向と同じ方向に伸長する鎖）と，少しずつ不連続に合成される鎖（複製フォークの移動方向とは逆方向に伸長する鎖）の2種類が生じる．前者は，**リーディング鎖**

(leading strand)，後者は**ラギング鎖**（lagging strand）と呼ばれる（図14.5）．大腸菌のDNAポリメラーゼIIIホロ酵素には，DNA合成を触媒するサブユニットが二つ存在しており，このサブユニットがリーディング鎖とラギング鎖の合成をそれぞれ担当している．ラギング鎖の合成においては，1 000～2 000 ヌクレオチドの短いDNAが合成され，その後，RNAプライマー部分がDNA配列に変換され（**DNAポリメラーゼI**が担当する[*1]），最終的に，先行するDNA鎖に連結される[**DNAリガーゼ**（ligase）が担当する]．この機構は**不連続複製**（discontinuous replication）と呼ばれ，1966年，**岡崎令治**がモデルとして提唱し，その後正しいことが明らかになった．なお，1 000～2 000 ヌクレオチドの短いDNA断片は**岡崎フラグメント**（Okazaki fragment）と呼ばれ，ラギング鎖は，岡崎フラグメントがつなぎ合わされたもの，あるいは岡崎フラグメントそのものに相当する．

14.3.5　真核生物のDNA複製

真核生物の複製開始機構については，出芽酵母を用いた研究で多くのことが明らかになってきた（図14.6）．出芽酵母の複製起点には，細胞周期を通じて常に**複製開始点認識タンパク質複合体**（origin recognition complex：**ORC**）が結合している．なお，ORCは**Orc1～6**と呼ばれる六つのタンパク質から構成されている．細胞周期のG1期には，複製開始点にさらに**Cdc6**と**Cdt1**という二つのタンパク質と，**MCM複合体**（mini-chromosome maintenance complex）と呼ばれる複合体が結合する．これにより，複製開始点に**複製前複合体**（pre-replication complex：pre-RC）が形成され，複製の準備が整う．この過程は，その複製起点からの複製開始を許可するという意味で，**ライセンス化**（licensing）とも呼ばれる．pre-RCの形成はDNA複製に必要なステップではあるが，pre-RCが形成されれば必ず複製が開始されるというわけではない．複製の開始には，pre-RCのタンパク質がリン酸化されることが必要であり，このリン酸化はG1期の終わりからS期にかけて活性化される**CDK**（サイクリン依存性キナーゼ，cyclin-dependent kinase）や**DDK**（Dbf4-dependent kinase）などのキナーゼが担当する．そしてpre-RCのリン酸化が引き金となって，DNAポリメラーゼをはじめとするDNA複製タンパク

[*1] DNAポリメラーゼIIIが岡崎フラグメントを伸長していくと，先行する別の岡崎フラグメントのRNAプライマーにぶつかる．このとき，DNAポリメラーゼIIIに代わって，RNaseHとDNAポリメラーゼIがRNAプライマーの除去を行う．DNAポリメラーゼIは，自身がもつ5′→3′エキソヌクレアーゼ活性により，前方にあるRNAプライマーを削り取るとともに，ギャップをDNAで埋めていく．

質が複製開始点に集結し，複製が開始される．このとき MCM 複合体は，二本鎖 DNA を一本鎖に巻き戻す **DNA ヘリカーゼ**（helicase）として機能する．

　真核生物における DNA 複製は，原核生物のそれよりも低速で，大腸菌と比べるとおよそ 10 分の 1 ほどの速度といわれている．その主な原因として，真核生物のゲノムがヒストンと結合してヌクレオソーム構造を形成していることや，DNA ポリメラーゼの活性の違いなどが考えられる（14.4.4 項で詳述）．DNA 複製にとっては，ヌクレオソームの存在は障害となる．したがって，複製フォークがヌクレオソームを形成した DNA 鎖上を進行するためには，ヌクレオソームを一時的に排除する必要がある．さらに，複製直後の DNA 鎖（親鎖と娘鎖の両方）をきちんと折

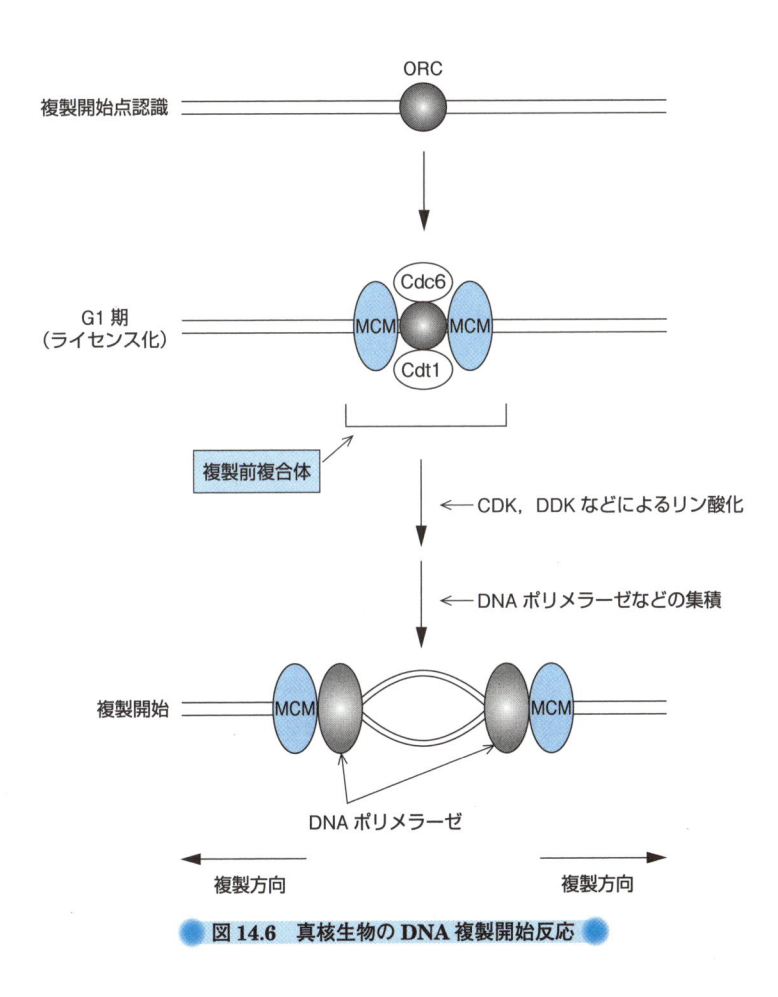

図 14.6　真核生物の DNA 複製開始反応

り畳むためには，ヌクレオソームを再構成する必要もある．これらの過程に時間がかかるのではないかと想像されている．ヌクレオソームの排除や再構成の機構はまだ十分に解明されていないが，「転写」の項で述べるクロマチンリモデリング複合体（14.4.4項）やヒストンシャペロン*2がこの過程に関与していると考えられている．

14.3.6　テロメアの複製

DNA 複製の際，プライマー RNA は，最終的に DNA に置き換えられる．しかし，末端をもつ DNA（すなわち環状に"閉じていない"DNA）の複製においては，両端で使われるプライマー RNA を DNA に置き換えることはできず，複製のたびに DNA は少しずつ短くなっていく．真核生物の各染色体の末端領域は**テロメア**（telomere）と呼ばれ，テロメアの DNA は末端をもつ．したがって，テロメア領域は DNA 複製に伴って短縮するが，真核生物は，この領域にタンパク質をコードしない**反復配列**（repetitive sequence）を用意しているため（ヒトでは GGGTTA が反復単位），短縮化に伴う問題は起こらない．一方で，テロメアの伸長にかかわる酵素も知られている．この酵素は，**テロメラーゼ**（telomerase）と呼ばれる**逆転写酵素**（reverse transcriptase）で，自身が内包する RNA を鋳型にしてテロメアの DNA を伸ばしていく性質がある．テロメラーゼの活性は生殖細胞やがん細胞では高いものの，体細胞では一般に低い．そのため，体細胞のテロメアは細胞分裂（すなわち加齢）とともに短くなることが知られている．

14.3.7　DNA 損傷の修復

DNA は，化学物質や放射線などにより絶えず損傷を受けている．また DNA 複製に伴って，誤ったヌクレオチドが取り込まれることもある．このような損傷を放置しておくと，遺伝情報の変異や欠落を引き起こすことがあり，生物の生存や遺伝に深刻な事態を招きかねない．そこで生物はこの問題に対処するために，**DNA 損傷**（DNA damage）を感知して修復するシステムを備えている．

---

*2　ヌクレオソームに働きかけて DNA からヒストンを引きはがしたり，また逆にヒストンと DNA がヌクレオソームを形成するのを促進する機能を有するタンパク質．シャペロンとは，もともと社交界にデビューする若い女性を介助する付添い役の婦人をさす．

14.3 DNAの複製と修復

〔1〕DNAの一方の鎖に生じた損傷の修復

生体内のDNAは，通常二本鎖構造をとっている．したがって，一方の鎖に塩基の架橋や修飾が発生しても，相補鎖（非損傷鎖）の塩基配列を利用することで，遺伝情報を変化させることなく損傷DNAを修復することができる．一本鎖DNAの損傷修復には，それぞれ，**塩基除去修復**（base excision repair：**BER**）と**ヌクレオチド除去修復**（nucleotide excision repair：**NER**）と呼ばれる二つの主要な機構がある．両者には損傷部位の切取り方に関して大きな違いがある．BERは小さな塩基修飾を除去する際に適用され，NERは大きな損傷を除去する際に適用される（図14.7）．

BERでは，まず，損傷塩基がデオキシリボースから取り除かれる．この作業は，各損傷塩基に特異的な**DNAグリコシラーゼ**（DNA glycosylase）が行う．次に，**APエンドヌクレアーゼ**（AP endonuclease）という酵素が，塩基が除去された部分を認識し，残りの糖-リン酸（"骨格"）部分を除去する．最後に，DNAポリメラーゼが欠落部位を埋めてDNAリガーゼがDNA鎖を再結合することで修復が完了する．

ベンゾピレン[*3]（図14.8）のような**インターカレーター**（intercalator）[*4]が進入した場合や，紫外線により**ピリミジン二量体**（pyrimidine dimer）が形成された場合などには，DNAの二本鎖構造に局所的なひずみが生じる．このような場合，DNAの修復にはNERが用いられ，次のような二つのステップで修復される．まず，ヌクレアーゼを含む酵素複合体が，DNAのひずみを認識してDNAの一方の鎖（ピリミジン二量体がある場合はその鎖）を25〜30ヌクレオチド程度の長さで切り取る（真核生物の場合）．そして，DNAポリメラーゼとDNAリガーゼが欠落部分を修復する．

DNAが複製される際にも，修復機構が働くことがある．これは，複製時に誤ったヌクレオチドが取り込まれてしまうことがあるからで，このような場合，**ミスマッチ修復**（mismatch repair）と呼ばれる機構で正しいヌクレオチドに置き換えられる．

〔2〕DNA二本鎖切断の修復

電離放射線や化学物質（抗がん剤ブレオマイシンなど）の作用により，ある

[*3] 発がん性芳香族炭化水素のひとつで，塩基対と塩基対の間の隙間に入り込む（インターカレーションという）性質がある．

[*4] インターカレーションする化合物の総称．

第14章 DNA複製と遺伝子発現

(a)

損傷塩基: U

A T C U G C T A
T A G G C G A T

↓ DNA グリコシラーゼ (U←)

A T C _ G C T A
T A G G C G A T

↓ AP エンドヌクレアーゼ

A T C _ G C T A
T A G G C G A T

↓ DNA ポリメラーゼ / DNA リガーゼ

A T C C G C T A
T A G G C G A T

(b)

ピリミジンダイマー

C T G G   G A T T C T   G C T A
G A C C   C T A A G A   C G A T

↓ ヌクレアーゼ

25〜30 ヌクレオチド: G G   G A T T C T   G C

C T   T A
G A C C   C T A A G A   C G A T

↓ DNA ポリメラーゼ / DNA リガーゼ

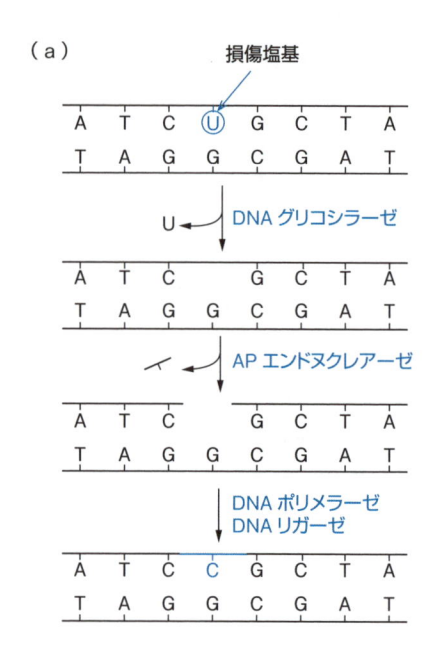

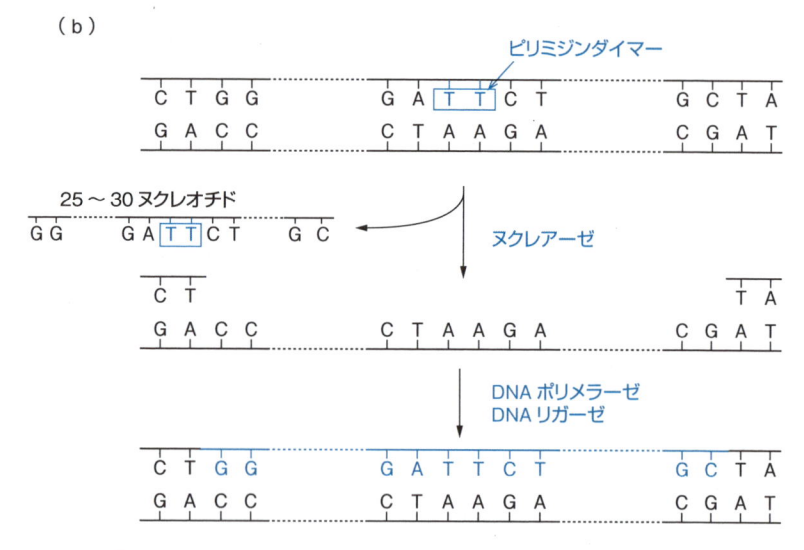

C T G G   G A T T C T   G C T A
G A C C   C T A A G A   C G A T

図14.7　塩基除去修復（a）とヌクレオチド除去修復（b）

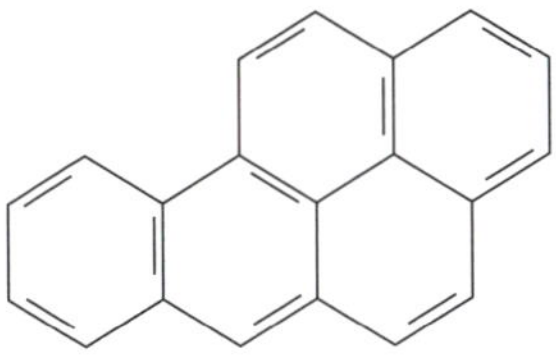

14.3 DNAの複製と修復

図14.8 ベンゾピレンの構造

いはまた複製フォークの停止によって，DNAの2本の鎖が切断されてしまう（DNA double strand break：**DSB**）が起きてしまうことがある．DSBが起こると，染色体の断片化が起きる可能性や，またそれに伴って，遺伝情報の欠失や変化が起きる可能性が出てくる．したがって，DSBは生物にとって危険性の高い重篤な損傷といえる．DSBの修復には，以下に述べる，**相同組換え**（homologous recombination：**HR**）と**非相同末端結合**（non-homologous end joining：**NHEJ**）という二つの機構が使われる（図14.9）．

一般に相同組換えは細胞周期のある特定の時期に頻繁に起こり，切断部位の遺伝情報を回復する鋳型として，姉妹染色分体あるいは相同染色体が利用される．この場合，まず二重鎖切断部位の末端から一本鎖DNA部分がつくられる（特定のヌクレアーゼが各切断端の一方の鎖を5′から3′方向に消化することで一本鎖構造がつくられる）．この一本鎖が他方の染色分体または相同染色体に入り込み，そこで鋳型となる鎖と塩基対を形成する．続いて，その末端からDNA複製が起こり，組換えの中間体である**ホリデイ**（Holliday）構造を経て，二つの二本鎖DNAが解離し，修復は完了する（図14.9）．

非相同末端結合は細胞周期のG1期に頻繁に起こる修復反応である．末端の再結合はDNAリガーゼにより行われる．二重鎖切断端の形状が単純な場合は，そのまま再結合されるが，損傷が重篤で，末端の形状がDNAリガーゼの基質となりえない場合には，種々の酵素による末端のプロセッシングを経た後に結合される．この修復では鋳型を用いないため，修復部位のいくつかのヌクレオチドが失われることがある．しかし，ほ乳類のゲノムでは，タンパク質のアミノ酸配列を指令する遺伝子の領域は限られているので，ヌクレオチドの欠損が問題になる確率は低く，この方法は染色体の断片化（これは致命的な損傷となる）を防ぐ有効な方法となっている．

第14章　DNA複製と遺伝子発現

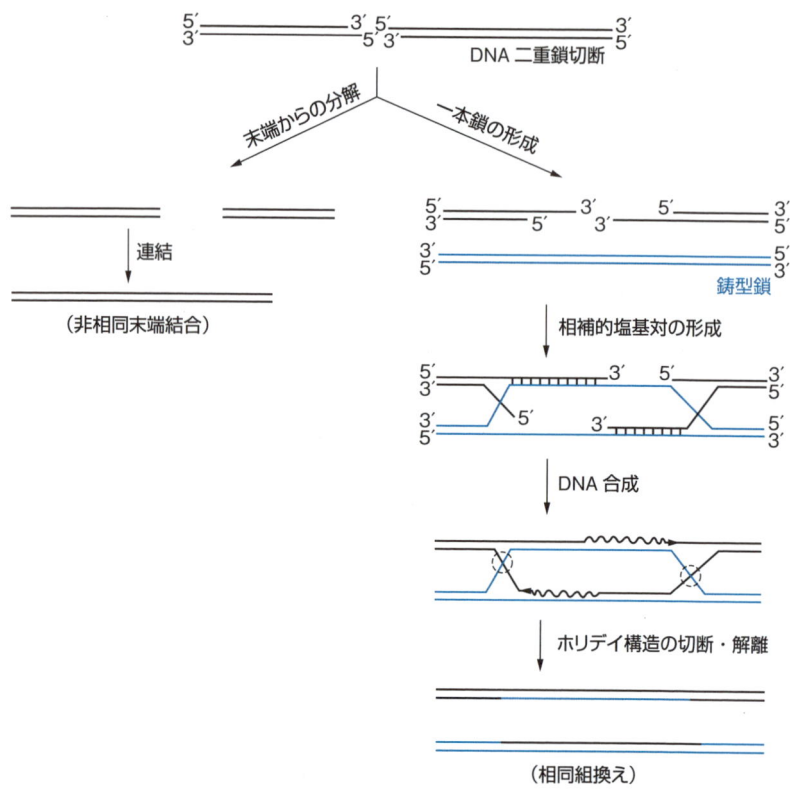

図14.9　相同組換えと非相同末端結合

14.4　転写と翻訳

14.4.1　転写と翻訳による遺伝情報の発現と遺伝暗号

　遺伝情報が発現する過程では，情報はDNA→RNA→タンパク質という一方向に伝達される（14.1.2項）．そして，この流れの最初の過程は**転写**（transcription）と呼ばれ，DNAの塩基配列に相補的な配列をもつRNAが合成されることで，DNAのもつ情報が異種の核酸であるRNAに伝達される（**図14.10**）．転写によって，タンパク質のアミノ酸配列の情報をもつ**メッセンジャーRNA**（messenger RNA：**mRNA**），タンパク質の生合成の際に機能する**転移RNA**（transfer RNA：

14.4 転写と翻訳

tRNA），リボソームの構成成分となる**リボソーム RNA**（ribosomal RNA：**rRNA**）などが合成される．なお，DNA 複製では 2 本の DNA 鎖がともに鋳型となって新しい DNA 鎖が合成されるが，転写では通常一方の DNA 鎖だけが鋳型になる．この鋳型になる DNA 鎖は，**アンチセンス鎖**（antisense strand）または**非コード鎖**（noncoding strand）と呼ばれ，鋳型にならないもう一方の DNA 鎖は**センス鎖**（sense strand）または**コード鎖**（coding strand）と呼ばれる．なお，センス鎖のチミンをウラシルに読み換えれば，新生 RNA 鎖と同じ塩基配列になる．

RNA からタンパク質に情報が伝わる過程は**翻訳**（translation）と呼ばれ，この段階で核酸の塩基配列の情報が解読されて，アミノ酸の配列へと変換される．翻訳

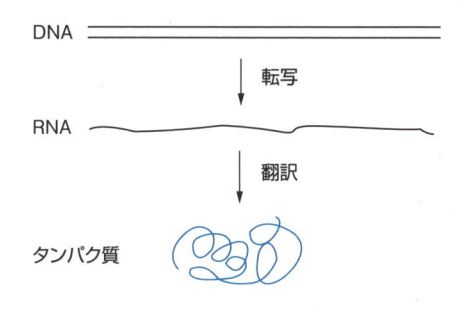

図 14.10 転写・翻訳の簡単な模式図

表 14.2 遺伝暗号表

1文字目 5'末端	2文字目				3文字目 3'末端
	U	**C**	**A**	**G**	
U	UUU Phe	UCU Ser	UAU Tyr	UGU Cys	U
	UUC Phe	UCC Ser	UAC Tyr	UGC Cys	C
	UUA Leu	UCA Ser	UAA 終止	UGA 終止	A
	UUG Leu	UCG Ser	UAG 終止	UGG Trp	G
C	CUU Leu	CCU Pro	CAU His	CGU Arg	U
	CUC Leu	CCC Pro	CAC His	CGC Arg	C
	CUA Leu	CCA Pro	CAA Gln	CGA Arg	A
	CUG Leu	CCG Pro	CAG Gln	CGG Arg	G
A	AUU Ile	ACU Thr	AAU Asn	AGU Ser	U
	AUC Ile	ACC Thr	AAC Asn	AGC Ser	C
	AUA Ile	ACA Thr	AAA Lys	AGA Arg	A
	AUG Met	ACG Thr	AAG Lys	AGG Arg	G
G	GUU Val	GCU Ala	GAU Asp	GGU Gly	U
	GUC Val	GCC Ala	GAC Asp	GGC Gly	C
	GUA Val	GCA Ala	GAA Glu	GGA Gly	A
	GUG Val	GCG Ala	GAG Glu	GGG Gly	G

はリボソーム内で行われ，そこでは，mRNAの塩基配列を**トリプレット**（triplet：3連）単位に区切り（物理的に切断するわけではない），そのひとつひとつに対応するアミノ酸を連結する作業が行われる．ただし，翻訳はmRNAの5′末端に位置するトリプレットから始まり，3′末端に至るまで続くわけではなく，ある特定のトリプレットから始まり，ある特定のトリプレットで終わる（後述）．また，n番目のトリプレットと$n+1$番目のトリプレットとの間には重複がなく隙間もないように翻訳される．20種のアミノ酸のおのおのに対応する各トリプレットは**コドン**（codon），または**遺伝暗号**（genetic code）と呼ばれる（**表14.2**）．

遺伝暗号は1960年代に解読された（Column「人工合成ポリヌクレオチドを用いた遺伝暗号の解読」）．デオキシリボヌクレオチドは4種類あるので，トリプレットは全部で64種（4^3種）ある．そのうち，61種は特定のアミノ酸を指定するが，

> ## Column 人工合成ポリヌクレオチドを用いた遺伝暗号の解読
>
> 遺伝暗号の解読には，人工的に合成したポリリボヌクレオチドと無細胞タンパク質合成系が重要な役割を果たした．1955年，**オチョア**（S. Ochoa）らはポリリボヌクレオチドヌクレオチジルトランスフェラーゼ（polyribonucleotide nucleotidyltransferase：ポリヌクレオチドホスホリラーゼとも呼ばれる）を発見し，試験管内でRNAを合成することに成功した．一方，無細胞タンパク質合成系が開発されたのもこの時代であった．**ニーレンバーグ**（M. W. Nirenberg）らは，これらの系をうまく用いて，遺伝暗号のひとつを初めて解いた．彼らは，1961年，人工的に合成したポリ（U）からタンパク質を合成すると，フェニルアラニンが連なったペプチドが合成されることを発見したのである．これにより，UUUのトリプレットがフェニルアラニンを指定する遺伝暗号であることがわかった．同じ塩基を連続させただけでは四つの暗号（つまり，AAA, GGG, CCC, UUUが指定するアミノ酸）しか解けないが，**コラーナ**（H. G. Khorana）は，繰返し配列をもつRNAの化学合成に成功し，これを暗号解読の実験に用いた．例えば，ポリ（UC）（つまりUCUCUC……）を用いると，セリン-ロイシン-セリン-ロイシン-……のようなアミノ酸配列をもつタンパク質が合成された．この結果から，UCUとCUCは，セリンまたはロイシンを指定することがわかった．このような実験を通して遺伝暗号の多くがコラーナの研究室で解かれた．そして，わずか5〜6年の間に64個のトリプレットの暗号がすべて解読された．これらの業績により，ニーレンバーグとコラーナは，tRNAの研究を行った**ホリー**（R. W. Holley）とともに，1968年度ノーベル医学生理学賞を受賞した．なお，オチョアは**コーンバーグ**（A. Kornberg）とともに，「RNA, DNAの生合成機構に関する研究」で1959年度のノーベル医学生理学賞を受賞している．

残りの3種はアミノ酸ではなく，タンパク質合成の終了を指令する暗号として使われ，**終止コドン**（stop codon）と呼ばれる．また，タンパク質合成において，最初のアミノ酸は通常 AUG によって指定されるメチオニンであり，この AUG は**開始コドン**（initiation codon）と呼ばれる．なお，遺伝暗号表からは，ひとつのアミノ酸に複数のコドンが使用されている場合があることがわかる．これを遺伝暗号の**縮重**（degeneracy）という．

14.4.2 転写の基本メカニズム

〔1〕RNA ポリメラーゼ

RNA ポリメラーゼ（RNAP）は DNA を鋳型として，その一方の鎖の塩基配列に相補的な配列をもつ RNA を 5′→3′ 方向に合成する酵素である．反応には，鋳型となる二本鎖 DNA と 4 種類のリボヌクレオシド三リン酸（ATP，GTP，CTP，UTP）を必要とする．RNAP は，原核生物には 1 種類しかないが，真核生物には複数存在する．

大腸菌の RNAP は α, β, β', ω, σ という 5 種のサブユニットからなり，$\alpha_2\beta\beta'\omega$ で構成される**コア酵素**（core enzyme）が RNA 合成能をもつ．さらに，コア酵素に σ サブユニット（σ 因子とも呼ばれる）が加わることで，プロモーター認識能をもつ**ホロ酵素**となる．大腸菌には σ^{70}, σ^s, σ^N といった σ 因子が 7 種類存在し，基本的に，ホロ酵素内の σ 因子が異なれば認識するプロモーターも異なる．

真核生物には **RNA ポリメラーゼ I**，**II**，**III** と呼ばれる 3 種類の RNAP が存在する．RNAPI は核小体に，RNAPII と RNAPIII は核質に存在する．それぞれ役割分担が決まっており，RNAPI は **rRNA 遺伝子**の転写を，RNAPII はタンパク質をコードする遺伝子の転写（mRNA 合成）を，そして，RNAPIII は **tRNA 遺伝子**や **5S RNA 遺伝子**の転写を担当するとともに，U6 snRNA（低分子核内 RNA の一種）の合成などを行う．なお，RNAPI，II，III が転写する遺伝子を，それぞれクラス I，II，III 遺伝子と呼ぶ．

〔2〕プロモーターとエンハンサー

転写の制御または調節は，基本的に DNA の特定の塩基配列または小領域と，それらに働きかけるタンパク質因子の相互作用によって行われる．前者は**シスエレメント**（*cis*-element）または**シス領域**（*cis*-region），後者は**トランス作用因子**（*trans*-acting factor）と呼ばれる．**プロモーター**（promoter）は転写に必須のシス領域で，転写を開始するために RNA ポリメラーゼが結合する部位である[*5]．鋳

型 DNA 上で最初に転写されるヌクレオチドの位置は**転写開始点**（transcription start site または transcription initiation site）と呼ばれ，多くの場合プロモーターは転写開始点の上流に存在する．転写開始点は +1 で表され，その上流に存在するヌクレオチドは，転写開始点から数えたヌクレオチド数にマイナス符号を付けて表される．また，下流に存在するヌクレオチドはヌクレオチド数にプラス符号を付けて表される．例えば，+1 の上流隣のヌクレオチドは -1 で，下流隣のヌクレオチドは +2 である．

大腸菌の場合，転写開始点上流約 50 bp の領域がプロモーターとして機能しており，その中でも -10 と -35 の付近にとりわけ重要な配列がある．前者は 5'-TATAAT-3'（発見者の名にちなんで**プリブナウボックス**とも呼ばれる），後者は 5'-TTGACA-3' という"**コンセンサス**"[6]**ヘキサマー**（hexamer, 6 ヌクレオチドからなる配列）からなっており，それぞれ，**-10 領域**（-10 region），**-35 領域**（-35 region）と呼ばれる．各領域のヌクレオチドをひとつでも変えると転写レベルが大きく低下し，両者はプロモーター機能における中心的配列，すなわち**コアプロモーターエレメント**（core promoter element）として機能している．ただし，プロモーターの機能には，二つの領域間の距離や -35 領域よりも上流の領域[7]も重要であることがわかっている．

真核生物の場合，遺伝子のタイプに応じてプロモーターの構造が異なっている．クラス II 遺伝子のプロモーターは，コアプロモーターエレメントとして **TATA ボックス**［TATA box：TATA (A/T) A (A/T)，およそ -25 ～ -30 に存在］をもつもの，**イニシエーター**［initiator：(C/T) (C/T) A (A/G/C/T) (T/A) (C/T) (C/T)，3 番目の A が転写開始点になる］をもつもの，**下流プロモーターエレメント**（downstream promoter element：**DPE**）をもつもの［(A/G) G (A/T) CGTG，+30 付近に存在］，**GC ボックス**（GC box：GGGCGG，転写開始点上流に複数存在する場合が多い）をもつものなど，多様である．先の 3 者は，発生時期特異的に，あるいは組織特異的に発現する遺伝子に多く見られ，GC ボックスは**ハウスキーピ**

---

[5] 厳密にいえば，本文の定義は原核生物遺伝子のプロモーターに関するものである．真核生物では，転写開始前複合体（preinitiation complex：基本転写因子群と RNA ポリメラーゼの複合体）の形成に必要な配列や，その形成を助ける転写因子の結合配列など，転写開始に必要な制御配列を全部含めた領域をプロモーターと呼ぶ．

[6] 対象とする遺伝子や DNA に共通に見られる配列．

[7] -35 ～ -60 の領域は曲がった構造をとっている場合が多い．このような構造はベント（bent）DNA 構造と呼ばれ，しばしばプロモーターの機能に重要な役割を果たしていることがわかっている．

ング遺伝子*8 に多く見られる．クラスI遺伝子のプロモーターは，−200〜−60付近に存在する**上流制御配列**（upstream control element：**UCE**）と−45〜+20付近に存在する**コアプロモーターエレメント**（**CPE**）の二つで構成されている．クラスIII遺伝子のプロモーターは，TATAボックスをもつものともたないものに分けられる．tRNA遺伝子や5S rRNA遺伝子のプロモーターは後者に属し，機能の中心領域が転写開始点よりも下流に存在する．なお，このようなプロモーターは内部プロモーターと呼ばれる．

シス領域（またはシスエレメント）には，プロモーターのほかに**エンハンサー**（enhancer）と**サイレンサー**（silencer）がある．エンハンサーは，遺伝子からの「距離」，遺伝子との「位置」関係（遺伝子の上流に存在するか下流に存在するかといった関係），エンハンサーの「方向」（エンハンサー配列・領域の向き）とは無関係に転写レベルを上昇させる．また，組織特異的に特定の遺伝子の転写を活性化するものも多い．一方，サイレンサーは，転写を抑制する機能をもっている．

〔3〕原核生物の転写制御

ジャコブ（F. Jacob）とモノー（J. L. Monod）は，1961年にタンパク質合成の調節機構に関する学説**オペロン説**を提唱した．彼らはその中で，**オペロン**（operon），**オペレーター**（operator），**リプレッサー**（repressor）の概念を提示した．オペロンは，ひとつのプロモーターに支配された遺伝子群または転写単位を意味する．オペロン説の中で彼らは，**ラクトース**（lactose：*lac*）**オペロン**のような誘導酵素*9 系は**負の調節**を受けており，**誘導物質**（**インデューサー**：inducer）（*lac* オペロンの場合はラクトース）が存在しない場合，プロモーターの近傍にあるオペレーター部位にリプレッサー（負の調節を行うタンパク質）が結合して転写を抑制しているという考えを示した．このような系にインデューサーがもち込まれると，リプレッサーがオペレーターから離脱して転写が起こるようになる．その後，オペロン説は正しいことがわかり，彼らは1965年にノーベル医学生理学賞を受賞した．**遺伝子発現**（gene expression）を調節するタンパク質因子には，リプレッサーのほかに，**アクチベーター**（activator）がある．アクチベーターはリプレッサーとは異なり，**正の調節**をする因子として機能（転写を活性化）する．アクチベーターの結合配列もオペレーターと同様プロモーターの近傍にある．

---

*8 すべての細胞で常時発現している遺伝子のことで細胞の恒常性を維持するために働いているものが多い．
*9 基質の存在に依存して発現が誘導される酵素．

第14章 DNA複製と遺伝子発現

　RNAPがオペロンのプロモーターに結合し転写を開始すると，**ターミネーター**（terminator）と呼ばれる転写終結部位（後述）までRNA鎖を伸長し続け，ひとつながりのRNAを合成する．RNA鎖の伸長はRNAPのコア酵素が行う．転写終結には，**ρ因子**（転写終結因子）を必要とする機構と必要としない機構とがあるが，多くのオペロンはρ因子を必要としない機構を採用している．ρ因子が関与しないターミネーターの場合，その構造的特徴が転写終結に直接かかわっていると考えられている．すなわち，このようなターミネーターが転写されると，この部位のRNAが**ヘアピン構造**（図14.11）を形成して（この構造の後ろにはUの連続配列が続く），RNAPの転写を止める一因になると考えられている．

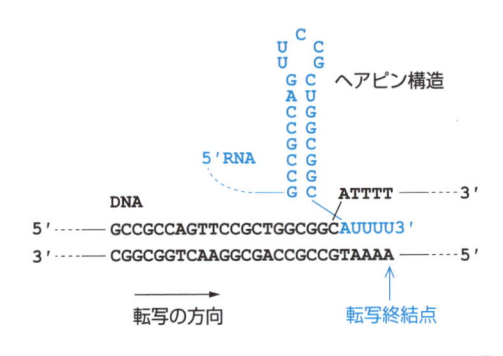

図14.11　ヘアピン構造形成による転写の終結

〔4〕真核生物の転写機構

　真核生物の場合，遺伝子の種類に応じて3種類のRNAPが使い分けられている．しかし，どの系でも基本的な転写機構はよく似ている．そこでここでは，クラスII遺伝子の転写を例にして，その基本メカニズムについて述べる．クラスII遺伝子はRNAPIIが転写し，転写産物はmRNAである．なお，RNAPIIは10種類以上のサブユニットから構成される分子量約500 kDaの複合体であり，その構造は真核生物の間で進化的によく保存されている．ちなみに，酵母のRNAPIIの立体構造を解明した**コーンバーグ**（R. D. Kornberg）は，2006年のノーベル化学賞を受賞している．

　転写開始には，さまざまな**基本転写因子**（general transcription factor）が必要とされる．クラスII遺伝子の転写に必要な因子は，TFII（transcription factor for RNA polymerase II）という共通の略号を用いて，**TFIIA**，**TFIIB**のように表

14.4 転写と翻訳

す．TATA ボックスをもつプロモーターから転写が始まる場合には，まず TFIIA の助けを借りて **TFIID** が TATA ボックスに結合する．そして，この結合をきっかけに TFIIB，RNAPII，**TFIIF**，**TFIIE**，**TFIIH** が次々とプロモーターに集結し，**転写開始前複合体**（preinitiation complex：**PIC**）を形成する．次に，TFIIH 内の ATPase 活性と DNA ヘリカーゼ活性により DNA の部分的融解（一本鎖になること）が起こり，キナーゼ活性により RNAPII 内の最大サブユニットの **C 末端領域**（C-terminal domain：**CTD**）のリン酸化が起こる．この段階で RNA 鎖の伸長に不要な因子が RNAPII から解離し，PIC の一部は**伸長複合体**（elongation complex）に移行する．そしてこの複合体は，鋳型 DNA に沿って移動しながらリボヌクレオチドを重合し，**mRNA 前駆体**（mRNA precursor）を合成する（図 **14.12**）．

転写の終結部位や終結機構についてはまだ不明な点が多い．クラス II 遺伝子には下流側に**ポリ（A）シグナル**と呼ばれる配列（5′-AATAAA-3′）があり，転写は少なくともこの配列の下流まで行われる．そして，この配列より 20〜30 塩基下流の位置で RNA 鎖は切断され，そこに**ポリ（A）配列**（80〜250 塩基長）が付加される（**ポリアデニル化**：polyadenylation）．

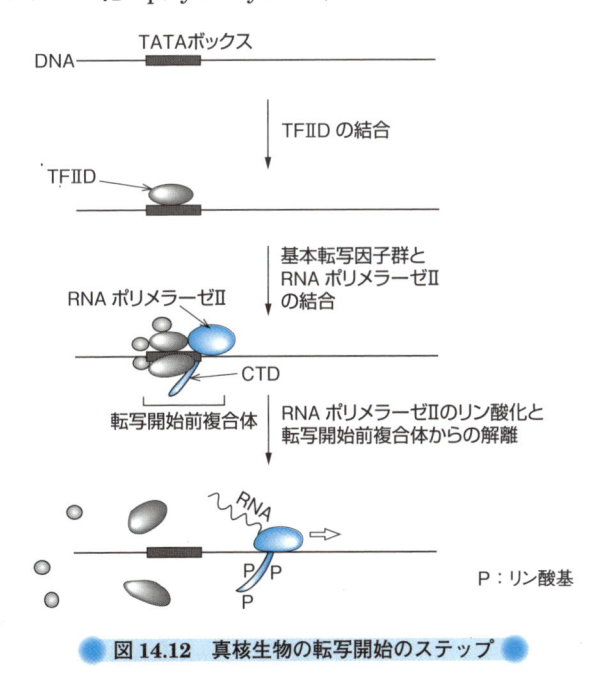

図 14.12 真核生物の転写開始のステップ

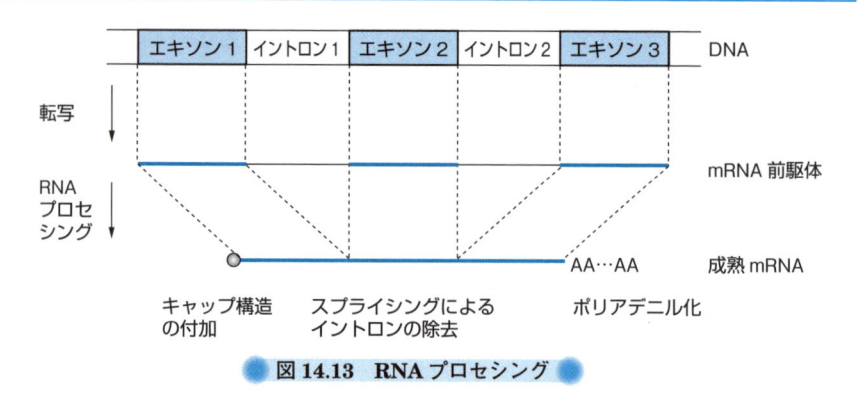

第14章 DNA複製と遺伝子発現

図14.13 RNAプロセシング

エキソン1／イントロン1／エキソン2／イントロン2／エキソン3　DNA

転写

mRNA前駆体

RNAプロセシング

キャップ構造の付加　スプライシングによるイントロンの除去　ポリアデニル化　AA…AA　成熟mRNA

mRNA前駆体は，**RNAプロセシング**（RNA processing）と呼ばれる過程を経て成熟mRNAとなる．この過程は真核生物に特有で，5′末端での**キャップ**（cap）**構造**の形成，上述のポリアデニル化，および以下に述べる**スプライシング**（splicing）が行われる（図14.13）．スプライシングは，mRNA前駆体中の**イントロン**（intron，アミノ酸配列の情報をもたない介在配列）部分を取り除き，**エキソン**（exon，アミノ酸配列の情報をもった配列）部分をつなぎ合わせる過程である．真核生物の遺伝子では，エキソンがイントロンによって分断されている場合が多く，このような構造に対応するためにRNAのスプライシングが行われている．イントロンをもたない原核生物にはこのような機構はない．RNAプロセシングを経て成熟したmRNAは，核から細胞質に運び出され，そこでタンパク質に翻訳される．

14.4.3 翻訳の基本メカニズム

成熟mRNAの構造（塩基配列）に移された遺伝情報は，翻訳されて1本のポリペプチド鎖になる．この過程ではトリプレット単位でひとつのアミノ酸が指定されるが，この単位でのmRNAの区切り方は三通りあるので（図14.14），理論的には3種類のポリペプチド鎖が生じることになる．しかし，生物はふつうこのうちのひとつだけの区切り方を使っており，これを**フレーム**（frame：読み枠）と呼んでいる．フレームは開始コドンによって決まり，この位置から終止コドンの位置まで続く．フレームから外れたmRNAの両端は，**5′-非翻訳領域**（5′-untranslated region：**5′-UTR**，開始コドンは含まない）および**3′-非翻訳領域**（3′-untranslated region：**3′-UTR**，終止コドンを含む）と呼ばれる．なお，DNAの塩基配列を調べて，ATG（開始コドンに相当）から始まり，ある程度の長さをもってTGA，

14.4 転写と翻訳

```
5' C U C G A A U G C U A A C A U G G C C U G A A C G G U A A G C U 3'
   Leu  Glu  Cys  stop  His  Gly  Leu  Asn  Gly  Lys
     Ser  Asn  Ala  Asn  Met  Ala  stop  Thr  Val  Ser
       Arg  Met  Leu  Thr  Trp  Pro  Glu  Arg  stop  Ala
```

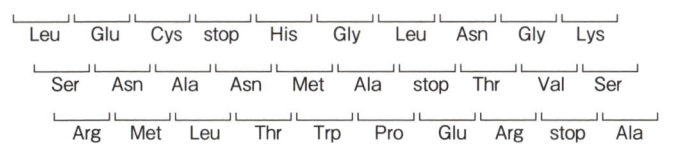

図 14.14　トリプレット単位での mRNA の区切り方

TAA, TAG（終止コドンに相当）のどれかひとつまで続くひとつながりのフレームがある場合，これを**オープンリーディングフレーム**（open reading frame：**ORF**）と呼んでいる．そして実際に ORF が特定のタンパク質をコードしている場合には，これを**コード領域**（coding region）と呼ぶ．

mRNA の遺伝暗号に従ってアミノ酸をつないでいくためには，コドンとアミノ酸を対応させなければならない．しかし，核酸とアミノ酸とは直接的な相互作用ができないので，両者を結び付けるアダプターが必要となる．この役割を担っているのが tRNA である．tRNA は 70 から 90 ヌクレオチドの RNA で，L 字型の立体構造をとっている（**図 14.15**）．L 型構造の一方の端には mRNA のコドンを認識す

（a）tRNA 分子の立体構造　　（b）tRNA による mRNA コドンの認識

Arg
CCA

アミノ酸（ペプチド）結合部位

アンチコドン 3' U C U 5'
水素結合 ：：： ←ゆらぎ部位
5'----G A U U C U A G A C A A G A G----3' mRNA
　　　　　　コドン

アンチコドン

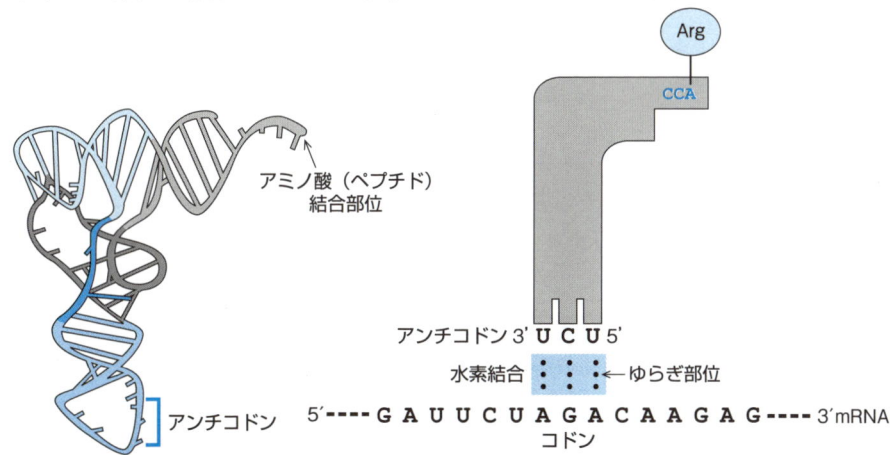

図 14.15　tRNA の構造

［出典：東中川徹，大山隆，清水光弘編：ベーシックマスター分子生物学，p. 203, 図 8.2, 図 8.3, 2006, オーム社より（一部改変）］

る三つの塩基（コドンと相補的塩基対を形成する）が存在し，他端にはアミノ酸やポリペプチドを結合する分子末端（3′末端）が存在する．コドンを認識するトリプレットは**アンチコドン**（anticodon）と呼ばれる．また，アミノ酸を結合したtRNAは**アミノアシル tRNA**（aminoacyl-tRNA），ポリペプチドを結合したものは**ペプチジル tRNA**（peptidyl-tRNA）と呼ばれる．なおtRNAは，アミノ酸を指定する61種のコドンのすべてに対して個別に用意されているわけではなく，その種類は61よりも少ない．これは，ひとつのtRNA分子種が2個以上のコドンを認識できるからであり，立体構造上，塩基対の一部[*10]に**ゆらぎ**（wobble）が許容されることに起因する．

tRNAを用いたタンパク質合成は，**リボソーム**（ribosome）と呼ばれる細胞内構造体で行われる．リボソームは**リボソームRNA**（ribosomal RNA：rRNA）と数十種のタンパク質から構成される巨大な核酸・タンパク質複合体であり，沈降係数[*11]の異なる大小二つのサブユニットから構成されている（図14.16）．リボソームを構成するタンパク質の数やRNAのサイズは原核生物と真核生物の間で異なるものの，リボソームの基本的構造は両生物間でよく保存されている．

翻訳は大きく分けて「**開始**」，「**伸長**」，「**終結**」の三つの段階を経て進む．真核生物の場合，まず，**eIF3**と**eIF1A**と呼ばれるタンパク質因子がリボソームの**小サブユニット**に結合する．次にこの複合体に，開始コドンAUGに対応する特定

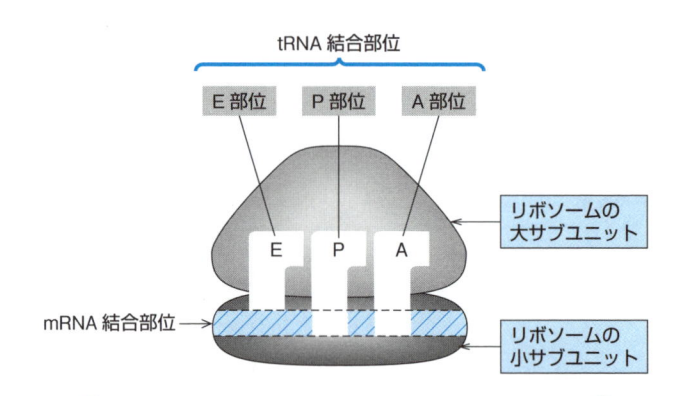

図14.16　リボソームの基本構造とtRNA結合部位

［出典：東中川徹，大山隆，清水光弘編：ベーシックマスター分子生物学，p. 207, 図8.7, 2006, オーム社より］

[*10] コドンの3文字目とアンチコドン1文字目の間の塩基対．
[*11] 単位の遠心加速度当たりの沈降速度．

の tRNA である**開始 tRNA**（initiator tRNA），**eIF2** と呼ばれるタンパク質因子，および GTP の 3 者が結合した複合体が形成される．一方，mRNA には **eIF4B**，**eIF4F**（タンパク質複合体）という二つの因子が結合して別の複合体が形成される．このようにしてできた二つの複合体が会合して，小サブユニット・mRNA・開始 tRNA からなる新たな複合体が形成されると，mRNA が下流方向にスキャンされ，開始コドン（最初の AUG）の部位まで移動する．この後，eIF2 および eIF3 の解離，およびリボソーム**大サブユニット**の結合と eIF1A の解離を経て，翻訳は伸長段階に移行する（図 14.17）．

リボソーム上には，**アミノアシル部位**（**A 部位**：A-site），**ペプチジル部位**（**P 部位**：P-site），**出口部位**（**E 部位**：E-site）と呼ばれる 3 か所の tRNA 結合部位がある（図 14.18）．A 部位は新たに運ばれたアミノアシル tRNA が入る場所で，P 部位は，伸長途上のペプチド鎖をもった tRNA が配置される場所である．そして，E 部位は離脱直前の tRNA が一時的に移動する場所である．ただし，メチオニンを結合した**開始 tRNA**（メチオニル tRNA）だけは，はじめから P 部位に配置される．翻訳の進行にあたっては，開始コドンの次のコドンを認識するアミノアシル tRNA が A 部位に運ばれ，すでに P 部位に存在するメチオニル tRNA のメチオニンを A 部位に入ったアミノアシル tRNA のアミノ酸に結合させる（メチオニンのカルボキシ基と次のアミノ酸のアミノ基との間でペプチド結合を形成させる）．この後，アミノ酸を解放した開始 tRNA は E 部位に移動し，その後リボソームから外れ，ジペプチド（二つのアミノ酸残基からなるペプチド）を結合した tRNA は P 部位に移動する（**トランスロケーション**：translocation）．同様のステップを繰り返すことにより，タンパク質の合成が進行する．なお，この過程には **eEF1α**，**eEF1βγ**，**eEF2** と呼ばれる三つの因子が関与する．そして，最後に終止コドンが A 部位にくると，終結因子 **eRF** が A 部位に結合する．これにより，ポリペプチドはリボソームから解離して，翻訳は終了する（図 14.19）．

翻訳されたタンパク質は，生理的な活性を獲得するために，プロセシングやアミノ酸の修飾を受ける場合がある．プロセシングとしては，ペプチドのアミノ末端や**シグナル配列**[*12] の切断，またアミノ酸の修飾としては，糖鎖付加や，リン酸化，

[*12] 分泌されるタンパク質や，細胞内の膜構造（脂質二重層）を通り抜けなければならないタンパク質がもつ，疎水性アミノ酸 15〜30 残基からなる特定の配列．この配列はタンパク質が膜を通り抜けた後に切断される．

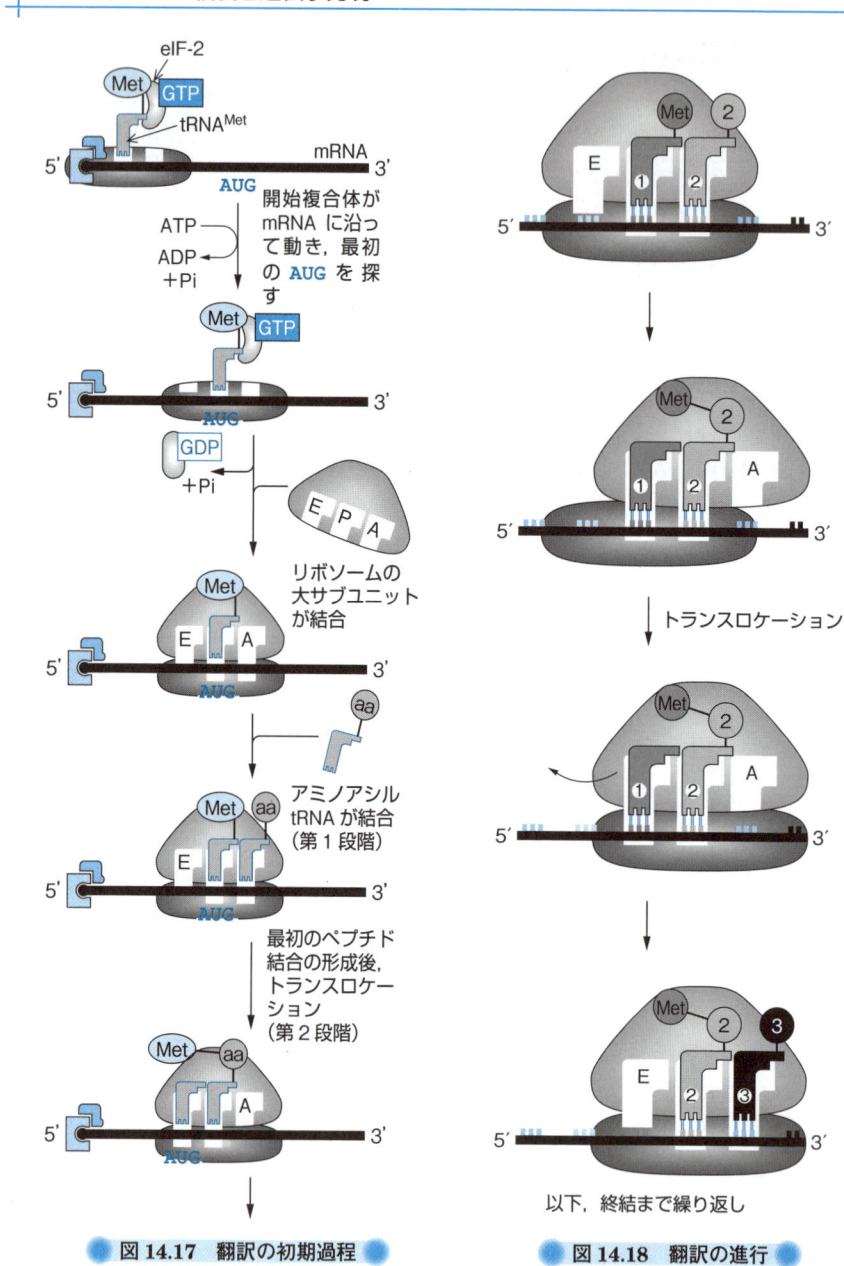

第14章 DNA複製と遺伝子発現

図14.17 翻訳の初期過程

[出典：東中川徹，大山隆，清水光弘編：
ベーシックマスター分子生物学，
p. 211，図 8.11，2006，オーム社より]

図14.18 翻訳の進行

[出典：東中川徹，大山隆，清水光弘編：
ベーシックマスター分子生物学，
p. 213，図 8.12，2006，オーム社より]

14.4 転写と翻訳

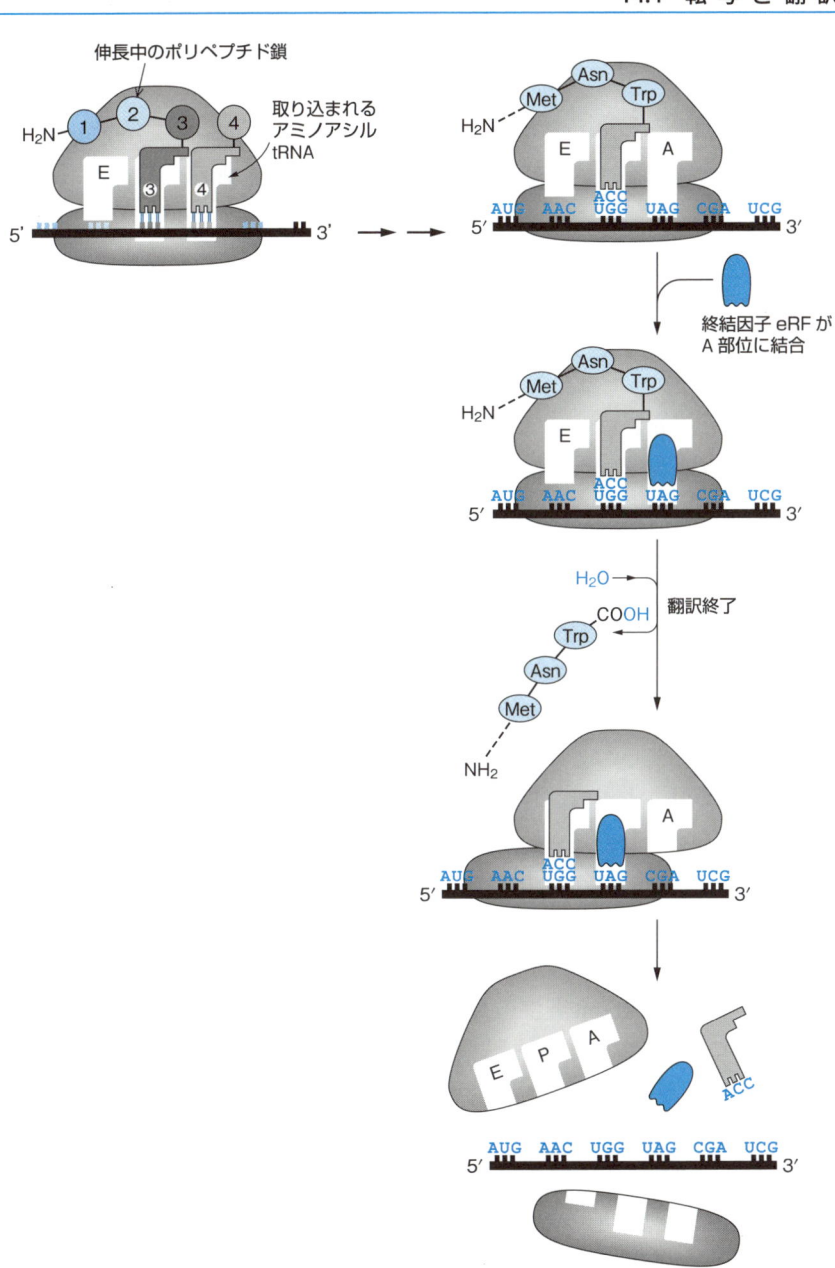

図 14.19 翻訳の終結

[出典：東中川徹，大山隆，清水光弘編：ベーシックマスター分子生物学，p. 215，図 8.14，2006，オーム社より（一部改変）]

アセチル化，メチル化，スモ化[*13]，ADP-リボシル化[*14] などが行われる．

14.4.4　クロマチンによる遺伝情報発現の制御とエピジェネティクス

遺伝子は，発現の時期，組織，量などに関して，厳密な制御を受けている．これにより，さまざまなタンパク質が，さまざまな局面で適切に発現し，そしてそれによって，生命活動の恒常性と連続性が保たれている．遺伝子の発現制御は，翻訳段階でなされることもある（Column「RNA干渉」）が，多くの場合，転写の段階，特に転写開始の段階でなされる．

真核生物遺伝子の転写は，高度に折り畳まれたゲノムの上で起こる．まず，ゲノムがどのように折り畳まれているかを見てみよう．真核生物のゲノムは，塩基性タンパク質の**ヒストン**（histone）を主成分とする，各種タンパク質との複合体の形で核内に納められている．この複合体は**クロマチン**（chromatin）と呼ばれ，**ヌクレオソーム**（nucleosome）という単位構造を多数連ねた構造を基本骨格としている．そしてヌクレオソームは，**H1，H2A，H2B，H3，H4** と呼ばれる各ヒストンと，約 150 bp の DNA で構成されている．具体的には，各 2 分子の H2A，H2B，H3，H4（**コアヒストン**と呼ばれる）が形成する球状の構造体（**ヒストンオクタマー**という）の上に DNA が巻きつき（これを**ヌクレオソームコア**という），コアの両端の DNA を束ねるように H1（**リンカーヒストン**という）が結合して，ひとつのヌクレオソームを形成している（図 14.20）．ヌクレオソーム構造はクロマチンがもっとも弛緩したときに観察され，糸（DNA）の上にほぼ一定の間隔で並んだ粒子のように見える（これを "**beads on a string**" と表現する）．この状態のクロマチンは太さが約 10 nm（ヌクレオソームの直径に相当）の繊維と見なすことができるため，**10 nm クロマチンファイバー**と呼ばれる．間期の細胞核内では，クロマチンは，30 nm 程度の太さの繊維として観察されることが多く，これを **30 nm クロマチンファイバー**と呼んでいる（図 14.21）．

真核生物の遺伝子発現は，10〜30 nm のクロマチンファイバーを舞台とした

[*13] SUMO（small ubiquitin-related modifier）と呼ばれる約 100 アミノ酸のユビキチン様ポリペプチドが，タンパク質のリジンの側鎖に共有結合することによって起こる修飾．ユビキチン化がタンパク質を分解へと導くのと異なり，スモ化は，タンパク質間相互作用やタンパク質の安定化に関与している．なお，スモ化の主な標的は核タンパク質である．

[*14] タンパク質に ADP-リボース残基を付加し，タンパク質機能の制御を行う修飾．転移された ADP-リボースがそのままの状態でいる場合と，重合されてポリマーになる場合があり，それぞれをモノ ADP-リボシル化とポリ ADP-リボシル化と呼ぶ．

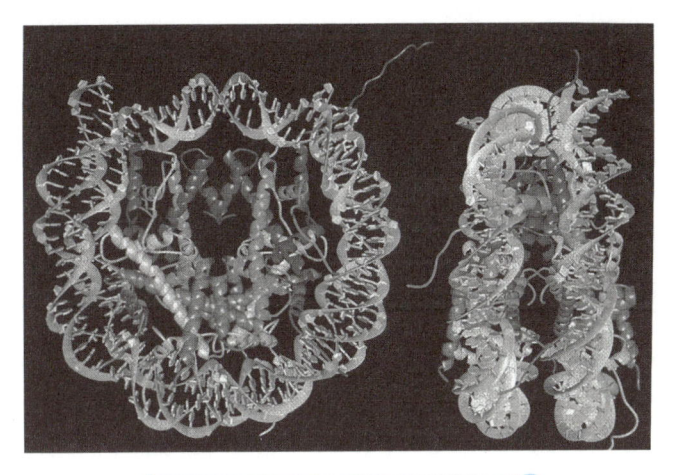

14.4 転写と翻訳

図14.20　ヌクレオソームコアの構造
左：上から見た図，右：横から見た図
(出典：K. Luger *et al*., Nature 389, 251-260, 1997)

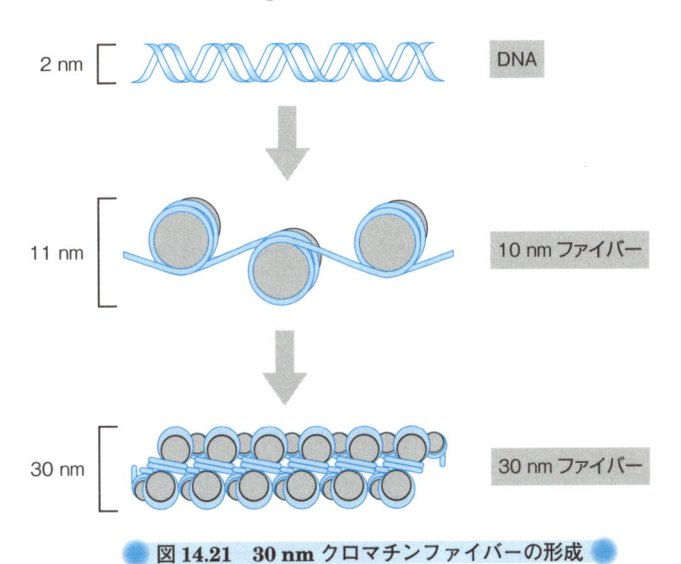

図14.21　30 nm クロマチンファイバーの形成

転写から始まる．クロマチン内のヌクレオソーム構造は，転写開始前複合体の形成に対して阻害的に働く．したがって，クロマチン内で転写が開始されるためには，まずクロマチン構造を局所的に変化させなければならない．14.4.2〔4〕で述べた転写開始の機構は，クロマチン構造が変化し，基本転写因子や RNA ポリメ

ラーゼが結合可能になった後のものである．クロマチン構造を変化させる機構の代表的なものとして，**ヒストンの化学修飾**と**クロマチンリモデリング**（chromatin remodeling）が知られている．ヒストンの修飾は主に**ヒストンテール**（histone tail）と呼ばれるN末端の塩基性領域に起こる．そしてこれまでに，アセチル化，メチル化，リン酸化，ユビキチン化，ADP-リボシル化，スモ化といった修飾があることが知られている．

最近，ヒストンの修飾によってDNAに対するヒストンの親和性が変化したり，その修飾がクロマチンの構造や機能を制御する因子の標的になったりすることが明らかになってきた．この背景の中で，「ヒストンの化学修飾の組合せが暗号（コード）を形成し，そのコードに従って，クロマチンを基盤としたある種の遺伝学的・細胞学的事象が起こる」という**ヒストンコード仮説**（histone code hypothesis）が提唱されている．一般にプロモーター領域のヒストンがアセチル化されると転写活性は上昇し，脱アセチル化されると低下する．アセチル化は**ヒストンアセチル化酵素**（histone acetyltransferase：**HAT**）が行い，脱アセチル化は**ヒストン脱アセチル化酵素**（histone deacetylase：**HDAC**）が行う（図 14.22）．

クロマチンリモデリング複合体（chromatin remodeling complex）と呼ばれるタンパク質の複合体は，ATPの加水分解で得られるエネルギーを用いて，ヌクレオソーム構造の移動や除去などを行い，クロマチン構造を局所的に改変する（この現象を**クロマチンリモデリング**という）．表 14.3 に代表的なクロマチンリモデリング複合体を示す．クロマチンリモデリング複合体は転写制御のほかにも，DNA複製や損傷修復にも関与することが報告されている．また，ヒストンには，アミノ酸配列が一部分だけ異なった分子種が数種類存在することが知られており［これを**ヒストンバリアント**（histone variant）と呼ぶ］，ヌクレオソーム内のヒストンが他の分子種のヒストンに置き換えられることによって，クロマチン構造に変化が生じることも知られている．

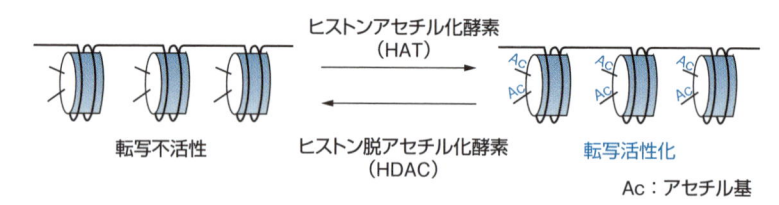

図 14.22　ヒストンのアセチル化・脱アセチル化と転写活性

14.4 転写と翻訳

● 表 14.3 代表的なクロマチンリモデリング複合体とその構成因子 ●

複合体（生物種）	酵素サブユニット	複合体サブユニット
SWI/SNF 複合体（出芽酵母）	Swi2/Snf2	Arp7, Arp9, Swi3, Snf5, Swp73 他
RSC 複合体（出芽酵母）	Sth1/Nps1	Arp7, Arp9, Rsc8, Sfh1, Rsc6 他
INO80 複合体（出芽酵母）	Ino80	Act1, Arp4, Arp5, Arp8, Rvb1, Rvb2, Nhp10 他
SWR1 複合体（出芽酵母）	Swr1	Act1, Arp4, Arp6, Rvb1, Rvb2, Yaf9 他
BRM 複合体（ショウジョウバエ）	Brahma	BAP47, BAP55, BAP155, BAP60 他
NURF 複合体（ショウジョウバエ）	ISWI	NURF301, NURF55, NURF38
CHRAC 複合体（ショウジョウバエ）	ISWI	Acf1, CHRAC16, CHRAC14
SWI/SNF 複合体（ヒト）	Brg1 or hBRM	BAF53/ArpNβ or ArpNα, β-actin, BAF250, BAF60, BAF57 他
hCHRAC 複合体（ヒト）	hSNF2h	hAcf1, hCHRAC17, hCHRAC1
Mi-2 複合体（アフリカツメガエル）	Mi-2	Rpd3, MBD3, RbAp48/46, MTA1-like 他
NuRD 複合体（ヒト）	CHD3/Mi-2α or CHD4/Mi-2β	HDAC1, HDAC2, MBD3, RbAp48/46, MTA1/2 他

　DNA の塩基配列が変更されることなく遺伝子や制御配列の機能が制御される機構がある．このような制御は**エピジェネティック制御**（epigenetic regulation）と呼ばれ，上に述べたヒストン修飾やクロマチンリモデリングもエピジェネティックな制御にかかわっている．また，このような現象（あるいはそれらを扱う学問）は，**エピジェネティクス**（epigenetics）と呼ばれる．エピジェネティクスにより，細胞の複雑な体系の構築や個体の発生が制御されている．大規模ゲノムプロジェクトによってさまざまな生物のゲノム構造（塩基配列）が次々と明らかにされているが，遺伝情報の発現がエピジェネティクスによってどのように制御されているかを解明することが，生命科学のひとつの大きなテーマになりつつある．

Column　RNA 干渉

　1998年,**ファイアー**（A. Z. Fire）と**メロー**（C. C. Mello）は,線虫に二本鎖のRNA（dsRNA：double-stranded RNA）を導入すると,dsRNAの一方の鎖に相同な配列をもつmRNAの機能が阻害されて遺伝子発現が抑制されることを発見した.その後の研究で,この現象は次のような機構で起こることが明らかになった.dsRNAは,線虫の細胞に存在する特定のヌクレアーゼ（**Dicer**）により分解されて約20塩基対の短いdsRNA［**siRNA**（short interfering RNA）と呼ばれる］になる.この二本鎖siRNAはタンパク質と複合体を形成し,その中に含まれるヘリカーゼによって一本鎖に巻き戻された後,一方のRNA鎖が**RISC**（RNA-induced silencing complex）と複合体を形成する.このようにして形成されたRISC複合体は,相補的塩基対形成により標的mRNAに結合し,さらに複合体中に存在するRNA切断活性をもつタンパク質がmRNAを分解する（図参照）.ファイアーとメローによって発見されたこの現象は,**RNA 干渉**（RNA interference：**RNAi**）と呼ばれ,その後の研究で,RNA干渉は真核生物に普遍的に見られる現象であることがわかった.

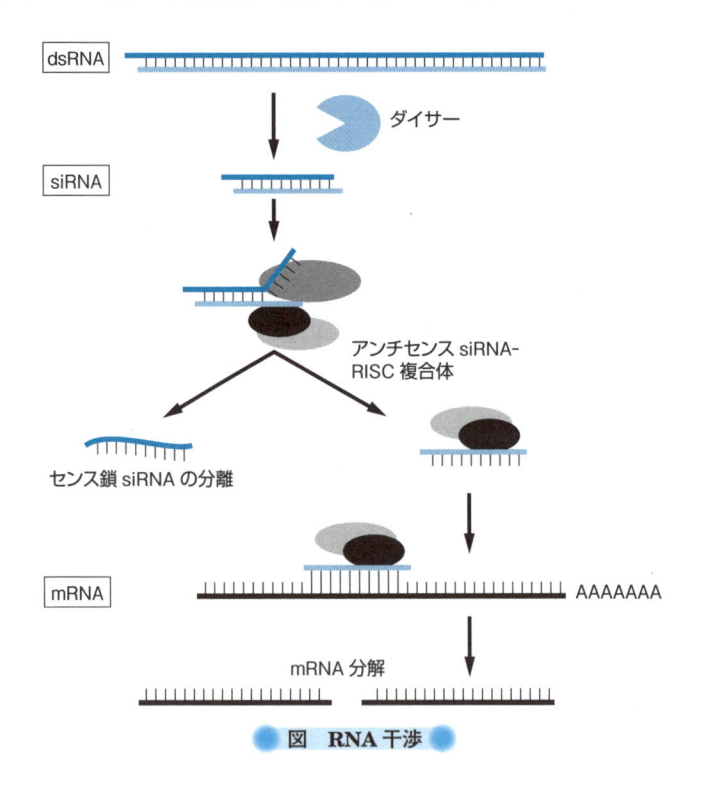

● 図　RNA 干渉

RISCは，人為的に導入されたRNAだけでなく，細胞内で合成されたRNAによっても形成される．真核生物のゲノムからはタンパク質をコードしないRNAも多数転写されていることが知られているが，この種のRNAを含むRISCによって，全遺伝子の30％程度が発現抑制を受けているという予測もある．RNA干渉という現象が発見されたことで，新たな遺伝子発現抑制機構の存在が明らかになった．

RNA干渉は，遺伝子の発現制御だけでなく，RNAウイルスの感染に対する防御機構として，あるいはゲノム内にあるウイルス由来の配列の増幅や移動を抑制する機構としても役立っていると考えられている．このようなRNA干渉の役割は，免疫反応の中で免疫グロブリンが特定のタンパク質に結合して排除する機能とも対比でき，生体防御機構の進化の観点からも興味深い．

RNA干渉は，現在では遺伝子機能の解析に不可欠な手法として，細胞生物学・分子生物学分野で広く用いられている．また，遺伝子治療など，医療分野でも広く利用できる可能性があり，現在盛んに研究されている．なお，ファイアーとメローは，2006年のノーベル医学生理学賞を受賞した．

演習問題

Q.1 DNAの構造にはある特徴があり，それが，同じゲノムを複製できる仕組みの基礎になっている．その特徴とはどのようなものか説明しなさい．

Q.2 DNAとRNAの構造上の相違点について説明しなさい．

Q.3 PCRの反応を25サイクル行った場合，元のDNAは，理論上何倍に増えていると計算されるか．また，耐熱性ではなく，熱で失活してしまうDNAポリメラーゼを用いてDNAを増幅しようとすると，PCRの手順にどのような変更を加えなければならないか．

Q.4 DNA複製における，リーディング鎖とラギング鎖の違いを述べなさい．

Q.5 複製途上にある大腸菌のDNAに放射標識したヌクレオチドを短時間取り込ませた（このような標識実験をパルスラベルと呼ぶ）．この後，標識された一本鎖のDNAの長さを調べたところ，短いもの（1 000〜2 000ヌクレオチド）と，それよりも長いものの二つのグループが検出された．このように，長さの違うDNAが検出された理由を説明しなさい．

Q.6 DNA二本鎖切断の修復における相同組換えと非相同末端結合のそれぞれについて，その長所と短所を述べなさい．

第14章 DNA複製と遺伝子発現

Q.7 細胞から取り出したRNAポリメラーゼおよび基本転写因子を用いて試験管内で転写の反応を行う場合，裸のDNAとヌクレオソームを形成したDNAとでは，どちらが効率的な鋳型となるか答えなさい．また，効率が悪いほうの鋳型からの転写効率を上げるための工夫として，どのようなものが考えられるか答えなさい．

参考図書

1. 東中川徹，大山 隆，清水光弘 共編：ベーシックマスター分子生物学，オーム社（2006）
2. 大澤省三：遺伝暗号の起源と進化，共立出版（1997）
3. B. Alberts 他著，中村桂子，松原謙一 監訳：細胞の分子生物学 第4版，Newton Press（2004）
4. J. D. Watson 著，大貫昌子 訳：ぼくとガモフと遺伝暗号，白揚社（2004）

第15章
シグナル伝達の分子機構

本章について

　単一細胞からなる大腸菌や酵母などの「単細胞生物」に対して，線虫，ショウジョウバエ，メダカ，マウス，ヒトなど複数の細胞から構成される生物を「多細胞生物」と呼ぶ．単細胞生物は，栄養・温度・光など細胞外の環境に応じて，ひとつの細胞が二つに分裂したり，他所へ移動する仕組みをもっている．一方，細胞社会をつくっている多細胞生物では，これらの仕組みに加えて，さらに細胞間のコミュニケーションが必要となる．心臓は一定のリズムで拍動するが，それは心臓を構成する個々の心筋細胞がバラバラではなく同調して拍動するからである．われわれの体にインフルエンザウイルスやマラリア細菌が感染すると，マクロファージやT細胞やB細胞など免疫担当細胞が働き，これら異物の認識・貪食・排除が速やかに行われる．免疫担当細胞がお互い連携しあい，自分の体を傷つけないようにしながら，異物の排除に取り組む．また，脳による手足の筋肉の支配も細胞間コミュニケーションの例である．コミュニケーションとは，「情報のやり取り」であり，生物学ではシグナル伝達（signal transduction）という専門用語で表現される．

　本章では，① 細胞間のコミュニケーションを伝達する神経伝達物質やサイトカイン，ホルモン，細胞増殖因子などの細胞外に存在するシグナル分子が，② 細胞膜上のタンパク質（細胞膜受容体）によって認識され，③ 細胞内に存在するシグナル分子の活性化や新たなシグナル分子（セカンドメッセンジャー）の生成を介して，④ タンパク質の新規の合成（遺伝子発現）を誘導し，⑤ 細胞増殖，分化，移動，形態変化，死など（細胞応答）を引き起こす分子の仕組みについて解説する．

第15章 シグナル伝達の分子機構

15.1 細胞膜受容体

　神経伝達物質やサイトカイン，ホルモン，細胞増殖因子などの細胞外に存在するシグナル分子を認識・結合して，その情報を細胞内に伝える**細胞膜受容体**（cell surface receptor）は，その構造の違いから，少なくとも3種のファミリーに分類できる（図15.1）．第1のグループの**イオンチャネル型受容体**に加えて，第2のグループに**Gタンパク質共役型の受容体**，第3のグループに**キナーゼ関連型受容体**がある．これら細胞膜受容体には，二つの役割がある．ひとつは，細胞外に存在する多種類のシグナル分子から特定のシグナル分子を識別し選択的に結合すること

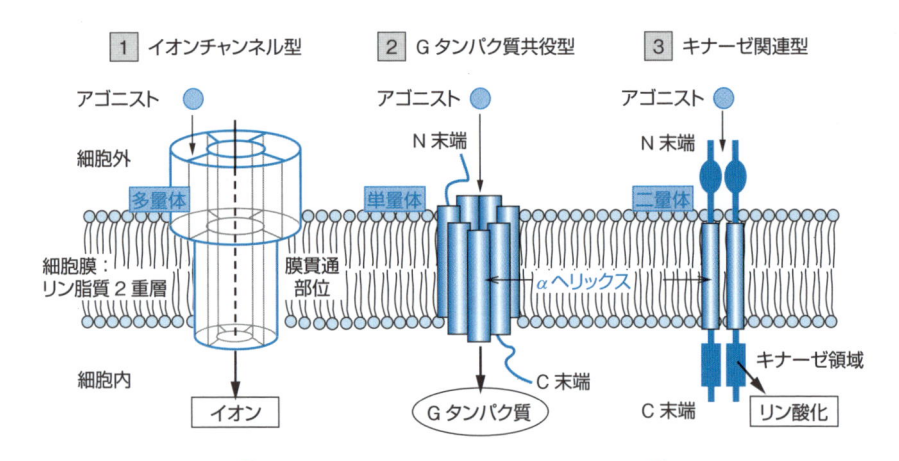

図15.1　細胞膜に存在する受容体の分類

　水溶性の**アゴニスト**（agonist）[*1]を結合する細胞膜受容体は，その構造と細胞内への情報伝達様式の違いから，①イオンチャネル型，②Gタンパク質共役型，③キナーゼ関連型の3種のグループに大別できる．

[*1] アゴニストとは受容体に結合し，受容体の構造変化をもたらし，細胞内に情報を送り込み，種々の生理作用をもたらす分子のことをいう（作用薬とも呼ばれる）．一方，アゴニストと構造が類似するために受容体とは結合できるが，細胞内に情報を送り込むことができない分子を**アンタゴニスト**（antagonist）あるいは遮断薬（blocker）という．薬物として臨床的に有用である．

15.1 細胞膜受容体

である（細胞外の必要な情報のみ取り込む）．もうひとつの役割は，細胞内のシグナル分子を活性化することである（細胞内へ情報を発信する）．

15.1.1 イオンチャネル型受容体

　神経筋接合部（neuromuscular junction）と呼ばれる運動神経が筋細胞上にシナプスを形成している部分では，運動神経から神経伝達物質の**アセチルコリン**（acetylcholine）が放出され，筋細胞上に発現しているアセチルコリン受容体に結合し，筋細胞の膜電位の変化が惹起され，最終的に筋肉の収縮に至る（**図 15.2**）．アセチルコリンが受容体に結合すると，受容体の構造の変化が起こり，チャネル部分が広がり，Na^+ が透過する．細胞外の Na^+ が細胞内に流入すると，細胞膜は脱分極する（細胞の興奮を誘導する）．開いたチャネルは 1 ミリ秒の間に，15 000 〜 30 000 個の Na^+ を透過させることが可能である．ニコチン性アセチルコリン受容体は，5 個のサブユニットからなり，陽イオン（K^+ や Na^+）が透過可能な穴（チャネル）を構成する（**図 15.3**）．類似のイオンチャネル型受容体に，**グルタミン酸**や**セロトニン**を結合する受容体があり，陽イオンチャネル（Na^+，K^+，一部に Ca^{2+} を透過する）を形成して細胞の興奮性機能にかかわっている．一方，陰イオン（Cl^-）チャネルを形成するものとしては，**γアミノ酪酸**（γ-aminobutyric acid：**GABA** または 4-アミノ酪酸）やグリシンを結合する受容体などがあり，興奮性機能とは逆の抑制性機能にかかわっている．

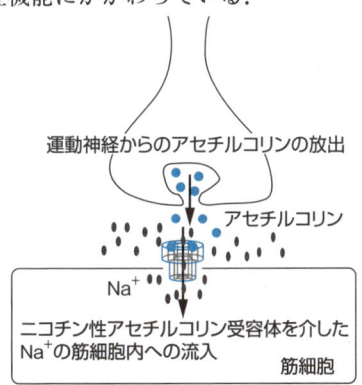

図 15.2　神経筋接合部における細胞間シグナル伝達

　シナプス前細胞である運動神経からアセチルコリンが放出され，シナプス後細胞である筋細胞上のニコチン性アセチルコリン受容体（陽イオンチャネル）に結合し，チャネルを開口させる．その結果，Na^+ が流入し，細胞膜の脱分極という電気シグナルに変換される．

第 15 章　シグナル伝達の分子機構

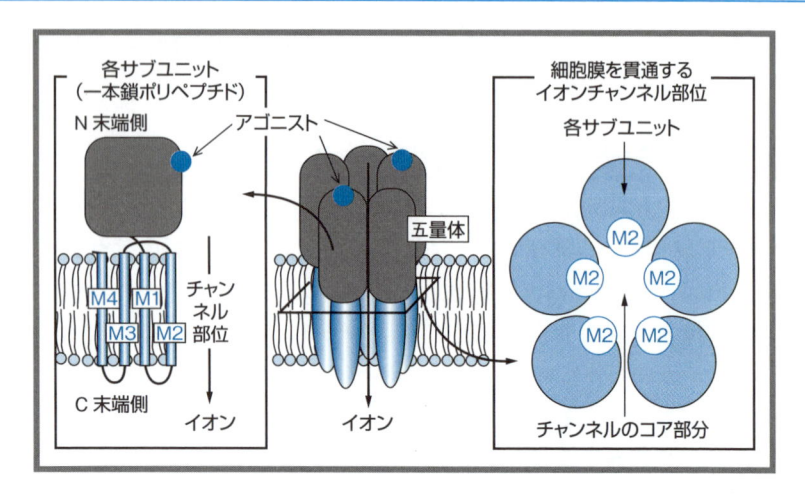

図 15.3　イオンチャンネル型受容体立体構造

　イオンチャンネル型受容体の多くは，アミノ酸配列が互いに相同な五つのサブユニットからなる多量体である．おのおののサブユニットのC末端側には細胞膜を貫通する部位が4か所あり，その2番目の膜貫通部位（M2）がイオンチャンネルの内壁を形成している．アゴニストが結合すると五量体からなる受容体にコンホメーション変化が起こり，チャンネル部位が開口する．

15.1.2　G タンパク質共役型受容体

　神経伝達物質として機能する**アミン類**や多くの**ペプチド性ホルモン**が結合する**G タンパク質共役型受容体**（G protein-coupled receptor：GPCR）は，**図 15.4** のように細胞膜を貫通する部位が7か所存在し，細胞膜の裏側でGタンパク質と結合している．GPCRは大きなファミリーを形成しており，ヒト遺伝子約 2.5 万のうち 1 000 種類近く（約 3%）を占める．約 400 種は嗅覚神経細胞に特異的に発現する匂い分子に対する受容体であり，残りの約 400 種が血流などを介して運ばれる細胞外シグナル分子を認識するものと考えられている．GPCR は創薬の標的としてきわめて重要な位置を占めており，流通している既存の医薬品の半数近くが何らかの GPCR に結合し，情報の伝達を抑制する［**遮断薬，ブロッカー**（blocker）］．機能が不明な GPCR も数多く残されており，これら受容体に対する遮断薬の同定は，新しい医薬品の開発につながる可能性が高い．

　受容体刺激のシグナルを細胞内に伝達するGタンパク質は，α, β, γ と略記される3種類のサブユニットからなる．Gタンパク質は α サブユニット（約 40 kDa）

15.1 細胞膜受容体

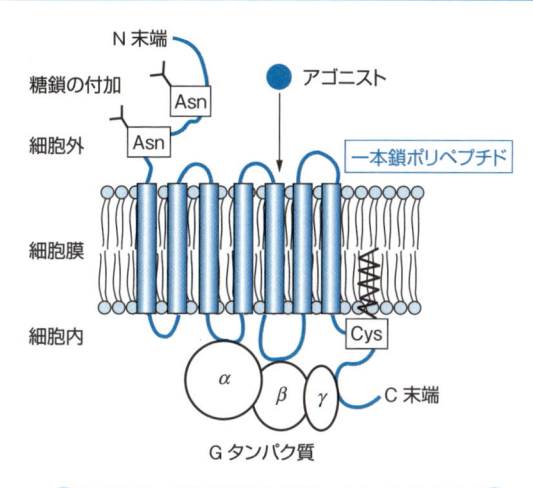

図 15.4 Ｇタンパク質共役型受容体の構造

Ｇタンパク質共役型受容体には細胞膜を貫通する部位が 7 か所あり，アゴニストが受容体に結合すると，三量体からなる Ｇタンパク質が活性化されて細胞内に情報が伝達される．

の違いから，G_s，G_i，G_o，G_q，G_t などのタイプに分類される．Ｇタンパク質の標的となる分子は，GTP 結合型の α サブユニットあるいは $\beta\gamma$ サブユニット複合体によって活性化される．$\beta\gamma$ サブユニット複合体は，K^+ や Ca^{2+} チャンネルと結合して，イオンチャンネルの開閉を制御する．後述するアデニル酸シクラーゼは GTP と結合した α サブユニットによって活性化される．

15.1.3 キナーゼ関連型受容体

細胞外に分泌される細胞増殖因子あるいは細胞分化誘導因子と結合する受容体の中には，その C 末端の細胞質側にタンパク質をリン酸化する酵素（プロテインキナーゼ）活性を有する受容体やそれ自身にはキナーゼ活性がないものの細胞質内のキナーゼをリクルートするものが存在する（図 15.1）．細胞外の情報をタンパク質のリン酸化という化学反応に変換し，細胞内に情報を伝えるタイプの受容体であることから**キナーゼ関連型受容体**として分類される．リン酸化とシグナル伝達系に関しては後述する．

第 15 章　シグナル伝達の分子機構

15.2　細胞内に生成されるセカンドメッセンジャー

膵臓のランゲルハンス島から分泌されるホルモンである**グルカゴン**や副腎髄質から分泌される**エピネフリン**は，肝グリコーゲン分解の促進や末梢組織でのグルコースの取込みを抑制して血糖値を上昇させる．これらのホルモンはそれらに特異的な受容体に結合し，細胞内に情報を伝達する．**サザーランド**（E. W. Sutherland）は1960年代の初めに，細胞内 ATP から新たに生成されるシグナル分子，**サイクリック AMP**（cyclic AMP：**cAMP**）を発見した（図 15.5）．彼はホルモンによる細胞膜受容体の刺激を第1段階，それ以降を第2段階と考えて，細胞内で新たに生成されるシグナル分子（cAMP）を**二次メッセンジャー**あるいは**セカンドメッセンジャー**（second messenger），これに対して細胞外で作用するホルモン（グルカゴンやエピネフリン）を**一次メッセンジャー**（first messenger）と呼ぶ，**セカンドメッセンジャー学説**を提唱した．その後の研究から，cAMP に加えて，GTP から生成される**サイクリック GMP**（cyclic GMP：**cGMP**），また，細胞膜を構成する

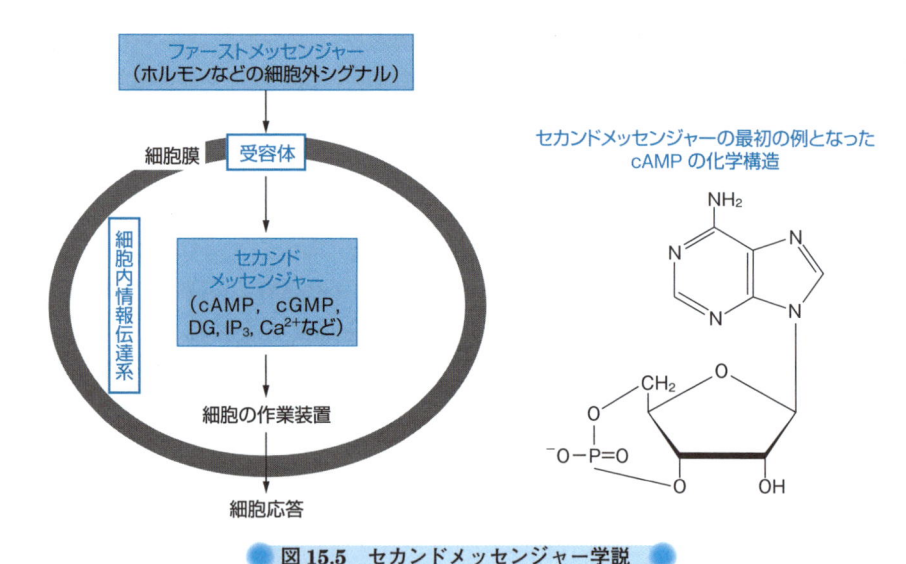

図 15.5　セカンドメッセンジャー学説

左：細胞外で作用するホルモンなどをファーストメッセンジャー，これに対して細胞内で作用する cAMP などをセカンドメッセンジャーとする考え（セカンドメッセンジャー学説）．
右：cAMP の構造．

15.2 細胞内に生成されるセカンドメッセンジャー

イノシトールリン脂質から生成するジアシルグリセロール（diacylglycerol：**DG**）と**イノシトール 1,4,5-トリスリン酸**（inositol-1,4,5-trisphosphate：**IP$_3$**），さらに**カルシウムイオン**（calcium ion：Ca^{2+}）などが，セカンドメッセンジャーのカテゴリーに含まれる分子として知られるようになった．Ca^{2+} は受容体刺激に伴って細胞内小器官のひとつである小胞体から遊離し，また時には細胞外からも流入してその細胞内濃度を上昇させる．一方，アルギニンから生成される**一酸化窒素**（nitric oxide：NO）は，細胞間を移動して異なる細胞内の cGMP 合成酵素である**グアニル酸シクラーゼ**（guanylyl cyclase）を活性化し，cGMP の生成を誘導する．すなわち，NO の作用機構は，細胞内で新たに生成されて同じ細胞で作用する cAMP や cGMP 環状ヌクレオチドなどの場合とは異なる．シグナル伝達経路の研究が進み，ほかにも脂質メディエーターなどの重要な細胞内低分子物質も見いだされてきており，シグナル伝達における"セカンドメッセンジャー"という用語の示す中味は拡大している．

15.2.1 サイクリック AMP

グルカゴンやエピネフリンなどのホルモンが肝臓や筋肉にあるそれらに特異的な細胞膜受容体に結合すると，そのシグナルは細胞膜の内側に存在する G タンパク質 G$_s$ を介してアデニル酸シクラーゼに伝達され，ATP から cAMP が生成される．細胞内で増加した cAMP は，**プロテインキナーゼ A**（protein kinase A）[**A キナーゼ**（A kinase）とも呼ばれる]に結合してそのキナーゼ活性を上昇させ，グリコーゲンの分解と合成系にかかわる酵素（グリコーゲンホスホリラーゼキナーゼやシンターゼ）をリン酸化し，グリコーゲンからのグルコース産生が促進され，細胞外にグルコースが遊離される．

cAMP は種々の細胞においてきわめて多様な生理作用を示すが，これは A キナーゼの標的となる基質タンパク質が細胞の種類によって異なるためである．脂肪細胞においては脂質代謝にかかわる酵素が A キナーゼによってリン酸化され，遊離脂肪酸やグリセロールが産生される．cAMP は，細胞質に存在する **cAMP ホスホジエステラーゼ**（cAMP phosphodiesterase）によって 5′-AMP にまで分解され，不活性化される．それゆえ，cAMP ホスホジエステラーゼの阻害薬（**カフェインやテオフィリン**）は，細胞内 cAMP 濃度を高いままに保つため，シグナル伝達が持続する結果となる．その結果，中枢興奮，利尿，気管支拡張，強心，血管拡張などの多彩な薬理作用が生じる（図 15.6）．

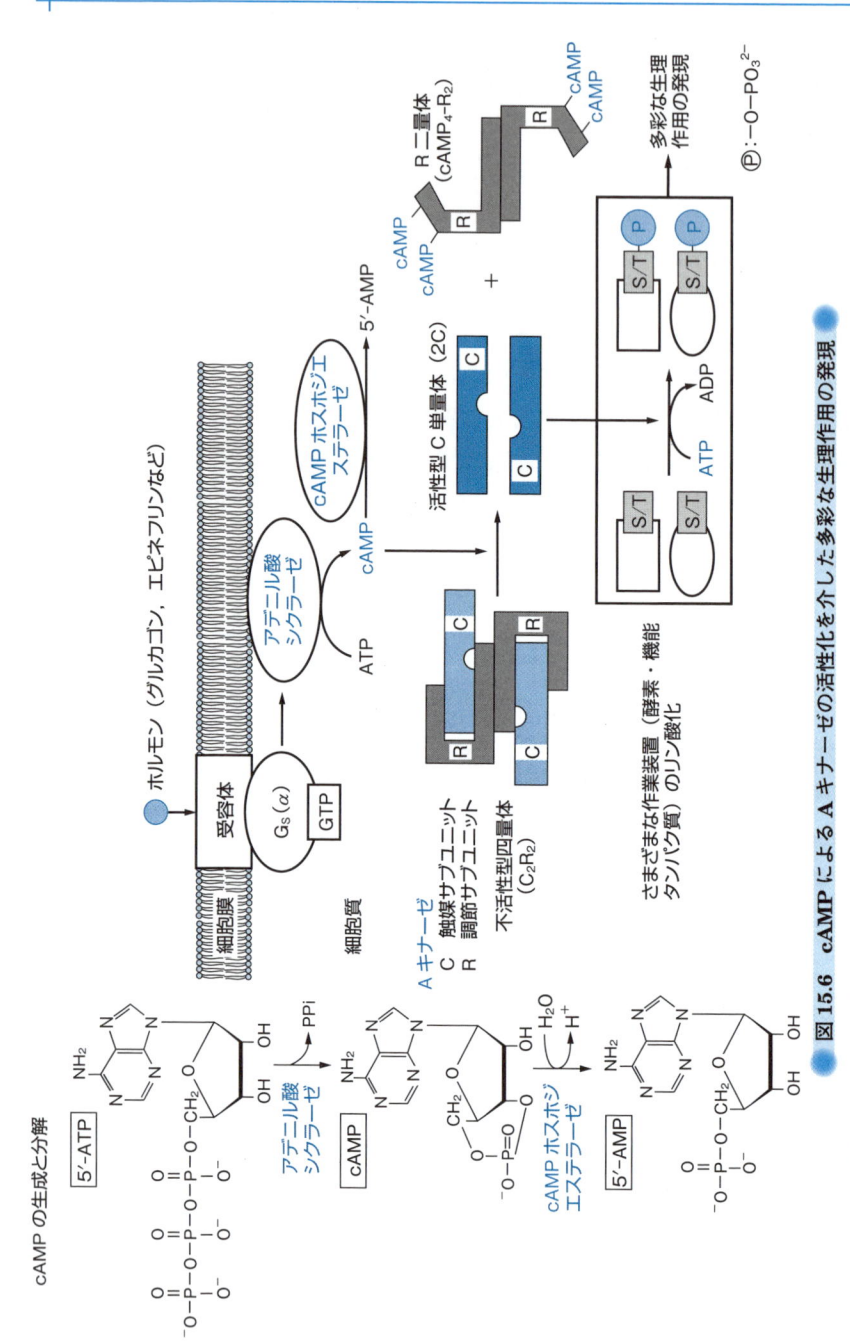

第15章 シグナル伝達の分子機構

● 図15.6 cAMPによるAキナーゼの活性化を介した多彩な生理作用の発現

受容体の刺激に応答し、アデニル酸シクラーゼが、アデニル酸シクラーゼの活性化によって細胞内で増加したcAMPは、Aキナーゼの調節サブユニットに結合して触媒サブユニットCを解離する。こうして活性化されたAキナーゼの触媒サブユニットCは、細胞内のさまざまな機能タンパク質のSer/Thr残基をリン酸化し、多彩な生理作用を細胞に発揮させる。

Ⓟ：$-O-PO_3^{2-}$

15.2.2　ジアシルグリセロールとイノシトール 1,4,5-トリスリン酸

セカンドメッセンジャーであるジアシルグリセロール（DG）とイノシトール 1,4,5-トリスリン酸（IP_3）は，酵素ホスホリパーゼ C（phospholipase C：**PLC**）により，イノシトールリン脂質のホスファチジルイノシトール 4,5-ビスリン酸（PIP_2）から生成される（**PI レスポンス**と呼ばれる）．生成された DG は，Ca^{2+} とリン脂質を要求する**プロテインキナーゼ C**（protein kinase C，**C キナーゼ**あるいは PKC とも略称される）を活性化して種々の生理応答を発揮させる．一方の IP_3 は小胞体に存在する特異的な **IP_3 感受性 Ca^{2+} チャンネル**［IP_3-sensitive Ca^{2+} channel，IP_3 受容体（**IP_3 receptor**）］に結合して，Ca^{2+} の放出を促進する．し

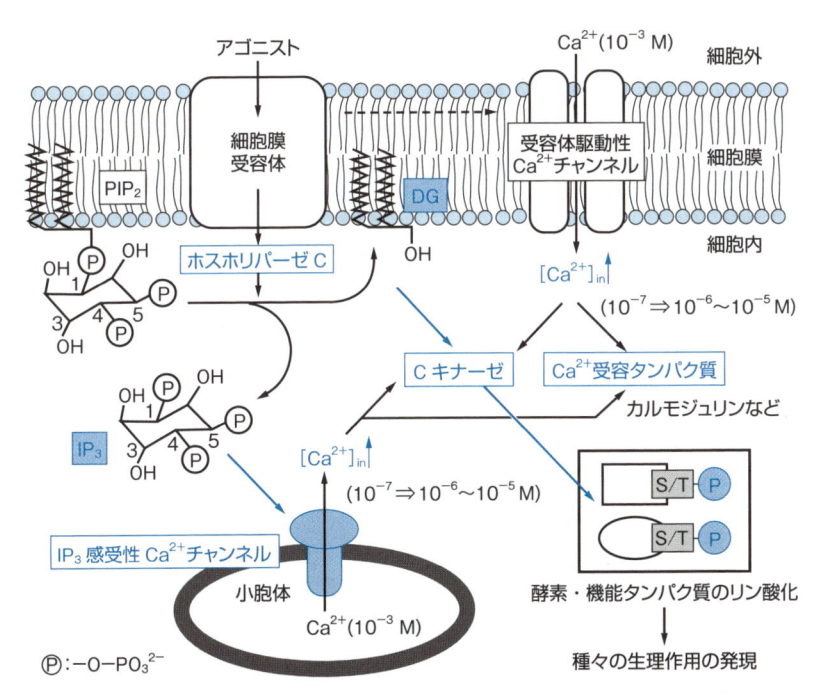

図 15.7　PI レスポンスと Ca^{2+} を介する細胞内シグナル伝達系

受容体の刺激に応答してホスホリパーゼ C が活性化され，細胞内で PIP_2 から DG と IP_3 が産生される．DG は C キナーゼを活性化して細胞内のさまざまな酵素や機能タンパク質の Ser/Thr 残基をリン酸化する．一方の IP_3 は小胞体の Ca^{2+} チャンネル（IP_3 受容体）に結合して，細胞内の Ca^{2+} 濃度を上昇させる．なお，Ca^{2+} は細胞外からも流入する．細胞内で上昇した Ca^{2+} はカルモジュリンなどの Ca^{2+} 受容体タンパク質と結合して，種々の生理作用を発現する．

たがって，DG→Cキナーゼ系とIP$_3$→Ca^{2+}チャンネル系という二つの細胞内シグナル伝達経路を介して生理応答が発揮される（図 15.7）．DGとの結合によって活性化されたCキナーゼは，標的タンパク質のセリンまたはスレオニン残基をリン酸化する．これらの研究成果から，発がんプロモーターである**ホルボールエステル 12-O-テトラデカノイルホルボール-13-アセテート**（**TPA**）の作用機序が明らかになった．TPAはその構造の一部がDGと類似しているため，Cキナーゼを強く活性化することが可能である．その結果，強力な発がんプロモーター活性を発揮することが明らかになった．

15.2.3　カルシウムイオン（Ca^{2+}）

静止期にある細胞の細胞質内Ca^{2+}濃度は，一般に10^{-7}～10^{-6} M(mol/l)であり，細胞外の濃度（10^{-3} M）と比べて著しく低い．一方，細胞内小器官である小胞体やミトコンドリアの内側のCa^{2+}濃度は10^{-3} Mであり，細胞外と同じ程度に高い．細胞はこの1 000～10 000倍の大きな濃度勾配の差を，シグナル伝達に有効利用している．細胞膜受容体刺激の中には，先に述べたPIレスポンスの結果，細胞膜あるいは細胞内小器官に存在するCa^{2+}チャンネルを活性化するものがあり，細胞質内のCa^{2+}濃度は10^{-5} M程度にまで急速に上昇する．細胞内で上昇したCa^{2+}は，種々のCa^{2+}受容タンパク質に結合し，その活性を制御する．筋肉細胞の**トロポニンC**（troponin C）はCa^{2+}を受容するタンパク質の代表的な例であり，骨格筋の収縮運動に関与している．また，非筋肉細胞ではトロポニンによく似た**カルモジュリン**（calmodulin：**CaM**）と呼ばれるCa^{2+}受容タンパク質が存在する．カルモジュリンの分子内には四つのCa^{2+}結合部位（EFハンド）があり，細胞内のわずかなCa^{2+}濃度の上昇でそのコンホメーションを転換させることが可能である（図 15.8）．Ca^{2+}濃度の上昇によって生成したCa^{2+}-カルモジュリン複合体は，さらに別のタンパク質と相互作用してその機能を調節する．Ca^{2+}-カルモジュリン複合体は，平滑筋の運動に関与するミオシン軽鎖のリン酸化酵素（ミオシン軽鎖キナーゼ），神経組織に存在するキナーゼⅡ，さらにcAMPホスホジエステラーゼやNO合成酵素などとも結合し，それらの酵素活性を調節している．また，Ca^{2+}-カルモジュリン複合体は酵素の活性化だけでなく，細胞骨格関連タンパク質とも結合して微小管の重合などを調節している．

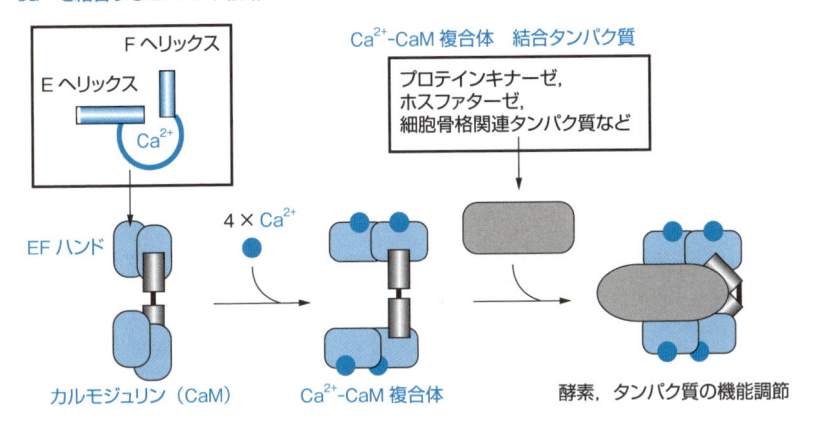

15.2 細胞内に生成されるセカンドメッセンジャー

図15.8 細胞内 Ca^{2+} の濃度上昇を感知する Ca^{2+} 受容タンパク質：カルモジュリン

カルモジュリンには四つの EF ハンドと呼ばれる Ca^{2+} 結合部位がある．Ca^{2+} が結合したカルモジュリンはその構造を変化させ，ほかのタンパク質や酵素とさらに結合してそれらの機能を調節する．

15.2.4 cGMP と一酸化窒素（NO）

セカンドメッセンジャー cGMP はグアニル酸シクラーゼ（guanylyl cyclase）によって GTP から生成されるが，この cGMP 生成酵素として2種が知られている（図15.9）．ひとつはペプチドホルモン受容体であり，細胞外領域に**心房性ナトリウム利尿ペプチド**（atrial natriuretic peptide：**ANP**）が結合すると，同じ受容体の細胞質側にあるグアニル酸シクラーゼ触媒領域が活性化されて cGMP を生成する．もうひとつの酵素は，細胞質に存在し，一酸化窒素 NO によって活性化される．この可溶性酵素は α と β サブユニットからなるヘテロ二量体で，両サブユニットの間にヘム分子を結合している．ヘムに NO が結合すると酵素のコンホメーションが変化して，触媒領域が活性化される．生成された cGMP は，リン酸化酵素である G キナーゼと結合して，そのリン酸化活性を上昇させる．このようにシグナルは形を変えて次々と伝達される．近年注目されている**勃起不全治療薬**の**シルデナフィル**（バイアグラ®）は cGMP に特異的なホスホジエステラーゼの阻害薬である．細胞内で増加した cGMP は，ホスホジエステラーゼによって 5′-GMP に分解されて不活性化されるが，バイアグラ処置によって，細胞内の cGMP は分解を受けず，その活性は持続しシグナルは伝達される．

第15章　シグナル伝達の分子機構

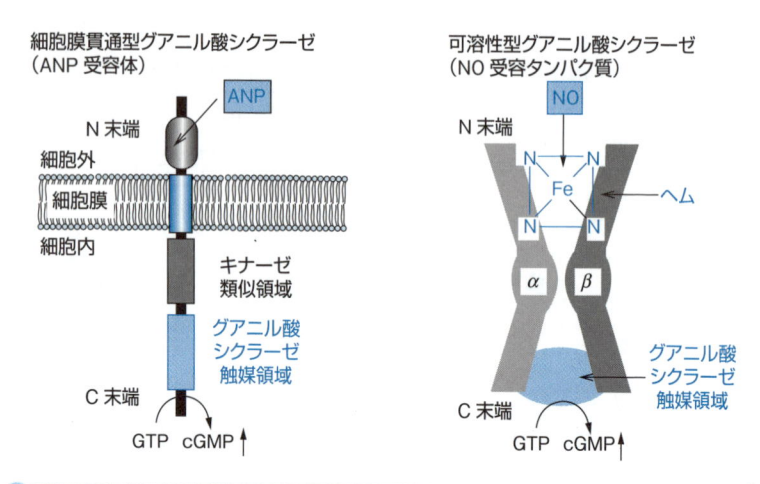

図15.9　cGMPを生成する細胞膜貫通型と可溶性型のグアニル酸シクラーゼ

GTPからcGMPを生成するグアニル酸シクラーゼには，ANP受容体として機能する細胞膜1回貫通型と細胞質にあってNOで活性化される可溶性型の2種が知られている．

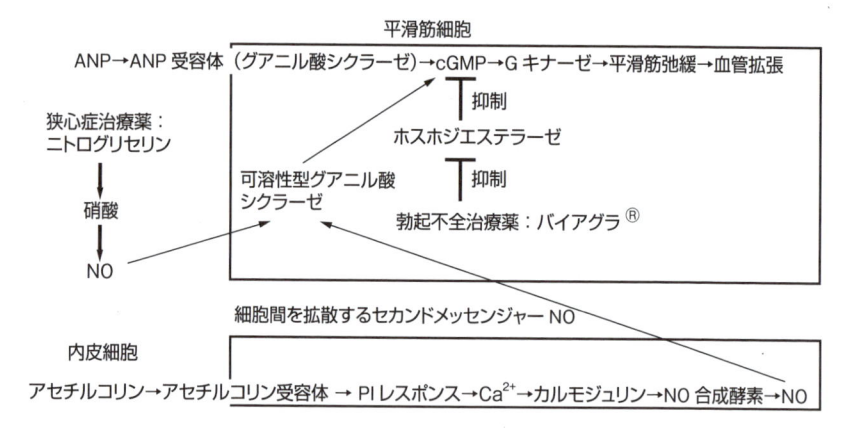

図15.10　血管拡張にかかわるシグナル伝達系

細胞間を拡散可能なセカンドメッセンジャーNOによって，可溶性型グアニル酸シクラーゼは活性化され，血管拡張に至るシグナル伝達系が作動する．

アルギニンと酸素から産生される気体のセカンドメッセンジャー NO は，その寿命が数十秒以内と短いものの，多くの局所的な細胞間作用において重要な役割を果たしている．そのよい例は血管平滑筋の収縮調節にある．収縮血管を覆う内皮細胞にアセチルコリンが結合すると，Ca^{2+}-カルモジュリン経路を介して NO 合成酵素が活性化され，NO が生成する．生じた NO は内皮細胞から近くの平滑筋細胞の内側にまで拡散し，グアニル酸シクラーゼを活性化し cGMP が生成される．その結果，平滑筋が弛緩して血管を拡張させる．**狭心症治療薬**に用いられる**ニトログリセリン**の血管拡張作用は，NO の生成を介した上記の機序による（**図 15.10**）．

15.3 タンパク質のリン酸化とシグナル伝達

細胞外シグナルを認識する細胞膜受容体は，少なくとも 3 種のファミリーに分類できることを先に述べた．① イオンチャンネル型，② G タンパク質共役型の受容体に加えて，③ キナーゼ関連型受容体である．受容体刺激がタンパク質をリン酸化する酵素（プロテインキナーゼ）の活性化を指令してその情報を細胞内に伝達する ③ に属する受容体タンパク質の多くは，疎水性のアミノ酸が 20 数残基からなる細胞膜貫通部位を 1 か所もち，細胞外シグナル分子を結合する N 末端側を細胞の外側に向けて細胞膜に埋め込まれている．この受容体ファミリーは，さらに以下に述べるいくつかのタイプに分類できるが，いずれの場合も，受容体それ自身の分子内またはそれに会合しているほかの分子に，タンパク質のチロシン残基またはセリン/スレオニン残基を**リン酸化する酵素活性部位**（キナーゼドメイン）が存在する．受容体刺激のシグナルは，このキナーゼ領域の活性化を介して，主に遺伝子発現に向かう経路に伝達される．

15.3.1 チロシンキナーゼ受容体

細胞の増殖を促進あるいは抑制する因子（growth factor）や分化を誘導あるいは抑制する因子（differentiation factor）を結合する受容体の中には，**チロシンキナーゼ受容体**（tyrosine kinase receptor）と呼ばれるタイプがある．このタイプの受容体はその C 末端側細胞内に，タンパク質のチロシン残基を特異的にリン酸化する酵素**チロシンキナーゼ**（tyrosine kinase）の活性部位をもつ（**図 15.11**）．チロシンキナーゼ受容体に属するメンバーとして，**上皮増殖因子**（epidermal

第15章 シグナル伝達の分子機構

(a) 受容体の二量体化による交差リン酸化　(b) アダプターの結合を介する細胞応答

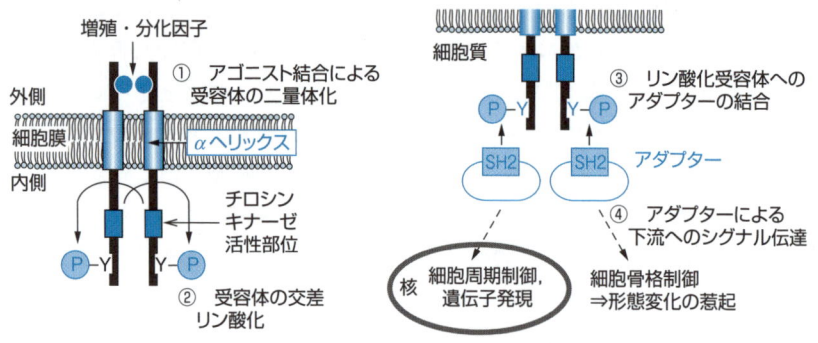

図15.11　チロシンキナーゼ活性を内在する細胞膜受容体の機能

　チロシンキナーゼ受容体は，① 細胞外シグナル分子の結合によって二量体化し，② そのC末端側細胞質内に存在するチロシンキナーゼが相手の受容体を交差リン酸化する．その結果，③ 受容体のチロシンリン酸化された部位に，別種のタンパク質（アダプター）がそのSH2領域を介して結合し，④ 結合したアダプターが下流にシグナルを伝達する．このタイプの受容体刺激は，核への遺伝子発現と細胞骨格の制御を介して，細胞に増殖や分化をもたらす場合が多い．Ⓟ：-O-PO$_3^{2-}$

growth factor：**EGF**），**血小板由来増殖因子**（platelet-derived growth factor：**PDGF**）や**インスリン**（insulin）などの受容体が知られている．細胞外シグナル分子が受容体に結合すると，受容体は構造が変化して二量体化し，お互いがその内在するチロシンキナーゼドメインを用いて，相手側のチロシン残基を交差リン酸化する．受容体内でチロシンリン酸化された部位は，さらに別種の細胞内タンパク質によって認識されてそれと会合する．この結合タンパク質を一般に**アダプタータンパク質**（adaptor protein）と呼ぶ．アダプタータンパク質はチロシンリン酸化された近傍の配列を認識する特異的な領域を有する．その代表的なものに，**Src homology 2（SH2）領域**や **phospho-tyrosine binding（PTB）領域**がある．さらにプロリンに富む配列を認識する **Src homology 3（SH3）領域**やイノシトールリン脂質，Gタンパク質βγサブユニット複合体を認識する **pleckstrin homology（PH）領域**と呼ばれる結合部位があり，これらを介して，ほかのタンパク質と会合して下流にシグナルを伝達する．

　本タイプの受容体は，細胞の増殖（DNA複製を伴う細胞周期の進行）や分化（特定の遺伝子の発現）に加えて，細胞骨格系を介した形態変化の制御も同時に行

う．細胞の増殖と分化は細胞数の増加と新しい機能をもった細胞の誕生であり，こうした環境の変化に対応するために細胞の形態変化や移動が必要となる．したがって，このタイプの受容体が二つの細胞応答を発揮させることはきわめて合理的であり，それは受容体に結合したアダプタータンパク質のシグナルが両方の経路に向けられていることによる．増殖・分化の応答は転写因子の活性化を含む核内の装置によって，一方の形態変化は低分子量Gタンパク質（Rho）などが介在する細胞骨格系の制御によって仲介される．

15.3.2　細胞質のチロシンキナーゼと会合する細胞膜1回貫通受容体

　チロシンキナーゼ受容体と構造的に類似した受容体に，分子内に直接チロシンキナーゼドメインをもたない細胞膜1回貫通型がある．このタイプの受容体も細胞外シグナル分子の結合によって同じように二量体化し，細胞質に存在するチロシンキナーゼ（非受容体型チロシンキナーゼ）をリクルートする．図 15.12 にその代表的な例として**成長ホルモンの受容体**を示した．受容体の二量体化によって会合した非受容体型チロシンキナーゼの **Janus kinase（JAK）**は，交差リン酸化されて活性型となり，受容体あるいは別の細胞質タンパク質をリン酸化する．JAK

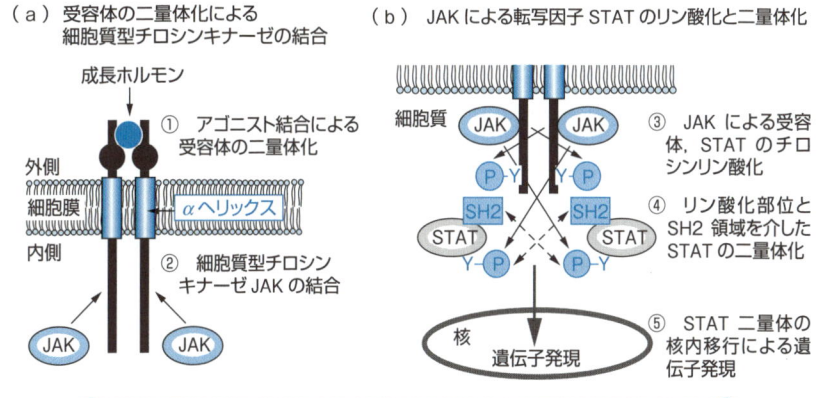

図 15.12　細胞質チロシンキナーゼと結合する細胞膜受容体の機能

　このタイプの受容体は，① アゴニストの結合によって二量体化し，② その C 末端側細胞内部位に，細胞質型チロシンキナーゼ（JAK など）をリクルートする．③ 受容体に結合したチロシンキナーゼ JAK が受容体を交差リン酸化すると，転写因子 STAT がその SH2 領域を介して結合し，④ STAT をリン酸化する．チロシンリン酸化された STAT はほかの STAT 分子の SH2 領域と結合し，安定な STAT 二量体を形成する．⑤ STAT 二量体は核内に移行して転写因子として機能し，遺伝子発現を制御する．Ⓟ：$-O-PO_3^{2-}$

がリン酸化するタンパク質のひとつに SH2 領域をもつ **signal transducer and activator of transcription**（**STAT**）と呼ばれる転写因子があり，チロシンリン酸化された STAT は別の STAT にある SH2 によって認識され，安定な STAT ホモ二量体を形成する．二量体化した STAT には DNA 結合能があり，細胞膜近傍から核内に移行して遺伝子発現を引き起こす．JAK 以外の非受容体型チロシンキナーゼとして，**がん遺伝子産物**として有名な Src が知られている．細胞質型のチロシンキナーゼを介してシグナルを伝達するほかの細胞膜受容体に，**インターロイキン**（interleukin：**IL**）やインターフェロンなどの免疫を制御する受容体がある．また，コラーゲンやフィブロネクチンなどの細胞外マトリックスと結合する**細胞接着因子の受容体**（インテグリンファミリーなど）も，このタイプに属している．

一方，細胞膜受容体の中には，チロシンキナーゼの代わりにセリン/スレオニンキナーゼの活性部位をもつタイプも存在する．その代表的な例が **transforming growth factor**（**TGF**）**β 受容体**である．TGFβ がこの受容体に結合すると **Smad** と呼ばれる転写因子群がリン酸化され，二量体化した Smad が核に移行して遺伝子発現を引き起こす．TGFβ は**アクチビン，インヒビン**やミュラー管抑制因子などとともにファミリーを形成しており，胚発生の初期過程で重要な役割を果たしている．

15.3.3 チロシンリン酸化によって発動する細胞内シグナル伝達系

細胞膜受容体または細胞質のチロシンキナーゼによってリン酸化された基質タンパク質は，次の細胞内シグナル伝達系を指令する．転写因子が直接リン酸化される場合には，先に述べたようにチロシンリン酸化された分子が二量体を形成して核内へと移行し，転写因子として遺伝子発現を制御する．一方，受容体分子自身あるいはアダプタータンパク質がチロシンリン酸化された場合には，**図 15.13** に示すように，そこを足場に SH2 や PTB 領域をもつ別種のシグナル分子が特異的にリクルートされて会合する．この様式で遺伝子発現に向かう代表的な経路に，後述する **Ras-MAP キナーゼ系**がある．この経路では，Grb2 や IRS と呼ばれる分子がアダプターとして利用され，低分子量 G タンパク質の一員である Ras を活性化して，**MAP キナーゼカスケード**（MAP kinase cascade）にそのシグナルを伝達する．

EGF や PDGF の受容体がチロシンリン酸化されると，**アダプター分子 Grb2** がその SH2 領域を介して結合し，さらに Grb2 の SH3 領域を介して結合した Sos を活性化する．Sos は Ras に対してグアニンヌクレオチド交換因子として作用し，

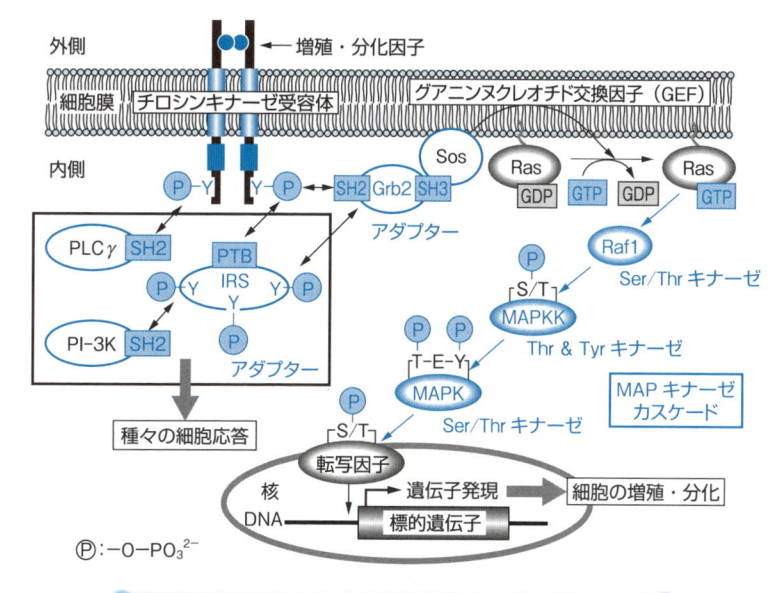

15.3 タンパク質のリン酸化とシグナル伝達

図 15.13　チロシンリン酸化と細胞内シグナル伝達経路

受容体それ自身やアダプター分子がチロシンリン酸化されると，そこを足場に SH2 や PTB 領域をもつほかのタンパク質や酵素がリクルートされ，細胞内にさまざまな情報が伝達される．この中で，Ras-MAP キナーゼ系は遺伝子発現に向かう代表的な経路である（図の右側）．アダプター Grb2/Sos の作用で生じた活性型の Ras（GTP 結合型）は，MAP キナーゼカスケードを介して最終的にはいくつかの転写因子の Ser/Thr 残基をリン酸化し，細胞の増殖や分化を制御している．

GDP 結合型 Ras を GTP の結合した活性化型に転換させる．インスリン受容体の場合には，アダプターとして **IRS** がその PTB 領域を介してチロシンリン酸化された受容体の部位にまず結合し，次いでチロシンリン酸化された IRS に Grb2 が結合する．チロシンキナーゼ受容体や IRS などのアダプター分子には，Grb2 が結合する部位以外にもチロシンリン酸化される部位が複数存在する．それらのリン酸化部位は SH2 領域をもつ酵素をリクルートして活性化し，受容体刺激に固有のシグナルを伝達している．EGF や PDGF の受容体に結合するホスホリパーゼ C（PLC）の γ タイプやイノシトールリン脂質（PI）の 3 位水酸基をリン酸化する脂質 3-キナーゼの **PI-3 キナーゼ（PI-3K）** がその代表的な例である．PLC の活性化は PI レスポンスを介して，DG → C キナーゼ系と IP_3 → Ca^{2+} チャンネル系という二つの情報伝達系を動員する．一方の PI-3K はホスファチジルイノシトール 3,4,5-トリスリン酸（PIP_3）を生成して，セリン/スレオニンキナーゼの**プロテインキナー**

ゼB（Bキナーゼあるいは**Akt**ともいう）を活性化する．Bキナーゼはグリコーゲン合成にかかわる酵素を含む多くの分子の機能を調節するが，インスリンが示す多彩な生理作用は，アダプターIRSやBキナーゼの下流が多様に分岐していることに起因している．

15.3.4　細胞の増殖・分化を制御するMAPキナーゼカスケード

　種々の分裂促進因子（mitogen）の刺激によって共通に活性化されるセリン/スレオニンキナーゼに，**MAPキナーゼ**（mitogen-activated protein kinase：**MAPK**）がある（図15.13）．約40 kDaのMAPキナーゼ分子内には種を越えてよく保存されたアミノ酸配列（Thr-Glu-Tyr：TEY）が存在し，そのスレオニン残基とチロシン残基の両方がリン酸化されてはじめて活性型に転換する．この両アミノ酸残基はその上流に位置する約45 kDaの**MAPキナーゼキナーゼ**（**MAPKK**）によってリン酸化される．MAPKKはスレオニン残基とチロシン残基をともにリン酸化できるユニークなキナーゼ（dual-specificity kinaseという）で，MAPキナーゼを唯一の基質としている．MAPKKはその分子内にある二つのセリン残基のリン酸化によって活性化されるが，このリン酸化はさらに上流のセリン/スレオニンキナーゼによって仲介される．MAPKKをリン酸化するセリン/スレオニンキナーゼをMAPキナーゼキナーゼキナーゼ（**MAPKKK**）と総称しているが，Gタンパク質RasによってキナーゼRaf1はこのMAPKKKファミリーの一員である．MAPキナーゼは細胞増殖以外にも細胞の分化や細胞周期の制御などのさまざまな細胞応答を伝達するが，これは，MAPKKがRaf1以外に細胞周期の制御にかかわるさまざまなMAPKKKによって活性化されるためである．MAPキナーゼは静止期にある細胞では不活性型として細胞質内に存在するが，リン酸化による活性化に伴って核内に移行する．核内に移行したMAPキナーゼは，転写因子（Myc，FosやATF2など）をリン酸化し，特定の遺伝子の発現を制御している．このように，MAPキナーゼは上流のキナーゼ連鎖（カスケード）を介して活性化され，核内の転写装置にそのシグナルを伝達している．

15.3.5　細胞周期の調節とがん遺伝子

　真核細胞における**細胞周期**（cell cycle）とは，ひとつの細胞（母細胞）が分裂して二つの細胞（娘細胞）になる一連の秩序だった反応を意味している．すなわち，G1期→S期→G2期→M期→G1期の周期が回っている状態は，細胞が分裂

15.3 タンパク質のリン酸化とシグナル伝達

し増殖していることを意味する．ヒトを構成する多くの細胞は分化・成熟後，分裂することなく休止期（G0期）に入り，細胞機能を果たしている．一方，G0期の細胞が再びS期に戻って細胞増殖を開始する場合もあるが，通常は厳密に制御されている．しかしながら，上述した細胞の増殖を制御するシグナル伝達系の破綻が，多くのがんの発症に関与することがしだいに明らかになってきた．

最初に発見された**がん遺伝子 v-src** は，ニワトリに肉腫を引き起こすウイルスのゲノム中に見いだされた．その後の研究から，v-src はニワトリの正常細胞に存在する c-src 由来であることが判明した．c-src は，ニワトリのみならずヒトに至るまで多細胞生物に広く保存されていることも明らかになった．c-src 遺伝子の産物は，上述した非受容体型チロシンキナーゼ Src であった．すなわち，c-src 遺伝子に点変異や欠失が生じ，制御されることなく恒常的に活性化される場合，その遺伝子産物である変異 Src ががん遺伝子産物として振る舞うことが明らかになった．細胞の増殖・分化を制御する MAP キナーゼカスケードを正に制御する Ras や Raf をコードする遺伝子も，ウイルスやがん細胞中のがん遺伝子として発見された経緯がある．このほか，正常細胞のシグナルを制御する遺伝子由来のウイルスのがん遺伝子が数多く知られている．

① 細胞増殖因子 **PDGF**（がん遺伝子 *sis*），**FGF**（がん遺伝子 *hst*, *int-2*）
② 細胞膜受容体 **EGFR**（がん遺伝子 *erb-B*），**CSF1R**（がん遺伝子 *fms*）
③ 非受容体型チロシンキナーゼ（がん遺伝子 *yes*, *fgr*）
④ 細胞質アダプター分子（がん遺伝子 *crk*）
⑤ 核内転写制御因子（がん遺伝子 *myc*, *fos*, *jun*）

以上の事実は，細胞外シグナルや細胞内シグナル伝達系にかかわる因子の異常が，がん発症に深くかかわっていることを示す．

第 15 章 シグナル伝達の分子機構

Column　がん抑制遺伝子 PTEN

　がん遺伝子は，点変異や欠失によって，その遺伝子産物が恒常的に活性化状態になり，促進シグナルを発信し続けることで発がんに関与する．一方，**がん抑制遺伝子**（tumor suppressor gene）は通常は増殖抑制シグナルを発信する役割を担っているが，その遺伝子産物の機能が失われることによって，細胞の増殖促進を抑制する力を失い発がんに関与する．いずれも正常細胞の中では，協調して働いている．PI-3 キナーゼは，イノシトールリン脂質のイノシトール環の 3 位をリン酸化する酵素であり，正常細胞の増殖・生存を促進する役割を果たしている．しかしながら，PI-3 キナーゼをコードする遺伝子に変異が導入され，恒常的に活性化状態になるとがん遺伝子として機能してしまう．

　多くのがん細胞に見いだされたがん抑制遺伝子産物として **PTEN** がある．その一次構造であるアミノ酸配列から，**脱リン酸化酵素（ホスファターゼ）**であると予想されていたが，長らくその基質である標的分子は同定されていなかった．多くの研究者が標的分子としてリン酸化タンパク質を追い求めていた．そんな中 1998 年，Dixon 研の前濱朝彦博士は驚くべき報告をした．PTEN の標的分子はリン酸化タンパク質でなくリン酸化脂質のイノシトールリン脂質であること，すなわち PTEN は PI-3 キナーゼの逆反応を担うホスファターゼであることを発見したのである．PTEN の変異による機能喪失によって，逆反応の PI-3 キナーゼによるシグナルは抑制されなくなる．その結果，PI-3 キナーゼによるシグナルは恒常的に活性化状態になり，発がんに至る．長らく不明であったがん抑制遺伝子 PTEN による発がんの分子機構の謎が明らかにされた瞬間であった．

演習問題

Q.1　個々の細胞は個体全体としての恒常性を保つよう細胞外から情報（シグナル）を受容してそれに応答するが，それを可能にする仕組みは何か．

Q.2　細胞膜受容体の刺激によって細胞内では新しいシグナル（セカンドメッセンジャー）が生成するが，セカンドメッセンジャーとして機能する代表的な分子は何か．

Q.3　チロシン残基のリン酸化が細胞内シグナルに果たす役割は何か．

Q.4　細胞の増殖・分化を制御する MAP キナーゼカスケードとは何か．

Q.5　正常細胞の増殖制御に関与する遺伝子とがん遺伝子とのかかわりを述べよ．

参考図書

1. H. Lodish, A. Berk, P. Matsudaira, C. A. Kaiser, M. Krieger, M. P. Scott, S. L. Zipursky, J. Darnell 著，石浦章一，石川 統，須藤和夫，野田春彦，丸山工作，山本啓一 訳：分子細胞生物学　第 5 版，東京化学同人（2005）
2. 山本雅・仙波憲太郎 編集：シグナル伝達　集中マスター，羊土社（2005）

ウェブサイト紹介

　世界中のシグナル伝達の研究者によって利用されているウェブサイトを以下に紹介する．ノーベル医学生理学賞の多くがシグナル伝達分野における発見であることからもわかるように，本研究領域は医学・薬学を含むさまざまな生命科学分野から注目されている．そのため，研究の進展は著しく早く，日々新しい知見が報告されている．200 種類以上のシグナル伝達系の説明やシグナルマップ，論文がこれらのウェブサイトから探索可能である．

1. Nature Signaling pathway
   http://www.signaling-gateway.org/
2. Invitrogen LINNEA Pathways
   http://escience.invitrogen.com/ipath/
3. BioCarta
   http://www.biocarta.com/genes/index.asp
4. KEGG Pathway database
   http://www.genome.jp/kegg/pathway.html
5. Science Signaling
   http://stke.sciencemag.org/cm/

付　録
実験キットの生化学

本章について

　1980年代半ばまでは，例えば，プラスミドやゲノムDNAの調製，制限・修飾酵素反応など，生化学・分子生物学の実験を行う際に，実験者は必要な試薬のほとんどを自前で調製し，プロトコールを最適化して実験を行っていた．1990年代に入ると，さまざまなキットが市販されて，初学者でも短時間で効率的かつ高い再現性で実験を行えるようになり，研究競争の中では不可欠のツールとなった．また，さまざまな病気の診断においては，短時間に多くの検体を調べるという性格上，キットの有する効率性と再現性は非常に重要である．しかしながら，キットを用いれば原理を理解していなくとも一応の結果が得られる反面，想定外のトラブルに臨機応変に対処できない，キットが市販されていない実験には手を出そうとしないなどの弊害も見られる．特に，初学者が入ってくる大学の研究室では，その点に注意を払わなければならない．そこで，本書では付録としていくつかのキットをとりあげ，それらの作動原理とキットに含まれる試薬の役割について生化学の立場からの解説を試みた．初学者の方には，キットを用いた実験をブラックボックス化しないという意識と，原理を理解したうえでわずかな改変を加えれば，キットに想定された以外の実験にも応用できるという視点をもっていただければ幸いである．

付録

実験キットの生化学

1. DNA 抽出キット

〔1〕使用目的

　ゲノム DNA の分子内切断を最小限に抑えて高純度な DNA 標品を迅速に調製する．そのためには，(1) 細胞を穏やかに溶解して DNA を可溶化し，(2) この DNA を混在しているタンパク質（特に核酸分解酵素），RNA，およびほかの生体成分から分離精製する操作を迅速に行う必要がある．このうち，(2) については DNA のガラスパウダーや特殊な膜への吸着性を利用することで比較的簡便に行うことができるが，(1) については対象とする生物種（細菌，酵母，植物あるいは動物）や試料の状態（培養細胞か動物組織かなど）によっても最適条件が異なるので，目的に応じていろいろな組合せが考えられる．実際，血液（全血）や酵母などからの DNA 抽出に特化したキットもそれぞれ市販されている．ここでは，培養細胞や動物組織からの DNA 抽出に特に有用な FastPure® DNA Kit を例にとり，紹介する．

〔2〕試薬の基本的な組成とその役割

　試料を溶解してゲノム DNA を細胞外へ遊離・可溶化させるための試料溶解用試薬と，試料溶解液よりゲノム DNA を精製・回収するための DNA 精製用試薬が含まれる．試料溶解用試薬としては，タンパク分解酵素（Proteinase K），その働き

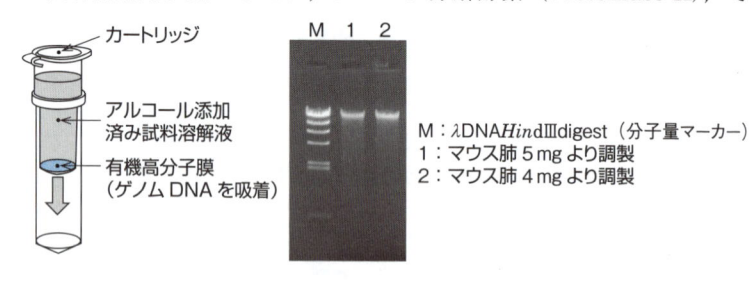

カートリッジ
アルコール添加済み試料溶解液
有機高分子膜（ゲノム DNA を吸着）

M：λDNA*Hind*Ⅲdigest（分子量マーカー）
1：マウス肺 5 mg より調製
2：マウス肺 4 mg より調製

● 付図 1.1　FastPure® DNA kit（DNA 精製用カラム）とマウス肺からのゲノム DNA 調製結果 ●

1. DNA 抽出キット

を促進する界面活性剤含有緩衝液，細胞膜の溶解と核酸の可溶化作用をもつグアニジウム塩含有緩衝液が含まれる．また，DNA 精製用試薬として，微量遠心機で取り扱えるように設計された核酸回収用有機高分子膜付きカートリッジカラム（付図1.1），膜洗浄用アルコール含有緩衝液，膜からの DNA 回収用緩衝液が含まれる．

〔3〕原　理

　ゲノム DNA を含む試料（細胞・組織）は，界面活性剤含有緩衝液中，タンパク質分解酵素で処理した後，グアニジウム塩含有緩衝液を添加することで溶解され，ゲノム DNA は細胞外へ遊離する．このとき，界面活性剤（→ 1.3.2〔3〕項）は細胞膜，核膜の脂質二重層，膜タンパク質（→ 5.4 節）などの構造を乱して膜に穴をあけたり，DNA から核タンパク質を剥がれやすくしたり，細胞質中の核酸分解酵素の活性を阻害したりする働きがある．いわゆるカオトロピック（chaotropic）試薬であるグアニジウム塩は，水素結合やファン・デル・ワールス相互作用，疎水性相互作用などに影響してタンパク質や核酸の高次構造を壊し，分子構造を不安定化する．その結果として，DNA-タンパク質間の相互作用を弱めたり，逆に DNA とガラスパウダーや特定の有機高分子膜との相互作用を強めたりする作用がある．なお，ここで用いられるタンパク質分解酵素の Proteinase K はそれ自身タンパク質であるが，むしろ界面活性剤（1% SDS など）存在下で活性が上昇する．試料溶解液中に含まれるゲノム DNA は，グアニジウム塩とアルコールの存在下，核酸回収用膜に吸着されやすいことを利用して精製される．つまり，アルコールを加えた試料溶解液をカートリッジに添加し，微量遠心機で遠心処理すると，試料溶解液中のタンパク質分解物などの不純物は核酸回収用膜を通過してゲノム DNA だけが選択的に膜に吸着される（付図 1.1）．膜に吸着されたゲノム DNA は，アルコール含有緩衝液で洗浄して非特異的に吸着した不純物を除去した後，DNA 回収用緩衝液（低塩濃度，アルコールを含まない）で，溶出することで高度に精製された状態で回収される．

〔4〕偽陽性シグナル

　RNA が混入する可能性があるので，必要に応じて RNaseA などの RNA 分解酵素（当然ながら DNA 分解活性を全く含まない高純度のものに限る）を併用する．

〔5〕応用例

　カートリッジ式ゲノム DNA 抽出キットの一例として，FastPure® DNA Kit を用いマウス肺から抽出したゲノム DNA の電気泳動結果を示した（付図 1.1）．

2. タンパク質の蛍光標識キット

〔1〕使用目的と特徴

　タンパク質の蛍光標識は，微量タンパク質の検出や定量に威力を発揮するのみならず，特定タンパク質の選択的可視化による細胞内位置情報や挙動の解析，あるいはFRET法を利用したタンパク質間相互作用の研究などにとって極めて重要であり，現在の生命科学研究に欠かせない手段となってきている．標識手法としては，(1) 化学修飾を利用する方法，(2) 遺伝子工学的手法により目的タンパク質を蛍光タンパク質（GFPなど）との融合タンパク質として細胞内で発現させる方法，(3) 無細胞タンパク質合成系を利用してタンパク質分子内の指定部位に蛍光発色団を導入する方法がある．いずれの方法も市販の試薬キットが入手できるが，(2) や (3) にはある程度「遺伝子操作」に関する知識が要求され，本書のレベルを超えるので，ここでは最も基本的な (1) を中心に述べる．

〔2〕試薬の基本的な成分とその原理

　現在市販されている「蛍光標識化試薬」の多くは，N-ヒドロキシスクシンイミド（NHS）エステル誘導体（付図2.1 (a)）またはマレイミド誘導体（付図2.1 (b)）である．これらの試薬は分子内に活性エステル基またはマレイミド基をもつため，それぞれアミノ基またはスルフヒドリル基をもつ標的タンパク質と混ぜるだけで安定な共有結合を形成する．蛍光発色団としては，フルオレセイン，ローダミ

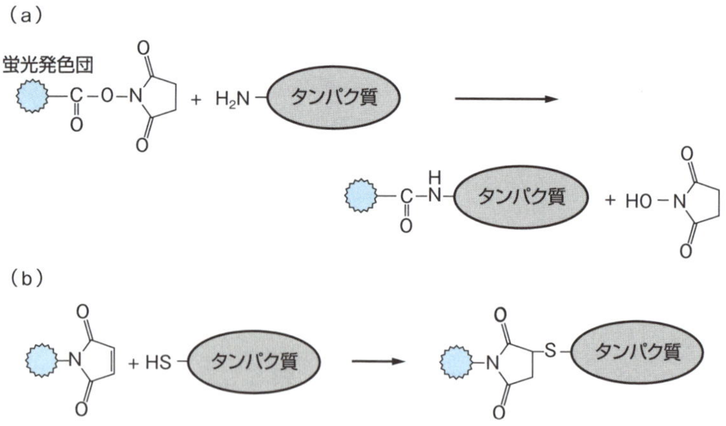

付図2.1　化学修飾によるタンパク質の蛍光標識

ンなどの蛍光色素とアロフィコシアニン，フィコエリスリンなどの蛍光タンパク質が用いられる．前者は化学合成できる低分子であることから比較的安価であり，標識後の精製も容易である．後者は蛍光強度が前者よりも数十倍高いため，検出感度に優れている．標識反応やその後の精製に必要な試薬，緩衝液，器具がさまざまなキットとして市販されているので，実験の目的やタンパク質の性状に応じて，適切な組合せのキットを選択することが重要である．

〔3〕**偽陽性シグナルの要因とその欠点**

　標的タンパク質と蛍光色素間の非特異的な結合により偽陽性の蛍光シグナルを生じる場合がある．また，標的タンパク質への蛍光発色団の過剰な導入は蛍光消光（クエンチング）を引き起こすため，標識条件の最適化が必要である．通常のタンパク質は多数のアミノ基やスルフヒドリル基をもつため，この手法では蛍光基の修飾位置や標識数を制御することが困難であり，標識に伴ってタンパク質の立体構造に影響が出ることも懸念される．

〔4〕**応用例**

　蛍光標識抗体はイムノブロットやELISA（次項参照）の検出，定量のみならず，蛍光顕微鏡によるバイオイメージングやフローサイトメトリーによる細胞の情報解析や選別にも汎用されている．

　なお，本項では詳しくとりあげなかったが，(2) の遺伝子工学的手法により蛍光タンパク質との融合タンパク質を細胞内で発現させる方法は細胞内でのタンパク質の局在や分子動態，分泌過程をリアルタイムで可視化するのに有用である．DsRedやAcGFPなど多くの蛍光タンパク質のベクターが市販されているので，目的に合った励起・蛍光スペクトルを有するものを選択することにより，大腸菌から動物個体まで，各種の細胞内・生体内で発現させることができる．現在の分子細胞生物学的な研究にとって不可欠な手法のひとつとなっている．

3. ELISAキット

〔1〕**使用目的と特徴**

　臨床医学検査においては，体液や組織などの検体中に非常に多種類のタンパク質やペプチドが含まれており，しかもその中の極微量の特定タンパク質のみを定量する必要に迫られることが多い．このような目的に沿う検査法として抗原-抗体反応

を利用する方法が開発された．良質の抗体が得られれば，特異性の高さは確保可能で，抗原（目的タンパク質）の量を求めることは抗体の量が既知であればそれほど困難ではない．この種の手法のひとつに放射免疫測定法（radioimmunoassay, RIA）があるが，RIA は放射性同位元素を用いるため検出感度が高いものの，特別な施設を要し，試薬と検出器を含めたコストがかさむという欠点があった．そこで抗体に結合させた酵素の反応により抗原を定量しようと開発されたのが ELISA（Enzyme-linked immunosorbent assay：酵素結合免疫吸着測定法）である．この方法は安全で簡便かつ安価であり，現在ではホルモンや微量タンパク質をはじめ，感染性微生物抗原の検出と定量などに広く用いられている．

〔2〕基本的な成分とその役割
- 器材（プレートやビーズなど）に固定化された抗体タンパク質……抗原を捕捉する第一次抗体
- 標準抗原……定量したい標的タンパク質（抗原）の標準サンプル（濃度既知のもの）
- 検出用酵素標識抗体タンパク質……抗原の存在を検出するための酵素標識第二次抗体
- 発色基質……免疫複合体の形成を可視化するための酵素基質：酵素反応により分解されてはじめて発色するものが多い．
- 反応停止液……定量・計測のために反応を停止するのに必要．

〔3〕原　理
(1) 簡易検出のための固相 ELISA
　プラスチックプレートのウェルなどの固相に固定化した抗原を，標識した抗体で検出するシンプルな測定系である．一例として，SDS-PAGE により分子量に従って分画された抗原を専用メンブレンに電気的にブロッティング（移しとること）し，分画されたタンパクを標識付き抗体で検出するウエスタンブロットアッセイなどが一般的である．

　その他，摘出した組織を $4 \sim 8\,\mu\mathrm{m}$ に薄切し，スライド上に固定したのち，特異抗体を反応させ，さらに酵素標識二次抗体（抗体に対する抗体）と反応させたのち，基質発色することで組織中における抗原の局在を顕微鏡下に観察する方法を免疫組織染色と呼び，病理診断にも用いられる．

(2) 比較定量のためのサンドイッチ ELISA（付図 3.1）
　2種の抗体を用いた定量性のある ELISA の原理は以下のようである．

3. ELISA キット

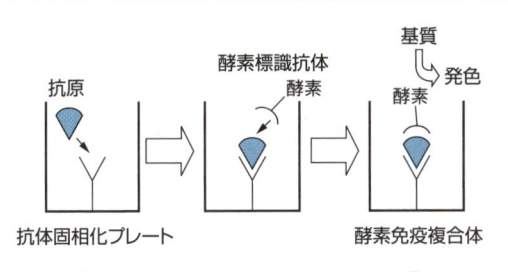

付図 3.1　サンドイッチ ELISA

　例えば 96 ウェルプラスチックプレートの各ウェルに固定化した抗体に対して，標的の抗原分子が結合し，それに結合部位の異なる第二の抗体が結合し，免疫複合体を形成する．第二の抗体をアルカリ性ホスファターゼや（西洋ワサビ）ペルオキシダーゼなどの酵素で修飾しておくことにより，この免疫複合体の量を反応で生じた色素の量（吸光度）により定量することができる（→ 6. 尿酸測定試薬）．

（3）低分子量抗原の定量のための競合 ELISA（付図 3.2）
　2 種類の抗体で挟み込めるほど抗原が大きくない場合には，1 種類の抗体だけで定量性のある測定系を構築することもできる．この手法が競合 ELISA である．この場合，あらかじめ測定対象（すなわち標準抗原）を酵素やビオチン，蛍光物質などで標識したものが必要である．固相化した 1 種類の抗体に対し，標識付き標準抗原と未知サンプルを同時に投入することで，抗体を取り合う（競合）反応が起きる．未知サンプル中に測定対象が多く含まれる場合には，標識付き標準抗原の固相化プレートへの残存量が少なくなり発色量が減少する．段階的に濃度を設定することで，抗原存在量の標準曲線を描くことができる．

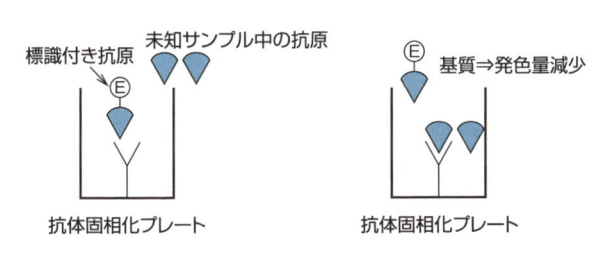

付図 3.2　競合 ELISA

付録　実験キットの生化学

〔4〕偽陽性シグナルの要因

固相化した抗体に比べて抗原量が過剰の場合に，逆に発色低下する偽陰性が見られる場合があるため，測定時のサンプルの希釈倍率の検討が必要な場合がある．

〔5〕応用例

インフルエンザに対する抗体をメンブレン上に1本のラインとして塗布して検出用抗体として作用させ，鼻汁や痰に潜むウイルス抗原を数分で検出できる簡易ELISAキットなどが日常検査に用いられている．また，このほかに，妊娠初期に尿中で増加するhCG（human chorionic gonadotropin）を標的にした簡易妊娠診断薬も市販されている．これらはいずれも，2種の抗体を用いたサンドイッチELISAを利用したものであり，キットを構成する試薬であるモノクローナル抗体を金コロイドで修飾したり，色素ラテックスを結合させたりして短時間で可視化できるように工夫されている．

4. リアルタイム PCR キット

〔1〕使用目的

リアルタイムPCRは主にDNAの定量に用いられ，定量PCRと呼ばれることもある．この手法を逆転写反応と組み合わせたリアルタイムRT-PCRではRNAの定量解析も可能である．

〔2〕試薬の基本的な成分とその役割（各成分の意味）

- 耐熱性DNAポリメラーゼ……100℃近くの温度でも失活しないDNAポリメラーゼ（→14.3.3項）で，定量したいDNAを鋳型としてDNAを複製（→14.3.4項）する．
- プライマー……DNA複製の足場になる（→14.3.3項）．
- インターカレーター（→14.3.7項脚注3, 4）または蛍光標識プローブ……PCRによるDNA増幅の過程を"リアルタイム"で検出するために用いる．増幅産物の量に依存した蛍光シグナルを発する．なお，プローブとは，標的DNAを検出する目的で用いられる短い一本鎖DNAのことで，標的DNA内の一部の領域と相補的塩基対を形成してその領域に特異的に結合する．そして，蛍光物質を付けたプローブを蛍光標識プローブという．
- RNase H……DNA-RNAハイブリッド二重鎖のRNA鎖を特異的に加水分解す

る酵素であるが，リアルタイム PCR に利用する場合は高温に耐えられるように，*Thermococcus litoralis* 由来の耐熱性 RNase H を用いる．サイクリングプローブ法（下記）において，PCR 増幅断片と二重鎖を形成したプローブ中の RNA 鎖部分を切断するために用いる．

〔3〕 原　理

　リアルタイム PCR では，蛍光物質を用いて PCR（→図 14.4）による DNA 増幅の過程を検出する．蛍光検出法は，SYBR® Green I などのインターカレーターを用いる方法（**付図 4.1**）と蛍光標識プローブを用いる方法とに大別され，それぞれ専用の試薬が市販されている．前者の試薬には検出に最適な量の蛍光物質が添加されており，後者のひとつである TaqMan® プローブ法の試薬ではプローブを分解するために 5′→3′ エキソヌクレアーゼ活性を有する DNA ポリメラーゼを用いる（**付図 4.2**）．TaqMan® プローブとは，一端に蛍光物質を，他端に消光物質（クエンチャーと呼ばれ，蛍光を吸収する性質がある）を付けたプローブのことで，PCR で増幅される領域に結合するように設計して用いる．このプローブは，プライマーから DNA が伸長するときに，先に述べた DNA ポリメラーゼの働きで分解される．TaqMan® プローブ法では，TaqMan® プローブが分解される（つまり DNA の合成が進む）と蛍光が生じる．これを検出することで，リアルタイムに DNA 増幅の状態を検出する．また，その変法として DNA と RNA からなる "サイクリングプローブ" を使用する方法がある．これは，DNA 鎖の中央部分に RNA 鎖を含むキメラオリゴヌクレオチドであり，5′-端に蛍光を消光するクエンチャーが，3′-端に蛍光物質が連結されている．そのままの状態では蛍光はクエンチングにより消光されているが，PCR で増幅された DNA 中の相補的な配列とハイブリッドを形成

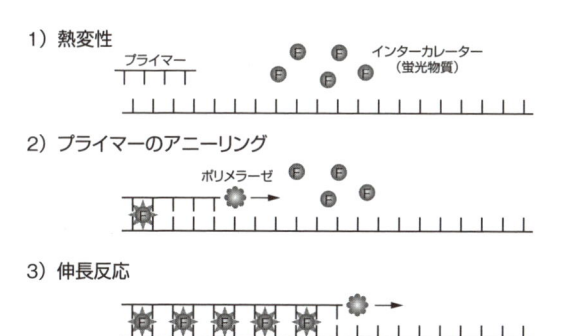

付図 4.1　インターカレーター法の原理

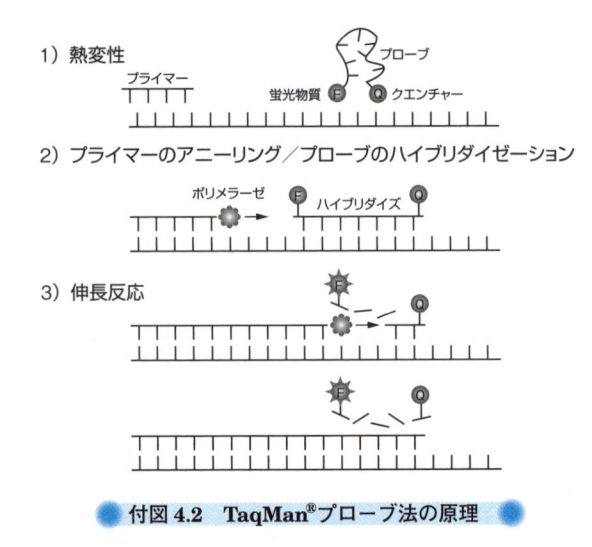

付録　実験キットの生化学

1) 熱変性
プライマー　蛍光物質　プローブ　クエンチャー

2) プライマーのアニーリング／プローブのハイブリダイゼーション
ポリメラーゼ　ハイブリダイズ

3) 伸長反応

● **付図4.2　TaqMan®プローブ法の原理** ●

した後に，RNase H により RNA 鎖部分が切断されると，プローブ断片が遊離し，クエンチングが解除されて蛍光を発するようになる．この蛍光強度を測定することで PCR 増幅をモニターできる（**付図4.3**）．いずれの方法も，DNA 量既知の試料を用いて検量線を作成し，目的の DNA を定量する．

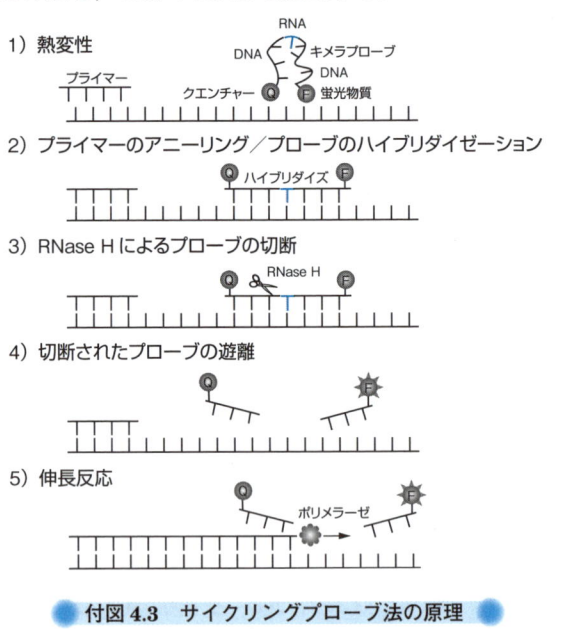

1) 熱変性
プライマー　DNA　RNA　キメラプローブ　DNA　クエンチャー　蛍光物質

2) プライマーのアニーリング／プローブのハイブリダイゼーション
ハイブリダイズ

3) RNase H によるプローブの切断
RNase H

4) 切断されたプローブの遊離

5) 伸長反応
ポリメラーゼ

● **付図4.3　サイクリングプローブ法の原理** ●

〔4〕偽陽性シグナルの要因

　リアルタイム PCR において，非特異的増幅は正確な定量の妨げとなる．反応特異性の高いリアルタイム PCR 専用試薬を用いるほか，プライマーの設計に細心の注意を払うことが重要である．

〔5〕応用例

　リアルタイム PCR は，しばしば，逆転写反応（reverse transcription）と組み合わせて用いられる．この方法は，リアルタイム RT-PCR と呼ばれ，少量しか存在しない mRNA の定量をはじめとして，遺伝子発現解析に広く使われている．なお，逆転写酵素とは，RNA を鋳型にしてそれに相補的な配列をもつ DNA を合成する酵素のことをいう．この他，リアルタイム PCR は，感染症の進行レベルの判定や，ゲノムに導入した外来遺伝子のコピー数（ゲノム当たりの数）の検定などにも使われている．

　なお，サイクリングプローブ法は，プローブの RNA 鎖部分と相補鎖 DNA との間にひとつでもミスマッチ（不対合）塩基対があると RNase H で切断されないという特徴を利用して，ゲノムの一塩基多形（Single Nucleotide Polymorphism：SNP）のタイピングにも活用されている．

5. 血清総タンパク測定試薬（ビウレット法）

〔1〕使用目的

　ビウレット反応はタンパク質に対する特異的な発色反応としてよく知られており，この反応を利用して，タンパク質を定量することができる．通常，血清中には約 7〜8％のタンパク質が含まれており，その主成分はアルブミンとグロブリンである．血清総タンパクは，各種の疾患や病態においてさまざまな特徴的な変化を示すので，血清総タンパクの簡便な定量は病気の診断や予防に重要であり，検査キットとして市販され，広く用いられている．

〔2〕試薬の基本的な成分とその役割

　ビュレット試薬には多くの処方があるが，代表的な組成例は，硫酸銅，酒石酸カリウムナトリウム，水酸化ナトリウム，ヨウ化カリウム，デオキシコール酸ナトリウムである．試薬中の硫酸銅が水酸化銅となり沈殿するのを防ぐために，酒石酸カリウムナトリウムやヨウ化カリウムが加えられる．

〔3〕原　理

ビウレット反応は，アルカリ溶液中でタンパク質分子中の四つのペプチド結合（-CO-NH-）（→ 2.3 節）が二価の銅（Cu^{2+}）と錯塩を形成し，紫紅色に発色する反応である（付図 5.1）．この反応は主鎖のペプチド結合に基づいているので，側鎖の違いによる影響が小さく，タンパク質の種類による定量誤差が少ないという特長がある．定量には，まず，濃度既知のタンパク質（アルブミンなど）の標準溶液列を 5 種類ほど調製し，反応を行って，検量線を作成する．次に，試料を反応させ，その溶液の吸光度を求め，検量線から濃度を算出する（付図 5.2）．ビウレット法は操作が簡単で日常の検査に適した方法である．

タンパク質 ＋ NaOH ＋ $CuSO_4$ ⟶

測定波長：546 nm

● 付図 5.1　ビウレット反応の原理 ●

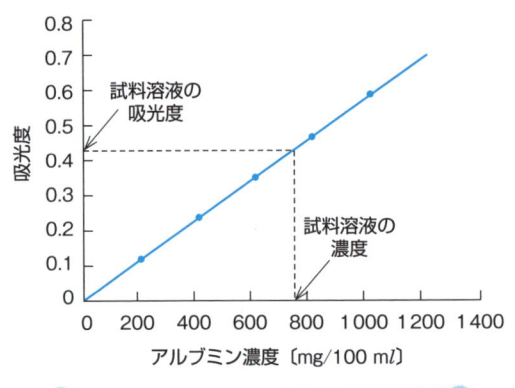

● 付図 5.2　アルブミン標準溶液の検量線 ●

〔4〕偽陰性/偽陽性シグナルの要因

溶血したサンプルを測定した場合には，赤血球由来のヘモグロビン（→ 2.4.4 項，2.5.3 項）が反応してしまうので，偽陽性を与える可能性がある．

〔5〕応用例

　ヒトの血液を採取し，その血清総タンパク値を測定して，8.5 g/dl 以上なら高タンパク血症，6.0 g/dl 以下なら低タンパク血症と見なされる．生体の中でのタンパク質の分布に異常が起こると，浮腫が現れ，胸水，腹水がたまるなどの症状が見られるようになる．高タンパク血症の原因には，脱水症などによる血液の濃縮や自己免疫疾患などによるグロブリンの増加がある．低タンパク血症の原因には，急性肝炎，肝硬変，栄養摂取不足，ネフローゼ症候群，急性腎炎，妊娠などによるアルブミンの減少がある．

　ビウレット法は，タンパク質の定量法のひとつであり，本キットは，生化学実験において各種細胞から抽出した総タンパク質や精製タンパク質の定量にも利用できる．また，タンパク質の定量には，ビウレット法のほかに，ローリー法（フェノール類とリンモリブデン酸が反応して青色を呈する），色素結合法（クーマシーブリリアントブルーがタンパク質と結合すると，陰イオン型となって青色を呈する）などもよく用いられており，ビウレット法と同様に吸光光度法によって定量する．これらの方法には，それぞれに長所と短所があり，目的によって使い分ける．

6. 尿酸測定試薬

〔1〕使用目的

　尿酸の前駆体であるプリン体には，食物に由来するものと壊れた細胞から生じた DNA や RNA の分解物（核酸塩基）に由来するものがある．プリン体は生体内で代謝されて，尿酸となる（→ 13.2.1 項）．血液中の尿酸値が高くなると尿酸が析出し，高尿酸血症となり各種疾患の原因となる．ウリカーゼ-ペルオキシダーゼ法による血液中の尿酸の定量は，プリン体代謝異常疾患の検査の一つとして繁用されている．

〔2〕試薬の基本的な成分とその役割

　ウリカーゼは尿酸を酸化してアラントインと H_2O_2 を生成する酵素で，特異性が高く，尿酸の定量に広く利用されている．一方，ペルオキシダーゼは過酸化水素（H_2O_2）存在下，種々の化合物を酸化する酵素であり，一般に $H_2O_2 + AH_2 \rightarrow 2H_2O + A$ の反応を触媒する．尿酸をウリカーゼにより酸化すると H_2O_2 が生成する［付図 6.1，反応式（1）］．この H_2O_2 が，ペルオキシダーゼ存在下で，4-アミノア

ンチピリンとカップリング試薬（付図 6.1 の HMMPS，あるいはその誘導体）との酸化縮合を引き起こし，生成したキノン色素（青色色素）を比色定量する［付図 6.1，反応式（2）］．濃度既知の尿酸の標準溶液を調製し，ウリカーゼ-ペルオキシダーゼ反応を行って，その溶液の吸光度を測定する．同様に，試料溶液についても反応を行い，その吸光度を測定し，以下のように尿酸値を算出する（比色定量）．

$$試料溶液中の尿酸濃度 = \frac{試料溶液の吸光度}{標準液の吸光度} \times 標準溶液の尿酸濃度$$

〔3〕原 理

（1）尿酸 + O_2 + $2H_2O$ $\xrightarrow{\text{ウリカーゼ}}$ アラントイン + CO_2 + H_2O_2

（2）$2H_2O_2$ + 4-アミノアンチピリン + HMMPS $\xrightarrow{\text{ペルオキシダーゼ}}$ ［青色色素］ OH^- + $3H_2O$

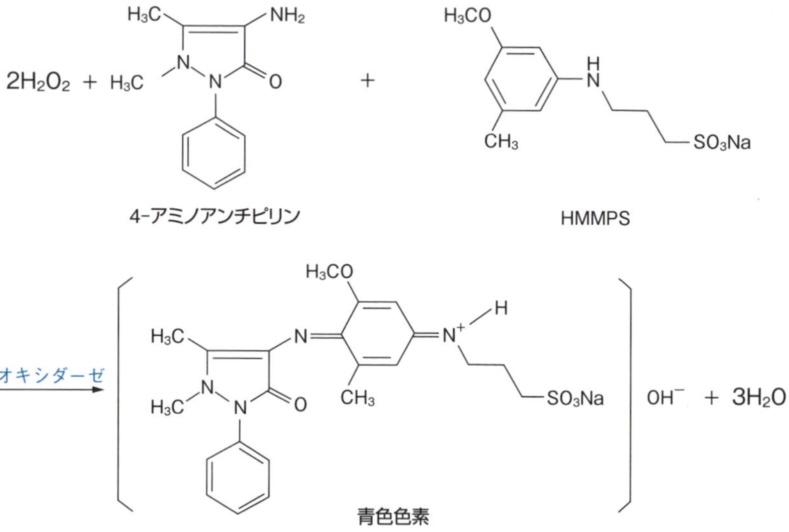

測定波長：600 nm
HMMPS：N-(3-スルホプロピル)-3-メトキシ-5-メチルアニリン

● 付図 6.1 ウリカーゼ-ペルオキシダーゼ法の原理

〔4〕偽陰性/偽陽性シグナルの要因

アスコルビン酸などの強い還元作用のある物質が存在する場合には，発生した H_2O_2 が還元されてしまうため，測定値が負誤差を受ける．

〔5〕応用例

　健康診断の生活習慣病に関する血液検査の項目の一つとして尿酸がある．尿酸値が 7 mg/dl を超えると，高尿酸血症と診断され，痛風，尿路結石や腎障害を発症しやすくなるので，治療や生活習慣の改善などが必要とされる．一方，血清尿酸値が正常範囲でも，免疫不全を伴うプリン体代謝異常疾患もある．

　また，ペルオキシダーゼ，4-アミノアンチピリンと発色試薬を用いて，H_2O_2 を定量する方法の応用例として，総コレステロール測定試薬がある．血液中のコレステロールは，主として LDL（低比重リポタンパク）コレステロールと HDL（高比重リポタンパク）コレステロール中に存在し（→ 5.3 節），総コレステロールの約 2/3 がコレステロールエステル型，1/3 が遊離コレステロール型である．まず，コレステロールエステル型のコレステロールをコレステロールエステラーゼによって遊離コレステロールと脂肪酸に分解する［下の反応式（1）］．この遊離したコレステロールを，血液中の遊離型コレステロールとともに，コレステロールオキシダーゼによって酸化して，Δ^4-コレステノンと H_2O_2 にする［下の反応式（2）］．以後は，尿酸測定試薬と同様な発色原理を用いて生成した色素を定量する［付図 6.1（2）］．総コレステロールは，高脂血症や動脈硬化性疾患の診断に用いられる．

（1）コレステロールエステル ＋ H_2O $\xrightarrow{コレステロールエステラーゼ}$ コレステロール ＋ 脂肪酸

（2）コレステロール ＋ O_2 $\xrightarrow{コレステロールオキシダーゼ}$ Δ^4-コレステノン ＋ H_2O_2

　上で述べたように，ペルオキシダーゼは生体成分をはじめとするさまざまな化合物の定量・定性分析に用いられている．また，ペルオキシダーゼは酵素活性を維持したまま，抗体などの別のタンパク質に結合させることができるので，ELISA（付録 3.）やウエスタンブロットなどにも利用されている．

7. グルコース測定試薬

〔1〕使用目的

　血液中の糖はほとんどがグルコースなので，血液中のグルコースのことを血糖と呼ぶ．血糖値はほぼ一定になるように調節されている（→ 8.2.4 項）．しかし，血糖を低下させるホルモンであるインスリン（膵臓から分泌）の機能が低下すると，高血糖の状態が続き，糖尿病となる．血中グルコースの測定には，還元法，縮合法，酵素法などがあるが，この中で，酵素法は特異性の最も高い方法であり，現在広く

使われている．ここでは，酵素法について述べる．

〔2〕試薬の基本的な成分とその役割
- ヘキソキナーゼ（HK）：解糖系の酵素のひとつであり，グルコースからグルコース 6-リン酸に変換する（→ 8.1.2 項）
- ATP（アデノシン 5′-三リン酸）：ヘキソキナーゼによる反応で，グルコースに転移するリン酸基を供与する．
- グルコース 6-リン酸デヒドロゲナーゼ（G6PDH）：ペントースリン酸経路の酵素のひとつであり，グルコース 6-リン酸から 6-ホスホグルコン酸に変換する（→ 8.3.3 項）．
- NAD^+：G6PDH による反応の補酵素として必要であり，グルコース 6-リン酸が酸化されるとき，NAD^+ は NADH に還元される．

〔3〕原　理
　試料中のグルコースは，ATP の存在下でヘキソキナーゼ（HK）によってリン酸化されてグルコース 6-リン酸になる［反応式（1）］．グルコース 6-リン酸は，補酵素 NAD^+ の共存下でグルコース 6-リン酸デヒドロゲナーゼ（G6PDH）により 6-ホスホグルコン酸になるが，そのとき同時に NAD^+ は NADH に還元される［反応式（2）］．そして，NADH の吸光度の増加量を測定することでグルコースを定量する．まず，濃度既知のグルコース溶液を用いた反応を行って検量線を作成する．次いで，試料溶液を用いた反応を行い，検量線から試料中のグルコースの濃度を求める．

（1）グルコース +ATP $\xrightarrow{HK}$ グルコース 6-リン酸 + ADP
（2）グルコース 6-リン酸 +NAD^+ $\xrightarrow{G6PDH}$ 6-ホスホグルコン酸 +NADH+H^+
　　測定波長：340 nm

〔4〕偽陰性/偽陽性シグナルの要因
　全血の状態で測定サンプルを放置した場合，赤血球の解糖作用によりグルコース濃度が低下するため，負誤差を与える可能性がある．

〔5〕応用例
　健康診断の生活習慣病に関する血液検査の項目のひとつとして血糖値がある．わが国における糖尿病患者および糖尿病予備軍は合わせて 1 870 万人ともいわれており，糖尿病患者の治療および健康診断において血液中のグルコースの定量は重要な項目のひとつとなっている．健常なヒトの場合，朝起きてから食事を取らずに測定した空腹時血糖値はおよそ 80 ～ 100 mg/dl 程度であり，食後は若干高い値を示す．

7. グルコース測定試薬

　生化学の実験では補酵素 NAD^+ が還元されて生じる NADH の吸光度増加を用いて酵素反応を測定する応用例はたくさんある．例えば，以下のような血清中の乳酸脱水素酵素（LDH）の測定がある．試料中の LDH の作用により，乳酸はピルビン酸に酸化され，NAD^+ は NADH に還元される（下の反応式参照）．NADH の生成速度を測定することで LDH の活性を測定できる．LDH は，心筋梗塞，肝硬変の診断，経過観察に用いられる．

$$乳酸 + NAD^+ \xrightarrow{LDH} ピルビン酸 + NADH + H^+$$

　測定波長：340 nm

生化学全般に関する参考図書

- 今堀和友，山川民夫監修，大島泰郎，鈴木紘一，脊山洋右，新井洋由，石浦章一，大隅良典，岸本健雄，正木春彦，山本一夫編集：生化学辞典　第4版，東京化学同人（2007）
- D. Voet, J. G. Voet 著，田宮信雄，村松正実，八木達彦，吉田浩，遠藤斗志也訳：ヴォート生化学（上下）　第3版，東京化学同人（2005）
- D. Voet, J. G. Voet, C. W. Pratt 著，田宮信雄，村松正実，八木達彦，遠藤斗志也訳：ヴォート基礎生化学　第2版，東京化学同人（2007）
- J. M. Berg, J. L. Tymoczko, L. Stryer 著，入村達郎，岡山博人，清水孝雄監訳：ストライヤー－生化学　第5版，東京化学同人（2004）
- A. L. Lehninger, D. L. Nelson, M. M. Cox 著，山科郁男監訳，川嵜敏祐，中山和久訳：レーニンジャーの新生化学（上）　第4版，廣川書店（2006）
- A. L. Lehninger, D. L. Nelson, M. M. Cox 著，山科郁男監訳，川嵜敏祐，中山和久訳：レーニンジャーの新生化学（下）　第4版，廣川書店（2007）
- C. K. Mathews, K. G. Ahern, K. E. Van Holde 著，清水孝雄，中谷一泰，高木正道，三浦謹一郎監訳：マシューズ　ホルダ　アハーン　カラー生化学，西村書店（2003）
- E. E. Conn, P. K. Stumpf, G. Bruening, R. H. Doi 著，田宮信雄，八木達彦訳：コーン・スタンプ生化学　第5版，東京化学同人（1988）
- H. R. Horton, L. A. Moran, K. G. Scrimgeour, M. D. Perry, J. D. Rawn 著，鈴木紘一，笠井献一，宗川吉汪監訳，榎森康文，川崎博史，宗川惇子訳：ホートン生化学　第4版，東京化学同人（2008）
- C. W. Pratt, K. Cornely 著，須藤和夫，山本啓一，堅田利明，渡辺雄一郎訳：エッセンシャル生化学，東京化学同人（2006）

演習問題解答

第1章　生化学の基盤

A.1 大腸菌菌体の体積（A）は，$\pi r^2 l = \pi \times (0.5 \times 10^{-6})^2 \times 2 \times 10^{-6} \, \text{m}^3$.
一方，大腸菌 DNA の体積（B）は，$\pi r^2 l = \pi \times (1 \times 10^{-9})^2 \times 1.6 \times 10^{-3} \, \text{m}^3$.
したがって，大腸菌の体積に占める DNA の割合〔％〕は，$(B/A) \times 100 = 0.32\%$

A.2 細胞質に見られる膜状構造（小胞体, endoplasmic reticulum：ER）のうち，表面にリボソームがたくさん付着したものを粗面小胞体（rough ER）と呼び，主として膜タンパク質や細胞外に分泌されるタンパク質が合成されている．リボソームの付着していない ER は滑面小胞体（smooth ER）と呼ばれる．

A.3

A.4 すべて強酸または強塩基であるから，希薄水溶液中では完全に解離している．
(a) $[\text{H}^+] = 1 \times 10^{-2} \, \text{mol}/l$ であるから，$\text{pH} = -\log_{10}[\text{H}^+] = 2$.
(b) $[\text{OH}^-] = 1 \times 10^{-2} \, \text{mol}/l$ であるから，$[\text{H}^+] = K_w/[\text{OH}^-] = 1 \times 10^{-12} \, \text{mol}/l$.
したがって，$\text{pH} = -\log_{10}[\text{H}^+] = 12$.
(c) H_2SO_4 は二価の酸であるから，$[\text{H}^+] = 0.05 \times 2 = 1 \times 10^{-1} \, \text{mol}/l$.
したがって，$\text{pH} = -\log_{10}[\text{H}^+] = 1$.
(d) HNO_3 由来の $[\text{H}^+] = 5 \times 10^{-5} \, \text{mol}/l$ は純水の電離により生じる $[\text{H}^+] = 1.0 \times 10^{-7} \, \text{mol}/l$ よりもはるかに濃いので，この場合には水による寄与は無視してよい．
したがって，$\text{pH} = -\log_{10}[\text{H}^+] = -\log_{10}[5 \times 10^{-5}] = 5 - \log_{10}[5] = 4.3$.

(e) 純水の電離により生じる $[H^+] = 1.0 \times 10^{-7}$ mol/l のほうが HCl 由来の $[H^+] = 5 \times 10^{-10}$ mol/l よりも 200 倍多いので，この場合のように希薄な HCl の寄与は無視できる．
　　したがって，pH = 7．

A.5 電離平衡式　　　　　HA $\rightleftharpoons$ H$^+$ + A$^-$ において，
初濃度：　　　　　　　0.2 mol/l　　　0　　　　0
変化分 (0.1%)：-2×10^{-4} mol/l　$+2 \times 10^{-4}$ mol/l　$+2 \times 10^{-4}$ mol/l
平衡時：　　　　　$0.2 - 2 \times 10^{-4}$ mol/l　2×10^{-4} mol/l　2×10^{-4} mol/l

$$K_a = \frac{[H^+][A^-]}{[HA]} = \frac{(2 \times 10^{-4})(2 \times 10^{-4})}{(0.2 - 2 \times 10^{-4})}$$

分母のうち引き算の項 (-2×10^{-4}) は HA の初濃度 (0.2) に比べて小さく，無視できるので

$$K_a = \frac{[H^+][A^-]}{[HA]} = \frac{(2 \times 10^{-4})(2 \times 10^{-4})}{0.2} = \frac{4 \times 10^{-8}}{2 \times 10^{-1}} = 2 \times 10^{-7}$$

$$\mathrm{pH} = -\log_{10}[H^+] = -\log_{10}[2 \times 10^{-4}] = 4 - \log_{10}[2] = 3.7$$

A.6 濃度 0.2 mol/l の酢酸緩衝液は 1l 中に 0.2 mol の酢酸 (CH_3COOH 分子および CH_3COO^- イオンの合計) を含む．両者の割合 (すなわち濃度) は K_a の式から求められる．CH_3COO^- の濃度を X とすると CH_3COOH の濃度は $(0.2 - X)$ となり，また pH = 5.00 より $[H^+] = 10^{-5}$ となるので，これらを $K_a = [H^+][CH_3COO^-]/[CH_3COOH]$ に代入すると $1.75 \times 10^{-5} = (10^{-5})(X)/(0.2-X)$．これを解いて，$2.75 \times 10^{-5} X = 3.5 \times 10^{-6}$，$X = 0.127$．よって，$[CH_3COO^-] = 0.127$ mol/l，$[CH_3COOH] = 0.200 - 0.127 = 0.073$ mol/l．同様にして Henderson-Hasselbalch の式からも求めることができる．

A.7 細胞内で生体分子 (例えば，タンパク質) を合成するには，そのための素材 (アミノ酸など) やエネルギー (ATP など) を獲得するために食物分子を分解する必要がある．この過程ではエントロピーが増大するので，細胞とその環境全体として見ればエントロピーの総和は増加しており，熱力学第二法則と矛盾するわけではない．

第2章　アミノ酸とタンパク質

A.1 リシンの α-カルボキシ基，α-アミノ基，ε-アミノ基の pK_a は，それぞれ 2.18，8.95，10.53 である (→表2.2)．低い pH 水溶液では，すべての解離基は H$^+$ を受け取っている形になる．次図に示すように，pH が高くなるにつれて，一番左の分子種から，カルボキシ基，α-アミノ基，ε-アミノ基の順に H$^+$ を解離する．

pH 1 ←——————————————————→ 14

$\overset{+}{N}H_3$ — CH_2 — CH_2 — CH_2 — CH_2 — CH_2 — $\overset{|}{C}$(—H)— COOH
$H_3\overset{+}{N}$

⇌

$\overset{+}{N}H_3$ — CH_2 — CH_2 — CH_2 — CH_2 — CH_2 — $\overset{|}{C}$(—H)— COO$^-$
$H_3\overset{+}{N}$

⇌

NH_3^+ — CH_2 — CH_2 — CH_2 — CH_2 — CH_2 — $\overset{|}{C}$(—H)— COO$^-$
H_2N

⇌

NH_2 — CH_2 — CH_2 — CH_2 — CH_2 — CH_2 — $\overset{|}{C}$(—H)— COO$^-$
H_2N

A.2 アラニンのα位の炭素に結合している原子団に順位を付けると，① NH_2，② COOH，③ CH_3，④ H となる．したがって，次図に示すように，R, S 表示法では，L-アラニンは S-アラニンになり，D-アラニンは R-アラニンとなる．システインでは，原子団の順位が，① NH_2，② CH_2-SH，③ COOH，④ H となり，次図に示すように，L-システインは R-システインとなり，D-システインは S-システインとなる．以上からわかるように，タンパク質を構成する L-アミノ酸は，L-システインを除き，すべて S-アミノ酸となる．

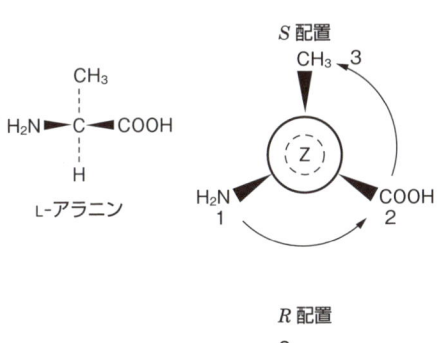

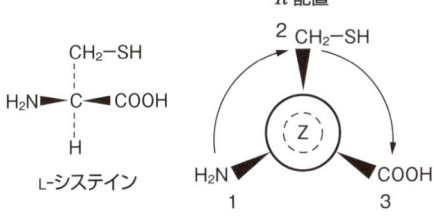

L-アラニン　　　　　S 配置

L-システイン　　　　R 配置

A.3

```
     H  OH                    H  CH₃
     |  |                     |  |
H₂N—C—C—CH₃           H₂N—C—C—CH—CH₃
     |                        |
     COOH                     COOH

   L-トレオニン              L-イソロイシン
```

A.4 ⅠとⅡの平衡反応における解離定数をそれぞれ K_{a1}, K_{a2} とすると，以下のように表される．

$$K_{a1} = \frac{[H^+][H_3\overset{+}{N}\text{-}CH(R)\text{-}COO^-]}{[H_3\overset{+}{N}\text{-}CH(R)\text{-}COOH]}$$

$$K_{a2} = \frac{[H^+][H_2N\text{-}CH(R)\text{-}COO^-]}{[H_3\overset{+}{N}\text{-}CH(R)\text{-}COO^-]}$$

二つの式をかけあわせると，

$$K_{a1} \times K_{a2} = \frac{[H^+][H_3\overset{+}{N}\text{-}CH(R)\text{-}COO^-]}{[H_3\overset{+}{N}\text{-}CH(R)\text{-}COOH]} \times \frac{[H^+][H_2N\text{-}CH(R)\text{-}COO^-]}{[H_3\overset{+}{N}\text{-}CH(R)\text{-}COO^-]}$$

$$= \frac{[H^+]^2[H_2N\text{-}CH(R)\text{-}COO^-]}{[H_3\overset{+}{N}\text{-}CH(R)\text{-}COOH]}$$

等電点では，$[H_3\overset{+}{N}\text{-}CH(R)\text{-}COOH] = [H_2N\text{-}CH(R)\text{-}COO^-]$ となり，電荷が 0 になる．よって，$K_{a1} \times K_{a2} = [H^+]^2$ となる．

両辺の対数をとって，pH（$-\log_{10}[H^+]$）と pK_a（$-\log_{10}K_a$）に直すと，等電点の pH は，

$$pI = \frac{1}{2}(pK_{a1} + pK_{a2})$$

となる．

A.5 L-アスパラギン酸とL-フェニルアラニンのジペプチドの構造式を下左図に示す．アスパルテームでは，L-フェニルアラニンのカルボキシ基がメチルエステルとなっている（下右図）．アスパルテームは，ショ糖（砂糖）の約 200

```
        COOH        ⌬              COOH        ⌬
        |           |              |           |
        CH₂  O      CH₂            CH₂  O      CH₂
        |    ||     |              |    ||     |
H₂N—C—C—N—C—COOH           H₂N—C—C—N—C—COOCH₃
    |      |   |              |      |   |
    H      H   H              H      H   H

                                    アスパルテーム
```

倍の甘さがあり，カロリーはショ糖とほとんど同じであるので，少量で甘味を得られる低カロリー甘味料である．

A.6 ① 疎水性相互作用（疎水結合），② 静電的相互作用（イオン結合），③ 水素結合，④ ファン・デル・ワールス相互作用，の四つである．それぞれの説明については，第1章を参照されたい．

A.7 タンパク質分子の周りにある水との接触を避けるように，タンパク質の分子内部には疎水性アミノ酸残基が集まる．逆に，分子表面には，水との親和性が高い（極性が強い）親水性アミノ酸残基，特に，側鎖が解離して電荷をもつアミノ酸残基が位置する傾向がある．したがって，[ ] 内に示されたアミノ酸のうち，分子内部に存在する傾向が強いアミノ酸残基は Ile, Phe, Val，分子表面に位置する傾向が強いアミノ酸は Arg, Asp, Glu, Lys である．Asn と Ser は親水性アミノ酸残基であるが，それぞれの側鎖のアミド基とヒドロキシ基はほかのアミノ酸残基と水素結合を形成することができ，水素結合が形成されるとその部分の極性がなくなって分子内部に存在することもある．Asn と Ser はどちらともいえない．

A.8 髪の毛を構成する α-ケラチンには多くのシステイン残基が含まれており，それらの間で S–S 結合している．毛髪にまず，還元剤の溶液をかけて，S–S 結合を還元して –SH とした後，カールした状態で酸化剤の溶液をかける．そうすると，カールした形で S–S 結合が再び形成される．

A.9 図2.12(b)のグラフから，ヘモグロビンの酸素結合度は，100 mmHg（肺の酸素分圧）では94%，30 mmHg（抹消組織）では43%であり，その差を抹消組織で放出することになる．肺で結合した酸素に対して，$\frac{94-43}{94}\times100=54.3\%$ を抹消組織で放出することになる．

同様に，ミオグロビンの酸素結合度は，100 mmHgでは97%，30 mmHgでは93%である．ミオグロビンの場合には，わずか $\frac{97-93}{97}\times100=4.1\%$ しか放出しないことがわかる．このことから，ミオグロビンが筋肉組織で酸素を蓄える機能をもち，ヘモグロビンが肺から体中の末梢組織に酸素を運搬する機能をもつことがよく理解できる．

A.10 ヒト赤血球内に，ヘモグロビンとほぼ同じモル濃度で 2,3-ビスホスホグリセリン酸（BPG）が存在し，この BPG が酸素非結合型ヘモグロビン四量体の分子中央のくぼみに結合すると，酸素親和性が大きく（約26倍）低下する．

BPG は酸素非結合（デオキシ）型ヘモグロビンに結合するが，酸素結合（オキシ）型ヘモグロビンには結合しないので，酸素親和性が減少する．BPG をリガンドとして，ヘモグロビンの酸素結合はアロステリックに負の調節を受けている．このことは，ヘモグロビンが抹消組織で酸素を放出するために不可欠である．

第3章　糖　　質

A.1 (1) a
(2) d
(3) b, c, e, f
(4) b と c
(5) e, f
(6) b と e（C-2 エピマー），b と f（C-4 エピマー）

A.2 (1) α-1,4 結合

マルトース
（麦芽糖）

(2) β-1,4 結合

セロビオース

A.3 1. ×（自然界に存在するヘキソースの大部分は D 体である）
2. ○
3. ×（ピラノースとして存在する）
4. ×（二つの環状異性体は α 型と β 型である）
5. ×（フルクトースはケト基をもつので還元性を示す）
6. ×（第一アルコール基がカルボキシ基に置換）
7. ×（D-グルコースからは D-グルシトールが生じる）
8. ×（スクロースは非還元性の二糖である）

A.4 1 種類の単糖から構成される多糖を単純多糖（ホモグリカン），複数の種類の単糖から構成される多糖を複合多糖（ヘテログリカン）と呼ぶ．前者の例としては，セルロース，キチン，キシラン，マンナンがある．後者の例としては，

ガラクトマンナン，アガロースなどがある．

A.5 植物や甲殻類の構造体や外殻を形成する多糖を構造多糖，必要に応じて分解されエネルギーとなる多糖を貯蔵多糖（栄養多糖）と呼ぶ．前者には植物の細胞壁を構成するセルロース，カニやエビの甲羅や殻に含まれるキチン，樹木や海藻に含まれるキシランやマンナンがある．植物に含まれるデンプンや動物に含まれるグリコーゲンは後者の代表的な例である．

A.6 複合糖質とはタンパク質や脂質に単糖，オリゴ糖，多糖が共有結合したものであり，糖タンパク質，糖脂質，プロテオグリカンに分類される．

A.7 タンパク質のアスパラギン残基のアミノ基に糖鎖の還元末端が N-グリコシド結合した N-結合型糖タンパク質（血清型糖タンパク質とも呼ぶ）と，セリンまたはトレオニンのヒドロキシ基に糖鎖の還元末端が O-グリコシド結合した O-結合型糖タンパク質（ムチン型糖タンパク質とも呼ぶ）が存在する．

A.8 脂質部位がセラミド骨格のスフィンゴ糖脂質とグリセロール骨格のグリセロ糖脂質に分類される．

第4章　ヌクレオチドと核酸

A.1 ワトソン・クリック塩基対はアデニン（A）＝チミン（T）塩基対，グアニン（G）≡シトシン（C）塩基対の組合せである．また DNA の二本鎖の向きは逆向きであるので AGACCTAGTC の相補的な DNA は GACTAGGTCT となる．なぜなら，核酸の塩基配列を記号で示す場合 5′ 末端を左端に書くためである．うっかり，TCTGGATCAG と書かないように注意したい．RNA の場合はチミンでなくウラシル（U）が用いられるので GACUAGGUCU となる．

A.2 同じ鎖に関しては，塩基組成に特にルールがない以上，アデニン，グアニン，シトシン，チミンの総和が 100％になる以外のルールは使えない．したがって，アデニンとグアニンの和が 45％である，としかいうことができない．また相補鎖に関してはワトソン・クリック塩基対が成立することからアデニンがチミンと同じ比率になるので 35％，同様にグアニンが 20％，シトシンとチミンについては，上記と同様の理由で組成比は求まらず，その和が 45％となるとしかいえない．

A.3 シャルガフの規則に従うとグアニンとシトシンの比率が同じになるのでグアニンとシトシンの和（G＋C 含量）はサンプル A で 44％，サンプル B で 66％となる．A＝T 塩基対よりも G≡C 塩基対のほうが熱安定性が高いので，G＋C 含量が高いと DNA は熱安定性が高くなる．一般的に好熱菌の DNA の G＋C 含量が高いのは，おそらく高温下でも DNA を安定に保つためであろう．したがって，サンプル B が好熱菌の DNA である可能性が高い．

A.4 10塩基対で3.4 nm，すなわち1塩基対あたり0.34 nmとなるので全長が16.3 μmであるDNAの鎖長は16.3×1 000÷0.34＝47 941．したがってバクテリオファージのDNAは，およそ48 000塩基対となる．同様に失われたDNAの長さは2.2 μmであるから欠失した分のDNA鎖長を計算すると2.2×1 000÷0.34＝6 471．したがって，欠失はおよそ6 500塩基対となる．

A.5 シトシン（C）がウラシル（U）になったときにUが除かれないと，複製の際に相補鎖はUと対合できるアデニン（A）となり，次の複製の際にAの相補鎖にはTが導入される．したがって，元のG≡C塩基対はA＝T塩基対に変換される．このように世代を経るに従って，G＋C含量が減少しA＋T含量が増加していくことになる．

A.6 DNAが二本鎖を形成している場合，シトシンの3位は水素結合を形成するために使われているので，ジメチル硫酸による修飾を受けにくい状態になっている．ところが，DNAにそのDNA結合タンパク質が結合して，二本鎖の一部が融解する．すなわち，水素結合が切れるとジメチル硫酸によって修飾を受けやすくなると考えられる．この場合，そのDNAタンパク質がDNAと結合することによって，修飾を受けたシトシンが存在する領域の二本鎖が一部融解した状態になっていると考えられる．

A.7 RNAは通常，一本鎖であるが分子内に塩基対が形成されていると，淡色効果が観察される．また形成している塩基対が多いほど淡色効果が大きいと考えられる．A，Bを熱融解した際に，Bのほうがより吸光度が増加していることから，Bのほうが大きな淡色効果をもっていたことがわかる．すなわち，BのRNAのほうが内部に多くの塩基対をもっていると考えられる．

第5章 脂　質　と　膜

A.1 単純脂質と複合脂質に分けられる．単純脂質はアルコールと脂肪酸がエステル結合したもので，炭素，水素，酸素から構成されている．一方，複合脂質は炭素，水素，酸素以外のものも含む脂質の総称である．単純脂質は脂肪酸，中性脂肪（アシルグリセロール），ステロイド骨格を有する物質，脂溶性ビタミン，およびこれら物質のエステル体に分けられる．複合脂質はリン酸を含むリン脂質と，糖を含む糖脂質に分けられる．これらは，基本骨格の違いによってさらに分けられ，リン脂質はグリセロリン脂質とスフィンゴリン脂質に，また糖脂質はグリセロ糖脂質とスフィンゴ糖脂質にそれぞれ細分化される．

A.2 不飽和脂肪酸のなかで生命活動に欠かせず，生体内で合成できないもの．リノール酸，α-リノレン酸，アラキドン酸が必須脂肪酸．

A.3　ホスホリパーゼはグリセロリン脂質のエステル結合を加水分解する酵素である．ホスホリパーゼは，加水分解するエステル結合の位置が異なる四種の PLA_1, PLA_2, PLC, PLD がある．PLA_1 はグリセリンの1位に結合している脂肪酸（主に飽和脂肪酸）を加水分解する．PLA_2 はグリセリンの2位にエステル結合している脂肪酸（主に不飽和脂肪酸でアラキドン酸が多い）を加水分解する．PLC は主にホスファチジルイノシトールのグリセリンの3位を加水分解し，イノシトールリン脂質とジアシルグリセロールが産生される．PLD はグリセロール3位に結合しているリンと塩基との結合を加水分解し，ホスファチジン酸（PA）と残り部分が産生される（→図5.6）．

A.4　生体膜の構成成分であるグリセロリン脂質の2位にエステル結合しているアラキドン酸がホスホリパーゼ A_2（PLA_2）の働きで加水分解されて遊離される．遊離したアラキドン酸はシクロオキシゲナーゼの作用で PGG_2 についで PGH_2 に変換される．PGH_2 はさらにプロスタグランジン類やトロンボキサン類に変換される．一方，アラキドン酸はリポキシゲナーゼによってロイコトリエン（LT）類に変換される．

A.5　生体膜の主要構成成分は脂質であり，脂質の親水部分を外側に，また疎水部分を内側に向き合わせた二層構造（脂質二重層）をとっている．生体膜を構成する脂質はリン脂質（特にグリセロリン脂質），スフィンゴ糖脂質，コレステロールである．コレステロールは生体膜に適度な流動性をもたせる役割を担っている．この脂質二重層は低分子の気体や脂溶性分子を通過させるが，イオンや極性分子，タンパク質，糖，核酸は通さない．脂質二重層には複数のタンパク質がさまざまな細胞やオルガネラの生体膜に特徴的に存在している．このことが，それぞれの膜の機能的な特徴を示す理由となっている．

第6章　酵　　素

A.1　(a) タンパク質，(b) 触媒，(c) 補因子，(d) 補酵素，(e) 基質，(f) 活性部位，(g) 基質特異性，(h) 反応特異性，(i) 最大速度，(j) ミカエリス定数，(k) 分子活性，(l) アロステリック酵素，(m) 阻害剤，(n) 拮抗，(o) 非拮抗，(p) フィードバック

A.2　与えられたデータをグラフにすると，図1（●）のようになる．この直線の傾きが反応速度であり，$0.51\,\mu M/min$（$= 8.5 \times 10^{-9}\,Ms^{-1}$）を得る．

A.3　(1) 図2（●）のようになる．この結果から，最大速度はおおまかに $20\,\mu M min^{-1}$（$= 0.33\,\mu M s^{-1}$）程度と見積もられる．またミカエリス定数は，その1/2の速度を与える基質濃度であるから，およそ $10\,\mu M min^{-1}$ となる基質濃度，すなわち，約5 mM と見積もられる［実線は統計処理ソフトの「最

演習問題解答

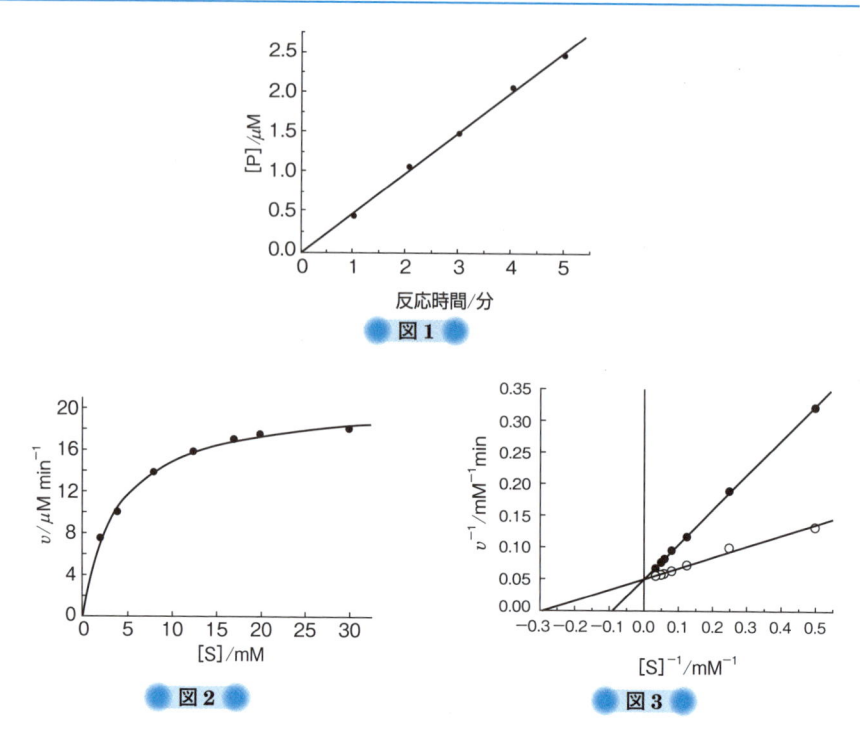

図1

図2

図3

小自乗法」を用い，式（6.1）に当てはめて得た値，$K_m = 3.90$ mM，$V = 20.6\,\mu$Mmin^{-1}，を式（6.1）に代入して描いた曲線である］．

（2）両逆数プロットを行うと，図3の○のような結果が得られる．x 軸の切片の値（$= -1/K_m$）から，$K_m = 3.43$ mM，y 軸の切片（$= 1/V$）から $V = 20\,\mu$Mmin^{-1}，$= 3.3 \times 10^{-7}$ Ms^{-1} である（グラフからの多少の読み取り誤差は正解の範囲）．$[E]_0 = 1.0 \times 10^{-9}$ M であるから，$k_{cat} = V/[E]_0 = 330$ s^{-1} が得られる．したがって，$k_{cat}/K_m = 9.6 \times 10^4$ M^{-1}s^{-1} である．

（3）両逆数プロットを行うと，図3の●のような結果が得られる．二つの直線は y 軸で交わる．すなわち，最大速度が変化しないため，拮抗阻害である．K_m は見かけ上，11 mM となるので，11 mM $= 3.43$ mM $(1 + [I]/K_i)$ と $[I] = 1.0$ mM より，$K_i = 0.42$ mM を得る．

A.4 ES 複合体の濃度が一定であるということは，ES 複合体を形成する速度 $k_{+1}[E][S]$ と，ES 複合体を分解する速度 $k_{-1}[ES] + k_{+2}[ES]$ が等しいということだから，$k_{+1}[E][S] = (k_{-1} + k_{+2})[ES]$ である．これと，$[E]_0 = [E] + [ES]$ から $[ES]$ を求めると，

$$[ES] = \frac{[E]_0[S]}{\left(\dfrac{k_{-1} + k_{+2}}{k_{+1}}\right) + [S]}$$

であるから，$v = k_{+2}[\text{ES}]$ に代入して，

$$v = \frac{k_{+2}[\text{E}]_0[\text{S}]}{\left(\dfrac{k_{-1} + k_{+2}}{k_{+1}}\right) + [\text{S}]}$$

を得る．これと，式（6.1）から，K_m が $\dfrac{k_{-1} + k_{+2}}{k_{+1}}$ に対応することがわかる．

A.5 式（6.1）を変形すると $\dfrac{[\text{S}]}{v} = \dfrac{1}{V}[\text{S}] + \dfrac{K_\text{m}}{V}$ が得られる（式（6.9）の両辺に [S] をかけた形となっている）．これより，縦軸（y 軸）に [S]/v，横軸（x 軸）に [S] をとると，傾きが $1/V$，縦軸の切片が K_m/V，また横軸の切片が $-K_\text{m}$ を表す（横軸が基質濃度そのものを表しているので直感的に理解しやすく，統計的にも合理的であり，推奨される直線プロットである）．

第7章　低分子生理活性物質と金属イオン

A.1 補因子は酵素などのタンパク質の働きに必要なタンパク質以外の低分子．補酵素は酵素の補因子のうち有機化合物であるもの．補欠分子族はタンパク質に固く結合した補因子．

A.2 特定の酵素と特異的に結合するための構造．

A.3 （ア）ビタミン B_6，（イ）ビタミン A，（ウ）ビタミン D，（エ）ビタミン B_1

A.4 NAD^+，NADP^+，FMN，FAD，ユビキノン，プラストキノン，フィロキノン，メナキノンなど．

第8章　糖　質　の　代　謝

A.1 解糖系でグルコースが分解された場合，1位の炭素はジヒドロキシアセトンリン酸（DHAP）の3位へと受け継がれ（→図8.1），トリオースホスフェートイソメラーゼ（TPI）によって D-グリセルアルデヒド3-リン酸（GAP）の3位となる．ペントースリン酸経路を通れば，グルコースの1位の炭素は CO_2 となって外れるので（→図8.7），ラベルされた GAP は生成しない．したがって，ラベルはすべて3位に入ることになる．

A.2 解糖系 X，ペントースリン酸経路 $1-X$ の割合で流れていたとする．解糖系では1分子のグルコースからラベル：非ラベル = 1 : 1 の割合で GAP が生成される．ペントースリン酸経路では3分子のグルコースから2分子のフルクトース6-リン酸（F6P），1分子の GAP（いずれも非ラベル）が生成する．PGI の逆行がなければ，F6P からは2分子の GAP が生成するので，結局，1

分子のグルコースからは 5/3 分子の非ラベル GAP が生成する．すなわち，$X/[X×2+(1-X)×5/3] = 0.4$ となり，これを解けば $X = 1/1.3$ なので，$X:(1-X) = 1/1.3:(1.3-1)/1.3 = 1:0.3$，つまり，解糖系 1，ペントースリン酸経路 0.3 となる．

A.3 3 分子のリボースは 3 分子の ATP を消費して 3 分子のリボース 5-リン酸となり，ペントースリン酸経路を通って 2 分子のフルクトース 6-リン酸（F6P）と 1 分子のグリセルアルデヒド 3-リン酸（GAP）になる．F6P が解糖系で分解される場合は 1 分子の ATP を消費して 2 分子の GAP となる．したがって，3 モルのリボースは 5 モルの ATP を消費して 5 モルの GAP になる．1 分子の GAP がピルビン酸になるまでに 1 分子の NADH と 2 分子の ATP が生成されるので，総合すると以下となる．
 {5(NADH+2ATP)−5ATP}/3 = 5/3NADH + 5/3ATP
つまり，NADH と ATP 双方とも 5/3 モル生成する．

A.4 肝臓は，血糖値が低下したときには糖新生によってグルコースを供給し，血糖値が上がり過ぎたときにはグルコースを取り込んで貯蔵する．肝臓でほかの組織と同じヘキソキナーゼ（HK）が働いていたとすると，血糖値が低くてもグルコースから G6P への反応が止まらないためにグルコース 6 ホスファターゼと合わせ，無益サイクルを形成してしまう．また，血糖値が上昇してグルコースを大量に G6P にしなければならない場合に，G6P で強く阻害を受ける HK では不都合である．

A.5 脂肪酸はアセチル-CoA に分解され，アセチル基（炭素原子 2 個）がオキサロ酢酸（OAA）と結合してクエン酸となる．クエン酸を糖新生に用いる場合，クエン酸回路を通って代謝が行われると OAA になるまでに 2 個の炭素が CO_2 として脱離するので，結果として，取り込まれたアセチル基に相当する炭素が失われてしまう．糖新生の目的は，炭素数 3 のピルビン酸から炭素数 6 の糖をつくることであるから，最終的に炭素骨格の増加に寄与しないアセチル基の付加は糖新生には役立っていない．しかし，アセチル基として付加した炭素原子と CO_2 として外れる炭素原子は全く同じではない（→第 9 章，図 9.2）．糖新生には脂肪酸の酸化により得られる ATP や NADH も使われるので，脂肪酸由来の炭素がクエン酸サイクルを経由して G6P やグリコーゲンに取り込まれることもある．

第 9 章　クエン酸回路と電子伝達系

A.1 ① 2　② 8　③ 2　④ 3　⑤ 2　⑥ 34　⑦ 2　⑧ 2　⑨ 38
 ●グルコース 1 分子からは解糖系を経て 2 分子のグリセルアルデヒド-3-リン

酸が生成され，さらにピルビン酸2分子にまで代謝される．
- 1分子のNADHが電子伝達系で酸化されると複合体I・III・IVにより10個のH$^+$がミトコンドリアの膜間部にくみ出され，1分子のFADH$_2$が電子伝達系で酸化されると複合体III・IVにより6個のH$^+$がミトコンドリアの膜間部にくみ出される．
- 1分子のATPを合成するためには，F$_1$F$_0$-ATPアーゼにより3個のH$^+$をミトコンドリアの膜間部からマトリックス側へ移動させる必要がある．
- 1分子のグルコース由来のクエン酸回路で生じるNADH・FADH$_2$からは，電子伝達系を経て28分子のATPが生成される．

A.2 (1) ピルビン酸デヒドロゲナーゼの反応により，ピルビン酸の1位の炭素原子は二酸化炭素に変換される．よって，^{14}Cはすべて二酸化炭素に取り込まれる．

(2) ピルビン酸デヒドロゲナーゼの反応により，ピルビン酸の2位の炭素原子はアセチル-CoAの1位の炭素原子に引き継がれる．よって，^{14}Cはまずアセチル-CoAの1位の炭素原子に取り込まれ，その後クエン酸回路を経てスクシニル-CoAの1位（カルボキシ基）の炭素原子に移される．スクシニル-CoAからコハク酸を生成する際にコハク酸が対称な構造をもつため，カルボキシ基の炭素原子の区別がつかなくなり，コハク酸の1位もしくは4位の炭素原子が^{14}C標識されたものが50％ずつ生じる．これらがクエン酸回路の残りの反応を経て最終的にはオキサロ酢酸の1位と4位の炭素原子に^{14}Cが取り込まれたものが生じ，その割合は50％ずつである．

(3) 2位の炭素原子が^{14}C標識されたグルコースが解糖系を経ると2位の炭素原子が標識されたピルビン酸が生成される．2位の炭素原子が^{14}C標識されたピルビン酸からはピルビン酸デヒドロゲナーゼの反応により1位の炭素原子が標識されたアセチル-CoAが生成される．クエン酸回路で生じる二酸化炭素の炭素原子は，前のサイクルで生成されたオキサロ酢酸の1位と4位の炭素原子に由来する．1位の炭素原子が標識されたアセチル-CoAがクエン酸回路に入り1周してオキサロ酢酸になったとき，生じる二酸化炭素に^{14}Cは取り込まれず，オキサロ酢酸の1位あるいは4位の炭素原子に^{14}Cが取り込まれる．2周目に入るとオキサロ酢酸の1位の炭素原子由来の二酸化炭素がイソクエン酸デヒドロゲナーゼにより，またオキサロ酢酸の4位の炭素原子由来の二酸化炭素が2-オキソグルタル酸デヒドロゲナーゼにより生じる．したがって，クエン酸回路を2周することで，すべての^{14}CがCO$_2$に変換される．

A.3 生合成のためにクエン酸回路の中間代謝物質が利用されても，その中間代謝物質の量を減少させることなくピルビン酸から2-オキソグルタル酸を合成するためには，オキサロ酢酸とアセチル-CoAが常に供給されればよい．アセチル-CoAはピルビン酸からピルビン酸デヒドロゲナーゼにより合成され，オキサロ酢酸はピルビン酸と二酸化炭素からピルビン酸カルボキシラーゼの反応に

A.4 好気条件・嫌気条件において，1モルのグルコースからのATP生成はそれぞれ38モル・2モルとなり好気条件のほうがはるかに多い．また好気条件では電子伝達速度が低下するため，[NADH]/[NAD$^+$]の比が上昇する．ATPとNADHの濃度が急激に上昇すれば解糖系やクエン酸回路の酵素が阻害されることになり，その結果，糖の消費やエタノール生成が減少する．特に，ホスホフルクトキナーゼはクエン酸とATPで調節を受ける酵素であるので，好気代謝ではその活性が急激に減少することになる．好気代謝におけるクエン酸とATPの蓄積によるホスホフルクトキナーゼの阻害がパスツール効果の原因と考えられている．

第10章 光 合 成

A.1

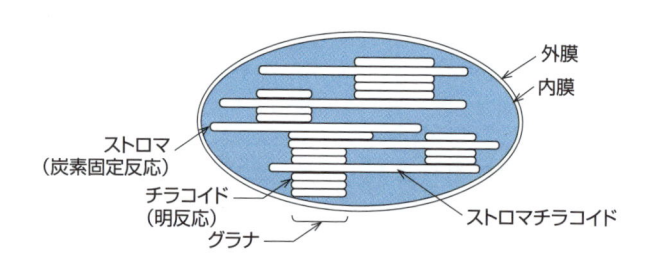

（図：葉緑体の構造；外膜，内膜，ストロマ（炭素固定反応），チラコイド（明反応），グラナ，ストロマチラコイド）

A.2 主な色素には，クロロフィル，カロテノイド，フィコシアニンなどがある．クロロフィルは閉環したMgを含む金属ポルフィリン化合物の一種で，光化学系で反応中心クロロフィルとして働くものと，光エネルギーの伝達を主な役割とする集光性色素がある．クロロフィル以外の2種は集光性色素として働き，カロテノイドはテルペノイドの一種，フィコシアニンはポルフィリン環が開裂したビリン誘導体である．電子伝達体は，金属を含むヘムタンパク質のシトクロム，銅タンパク質のプラストシアニン，非ヘム鉄タンパク質のフェレドキシンがあり1電子の酸化還元を行う．このほかに，フラビンタンパク質のフェレドキシン-NADP$^+$-オキシドレダクターゼ，脂溶性のキノン化合物であるプラストキノンなどがあり，これらは2電子の酸化還元を行う．

A.3 電子供与体はH$_2$Oであり，電子とプロトンが遊離する．電子受容体はNADP$^+$で，還元されてNADPHとなる．H$_2$Oを分解して生じた電子は光化学

系Iと光化学系IIの二つの光化学反応系とこれをつなぐ電子伝達体の働きによって，$NADP^+$に渡されて還元型の$NADPH$を生じる．また電子伝達に伴ってプロトンの濃度差がチラコイド膜の内外で形成され，そのエネルギー（電気化学ポテンシャル差）を利用してATPが合成される．残ったO_2は分子状となり気体として放出される．この電子伝達系では四つの分子複合体が機能し非循環的電子伝達系と呼ばれる．このほかに，光化学系Iからフェレドキシンを経て，光化学系II側のプラストキノンへ戻る循環的電子伝達系がある．

A.4 H_2Oを分解して生じた電子は光化学系I（系I）と光化学系II（系II）の二つの光化学反応系とこれをつなぐ電子伝達体の働きによって，$NADP^+$に渡されて還元型の$NADPH$を生じる．このように直列に並んだ系Iと系IIの間に電子伝達体，例えばシトクロムfが存在すると仮定すると，系IIに吸収される光により還元され，逆に系Iに吸収される光により酸化されるはずである．系Iあるいは系IIに吸収される単独の光では，どちらも光合成速度が遅く，個々に照射したときの光合成速度の和と両方の光を同時に照射したときの光合成速度を比べてみると，後者のほうが高くなる．このことは系Iと系IIが同時に存在するときに電子伝達が円滑に進むことを示している．

A.5 光合成単位が大きいことは集光性のクロロフィルの量が多いことを意味し，弱い光のときも光が効率良く吸収され，反応中心へと光エネルギーの移動が起きるので，光合成の収率も高くなる．

A.6 光リン酸化反応という．電子伝達に伴って使われなかったプロトンは一方向に排出され，それによってチラコイド膜内外にプロトンの濃度差が形成される．それは電気化学ポテンシャル差と呼ばれ，そのエネルギーを利用してATP合成酵素によりATPがつくられる．プロトンの濃度差の形成は光化学反応（電子伝達）と共役しているので光が必要であるが，プロトンの濃度差が形成された後のATPの合成には光を必要としない．

A.7 酸素発生型の植物の主な炭素固定系はカルビン-ベンソン回路，または還元的ペントースリン酸回路である．その回路をもつ植物はC_3植物と呼ばれ，主に温帯などに生育している．亜熱帯から熱帯の植物にはより乾燥に適した付加的なCO_2の濃縮系であるC_4-ジカルボン酸回路をもつものがあり，その植物はC_4植物と呼ばれサトウキビ，トウモロコシ，アオビユなどが含まれる．この植物では葉肉細胞と維管束鞘細胞の葉緑体で炭素固定と同化が別々に行われる．また，熱帯のより乾燥した環境に適した植物にはサボテンなどのように多肉のものが多くCAM（ベンケイソウ科植物の酸代謝）という反応系をもつものがあり，その植物はCAM植物と呼ばれる．この植物ではC_4植物の炭酸固定と同化の分業が同一の細胞で日中と夜間の時間的な分業によって行われる．

A.8 光呼吸をするC_3植物はCO_2補償点が高く，低照度で光合成が飽和してしまうので，光飽和条件下ではCO_2を供給しCO_2の分圧を高めてやればよい．O_2

分圧に対して CO_2 の分圧が相対的に高まるので，RuBisCO のオキシゲナーゼの反応性が低くなる．現実に農業などでは，CO_2 分圧を高めるという方法がとられている作物もある．

A.9 電子伝達系は光合成では葉緑体のチラコイド膜に，呼吸ではミトコンドリアの内膜に存在し，両者とも電子伝達の際に生じたプロトンの濃度差によるATP の生成が見られる．両者の電子伝達体はほぼ同じ成分（シトクロム類，キノン類，非ヘム鉄タンパク質など）が使われ，複合体においても相同なもの（葉緑体のシトクロム b_6/f 複合体とミコンドリアの複合体 III）が存在するが，反応は一般的な光合成（酸素発生型）では光エネルギーを利用しての H_2O から NADPH で，O_2 を発生するのに対して，呼吸では摂取した有機物の代謝により生じた高還元物質の NADH から O_2 へと電子を渡し H_2O を生じる逆反応であるといえる．呼吸では化学エネルギーを化学エネルギーへ変換しているが，光合成では，光エネルギーを化学エネルギーへと変換しているので，その光を捕集し利用するための装置が余分に備わっている．

第11章 脂質の代謝

A.1 不飽和アシル-CoA が β 酸化を受けるには，その反応過程で二重結合は常に 2 位トランス型（Δ^2-*trans*-エノイル-CoA）でなければならない．そのためには，二重結合をシス型からトランス型に変換するイソメラーゼが必要になる．オレイン酸（18：1，Δ^9）の場合，はじめの 3 サイクルは通常の β 酸化反応が進行して 3 分子のアセチル-CoA と Δ^3-*cis*-エノイル-CoA（12：1，Δ^3）が生成する．その後，後者は Δ^3-*cis* → Δ^2-*trans*-エノイル-CoA イソメラーゼによって，Δ^2-*trans*-エノイル-CoA に変換されて残り 5 サイクルの β 酸化を受ける．Δ^4-*cis*-アシル-CoA の β 酸化についても調べておくこと．

A.2 パルミチン酸（16：0）からアセチル-CoA が 8 分子，2-メチルパルミチン酸（17：0）からアセチル-CoA が 7 分子とプロピオニル-CoA が 1 分子，5-メチルパルミチン酸（17：0）からアセチル-CoA が 1 分子と 3-メチルミリストイル-CoA が 1 分子，ヘプタデカン酸（17：0）からアセチル-CoA が 7 分子とプロピオニル-CoA が 1 分子生成する．3 位（β 位）メチル基が β 炭素の酸化を妨げるため，3-メチル脂肪酸は β 酸化されない．これに対して 2-メチル脂肪酸は β 酸化されて，α 炭素を含むプロピオニル-CoA を生成する．奇数炭素鎖脂肪酸もまた β 酸化されて ω 炭素を含むプロピオニル-CoA を生成する．生成したプロピオニル-CoA は，プロピオニル-CoA カルボキシラーゼ，メチルマロニル-CoA ラセマーゼ，メチルマロニル-CoA イソメラーゼの作用を受けてスクシニル-CoA に変換され，クエン酸回路を経由してリンゴ酸，さらに細胞質でオキサロ酢酸に変換されるので糖新生の基質になり得る．一方，

アセチル-CoA の 2 個の炭素原子は，クエン酸回路に入って 2 個の CO_2 分子に酸化されるので，糖新生に使われることはない．

A.3 パルミチン酸（16：0）のような長鎖脂肪酸は，細胞内でアシル-CoA に活性化された後，カルニチンパルミトイルトランスフェラーゼ（CPT）によってミトコンドリア内に転送されて β 酸化される．マロニル-CoA は，CPT-I を阻害することによってパルミトイル-CoA のミトコンドリア内への転送を抑制する．一方，中鎖脂肪酸であるオクタン酸（8：0）は，CPT の作用を受けることなくミトコンドリア内に侵入し，そこで直接オクタノイル-CoA に活性化されて酸化される．そのため，オクタン酸の β 酸化はマロニル-CoA の影響を受けない．

A.4 飢餓状態では，インスリンレベルの低下により脂肪組織における脂肪分解が亢進し，肝臓に多量の遊離脂肪酸が流入する．そのため細胞内アシル-CoA 濃度が上昇して，アセチル-CoA カルボキシラーゼが阻害される．また，アシル-CoA はミトコンドリアのトリカルボン酸輸送体を阻害し，クエン酸が細胞質へ輸送されるのを妨げる．そのため，脂肪酸生成の材料となる C_2 単位（アセチル-CoA）の供給が抑制され，さらにアセチル-CoA カルボキシラーゼの活性化も妨げられる．ホルモンのレベルでは，グルカゴンによる AMP キナーゼの活性化により，アセチル-CoA カルボキシラーゼがリン酸化されて不活性型になる．その結果，脂肪酸の新規生合成は抑制される．

A.5 脂肪酸の新規生合成に要する NADPH は，ペントースリン酸経路から供給されるが，クエン酸輸送系によっても生成する．ミトコンドリア内で生成したアセチル基はクエン酸として細胞質に搬出され，ATP-クエン酸リアーゼによってアセチル-CoA を再生する．このとき同時に生成したオキサロ酢酸は，リンゴ酸デヒドロゲナーゼによってリンゴ酸に変換され，さらにリンゴ酸酵素によってピルビン酸になる．この過程で細胞質の NADH から $NADP^+$ に還元価が移され NADPH が生成する（→図 11.5）．

A.6 腸内に排出された胆汁酸の再吸収（腸肝循環）を阻害すると，肝臓に戻る胆汁酸量が減少するため，肝臓における胆汁酸の生合成（コレステロールの異化）が亢進する．その結果，肝臓内のコレステロール量が減少し，血液中からコレステロールが活発に取り込まれて血清コレステロール濃度は低下する．このとき，肝臓内ではコレステロール合成が活性化されるが，HMG-CoA レダクターゼ阻害薬によって律速酵素が阻害されるため，コレステロールの補充が制限される．こうして合理的な併用療法が実現される．

演習問題解答

第12章　窒素同化とアミノ酸代謝

A.1 動物は窒素を固定することができない．マメ科植物に代表される一部の植物は，土壌微生物と共生することで，窒素固定を行うことができる．

A.2 根粒内では，バクテロイドを取り囲むように存在しているレグヘモグロビンが，動物のヘモグロビン同様，ヘムをもつために赤色を呈する．

A.3 窒素固定でつくられたアンモニアは，主にグルタミン酸に取り込まれ，グルタミンになる．

A.4 根から放出されるフラボノイドの化学構造と，土壌微生物 *Rhizobium* から放出される Nod Factor の化学構造が宿主特異性を決める主要因となる．

A.5 ヒスチジン．

A.6 リシンとロイシン．分解されて脂肪酸になるアミノ酸は，トレオニン，リシン，ロイシン，イソロイシン，フェニルアラニン，チロシン，トリプトファン．この中で，リシン，ロイシン以外は，糖にもなる．

A.7 アミノ酸の分解量が増えると，肝臓内のグルタミン酸濃度が上昇し，そこから合成される N-アセチルグルタミン酸の濃度も上昇する．この N-アセチルグルタミン酸が，アンモニアと炭酸からカルバモイルリン酸を合成する反応を触媒するカルバモイルリン酸シンターゼ（CPS I）をアロステリックに活性化することで，急激なアミノ酸の分解に伴い発生する多量のアンモニアを処理することが可能になる．

A.8 肝臓で生じる有毒なアンモニアを無毒な尿素に変換する．

A.9 尿素回路の反応は肝臓で行われ，一部はミトコンドリアで，残りは細胞質で行われる．

A.10 アンモニアとアスパラギン酸．

第13章　ヌクレオチドの代謝

A.1 ミトコンドリアにおける呼吸では，ADP をもとに ATP が合成される．まず，PRPP の合成は ATP によって活性化される．IMP 合成では6分子の ATP が消費されるので，ATP は AMP 合成自身に直接必要である．細胞内の AMP，ADP，ATP 濃度はアデニル酸キナーゼの作用で一定に保たれており，AMP と ATP から生じた2分子の ADP はミトコンドリアの呼吸で ATP へと変換される．この結果，活発に呼吸する細胞では，アデニンヌクレオチド全体の量比（平衡）は，ATP に大きく傾く．また，IMP から GMP を合成する上で

もATPが1分子必要であり，都合7分子のATPがGMP合成で消費される．UMP合成の初発物質，カルバモイルリン酸の合成には2分子のATPを必要とする．UMPからUTPの合成にはさらに2分子のATPが必要であり，CTPはUTPのアミノ化で生じる．すなわち，ATP, GTP, UTP, CTPのいずれもミトコンドリアの呼吸（ATP合成）の影響を受ける．一方，デオキシヌクレオチドの合成量は，リボヌクレオチドリダクターゼの活性制御によるが，リボヌクレオチドリダクターゼのサブユニット構造変化は主にATP濃度によって調節され，ATP濃度の上昇によって活性化される．すなわち，dATP, dGTP, dCTP, dUTP合成のいずれもミトコンドリアの呼吸（ATP合成）の影響を受ける．さらに，dTTPの合成は，dUMPからdTMPの合成を経由するので，やはりミトコンドリアの呼吸（ATP合成）の影響を受けることになる．

A.2 プリン塩基合成の初発材料はアスパラギン酸，グルタミン，グリシンである．途中生じたフマル酸はTCA回路に入り，オキサロ酢酸を介してアスパラギン酸へ，2-オキソグルタル酸（α-ケトグルタル酸）を介してグルタミン酸へ変換されうる．また，ヒスチジン合成の初発物質は，PRPPとATPである．さらに，IMPからAMPの合成ではアスパラギン酸が，GMPの合成ではグルタミンが必要である．一方，ピリミジン塩基合成の初発材料はアスパラギン酸，グルタミンであり，UTPからCTPへの変換は，動物の場合，グルタミンのアミノ基を転移して行われる．中間代謝産物のカルバモイルリン酸は尿素回路に導入されれば，シトルリン，アルギノコハク酸を経由して，アルギニンに変換されうる．また，dTMP合成で必要な5,10-メチレンテトラヒドロ葉酸は，セリンとテトラヒドロ葉酸から合成される．プリン塩基分解経路の最終産物がアンモニアの場合，2-オキソグルタル酸を介してグルタミン酸へ変換されうる．さらに，ピリミジン塩基分解経路では中間代謝産物として，β-アラニンが生成し，このアミノ基はグルタミン酸生合成に用いられる（さらに詳細については，第12章も参照のこと）．

A.3 リボヌクレオチドリダクターゼによるdCDP, dUDPの合成およびチミジル酸シンターゼによるdTMPの合成がdTTPの直接的な調節因子になりうる．リボヌクレオチドリダクターゼの酵素活性は，Q.1の解答例にあるように，呼吸によるATP生産と密接にリンクしている．一方，チミジル酸シンターゼによるdTMP合成では，メチル基供与体の5,10-メチレンテトラヒドロ葉酸の生産量が調節因子となりうる．

A.4 細胞内には大量のS-アデノシル-L-メチオニンが存在する．このため，S-アデノシル-L-メチオニンをメチル基供与体とした場合，dTMPを必要量以上に合成するおそれがある．

A.5 ほかの生物の遺伝子を取り込んだり，mRNAからタンパク質を合成してしまうリスクが生じる．また，ウイルス感染のリスクも増加する．

A.6 ATP の代わりに，種々の酵素反応で dATP が誤って取り込まれ，反応を阻害するリスクが増す．もし RNA の一部にデオキシ体が取り込まれた場合，局所的な構造が崩壊して RNA が正しく機能を発揮しない可能性が生じる．

A.7 最終分解産物が，マロニル-CoA やスクシニル-CoA であるので，脂肪酸合成経路や TCA 回路の基質として利用可能である．一度，脂肪酸やコハク酸に変換された後，分解を受ければ，完全に H_2O と CO_2 に酸化することができる．

第14章　DNA 複製と遺伝子発現

A.1 DNA は 2 本のポリヌクレオチド鎖からなる構造をとり，ヌクレオチドを構成する塩基間の水素結合によりポリヌクレオチド鎖が結び付いている．この水素結合は，A（アデニン）-T（チミン）および G（グアニン）-C（シトシン）間で形成され，それ以外の塩基間では形成されない．つまり，DNA の 2 本のポリヌクレオチド鎖は，互いに一方が他方の鎖の構造情報をもつペアとして存在している．この性質により，DNA 複製においては，それぞれのポリヌクレオチド鎖が鋳型になって，それぞれの相補鎖を合成することができる．

A.2 DNA も RNA も，基本単位は塩基，糖（ペントース），リン酸によって構成されるヌクレオチドである．ただし，糖成分として DNA がデオキシリボースを用いるのに対し，RNA はリボースを用いる点が異なる．また，DNA の T（チミン）に相当する塩基として，RNA が U（ウラシル）を用いる点も異なる．

A.3 理論上，n サイクルの PCR によって目的の DNA 断片は 2^n 倍に増幅されるから，$2^{25}=33\,554\,432$ 倍になると計算される．
　高温で失活する DNA ポリメラーゼを用いて DNA を増幅しようとする場合には，DNA 変性（高温下で一本鎖にする過程）の後に毎回 DNA ポリメラーゼを加えなければならない．

A.4 DNA 複製は DNA ポリメラーゼによって行われるが，DNA ポリメラーゼは $5'\to 3'$ の方向にしかポリヌクレオチドの合成を行うことができない．したがって，それぞれの複製フォークにおいて，フォークの進行方向と同じ方向にポリメラーゼが進行できるポリヌクレオチド鎖と，フォークの進行方向と逆にしか進行できない鎖が存在することになる．前者をリーディング鎖，後者をラギング鎖と呼ぶ．前者では連続的にポリヌクレオチドの合成が行われるが，後者では不連続的な合成を繰り返しながら複製が進行する．

A.5 DNA 複製時，ラギング鎖では不連続複製が行われる．その過程では，1 000～2 000 ヌクレオチドの岡崎フラグメントがまず合成され，それが連結されることによって複製が進行する．したがって，短い DNA は岡崎フラグメントに対応する．一方，それよりも長いポリヌクレオチドには，岡崎フラグメントが連結したもの，それがリーディング鎖に連結したもの，およびリーディ

ング鎖が含まれる．つまり，不連続複製と連続複製の二つの機構が存在するために，長さの違う DNA が出現する．

A.6 相同組換えでは，切断部位の遺伝情報を回復する鋳型として，姉妹染色分体あるいは相同染色体が利用される．修復の際にヌクレオチドの欠落などが起こらないことがこの機構の長所である．一方，細胞周期 G1 期（DNA 複製が行われる前の時期）には姉妹染色分体が存在しないためこの機構は起こりにくく，短所といえる．非相同末端結合では，末端の再結合が行われる際に修復部位のいくつかのヌクレオチドが失われる可能性があり，この機構の短所といえる．しかし，非相同末端結合反応は細胞周期の時期を選ばないという長所があり，染色体の断片化を防ぐ有力な方法となっている．

A.7 RNA ポリメラーゼや基本転写因子の DNA への結合は，ヌクレオソーム構造によって阻害されると考えられる．したがって，裸の DNA を用いたほうが転写は効率的に進むと予測される．一方，ヌクレオソームを形成した DNA から転写を効率的に行うためには，DNA からヒストンを引きはがすことが有効であると考えられる．実験的には，クロマチンリモデリング複合体やヒストンシャペロンを系に加えれば，転写効率が上がると期待される．

第15章 シグナル伝達の分子機構

A.1 細胞は，細胞表面に高い特異性をもって識別・選択可能な受容体を発現し，細胞外シグナル分子と結合する．細胞膜受容体は少なくとも ① イオンチャネル型，② G タンパク質共役型，③ キナーゼ関連型の3種類に分類可能であり，それぞれの受容体は，① 細胞内へのイオンの透過，② 細胞内の G タンパク質の活性化，③ タンパク質リン酸化を誘導し，細胞外からの情報を細胞内に送り込む．

A.2 ① アデニル酸シクラーゼによって ATP から生成されるサイクリック AMP（cAMP），② ホスホリパーゼ C によって，イノシトールリン脂質のホスファチジルイノシトール 4,5-ビスリン酸（PIP_2）が代謝されて生成するジアシルグリセロール（DG）とイノシトール 1,4,5-トリスリン酸（IP_3），③ グアニル酸シクラーゼによって GTP から生成されるサイクリック GMP（cGMP），④ 細胞内小器官から遊離し，また時には細胞外からも流入してその細胞内濃度を上昇させるカルシウムイオン（Ca^{2+}），⑤ NO 合成酵素によって生成される NO など．

A.3 上皮増殖因子（EGF）や血小板由来増殖因子（PDGF），インスリンなどの細胞膜受容体は，これら細胞外シグナル分子が結合すると2量体化し，細胞内の C 末端側に存在するチロシンキナーゼドメインを用いて，お互いのチロシン残基をリン酸化する（交差リン酸化）．受容体のチロシンリン酸化された

領域を特異的に認識するアダプター分子が会合してシグナルを下流に伝達する．また非受容体型チロシンキナーゼの JAK は，細胞膜近傍に存在する転写因子 STAT のチロシン残基をリン酸化し STAT を二量体化する．二量体化した STAT は DNA 結合能があり，核内に移行して遺伝子発現を制御する．すなわち，チロシンリン酸化はタンパク質間の結合と解離に利用され，細胞内シグナル伝達を制御する．

A.4 上流から MAP キナーゼキナーゼキナーゼ（MAPKKK）→ MAP キナーゼキナーゼ（MAPKK）→ MAP キナーゼ（MAPK）の 3 種類のキナーゼから構成されるシグナル伝達経路である．種々の細胞増殖因子によって活性化される低分子量 G タンパク質 Ras は，MAPKKK ファミリーの一員である Raf1 を活性化し，本シグナルカスケードへシグナルを伝達する．活性化された MAPK は転写因子をリン酸化し，遺伝子発現を制御する．

A.5 正常細胞の増殖・分化を制御するシグナル伝達系を構成する因子をコードする遺伝子の多くが，その遺伝子変異・欠失によってがん遺伝子として振る舞うようになることが示されている．細胞の増殖・分化を制御する MAP キナーゼカスケードを正に制御する Ras や Raf をコードする遺伝子も，がん遺伝子として発見された経緯がある．

索　引

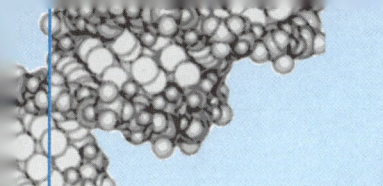

ア　行

アイソザイム（isozyme） 125
亜鉛 162
アガロース 68
アクチビン（activin） 340
アクチベーター（activator） 309
アクトミオシン 161
アグリコン（aglycon） 68
アゴニスト（agonist） 326
アコニターゼ（aconitase） 162, 189, 191
cis-アコニット酸（cis-aconitic acid） 189, 191
アシドーシス 15
亜硝酸還元酵素 250
アシル-CoA（acyl-CoA） 230
アシル-CoA シンテターゼ（acyl-CoA synthetase） 230
アシル-CoA デサチュラーゼ（acyl-CoA desaturase） 239
アシル-CoA デヒドロゲナーゼ（acyl-CoA dehydrogenase） 230
アシルキャリアータンパク質（acyl carrier protein ACP） 236
アシルグリセロール（acylglycerol） 105, 107, 108
アシルリン酸（acyl phosphate） 170
アスコルビン酸（ascorbic acid） 153, 156
アステルパーム 54
アスパラギン（asparagine, Asn, N） 30, 33
アスパラギン酸（aspartic acid, Asp, D） 32, 35, 36, 256, 260, 262
アスパラギン酸アミノトランスフェラーゼ（AST） 256
アスパラギン酸トランスカルバモイラーゼ（ATCase） 141
アスパラギン酸4-セミアルデヒド 256
アセチル-CoA（acetyl-CoA, acetyl-coenzyme A） 155, 188, 189, 190, 191, 192, 193, 230, 231, 232, 237, 257, 259
アセチル-CoA カルボキシラーゼ（acetyl-CoA carboxylase, ACC） 234
N-アセチル-D-ガラクトサミン（N-acetyl-D-galactosamine） 64, 69
N-アセチル-D-グルコサミン（N-acetyl-D-glucosamine） 63, 64, 69
アセチル化 52, 318
N-アセチルグルタミン酸 257, 261
N-アセチルグルタミン酸セミアルデヒド 257
アセチルコリン（acetylcholine） 327
N-アセチルノイラミン酸（N-acetylneuraminic acid） 64
アセトアセチル-CoA 234
アセト酢酸 233, 259
アセト乳酸 256
アセト乳酸合成酵素（ALS） 255
アデニル酸 80
アデニル酸キナーゼ（adenylate kinase） 271
アデニル酸シクラーゼ（adenylate cyclase） 100
アデニロコハク酸（adenylosuccinic acid） 272
アデニン（adenine, A） 81, 291
アデノシン（adenosine） 81, 281, 282
アデノシン 3′,5′-サイクリック一リン酸（adenosine 3′,5′-cyclic monophosphate, cAMP） 100
アデノシン 5′-三リン酸（adenosine 5′-triphosphate, ATP） 22, 98, 188
アデノシンデアミナーゼ（adenosine deaminase） 281
アトラジン 218
アドレナリン（adrenaline） 238, 263
アニーリング（annealing） 95

索引

アノマー (anomer) … 61
アビジン … 155
アポ酵素 (apoenzyme) … 123, 148
アミド基 … 19
アミノアシル tRNA (aminoacyl-tRNA)
　　… 314, 315
アミノアシル部位 (A-site) … 315
アミノ基 (amino group) … 12, 19, 20
アミノ基転移 … 255, 257, 260
アミノ基転移酵素 … 250
アミノ酸 (amino acid) … 28, 29
アミノ酸の生合成 … 252
アミノ酸配列 (amino acid sequence) … 38
アミノ糖 (amino sugar) … 64
アミノトランスフェラーゼ … 257, 260
アミノ末端 (amino-terminus) … 38
4-アミノ酪酸 … 264
アミラーゼ … 123, 124
アミロース … 68
アミロペクチン … 67, 68
アミン類 (amine) … 328
アラキジン酸 … 106
アラキドン酸 (arachidonic acid)
　　… 106, 107, 113, 114, 240
アラキドン酸カスケード (arachidonate cascade)
　　… 113
アラニン (alanine, Ala, A)
　　… 29, 32, 35, 36, 255
アラニンアミノトランスフェラーゼ (ALT)
　　… 255
アラビノガラクタン (arabinogalactan) … 66
アラビノガラクトグリカン (arabinogalactoglycan)
　　… 66
アラビノース (arabinose) … 59, 66
アラントイン (allantoin) … 283
アラントイン酸 (allantoic acid) … 283
アルカローシス … 15
アルギナーゼ … 262
アルギニノコハク酸 … 262
アルギニノコハク酸シンテターゼ … 262
アルギニノコハク酸リアーゼ … 262
アルギニン (arginine, Arg, R)
　　… 30, 32, 257, 262

アルキルグリセロール … 73
アルコール発酵 … 173
アルデヒド基 … 19
アルドース (aldose) … 58, 59, 168
アルドヘキソース … 58, 60
アルトマン (S. Altman) … 99
D-アルトロース … 60
D-アロース … 60
アロステリック (allosteric)
　　… 49, 169, 193, 238, 261
アロステリック効果 (allosteric effect)
　　… 49, 50, 140
アロステリック酵素 (allosteric enzyme)
　　… 51, 140, 179
アロステリック制御 … 278
アロステリックタンパク質 (allosteric protein)
　　… 49
アンタゴニスト (antagonist) … 326
アンチコドン (anticodon) … 314
アンチセンス鎖 (antisense strand) … 305
アンテナ色素 (antena pigments) … 215
アントラニル酸 … 255
暗反応 (dark reaction) … 208
アンモニア (ammonia) … 263, 283

イオン結合 (ionic bond) … 20, 38
イオンチャンネル型受容体 (ion channel receptor)
　　… 326, 327
異化 (catabolism) … 173
鋳型 (template) … 295, 307
異化代謝 (catabolic metabolism) … 194
維管束鞘細胞 (vascular bundle sheath cell)
　　… 223
いす形 (chair-form) … 61
異性化酵素 … 124
イソアロキサジン … 150
イソクエン酸 (isocitric acid)
　　… 189, 191, 192, 194
イソクエン酸デヒドロゲナーゼ
　　(isocitrate dehydrogenase) … 189, 192, 193
イソクエン酸リアーゼ (isocitrate lyase) … 194
イソプレン単位 … 243
イソメラーゼ … 124

Index

イソロイシン（isoleucine, Ile, I）
　　　　　　　　　　　　　29, 31, 32, 255
一次胆汁酸（primary bile acid） 245
一次反応 128
一次メッセンジャー（first messenger） 330
一倍体生物 294
一酸化窒素（nitric oxide, NO） 331, 335
遺　伝 290
遺伝暗号（genetic code） 306
遺伝暗号表 305
遺伝子（gene） 290
遺伝子組換え技術（recombinant DNA technology） 293
遺伝子治療 281, 323
遺伝子の組換え 293
遺伝子発現（gene expression） 142, 311
遺伝子発現制御 156
遺伝情報の流れ 292
遺伝情報発現の制御 318
遺伝の法則（law of inheritance） 290
D-イドース 60
イニシエーター（initiator） 308
イノシトール 243
イノシトール 1,4,5-トリスリン酸（inositol-1,4,5-trisphosphate, IP$_3$） 331
イノシトール三リン酸 161
イノシトールリン脂質代謝産物 118
イノシン（inosine） 281, 282
イノシン一リン酸（inosine monophosphate） 268
イミダゾール基 32
インスリン（insulin） 179, 238, 243, 338
インターカレーション 301
インターカレーター（intercalator） 301
インターフェロン（interferon） 340
インターロイキン（interleukin, IL） 340
インテグリン（integrin） 340
インデューサー（inducer） 309
インドール 255
イントロン（intron） 312
インヒビン（inhibin） 340
陰　葉 215

ウィルキンズ（M. H. F. Wilkins） 85, 291
ウイルス（virus） 5
ウラシル（uracil, U） 82
ウラシル DNA グリコシラーゼ（uracil-DNA glycosylase） 97
ウリジル酸 81
ウリジン 81
ウリジン一リン酸（UMP） 275
ウロン酸（uronic acid） 63, 74

エイコサノイド（eicosanoid） 113
エイコサペンタエン酸（eicosapentaenoic acid, EPA） 106, 107, 240
栄養多糖（nutrient polysaccharide） 68
エキソン（exon） 312
液胞（vacuole） 8
エステル結合（ester bond） 19, 105
エタノール 172, 173
エタノールアミン 243
エネルギー（energy） 23
エネルギー準位 125
エネルギーチャージ 200
エノラーゼ（enolase, ENO） 171
エノールリン酸（enol phosphate） 171
エピジェネティクス（epigenetics） 292, 321
エピジェネティック制御（epigenetic regulation） 321
エピネフリン（epinephrine） 263, 330
エピマー（epimer） 60
エーブリー（O. T. Avery） 290
エムデン・マイヤーホフ経路（Embden-Meyerhof pathway） 166
エラスチン（elastin） 74
エリスロース 4-リン酸 181, 254, 255
D-エリトルロース 59
D-エリトロース 59
塩基（base） 80, 291
塩基除去修復（base excision repair, BER） 301
塩基性（basic） 15, 28
塩基性アミノ酸 32
塩基組成 83
塩基対（base pair） 84

391

索　引

塩基配列 ……………………………… 293
エンタルピー（enthalpy）……………… 24
エンドサイトーシス …………………… 73
エントロピー（entropy）……………… 24
エンハンサー（enhancer）…………… 309

岡崎フラグメント（Okazaki fragment）
　…………………………………… 286, 298
岡崎令治（R. Okazaki）……………… 298
オキサロコハク酸 …………………… 189
オキサロ酢酸（oxaloacetic acid）
　… 176, 189, 191, 193, 194, 223, 237, 256, 259, 262
オキシドレダクターゼ ……………… 124
2-オキソイソ吉草酸 ………………… 256
2-オキソグルタル酸（2-oxoglutaric acid）
　………………… 189, 192, 254, 255, 256, 257, 259
2-オキソグルタル酸デヒドロゲナーゼ
　…………………………………… 189, 193
2-オキソグルタル酸デヒドロゲナーゼ複合体
　（2-oxoglutarate dehydrogenase complex）
　……………………………………… 192
2-オキソ酪酸 ………………………… 255
オチョア（S. Ochoa）………………… 306
オープンリーディングフレーム（open reading
　frame, ORF）………………………… 313
オペレーター（operator）…………… 309
オペロン（operon）…………………… 309
オペロン説（operon theory）………… 309
親　鎖 ………………………………… 299
オリゴ糖（oligosaccharide）………… 64, 65
オリゴ糖脂質中間体（oligosaccharide-lipid
　intermediate）……………………… 68
オリゴペプチド（oligopeptide）……… 37
オルガネラ（organella）………………   5
オルニチン（ornithine）……… 257, 261, 262, 265
オルニチン回路（ornithine cycle）…… 260
オルニチンカルバモイルトランスフェラーゼ
　……………………………………… 262
オレイン酸（oleic acid）……… 106, 107, 239
オロチジン一リン酸（orotidine monophosphate,
　orotidylic acid）……………………… 274

カ 行

開始（initiation）……………………… 314
開始 tRNA（initiator tRNA）………… 315
開始コドン（start codon, initiation codon）
　…………………………………… 307, 312
概日リズム …………………………… 264
解　糖 …………………………… 166, 177
解糖系（glycolytic pathway）
　………………… 166, 167, 168, 188, 252, 271
界面活性剤（detergent, surfactant）… 13
解離基（dissociable group）………… 134
解離定数（dissociation constant）… 16, 130
化学熱力学（chemical thermodynamics）…… 23
核（nucleus）…………………………   4
核磁気共鳴法（nuclear magnetic resonance,
　NMR）……………………………… 41
核小体（nucleolus）…………………   7
核様体（nucleoid）……………………   4
加水分解酵素 ………………………… 124, 134
カタラーゼ（catalase）……………… 159, 202
カタール（katal, kat）………………… 133
活性化ギブズエネルギー（Gibbs free energy of
　activation）………………………… 125
活性化剤（activator）………………… 142
活性酸素 ………………………… 211, 218
活性酸素種（reactive oxygen）……… 202
活性部位（active site）……… 122, 123, 136
滑面小胞体（smooth ER）……………   7
カテコールアミン …………………… 263
価電子 ………………………………   8
カフェイン（caffeine）……………… 331
粥状動脈硬化 ………………………… 246
ガラクタン（galactan）……………… 66
D-ガラクチトール …………………… 63
ガラクトサミン（galactosamine）…… 64
ガラクトシルジアシルグリセロール … 72
ガラクトシルセラミド（galactosylceramide）
　……………………………………… 71
ガラクトース（galactose）………… 60, 175
ガラクトセレブロシド …………… 111, 112
ガラクトマンナン（galactomannan）… 66, 68

Index

ガラクトマンノグリカン（galactomannoglycan）
.... 66
カリウム 160
下流プロモーターエレメント（downstream promoter element, DPE）................. 308
カルシウム 161
カルシウムイオン（calcium ion, Ca^{2+}）
.... 161, 331
カルジオリピン（cardiolipin）................. 243
カルシフェロール（calciferol）............... 156
カルニチン-パルミトイルトランスフェラーゼⅠ（carnitine palmitoyltransferase Ⅰ）....... 230
カルバモイルリン酸 275
カルバモイルリン酸シンターゼ 261
カルビン-ベンソン回路（Calvin-Benson cycle）
.... 149, 219
カルボキシ基（carboxy group）......... 19, 20
カルボキシ末端（carboxy-terminus）....... 39
カルボニックアンヒドラーゼ 162
カルボニル基（carbonyl group）....... 12, 19
カルモジュリン（calmodulin）...... 161, 333, 334
カロテノイド（carotenoid）..................... 211
カロテン（carotene）................................. 211
カロリー密度（caloric density）.............. 232
がん遺伝子産物（oncogene product）...... 340, 343
ガングリオシド（ganglioside）
.... 71, 111, 112, 116
還元型フェレドキシン 149
還元性オリゴ糖（reducing origosaccharide）
.... 65
還元的ペントースリン酸回路（reductive pentose phosphate cycle）............. 219
還元末端（reducing end）.......................... 65
環状DNA 297
緩衝液（buffer）.................................. 16, 127
緩衝能 17
官能基（functional group）....................... 20
がん抑制遺伝子（tumor suppressor gene）
.... 344

気孔（stomata）.. 219
キサンチン（xanthine）..................... 281, 282
キサントシン 282

キサントフィル（xanthophyll）.............. 211
基質（substrate）....................................... 123
基質特異性（substrate specificity）......... 123
キシラン（xylan）....................................... 66
キシリトール 63
キシルロース5-リン酸（xylulose-5-phosphate）
.... 181, 183
キチン（chitin）.................................... 66, 67
拮抗阻害（competitive inhibition）......... 136
ヒドロキシ基 19
キナーゼ（kinase）.................................... 143
キナーゼ関連型受容体（kinase-related receptor）
.... 326, 329
キナーゼドメイン（kinase domain）...... 337
機能ドメイン（functional domain）......... 44
ギブズの自由エネルギー（Gibbs free energy）
.... 24
基本転写因子（general transcription factor）
.... 310
キモトリプシノーゲン 143
キモトリプシン 143
逆転写酵素（reverse transcriptase）........ 300
逆平行β構造（antiparallel-β-structure）
.... 40
キャップ構造（cap structure）................ 312
吸エルゴン反応（endergonic reaction）.... 24
球状タンパク質（globular protein）......... 47
吸熱反応（endothermic reaction）............ 24
強塩基 15
強　酸 15
狭心症（angina pectoris）........................ 337
共生的窒素固定（symbiotic nitrogen fixation）
.... 251
鏡像異性体（enantiomer）........... 28, 58, 60
競争阻害（competitive inhibition）... 136, 286
協同性（cooperativity）..................... 50, 140
共役（coupling）................................... 24, 98
共役塩基（conjugate base）....................... 16
共有結合（covalent bond）........................ 19
極性（polarity）..................................... 9, 82
ギルバート（W. Gilbert）........................ 293
キロミクロン（chylomicron, CM）........ 115
金属触媒 125

393

索引

グアニジノ基 ……………………………… 32
グアニル酸 ………………………………… 81
グアニル酸キナーゼ（guanylate kinase）…… 271
グアニル酸シクラーゼ（guanylyl cyclase）
　……………………………………………… 331
グアニン（guanine, G）…………… 81, 282, 291
グアニンヌクレオチド交換因子…………… 341
グアノシン ………………………………… 81, 282
グアノシン三リン酸（guanosine triphosphate,
　GTP）……………………………………… 188
クエン酸（citric acid）
　…………………………… 178, 189, 191, 193, 237
クエン酸回路（citric acid cycle, tricarboxylic acid
　cycle）…………………… 168, 172, 188, 232, 252
クエン酸シンターゼ（citrate synthase）
　…………………………………… 189, 191, 193
クラスI遺伝子……………………………… 307, 309
グラナ（grana）…………………………… 211
グラナラメラ ……………………………… 211
グリオキシル酸（glyoxylic acid）………… 194
グリオキシル酸回路（glyoxylate cycle）
　……………………………………………… 178, 193
グリカン（glycan）………………………… 66
N-グリカン（N-glycan）…………… 68, 69, 70
O-グリカン（O-glycan）………………… 68, 70
グリコーゲン（glycogen）………………… 68
グリコーゲン合成（glycogen synthesis,
　glycogenesis）……………………………… 168
グリコーゲンホスホリラーゼ……………… 152
グリコサミノグリカン（glycosaminoglycan）
　……………………………………………… 74
グリコシダーゼ …………………………… 73
グリコシド結合（glycosidic linkage）…… 64
N-グリコシド結合（N-glycoside linkage,
　N-glycosidic linkage）………………… 68, 82
O-グリコシド結合（O-glycoside linkage）
　……………………………………………… 68
グリコシルイノシトールリン脂質（glycosylphosph
　atidylinositol, GPI）……………………… 71
グリコシル化 ……………………………… 53
N-グリコリルノイラミン酸
　（N-glycolylneuraminic acid）………… 64
グリコール酸回路（glycolic acid cycle）…… 221

グリシン（glycine, Gly, G）
　………………………………… 28, 29, 32, 35, 253
グリシンシンターゼ ……………………… 253
グリシンヒドロキシメチルトランスフェラーゼ
　……………………………………………… 253
グリシン分解 ……………………………… 253
D-グリセルアルデヒド …………………… 59
D-グリセルアルデヒド3-リン酸
　（D-glyceraldehyde 3-phosphate, GAP）
　……………………………… 149, 167, 169, 181, 182, 219
グリセルアルデヒドリン酸デヒドロゲナーゼ
　（glyceraldehyde phosphate dehydrogenase,
　GAPDH）……………………… 149, 167, 170
グリセロ脂質（glycerolipid）……………… 109
グリセロ糖脂質（glyceroglycolipid）
　……………………………… 71, 72, 73, 111, 112
グリセロリン脂質（glycerophospholipid）
　…………………………… 109, 110, 116, 241
グリセロール-3-リン酸（glycerol-3-phosphate）
　……………………………………………… 241
グリセロールキナーゼ（glycerol kinase）…… 241
クリック（F. H. C. Crick）……………… 84, 291
グリフィス（F. Griffith）………………… 290
グルカゴン（glucagon）………… 179, 238, 243, 330
グルカン（glucan）………………………… 66
グルクロン酸（glucuronic acid）………… 63, 64
グルコキナーゼ …………………………… 124
グルココルチコイド（glucocorticoid）…… 243
グルコサミノグリカン……………………… 74, 75
グルコサミン（glucosamine）…………… 63, 64
グルコシルセラミド（glucosylceramide）
　……………………………………………… 71, 72
グルコース（glucose）
　………………… 58, 59, 60, 61, 62, 166, 167, 168, 178
グルコース6-ホスファターゼ（glucose-6-
　phosphatase）…………………………… 178
グルコース6-リン酸（glucose-6-phosphate,
　G6P）……………………… 167, 168, 178, 181, 182
グルコース6-リン酸デヒドロゲナーゼ（glucose-
　6-phosphate dehydrogenase, G6PDH）
　……………………………………………… 181, 182
グルコース-アラニン回路（glucose-alanine cycle）
　……………………………………………… 260

394

グルコースオキシダーゼ ……………… 124
グルコセレブロシド ……………… 72, 111, 112
グルコピラノース（glucopyranose）……… 61
D-グルシトール ……………………… 63
グルタチオン ………………………… 156
グルタミナーゼ ………………… 260, 263
グルタミン（glutamine, Gln, Q）…… 30, 33, 263
グルタミン酸（glutamic acid, Glu, E）
……………… 32, 35, 255, 256, 257, 261, 327
グルタミン酸-オキサロ酢酸トランスアミナーゼ
（GOT）………………………… 256
グルタミン酸セミアルデヒド …………… 257
グルタミン酸デヒドロゲナーゼ（GDH）…… 260
グルタミン酸-ピルビン酸トランスアミナーゼ
（GPT）………………………… 255
グルタミンシンテターゼ（GS）………… 257
D-グロース …………………………… 60
クローニング ………………………… 293
クローバ葉型二次構造 ………………… 91
クロマチン（chromatin）……… 6, 318, 320
クロマチンファイバー（chromatin fiber）…… 318
クロマチンリモデリング（chromatin remodeling）
………………………………… 320
クロロフィル（chlorophyll）……… 161, 211
クロロフィル P680 ……………… 216, 217
クロロフィル P700 ……………… 216, 217

形　質 ……………………………… 290
血液凝固 …………………………… 157
血小板活性化因子（platelet-activation factor, PAF）……………………………… 114
血小板由来増殖因子（platelet-derived growth factor, PDGF）…………………… 338
血清型糖鎖（serogroup carbohydrate chain）
………………………………… 68
血　栓 ……………………………… 246
血糖値 ……………………………… 179
ケト基 ……………………………… 19
α-ケトグルタル酸 ………………… 178
ケト原性アミノ酸（ketogenic amino acid）
………………………………… 259
ケトース（ketose）……………… 58, 59, 168
ケトヘキソース ……………………… 58

ケトン体（ketone body）………… 232, 259
ケノデオキシコール酸（chenodeoxycholic acid）
………………………………… 245
ゲノム（genome）…………………… 296
ゲノムプロジェクト（genome project）…… 321
ケラタン硫酸 ……………………… 74, 75
ケラチン（keratin）………………… 47, 54
原核細胞（prokaryotic cell）………… 4
原核生物（prokaryote）…………… 4, 295
原形質膜（plasma membrane）……… 6
コア酵素（core enzyme）…………… 309
コアヒストン（core histone）……… 318
コアプロモーターエレメント
（core promoter element, CPE）…… 308, 309
高エネルギーリン酸化合物 ………… 170, 271
高エネルギーリン酸結合（energy-rich phosphate bond, high-energy phosphate bond）
………………………………… 166, 232
光化学系 …………………………… 161
光化学系Ⅰ（photosystem Ⅰ）……… 216
光化学系Ⅱ（photosystem Ⅱ）…… 162, 216, 251
光学活性（optical activity）………… 28
光合成 ……………………………… 208
光合成細菌（photosynthetic bacteria）
………………………………… 161, 209
光合成色素（photosynthetic pigments）…… 211
光合成単位（photosynthetic unit）……… 215
高脂血症（hyperlipidemia）………… 246
甲状腺ホルモン（thyroid hormone）…… 243
校正（proofreading）………………… 296
合成酵素 …………………………… 124
酵素（enzyme）………………… 122, 148
酵素・基質複合体（enzyme-substrate complex）
………………………………… 126, 129
構造多糖（structural polysaccharide）……… 66
酵素前駆体（enzyme precursor）……… 143
酵素の国際単位（international unit of enzyme activity）……………………… 133
酵素番号 …………………………… 124
酵素誘導 …………………………… 142
高度不飽和脂肪酸（polyunsaturated fatty acids, PUFA）……………………… 240

395

索　引

高密度リポタンパク質（high-density lipoprotein, HDL）……………………… 115, 247
光リン酸化反応（photophosphorylation）…… 218
コーエン（S. N. Cohen）…………………… 295
呼　吸 ………………………………………… 172
呼吸鎖複合体Ⅰ ……………… 149, 159, 161
呼吸鎖複合体Ⅱ ……………………………… 159
呼吸鎖複合体Ⅳ ……………………………… 162
古細菌（archaea）…………………………… 4
五炭糖（pentose）……………………… 58, 59
骨格（backbone）…………………………… 37
五糖（pentasaccharide）…………………… 65
コード鎖（coding strand）………………… 305
コード領域（coding region）……………… 313
コドン（codon）……………………………… 306
コハク酸（succinic acid）…… 189, 192, 193, 194
コハク酸-ユビキノンレダクターゼ ……………… 159
コハク酸-CoQ オキシドレダクターゼ……… 197
コハク酸デヒドロゲナーゼ（succinate dehydrogenase）……………………… 189, 193
コバラミン（cobalamin）…………… 153, 156
コバルト ……………………………………… 162
コラーゲン（collagen）…………… 47, 48, 74, 156
コラーナ（H. G. Khorana）………………… 306
コリ・サイクル（Cori cycle）……………… 176
コリスミ酸 …………………………………… 255
コリン ………………………………………… 242
コール酸（cholic acid）…………………… 245
ゴルジ装置（Golgi apparatus）…………… 7
ゴルジ体（Golgi body）…………………… 7
コレカルシフェロール（cholecalciferol） ……………………………… 108, 154, 156
コレステロール（cholesterol） ……………………………… 107, 108, 116, 243
混合阻害（mixed inhibition）……………… 139
コンドロイチン硫酸 ………………………… 74, 75
コーンバーグ（A. Kornberg）……………… 306
コーンバーグ（R. D. Kornberg）…………… 312
根粒（nodule）……………………………… 252
根粒菌（Rhizobium）……………………… 251

サ 行

細菌（bacteria）……………………………… 4
サイクリック AMP（cyclic AMP, cAMP） ………………………………………… 100, 330
サイクリック GMP（cyclic GMP, cGMP）…… 330
サイクリン依存性キナーゼ（cyclin-dependent kinase, CDK）……………………… 298
再生（renaturation）………………………… 95
最大速度（maximum velocity）……… 127, 128
最適 pH（optimum pH）………………… 133, 134
最適温度（optimum temperature）…… 133, 134
細胞（cell）…………………………………… 6
細胞外マトリックス（extracellular matrix） ……………………………………………… 74
細胞核（cell nucleus）……………………… 93
細胞質（cytoplasm）………………………… 6
細胞周期（cell cycle）……………… 298, 342
細胞小器官（organelle）…………………… 5
細胞増殖因子 ………………………………… 329
細胞内シグナル伝達分子（intracellular signaling molecule）…………………………… 117
細胞分化誘導因子 …………………………… 329
細胞分裂 ……………………………………… 286
細胞壁（cell wall）………………………… 6
細胞膜（cell membrane）………………… 6
細胞膜受容体（cell surface receptor）…… 326
サイレンサー（silencer）…………………… 309
酢　酸 ………………………………………… 16
サザーランド（E. W. Sutherland）………… 330
鎖長延長（fatty acid elongation）………… 238
砂糖（sucrose）……………………………… 63
サブユニット（subunit）…………………… 44
サルベージ経路（salvage pathway）……… 273
サンガー（F. Sanger）……………………… 293
酸化還元 ……………………………………… 208
酸化還元酵素 ………………………………… 124
酸化還元電位（oxidation-reduction potential） ……………………………………………… 208
酸化的リン酸化（oxidative phosphorylation） ……………………………… 196, 198, 232, 271
残基（residue）……………………………… 37

Index

酸性（acidic） 15, 28
酸性アミノ酸 32
酸性多糖（acidic polysaccharide） 66
酸性リン脂質 243
酸素発生型光合成（oxygenic photosynthesis） 209
酸素非発生型光合成（anoxygenic photosynthesis） 209
三炭糖（triose） 58, 59
三糖（trisaccharide） 65

ジアシルグリセロール（diacylglycerol, DG） 73, 107, 331
ジアステレオマー（diastereomer） 60
シアノバクテリア（cyanobacteria） 209
シアル酸（sialic acid） 63, 64, 72
資化 142
紫外吸収スペクトル（ultraviolet(UV) absorption spectrum） 93
ジガラクトシルジグリセリド 112
色素体（plastid） 168
シキミ酸 255
シキミ酸経路（shikimate pathway, shikimic acid pathway） 254
シグナル伝達 325
シグナル配列（signal sequence） 315
シグナル分子 326, 330
シグモイド型（sigmoid） 50, 140
シグモイド性 142
シクロオキシゲナーゼ 113, 114
ジクロロインドフェノール 218
ジクロロフェノールジメチル尿素 218
試験管内（in vitro） 3
シーケンス仮説（sequence hypothesis） 291
脂質（lipid） 104
脂質異常症（dyslipidemia） 247
脂質二重層（lipid bilayer） 116
脂質メディエーター（lipid mediator） 113, 118
シスエレメント（cis-element） 307
シス結合 106
シスタチオニン 254
シスチン（cystine） 33, 51

システイン（cysteine, Cys, C） 29, 33, 35, 254
シス領域（cis-region） 307
ジスルフィド結合（disulfide bond） 33, 38
シチジル酸 81
シチジン 81
失活（inactivation） 133
シトクロム（cytochrome） 213
シトクロム b 213
シトクロム c 159, 198
シトクロム c オキシダーゼ 159, 198
シトクロム f 217
シトシン（cytosine, C） 81, 291
シトルリン 261, 262
シナプス 327
ジヒドロオロト酸（dihydroorotic acid） 274
ジヒドロキシアセトン 59
ジヒドロキシアセトンリン酸（dihydroxyacetone phosphate, DHAP） 167, 169, 241
1,25-ジヒドロキシコレカルシフェロール 156
ジヒドロスフィンゴシン（dihydrosphingosine） 109
脂肪酸（fatty acid） 105, 108, 230
脂肪酸合成酵素（fatty acid synthase, FAS） 236
姉妹染色分体 303
弱酸 16
ジャコブ（F. Jacob） 309
遮断薬（blocker） 326, 328
シャペロン（chaperone） 46, 300
シャルガフ（E. Chargaff） 83
シャルガフの規則（Chargaff's rule） 83
自由エネルギー（free energy） 199
終結（termination） 314
集光性色素（light harvesting pigments） 215
終止コドン（stop codon） 307, 312
重症複合免疫不全症（severe combined immunodeficiency disease, SCID） 281
修復 300
縮重（degeneracy） 307
主鎖（main-chain） 37
十糖（decasaccharide） 65

397

索　引

シュードノット構造（pseudoknot structure）
　………………………………………………… 89
循環的電子伝達系（cyclic electron transport system）…………………………………… 218
準必須アミノ酸（semiessential amino acids）
　………………………………………………… 258
硝化 ……………………………………………… 250
小サブユニット（small subunit）…………… 314
脂溶性ビタミン ………………… 108, 118, 156
蒸散（transpiration）………………………… 225
硝酸還元酵素 ………………………………… 250
上皮増殖因子（epidermal growth factor, EGF）
　………………………………………………… 337
小胞体（endoplasmic reticulum, ER）………… 7
上流制御配列（upstream control element, UCE）
　………………………………………………… 309
除去付加酵素 ………………………………… 124
触媒 ……………………………………… 122, 125
触媒基（catalytic group）…………………… 126
触媒サブユニット …………………………… 332
初速度（initial rate, initial velocity）……… 131
ショ糖（sucrose）………………… 63, 65, 220
シルデナフィル（sildenafil）……………… 335
仁（nucleolus）…………………………………… 7
真核細胞（eukaryotic cell）…………………… 4
真核生物（eukaryote）…………… 4, 295, 298
真核生物遺伝子 ……………………………… 318
新規生合成（de novo synthesis）…………… 234
ジンクフィンガー（zinc finger）…………… 162
親水性（hydrophilic region, hydrophilicity）
　…………………………… 12, 28, 42, 105, 116
親水性アミノ酸 ………………………………… 32
真正細菌（eubacteria）………………………… 4
迅速平衡 ………………………………………… 129
伸長（elongation）…………………………… 314
伸長複合体（elongation complex）………… 311
心房性ナトリウム利尿ペプチド（atrial natriuretic peptide, ANP）…………………………… 335
水酸化物イオン（hydroxide ion：OH$^-$）…… 14
水素イオン（hydrogen ion：H$^+$）………… 14
水素イオン濃度（[H$^+$]）…………………… 15
水素結合（hydrogen bond）………………… 9, 38

水素結合供与体（hydrogen bond donor）
　………………………………………………… 37
水素結合受容体（hydrogen bond receptor）
　………………………………………………… 37
水溶性ビタミン ……………………………… 149
水和（hydration）……………………………… 12
スクシニル-CoA（succinyl coenzyme A, succinyl-CoA）………………………… 189, 192, 259
スクシニル-CoA アセト酢酸-CoA トランスフェラーゼ（succinyl-CoA acetoacetate-CoA transferase）……………………………… 234
スクシニル-CoA シンテターゼ（succinyl-CoA synthetase）…………………………… 189, 192
スクロース（sucrose）…………… 63, 65, 220
スタッキング（stacking）…………………… 89
スタッキング効果 ……………………………… 85
スタール（F. W. Stahl）……………………… 295
ステアリン酸（stearic acid）…… 105, 106, 239
ステム&ループ構造（stem and loop structure）
　………………………………………………… 89
ステロイド（steroid）…………… 107, 108, 156
ステロイドホルモン（steroid hormone）
　…………………………………… 107, 118, 243
ストロマ（stroma）…………………………… 211
ストロマチラコイド ………………………… 211
スーパーオキシドアニオン（superoxide anion）
　………………………………………………… 202
スーパーオキシドジスムターゼ（superoxide dismutase, SOD）……………………… 162, 202
スフィンゴ脂質（sphingolipid）…………… 109
スフィンゴシン（sphingosine）
　……………………………… 72, 109, 110, 112
スフィンゴ糖脂質（sphingoglycolipid, glycosphingoside）
　………………………… 71, 72, 73, 109, 111, 112, 116
スフィンゴミエリン（sphingomyelin, SM）
　…………………………………… 110, 111, 116
スフィンゴリン脂質（sphingophospholipid）
　…………………………………… 109, 110, 111
スプライシング（splicing）………………… 314
スペルミジン ………………………………… 265
スモ化 ………………………………………… 316
スルフヒドリル基 ……………………………… 19, 33

スルホガラクトシルアルキルアシルグリセロール
　（sulfogalactosylalkylacylglycerol）………… 74
スレオニン（threonine）………………………… 30, 31

制限酵素（restriction enzyme）……………… 293
生合成（biosynthesis）………………………… 194
生殖細胞………………………………………… 294, 300
生体金属イオン………………………………… 160
生体高分子（biopolymer）……………………… 22
生体内（in vivo）………………………………… 3
生体膜…………………………………………… 115
成長ホルモンの受容体（growth hormone receptor）
　……………………………………………… 339
静電的相互作用………………………………… 20
正の調節（positive regulation）……………… 309
生物量（biomass）……………………………… 5
性ホルモン（sex hormone, sexual hormone）
　……………………………………………… 107
生理活性アミン………………………………… 259, 263
生理的 pH……………………………………… 15
セカンドメッセンジャー（second messenger）
　……………………………………… 100, 161, 330
セカンドメッセンジャー学説（second messenger
　theory）…………………………………… 330
セドヘプツロース 7-リン酸 …………………… 181
セラミド（ceramide, N-acylsphingosine）
　……………………………… 71, 72, 110, 111, 112
セリン（serine, Ser, S）………………… 30, 33, 253
セルロース（cellulose）………………………… 66, 67
セレノシステイン……………………………… 34
セレブロシド…………………………………… 111, 116
セロトニン（serotonin）………………………… 264, 327
遷移状態（transition state）…………………… 125
繊維状タンパク質（fibrous protein）………… 47
前駆体…………………………………………… 123
染色質（chromatin）…………………………… 6
染色体（chromosome）………………………… 7, 294
センス鎖（sense strand）……………………… 305
セントラルドグマ（central dogma）………… 292

双性イオン（zwitterion）……………………… 34
相同組換え（homologous recombination, HR）
　……………………………………………… 303

相同染色体……………………………………… 303
相補鎖…………………………………………… 295
相補的（complementary）……………………… 85, 123
相補的の塩基対（complementary base pair）
　……………………………………………… 293
阻害剤（inhibitor）……………………………… 135, 286
阻害物質定数（inhibitor constant）…………… 137
側鎖（side-chain）……………………………… 28, 37
疎水性（hydrophobicity）
　………………………………… 13, 28, 41, 43, 105, 116
疎水性アミノ酸（hydrophobic amino acid）
　……………………………………………… 31
疎水性相互作用（hydrophobic interaction）
　……………………………………………… 20, 38
粗面小胞体（rough ER）……………………… 7
ソルビトール…………………………………… 63

タ 行

体細胞…………………………………………… 294
大サブユニット（large subunit）……………… 315
代謝フラックス………………………………… 203
大腸菌…………………………………………… 295
多細胞生物……………………………………… 325
脱アミノ反応（deamination）………………… 96
脱水縮合（dehydration-condensation）……… 64, 82
脱　窒…………………………………………… 250
脱分極…………………………………………… 327
脱リン酸化……………………………………… 143
脱リン酸化酵素（phosphatase）……………… 119, 344
多糖（polysaccharide）………………………… 66
ターミネーター（terminator）………………… 310
タミフル………………………………………… 73
D-タロース …………………………………… 60
単細胞生物……………………………………… 325
胆汁酸（bile acid）……………………………… 107, 243
胆汁色素………………………………………… 213
単純脂質（simple lipid）……………………… 104
単純多糖（simple polysaccharide）…………… 66
淡色効果（hypochromicity）…………………… 93
炭素固定反応（carbon fixation）……………… 208
単糖（monosaccharide）………………………… 58
タンパク質（protein）………………………… 28, 37

399

索引

タンパク質合成 ……………………………… 309
タンパク質の一次構造 ……………………… 38
タンパク質の化学修飾 ……………………… 51
タンパク質の三次構造 ……………………… 41
タンパク質の二次構造 ……………………… 39
タンパク質の変性 …………………………… 46
タンパク質の四次構造 ……………………… 44
タンパク質分解酵素 ………………………… 135

チアミン (thiamin) ……………………… 152, 156
チアミン二リン酸 (TPP) ……… 152, 157, 255
チェック (T. R. Cech) ……………………… 99
チオエステル結合 …………………………… 236
チオエーテル基 ……………………………… 33
チオレドキシン (thioredoxin) …………… 278
チオレドキシンリダクターゼ (thioredoxin reductase) ……………………………… 278
窒素固定 (nitrogen fixation) …………… 250
窒素同化 (nitrogen assimilation) ……… 250
チミジル酸シンターゼ (thymidylate synthase) …………………………………… 280
チミン (thymine, T) ……………… 81, 291
チモーゲン (zymogen) ……………………… 143
中性脂肪 (neutral fat, triacylglycerol, TG) ……………………………… 104, 107, 108, 241
中性多糖 (neutral polysaccharide) ……… 66
中性リン脂質 ………………………………… 243
腸肝循環 (enterohepatic circulation) …… 246
調節サブユニット …………………………… 332
超低密度リポタンパク質 (very low-density lipoprotein, VLDL) ……………………… 115
貯蔵多糖 (reserve polysaccharide, storage polysaccharide) ……………………… 68
チラコイド (thylakoid) …………………… 210
チラコイド膜 (thylakoid) ………………… 210
チロシン (tyrosine, Tyr, Y) …… 29, 32, 35, 254
チロシンキナーゼ (tyrosine kinase) …… 337
チロシンキナーゼ受容体 (tyrosine kinase receptor) ……………………… 337, 341
沈降係数 …………………………………… 314

痛風 ………………………………………… 283
釣り鐘型曲線 ……………………………… 134

デアミノノイラミン酸 (deaminoneuraminic acid) ……………………………………… 64
低分子量Gタンパク質 ……………………… 339
低密度リポタンパク質 (low-density lipoprotein, LDL) …………………… 115, 246
デオキシアデノシン (deoxyadenosine) …… 281
デオキシ糖 (deoxy sugar) ………………… 63
2-デオキシ-D-リボース (2-deoxy-D-ribose) ………………………………………… 63
デオキシリボース (deoxyribose) ……… 58, 80
デオキシリボヌクレオシド三リン酸 ……… 295
デオキシリボヌクレオチド (deoxyribonucleotide) ……………………………………… 277
テオフィリン (theophylline) …………… 331
出口部位 (E-site) ………………………… 315
テストステロン …………………………… 108
鉄 ……………………………………………… 161
鉄-硫黄クラスター ………… 161, 197, 198, 251
テトラヒドロ葉酸 (tetrahydrofolic acid, THF) ……………………………… 151, 155, 253
テトロース (tetrose) …………………… 58, 59
デヒドロアスコルビン酸 ………………… 156
テルペノイド ……………………………… 211
デルマタン硫酸 …………………………… 74, 75
テロメア (telomere) ……………………… 300
テロメラーゼ (telomerase) ……………… 300
転移RNA (transfer RNA, tRNA) ……… 90, 304
転移酵素 …………………………………… 124
電解質 (electrolyte) ……………………… 12
電気陰性度 (electronegativity) …………… 9
電気化学ポテンシャル差 ……………… 209, 218
電子供与体 ………………………………… 209
電子受容体 ………………………………… 209
電子伝達系 (electron transport system, electron transport chain) ………… 172, 196, 232
電子伝達体 (electron transport components) ……………………………………… 213
転写 (transcription) ……………………… 304
転写開始 …………………………………… 318
転写開始前複合体 (preinitiation complex, PIC) ……………………………………… 311
転写開始点 (transcription initiation site, transcription start site) ……………… 308

転写終結部位 ………………………… 310
天然変性タンパク質（intrinsically disordered protein, intrinsically unstructured protein, natively unfolded protein） ……… 43, 44
デンプン（starch） ……………………… 68

銅 ……………………………………… 161
糖アルコール（sugar alcohol） ………… 63
同化（anabolism） …………………… 173
同化経路（anabolic pathway, assimilation pathway） ………………………… 175
同化代謝（anabolic metabolism） …… 194
糖原性アミノ酸（glycogenic amino acid） …… 259
糖鎖（sugar chain） …………………… 68
糖鎖付加 ……………………………… 315
糖脂質（glycolipid） ……………… 71, 109
糖新生（gluconeogenesis）
　………………………… 175, 176, 177, 259, 262
糖タンパク質（glycoprotein） ………… 68
等電点（isoelectric point, pI） ……… 35
動脈硬化 ……………………………… 246
特異性定数（specificity constant） …… 132
独立の法則（law of independence, law of independent assortment） …… 290
ドコサヘキサエン酸（docosahexaenoic acid, DHA） ……………………… 106, 107
トコトリエノール（tocotrienol） …… 157
トコフェロール（tocopherol） … 108, 154, 157
土壌細菌 ……………………………… 251
ドデシル硫酸ナトリウム ……………… 13
ドーパミン …………………………… 263
ドメイン（domain） ……………… 42, 44
トランスアルドラーゼ ………… 181, 183, 184
トランス結合 ………………………… 106
トランスケトラーゼ（transketolase, TKT）
　…………………………………… 181, 183, 184
トランス作用因子（*trans*-acting factor） …… 307
トランスフェラーゼ …………………… 124
トリアシルグリセロール（triacylglycerol, TG）
　…………………………………… 107, 108, 243
トリオース（triose） ………………… 58, 59
トリオースリン酸イソメラーゼ（triose phosphate isomerase, TPI） …………… 169

トリカルボン酸輸送体 ………………… 237
ドリコール（dolichol） ……………… 243
トリプシン …………………………… 134
トリプトファン（tryptophan, Trp, W）
　………………………………………… 29, 31, 32
トリプレット（triplet） ……………… 306
トレオニン（threonine, Thr, T） …… 30, 31, 33, 256
トレハロース（trehalose） …………… 65
トロポニンC（troponin C） ………… 334
トロポミオシン（tropomyosin） ……… 47
トロンボキサン（thromboxane, TX） … 113

ナ　行

ナイアシン（niacin） ………………… 149
内部プロモーター …………………… 309
ナトリウム …………………………… 160
七炭糖（heptose） …………………… 58
ニコチンアミド ……………………… 149
ニコチンアミドアデニンジヌクレオチド
　（nicotinamide adenine dinucleotide, NAD^+）
　………………………………………… 149
ニコチンアミドアデニンジヌクレオチドリン酸
　（nicotinamide adenine dinucleotide phosphate, $NADP^+$） ……………………………… 149
ニコチン酸 …………………………… 149
ニコチン性アセチルコリン受容体 …… 327
二次構造モデル ………………………… 89
二次反応 ……………………………… 133
二次メッセンジャー（second messenger）
　………………………………………… 330
二重らせん（double helix） ……… 84, 291
偽結び（pseudoknot） ………………… 89
日内変動（diurnal variation） ……… 245
二糖（disaccharide） ………………… 65
ニトログリセリン（nitroglycerin） … 337
ニトロゲナーゼ（nitrogenase） … 162, 251
二倍体生物 …………………………… 294
二本鎖DNA …………………………… 295
乳酸（lactic acid） ……………… 172, 173
乳糖 …………………………………… 65
尿酸（uric acid） …… 263, 268, 273, 281, 282, 283

索　引

尿酸態窒素　283
尿素（urea）　10, 260, 263, 283
尿素回路（urea cycle）　257, 260
ニーレンバーグ（M. W. Nirenberg）　306

ヌクレアーゼ　301
ヌクレオシド（nucleoside）　80
ヌクレオシド一リン酸（nucleoside monophosphate, NMP）　98
ヌクレオシド一リン酸キナーゼ　276
ヌクレオシド三リン酸（nucleoside triphosphate, NTP）　98
ヌクレオシド二リン酸（nucleoside diphosphate, NDP）　98
ヌクレオシド二リン酸キナーゼ（nucleoside diphosphate kinase）　271, 276
ヌクレオソーム（nucleosome）　318
ヌクレオソームコア（nucleosome core）　318
ヌクレオソーム構造　299
ヌクレオチド（nucleotide）　80
ヌクレオチド除去修復（nucleotide excision repair, NER）　301

熱含量（enthalpy）　24
熱ショックタンパク質　46
熱変性（thermal denaturation）　133
熱融解温度（melting temperature, T_m）　94
熱力学の第一法則　23
熱力学の第二法則　24

ノイラミン酸　64
濃色効果（hyperchromicity）　94
ノルアドレナリン　263
ノルエピネフリン　263

ハ 行

バイアグラ　335
肺炎双球菌　290
バイオマス（biomass）　5
配偶子　294
ハイブリダイゼーション（hybridization）　95
ハイブリッド（hybrid）　95

ハウスキーピング遺伝子（housekeeping gene）　310
パーキンソン病　263
バーグ（P. Berg）　293
麦芽糖　65
バクテリオクロロフィル　211
バクテリオファージ（bacteriophage）　6
バクテロイド　252
ハースの式（Haworth projection formula）　61
発エルゴン反応（exergonic reaction）　25
発　酵　172
発熱反応（exothermic reaction）　24
ハーバー・ボッシュ法　250
パラコート　218
バリン（valine, Val, V）　29, 31, 32, 255
パルミチン酸（palmitic acid）　106, 107, 232, 236
パルミトイル化（palmitoylation）　53
パルミトオレイン酸　106
ハンチントン舞踏病　264
パントテン酸（pantothenic acid）　151, 155
反応速度　127
反応速度定数　125, 128
反応中心クロロフィル（reaction center chlorophyll）　208, 215
反応特異性（reaction specificity）　123, 124
反復配列（repetitive sequence）　300
半保存的複製（semiconservative replication）　85, 286, 295

ヒアルロン酸　74, 75
ビオチン（biotin）　152, 155
ビオラキサンチン　211
比活性（specific activity）　133
光呼吸（photorespiration）　221
非還元末端（non-reducing end）　65
非拮抗阻害（non-competitive inhibition）　138
非共生的窒素固定（free-living nitrogen fixation）　251
非競争阻害（non-competitive inhibition）　138

Index

非共有結合（non-covalent bond） ……… 38
非共有電子対 ……………………………… 9
非コード鎖（noncoding strand） ………… 305
非循環的電子伝達系（non-cyclic electron transport system） ……………………… 217
ヒスタミン ………………………………… 264
ヒスチジン（histidine, His, H）
　………………………………… 30, 32, 35, 258
ヒストン（histone） …………… 93, 299, 320
ヒストンアセチル化酵素（histone acetyltransferase, HAT） …………… 320
ヒストンオクタマー（histone octamer） …… 320
ヒストンコード仮説（histone code hypothesis）
　……………………………………………… 320
ヒストンシャペロン ……………………… 300
ヒストン脱アセチル化酵素（histone deacetylase, HDAC） …………………………………… 320
ヒストンテール（histone tail） ………… 320
ヒストンの化学修飾（chemical modification of histone, histone modification） ……… 320
ヒストンバリアント（histone variant） …… 320
1,3-ビスホスホグリセリン酸 （1,3-bisphosphoglycerate） …… 167, 169, 170
2,3-ビスホスホグリセリン酸 …………… 50
非相同末端結合（non-homologous end joining, NHEJ） ……………………………… 303
ビタミン（vitamin） ……… 108, 123, 148, 149
ビタミンA（vitamin A） … 108, 149, 154, 156
ビタミンB（vitamin B） ………………… 149
ビタミンB_1（vitamin B_1） ………… 156, 157
ビタミンB_2（vitamin B_2） ………………… 150
ビタミンB_6（vitamin B_6） ………………… 156
ビタミンB_9（vitamin B_9） ………………… 151
ビタミンB_{12}（vitamin B_{12}） …… 153, 156, 162
ビタミンC（vitamin C） ………… 149, 153, 156
ビタミンD（vitamin D） …… 149, 154, 156, 243
ビタミンD_3（vitamin D_3） …… 108, 154, 156
ビタミンE（vitamin E） … 108, 149, 154, 157
ビタミンK（vitamin K） ……… 108, 149, 157
ビタミンK_1（vitamin K_1） …………… 154, 157
ビタミンK_2（vitamin K_2） …………………… 157
必須アミノ酸（essential amino acid） …… 31, 258
必須脂肪酸（essential fatty acid） …… 107, 240

ヒドロキシエチル基 ……………………… 159
ヒドロキシ化 ……………………………… 53
ヒドロキシ基（hydroxy group） ………… 12
D(-)-3-ヒドロキシ酪酸 ………………… 234
3-ヒドロキシ-3-メチルグルタリル-CoA （3-hydroxy-3-methylglutaryl-CoA, HMG-CoA）
　……………………………………………… 233
ヒドロラーゼ ……………………………… 124
7α-ヒドロキシラーゼ（7α-hydroxylase）
　……………………………………………… 245
非ヘム鉄タンパク質 ……………………… 217
ヒポキサンチン（hypoxanthine） …… 281, 282
ヒポキサンチン-グアニンホスホリボシルトランスフェラーゼ（hypoxanthine-guanine phosphoribosyl transferase） ……… 273
ピラノース（pyranose） ………………… 61
ピラン ……………………………………… 62
ピリドキサル（pyridoxal） ………… 152, 156
ピリドキサル 5′-リン酸（pyridoxal 5′-phosphate）
　…………………………………………… 152, 255
ピリミジン（pyrimidine） ………… 81, 274
ピリミジン二量体（pyrimidine dimer） …… 301
微量元素 …………………………………… 19
ビリン誘導体 ……………………………… 213
ヒル反応（Hill reaction） ……………… 218
ピルビン酸（pyruvic acid） …………… 166, 167, 171, 172, 176, 188, 189, 194, 234, 255, 256, 259
ピルビン酸カルボキシラーゼ（pyruvate carboxylase） ……………………… 176, 195
ピルビン酸キナーゼ（pyruvate kinase, PK）
　…………………………………………… 161, 167, 171
ピルビン酸デヒドロゲナーゼ（pyruvate dehydrogenase） ………… 157, 189, 191, 237
ピルビン酸デヒドロゲナーゼ複合体（pyruvate dehydrogenase complex） …… 155, 157, 190
ピルビン酸輸送体 ………………………… 188
ピロリシン ………………………………… 34
ピロリン酸（pyrophosphoric acid） …… 230
ピロール環 ………………………………… 159

ファイアー（A. Z. Fire） …………… 91, 322
ファン・デル・ワールス相互作用（van der Waals interaction） ……………………… 20, 38, 44

403

索引

ファン・デル・ワールス力（van der Waals force） 20
フィコエリトロビリン（phycoerythrobilin） 213
フィコシアノビリン（phycocyanobilin） 213
フィコビリソーム（phycobilisome） 213
フィッシャー（E. Fischer） 123
フィトクロム 213
フィードバック阻害（feedback inhibition） 141, 243, 272
フィードバック阻害剤 238
フィブロネクチン（fibronectin） 74
フィロキノン（phylloquinone） 154, 157, 215, 217
フェオフィチン a 217
フェニルアラニン（phenylalanine, Phe, F） 29, 31, 32, 254
フェニルアラニン4-モノオキシゲナーゼ 254
フェニルケトン尿症（phenylketonuria） 254
フェリチン 162
フェーリング試薬（Fehling's reagent） 62
フェレドキシン（ferredoxin） 213, 217
フェレドキシン-$NADP^+$オキシドレダクターゼ（ferredoxin-$NADP^+$ oxidoreductase） 215, 217
フェレドキシン$NADP^+$レダクターゼ 149
フォールディング（folding） 46
不拮抗阻害（uncompetitive inhibition） 139
不競争阻害（uncompetitive inhibition） 139
複合脂質（complex lipid, compound lipid, conjugated lipid） 104, 109
複合多糖（complex polysaccharide） 66
複合タンパク質（conjugated protein） 48, 49
複合糖質（complex carbohydrate, glycoconjugate） 68
副腎皮質ホルモン（adrenal cortical hormone） 107
複製開始機構 298
複製開始点（replication origin） 295
複製開始点認識タンパク質複合体（origin recognition complex, ORC） 298
複製開始反応 299
複製機構 296
複製前複合体（pre-replication complex, pre-RC） 298
複製フォーク（replication fork） 298
フコース 60, 63
不斉炭素（asymmetric carbon） 28, 58
ブドウ糖（glucose） 166
プトレシン 265
負の調節（negative regulation） 309
不飽和脂肪酸（unsaturated fatty acid） 106, 107, 238
フマラーゼ（fumarase） 189, 193
フマル酸（fumaric acid） 189, 193, 259, 260, 262
プライマー（primer） 295
プライマー RNA 297
プライマーゼ（primase） 295, 297
プラスチド（plastid） 168
プラストキノン（plastoquinone） 215, 217
プラストシアニン（plastocyanin） 162, 213, 217
プラスミド 293
フラノース（furanose） 60
フラビンアデニンジヌクレオチド（flavin adenine dinucleotide, FAD） 150, 155
フラビンタンパク質（flavoprotein） 215
フラビン補酵素（flavin coenzyme） 155
フラビンモノヌクレオチド（flavin mononucleotide, FMN） 150, 155, 197
フラボノイド（flavonoid） 252
フラン 62
フランクリン（R. Franklin） 291
プリブナウボックス 308
プリン（purine） 80, 268
フルクトース（fructose） 59, 60, 62, 175
フルクトース1,6-ビスホスファターゼ（fructose-1,6-bisphosphatase, FBP） 178
フルクトース1,6-ビスリン酸（fructose-1,6-bisphosphate, F1,6P） 167, 169, 178
フルクトース6-リン酸（fructose-6-phosphate, F6P） 167, 168, 178, 181, 182, 219
フルクトースビスリン酸アルドラーゼ（fructose bisphosphate aldolase, FBA） 167, 169
フルクトピラノース 62

404

Index

フルクトフラノース ……………… 61
ブレオマイシン ………………… 301
プレフェン酸 …………………… 255
フレーム（frame） ……………… 312
不連続複製（discontinuous replication）…… 298
プロ酵素（proenzyme） ………… 143
プロスタグランジン（prostaglandin, PG）…… 113
ブロッカー（blocker） ………… 328
プロテアーゼ …………………… 143
プロテインキナーゼ（protein kinase）
……………………………… 52, 329
プロテインキナーゼA（protein kinase A）
………………………………… 331, 332
プロテインキナーゼB（protein kinase B）
……………………………………… 341
プロテインキナーゼC（protein kinase C）
……………………………………… 333
プロテオグリカン（proteoglycan）……… 74, 75
プロテオミクス ………………… 43
プロテオーム …………………… 43
プロトヘム …………………… 158, 159
プロトロンビン ………………… 157
プロトン駆動力（proton motive force）…… 199
プロモーター（promoter） ……… 307
プロリン（proline, Pro, P） …… 29, 32, 257
分子活性（molecular activity） … 128
分子生物学（molecular biology）…… 292
分離の法則（law of segregation）…… 290
分裂促進因子 …………………… 342

ヘアピン構造（hairpin structure）…… 89, 310
平行β構造（parallel-β-structure）…… 40
平衡定数（equilibrium constant, K_{eq}）…… 14
ヘキサマー（hexamer） ………… 308
ヘキソキナーゼ（hexokinase）…… 167, 168
ヘキソース（hexose） …………… 58, 59
ヘテログリカン（heteroglycan）… 66
ヘテロシスト …………………… 251
ペニシリン ……………………… 139
ヘパラン硫酸 …………………… 74
ヘパリン ……………………… 74, 75
ペプシン ………………………… 134
ペプチジルtRNA（peptidyl-tRNA）…… 314
ペプチジル部位（P-site） ……… 315
ペプチド（peptide） …………… 37
ペプチド結合（peptide bond）…… 37
ペプチド性ホルモン（peptidic hormone）…… 328
ヘプトース（heptose） ………… 58
ヘミアセタール（hemiacetal）…… 60
ヘミケタール（hemiketal） …… 60
ヘム（heme, haem） …… 50, 159, 335
ヘムタンパク質（hemeprotein）…… 213
ヘモグロビン（hemoglobin）
……………………… 44, 45, 49, 51, 55, 140
ヘモシアニン …………………… 162
ペルオキシソーム（peroxysome）…… 8
ペルオキシターゼ ……………… 159
変異 ……………………………… 300
ベンケイソウ型有機酸代謝 …… 225
変性（denature） ……………… 46, 94
ベンゾキノン誘導体 …………… 159
ベンゾピレン …………………… 301
ペントース（pentose） ………… 58, 59
ペントースリン酸経路（pentose phosphate pathway） …… 168, 170, 180, 181, 182, 254
ボイヤー（H. W. Boyer）……… 293
補因子（cofactor） …… 123, 148, 191
芳香族アミノ酸 ………………… 254
飽和脂肪酸（saturated fatty acid）…… 106, 107
補欠分子族（prosthetic group）…… 148, 277
補酵素（coenzyme） …… 99, 123, 148, 191
補酵素A（coenzyme A, CoA）…… 151, 155, 230
補酵素Q（coenzyme Q, CoQ）…… 197
補充反応（anaplerotic reaction）…… 194, 195
補助色素（accessory pigments）…… 215
ホスファターゼ（phosphatase）…… 52
ホスファチジルイノシトール
（phosphatidylinositol, PI）…… 109, 110, 117
ホスファチジルイノシトールキナーゼ
（phosphatidylinositol kinase）…… 119
ホスファチジルエタノールアミン（phosphatidylethanolamine, PE）…… 110, 111, 116
ホスファチジルグリセロール …… 110
ホスファチジルコリン（phosphatidylcholine）
……………………… 109, 110, 116, 243

405

索　引

ホスファチジルセリン（phosphatidylserine, PS）
　　　　　　　　　　　　　　110, 111, 243
ホスファチジン酸（phosphatidic acid）
　　　　　　　　　　　　　　109, 110, 241
ホスホイノシチドホスファターゼ
　（phosphoinositide phosphatase） ……… 119
ホスホエノールピルビン酸
　（phosphoenolpyruvic acid）
　　　　　　　　　… 167, 171, 176, 223, 255
2-ホスホエノールピルビン酸
ホスホエノールピルビン酸カルボキシラーゼ
　　　　　　　　　　　　　　　　　　223
ホスホグリコール酸 ……………………… 221
2-ホスホグリセリン酸（2-phosphoglycerate）
　　　　　　　　　　　　　　　　　　171
3-ホスホグリセリン酸（3-phosphoglycerate）
　　　　　　　　　… 167, 170, 171, 219, 253
ホスホグリセリン酸キナーゼ（phosphoglycerate
　kinase, PGK） ………………… 167, 170
ホスホグリセリン酸ムターゼ（phosphoglycerate
　mutase, PGM） ………………… 167, 171
ホスホグルコースイソメラーゼ
　（phosphoglucose isomerase） ……… 167, 168
6-ホスホグルコノ-δ-ラクトン（6-phosphoglucono
　-δ-lactone） …………………………… 181, 182
6-ホスホグルコン酸（6-phosphogluconic acid,
　6PG） ……………………………… 181, 183
ホスホグルコン酸デヒドロゲナーゼ ……… 181
ホスホジエステル結合（phosphodiester linkage）
　　　　　　　　　　　　　　　　　　　82
ホスホパンテテイン ……………………… 236
ホスホフルクトキナーゼ（phosphofructokinase,
　PFK） ……………… 51, 167, 169, 179, 200
ホスホリパーゼA_2（phospholipase A_2, PLA_2）
　　　　　　　　　　　　　　　　　　113
ホスホリパーゼ C（phospholipase C, PLC）
　　　　　　　　　　　　　　　　　　333
5-ホスホリボシル 1-二リン酸（5-phosphoribosyl
　1-diphoshate, PRPP） …………… 258, 268
5-ホスホリボシルアミン（5-phosphoribosyl
　amine） …………………………………… 272
勃起不全治療薬 …………………………… 335
ホモグリカン（homoglycan）……………… 66
ホモシステイン ……………………… 254, 257
ホモセリン ………………………………… 257
ホモ乳酸発酵 ……………………………… 173
ホリー（R. W. Holley） ………………… 306
ポリ（U） ………………………………… 306
ポリ（A）シグナル（poly（A）signal） … 313
ポリ（A）配列（poly（A）sequence） ……… 313
ポリアデニル化（polyadenylation）……… 311
ポリアミン ………………………………… 265
ホリデイ構造（Holliday structure）……… 303
ポリヌクレオチド（polynucleotide） …… 80, 306
ポリヌクレオチド鎖 ……………………… 291
ポリペプチド鎖（polypeptide chain） …… 37
ポリリボヌクレオチドヌクレオチジルトランスフェ
　ラーゼ（polyribonucleotide
　nucleotidyltransferase）………………… 306
ポルフィリン ………………………… 159, 213
ホルボールエステル 12-O-テトラデカノイルホル
　ボール-13-アセテート（TPA） ……… 334
ホルモン（hormone） …………………… 179
ホロ酵素（holoenzyme）……… 123, 148, 296, 307
翻訳（translation）………………… 305, 312

マ 行

マクサム（A. M. Maxam）……………… 293
膜タンパク質（membrane protein）
　　　　　　　　　　　　　　48, 49, 117
膜電位差 …………………………………… 218
マグネシウム ……………………………… 161
マトリックス（matrix） …………… 190, 230
マリス（K. B. Mullis） ………………… 296
マルトース（maltose） …………………… 64, 65
マロニル-CoA（malonyl-coenzyme A）
　　　　　　　　　　　　　　236, 237, 283
マロニル基（malonyl group） ………… 236
マンガン …………………………………… 162
マンガンクラスター ……………………… 162
マンナン（mannan） ……………………… 66
D-マンニトール …………………………… 63
マンノース（mannose） …………… 60, 175

ミオグロビン（myoglobin） ……… 45, 50, 55

ミカエリス・メンテンの機構（Michaelis-Menten mechanism）··············· 129
ミカエリス・メンテンの式（Michaelis-Menten equation）··············· 128
ミカエリス定数（Michaelis constant）
················· 127, 128
ミクロソーム（microsome）············· 7
水のイオン積（K_w）··············· 15
ミスマッチ修復（mismatch repair）··············· 301
ミセル（micelle）··············· 14
ミトコンドリア（mitochondria）
················· 7, 168, 188, 190, 230
ミリスチン酸··············· 106
N-ミリストイル化（N-myristoylation）··············· 53

無益サイクル··············· 175
無機窒素化合物··············· 250
ムコ多糖（mucopolysaccharide）··············· 74
無細胞タンパク質合成系··············· 306
娘　鎖··············· 299
ムチン（mucin）··············· 68
ムチン型糖鎖（mucingroup carbohydrate chain）
················· 68

明反応（light reaction）··············· 208
メセルソン（M. Meselson）··············· 297
メチオニル tRNA··············· 315
メチオニン（methionine, Met, M）
················· 29, 31, 33, 256, 315
メチル化··············· 53, 318
メチルビオローゲン··············· 218
5,10-メチレンテトラヒドロ葉酸（5,10-メチレン THF, 5,10-methylene-tetrahydrofolic acid）
················· 253, 279
メッセンジャー RNA（messenger RNA, mRNA）
················· 304
メナキノン（menaquinone）··············· 108, 157
メバロン酸（mevalonic acid）··············· 243
メラトニン··············· 264
メラニン··············· 135
メロー（C. C. Mello）··············· 91, 322
メンデル（G. J. Mendel）··············· 290

モノー（J. L. Monod）··············· 309
モノアシルグリセロール（monoacylglycerol）
················· 107
モノデヒドロアスコルビン酸··············· 156
モリブデン··············· 162

ヤ 行

夜盲症··············· 156

融解（melting）··············· 94
有機窒素化合物··············· 250
誘導酵素··············· 309
誘導適合（induced fit）··············· 123
遊離脂肪酸（free fatty acid）··············· 232
優劣の法則（law of dominance）··············· 290
ユニット（U）··············· 133
ユビキチン（ubiquitin）··············· 53
ユビキチン化··············· 318
ユビキノン（ubiquinone）··············· 158, 159, 243
ユビキノン-シトクロム c レダクターゼ··············· 159
ゆらぎ（wobble）··············· 314

葉酸（folic acid）··············· 149, 151, 155
葉肉細胞（mesophyll cell）··············· 223
溶媒（solvent）··············· 12
溶媒和（solvation）··············· 12
陽　葉··············· 215
葉緑体（chloroplast）··············· 8, 210
葉緑体ストロマ··············· 209
葉緑体チラコイド膜··············· 208
四炭糖（tetrose）··············· 58, 59
四糖（tetrasaccharide）··············· 65

ラ 行

ライセンス化（licensing）··············· 298
ラインウィーバー・バークのプロット（Lineweaver-Burk plot）··············· 131
ラウリン酸··············· 106
ラギング鎖（lagging strand）··············· 298
ラクトース（lactose）··············· 64, 65
ラクトースオペロン（lactose operon）··············· 309

索引

ラジカル中間体 ················· 155
らせん構造 ····················· 291
ラミニン（laminin） ············· 74
ラメラ（lamella） ··············· 210

リアーゼ ······················· 124
リガーゼ ······················· 124
リガンド（ligand） ·········· 49, 238
リコペン ······················· 211
リシン（lysine, Lys, K）
　················ 30, 31, 32, 35, 36, 53, 256
リソソーム（lysosome） ··········· 8
リゾチーム ····················· 122
リゾホスファチジン酸（lisophosphatidic acid, LPA） ························· 114
リゾリン脂質（lysophospholipid） ··· 111
律速段階（rate-limiting step）
　····················· 129, 169, 234, 280, 286
律速反応（rate-limiting reaction） ······ 193
立体異性体 ················· 60, 123
リーディング鎖（leading strand） ······ 299
リノール酸（linoleic acid） ····· 105, 106, 107, 240
α-リノレン酸（α-linolenic acid）
　······························· 106, 107, 240
リパーゼ ···················· 123, 232
リビトール ····················· 150
リプレッサー（repressor） ······· 309
D-リブロース ··················· 59
リブロース 1,5-二リン酸 ········· 219
リブロース 5-リン酸（ribulose-5-phosphate, Ru5P） ··················· 181, 182, 219
リブロース 5-リン酸 3-エピメラーゼ ······ 181
リブロース 5-リン酸イソメラーゼ ······ 181
リブロース二リン酸カルボキシラーゼ／オキシゲナーゼ（ribulose bisphosphate carboxylase/oxygenase, RuBisCO） ······ 219
リポアミド（lipoamide） ········· 157
リポキシゲナーゼ ··········· 113, 114
リボザイム（ribozyme） ······ 99, 123
リポ酸（lipoic acid） ········ 157, 158
リボース（ribose） ············ 63, 80
リボース 5-リン酸（ribose-5-phosphate, R5P）
　······························· 181, 182, 183

D-リボース 5-リン酸（D-ribose 5-phosphate）
　······························· 268
リボースリン酸ピロホスホキナーゼ（ribose phosphate pyrophosphokinase） ······ 276
リボソーム（ribosome） ········· 6, 306, 314
リボソーム RNA（ribosomal RNA, rRNA）
　······························· 99, 305, 314
リポタンパク質（lipoprotein） ······· 115, 246
リボヌクレオシド三リン酸 ········ 307
リボヌクレオチドリダクターゼ（ribonucleotide reductase） ················· 162, 277
リボフラビン（riboflavin） ······ 150, 155
流動モザイクモデル（fluid mosaic model）
　······························· 116
両逆数プロット（double reciprocal plot）
　······························· 131
両親媒性（amphipathic（property）, amphiphilic） ········ 13, 42, 105, 116
両親媒性物質（amphiphile） ······ 105
リンカーヒストン（linker histone） ······ 318
リンゴ酸（malic acid）
　················ 178, 189, 193, 194, 223, 237, 262
リンゴ酸酵素（malic enzyme） ······ 237
リンゴ酸シンターゼ（malate synthase）
　······························· 194
リンゴ酸デヒドロゲナーゼ（malate dehydrogenase） ······ 149, 189, 193, 237
リン酸化（phosphorylation）
　················ 51, 52, 143, 166, 311, 315
リン酸化酵素（kinase） ·········· 119
リン酸化反応（phosphorylation） ···· 52
リン酸無水物結合 ··············· 98
リン脂質（phospholipid） ········ 109

ルイス酸（Lewis acid） ·········· 160
ルテイン ······················· 211

レクチン（lectin） ··············· 70
レグヘモグロビン ··············· 252
レシチン（lecithin） ········ 109, 110
レチナール（retinal） ········ 154, 156
レチノイン酸（retinoic acid） ··· 154, 156
レチノイン酸受容体 ············· 156

レチノール (retinol) ……………… 108, 154, 156
レッシュ・ナイハン症候群 (Lesch-Nyhan syndrome) ……………………… 273

ロイコトリエン (leukotriene, LT) ……… 113
ロイシン (leucine, Leu, L) …… 29, 31, 32, 255
六炭糖 (hexose) ……………………… 58, 59
ロドプシン (rhodopsin) ……………… 156

ワ 行

ワトソン (J. D. Watson) ……………… 84, 291
ワトソン・クリック塩基対 (Watson-Crick base pair) ……………………………… 84

英字・略号

A-site ……………………………………… 315
ABO 式血液型 (ABO blood-group system)
 …………………………………… 70, 71, 113
ACC (acetyl-CoA carboxylase) ……… 236
ACP (acyl carrier protein) …………… 236
ADA (adenosine deaminase) ………… 281
ADA 欠損症 ……………………………… 281
adenine (A) ……………………………… 81
ADP ……………………………………… 271
ADP-リボシル化 (ADP ribosylation)
 ………………………………………… 53, 316
alanine (Ala, A) ………………………… 32
ALS ……………………………………… 255
ALT ……………………………………… 255
AMP ………………………………… 270, 271, 282
AMP-シトルリン ………………………… 262
ANP (atrial natriuretic peptide) …… 335
AP エンドヌクレアーゼ (AP endonuclease)
 ……………………………………………… 301
arginine (Arg, R) ……………………… 32
asparagine (Asn, N) …………………… 33
aspartic acid (Asp, D) ………………… 32
AST ……………………………………… 256
ATC アーゼ (ATCase) ………………… 141
ATP (adenosine 5'-triphosphate)
 ……………… 22, 98, 166, 188, 196, 200, 271, 307

ATP-クエン酸リアーゼ (ATP-citrate lyase)
 ……………………………………………… 237
ATP 合成酵素 (ATP synthase) …… 216, 218
ATP 生成の制御 ………………………… 200
Azoferredoxin …………………………… 251
A 型構造 (A form structure) ………… 87
A 部位 (A-site) ………………………… 315

BER (base excision repair) ………… 301
BPG ……………………………………… 50
BRM 複合体 …………………………… 321
Buchanan ……………………………… 268
B 型構造 (B form structure) ……… 84, 87

C1 ………………………………………… 155
C-2'エンド型 (C-2' endo form) ……… 87
C-3'エンド型 (C-3' endo form) ……… 87
C_3 回路 (C_3 cycle) ………………… 219
C_3 植物 (C_3 plant) ………………… 219
C_4-ジカルボン酸回路 (C_4-dicarboxylic acid cycle) …………………………… 223
C_4 植物 (C_4 plant) ………………… 223
Ca^{2+}-ATP アーゼ …………………… 161
CAM (crassulacean acid metabolism) …… 225
CAM 植物 (CAM plant) ……………… 225
CaM (calmodulin) …………………… 334
cAMP (cyclic AMP, adenosine 3',5'-cyclic monophosphate) ……… 100, 330, 332
cAMP ホスホジエステラーゼ (cAMP phosphodiesterase) ………………… 331
Cdc6 ……………………………………… 298
CDK (cyclin-dependent kinase) …… 298
Cdt1 ……………………………………… 298
cGMP (cyclic GMP) …………………… 330
CHRAC 複合体 ………………………… 321
CM (chylomicron) …………………… 115
CO_2 補償点 (CO_2 compensation point) …… 223
CoA (coenzyme A) ……… 151, 155, 192, 230
CoQ (coenzyme Q) …………………… 197
CPE ……………………………………… 309
CPS I (carnitine palmitoyltransferase I)
 …………………………………………… 261, 230
CSF1R …………………………………… 343

409

索引

CTD (C-terminal domain) 311
CTP 276, 307
CTP シンテターゼ 276
cysteine (Cys, C) 33
cytosine (C) 81
C 末端 (C-terminus) 39
C 末端領域 (C-terminal domain, CTD) 311

dATP 278, 295
DCIP 218
DCMU 218
dCTP 278, 295
de novo 合成 234
DG (diacylglycerol) 331
dGTP 278, 295
DHA (docosahexaenoic acid) 107
DHAP (dihydroxy-acetone phosphate) 169
Dicer 324
DnaA 297
DNA グリコシラーゼ (DNA glycosylase) 301
DNA クローニング (DNA cloning) 293
DNA 合成 296
DNA 合成酵素 124
DNA 修復 (DNA repair) 296
DNA 損傷 (DNA damage) 300
DNA の三次構造モデル 83
DNA 複製 (DNA replication) 295
DNA ヘリカーゼ (DNA helicase) 297, 299, 299
DNA ポリメラーゼ (DNA polymerase) 162, 298, 299
DNA ポリメラーゼⅢホロ酵素 296
DNA リガーゼ (DNA ligase) 293, 298
dNTP 278
DOPA 263
DPE (downstream promoter element) 308
DSB (double strand break) 303
dTMP 280, 286
dTTP 295
dUTP ピロフォスファターゼ (dUTP pyrophosphatase) 280
D 型アミノ酸 (D-amino acid) 28

E-site 315
EC 番号 (EC number) 124
eEF1α 315
eEF1$\beta\gamma$ 315
eEF2 315
EGF (epidermal growth factor) 337
EGFR 343
eIF1A 314
eIF2 315
eIF3 ...... 314, 315
eIF4B 315
eIF4F 315
EM 経路 (Embden-Meyerhof pathway) 166
ENO (enolase) 171
EPA (eicosapentaenoic acid) 107
ER (endoplasmic reticulum) 7
eRF 315
E 部位 (E-site) 315
ES 複合体 (ES complex) 129

F_1F_0-ATP アーゼ (F_1F_0-ATPase) 198
F6P (fructose-6-phosphate) 168
FAD (flavin adenine dinucleotide, FAD) 123, 150, 155, 196
$FADH_2$ (flavin adenine dinucleotide, reduced form) 188, 196
FAS (fatty acid synthase) 236
FBA (fructose bisphosphate aldolase) 169
FBP (fructose-1,6-bisphosphatase) 178
Fe (Ⅱ) 159
Fe (Ⅲ) 159
FFA (free fatty acid) 232
FGF 343
FMN (flavin mononucleotide, FMN) 150, 155, 197
FNR 217

G (glycine) 32
G6P (glucose-6-phosphate) 168
G6PDH (glucose-6-phosphate dehydrogenase) 182
GABA (γ-aminobutyric acid) 264, 327
GAP 219

Index

GAPDH（glyceraldehyde phosphate
　dehydrogenase） ………………… 170
GCボックス（GC box） ………………… 308
GDH ……………………………………… 260
GDP ……………………………………… 271
glutamic acid（Glu, E） ………………… 32
glutamine（Gln, Q） …………………… 33
glycine（Gly, G） ………………………… 32
GMP ………………………… 270, 271, 282
GOT ……………………………………… 256
GPCR（G protein-coupled receptor） ……… 328
GPI（glycosylphosphatidylinositol） …… 71
GPT ……………………………………… 255
GTP（guanosine triphosphate）
　…………………………… 188, 193, 272, 307
GTP結合タンパク質（Gタンパク質,
　GTP-binding protein） ……………… 49, 328
guanine（G） …………………………… 81
Gタンパク質共役型受容体（G protein-coupled
　receptor, GPCR） …………………… 326, 328

H1 ………………………………………… 318
H2A ……………………………………… 318
H2B ……………………………………… 318
H3 ………………………………………… 318
H4 ………………………………………… 318
HAT（histone acetyltransferase） ……… 320
HDAC（histone deacetylase） ………… 320
HDL（high-density lipoprotein） ……… 115
Henderson-Hasselbalchの式（Henderson-
　Hasselbalch equation） ……………… 18, 34
histidine（His, H） ……………………… 32
HIV ……………………………………… 135
HK（hexokinase） ……………………… 168
HMG-CoA（3-hydroxy-3-methylglutaryl-CoA）
　…………………………………………… 233
HMG-CoAレダクターゼ（HMG-CoA reductase）
　…………………………………………… 243

IgE ……………………………………… 264
IL（interleukin） ……………………… 340
IMP（inosine monophosphate）
　……………………………………… 268, 270, 282

IP_3（inositol-1,4,5-trisphosphate） ……… 331
IP_3感受性Ca^{2+}チャンネル（IP_3-sensitive Ca^{2+}
　channel） ……………………………… 333
IP_3受容体（IP_3 receptor） ……………… 333
IRS ……………………………………… 341
isoleucine（Ile, I） ……………………… 32

Janus kinase（JAK） ………………… 339

k_{+1} ……………………………………… 129
k_{+2} ……………………………………… 129
k_{-1} ……………………………………… 129
k_{cat} ……………………………………… 128
K_i ………………………………………… 137
K_m ………………………………… 128, 129
K_s ………………………………………… 130
KDN ……………………………………… 64
K^+チャンネル ………………………… 161

LDL（low-density lipoprotein） ……… 115, 246
leucine（Leu, L） ………………………… 32
LPA（lisophosphatidic acid） ………… 114
LT（leukotriene） ……………………… 113
lysine（Lys, K） ………………………… 32
L型アミノ酸（L-amino acid） ………… 28
L型構造（L-shaped structure） ……… 313

MAPK（mitogen-activated protein kinase）
　…………………………………………… 342
MAPKK ………………………………… 342
MAPKKK ……………………………… 342
MAPキナーゼ（mitogen-activated protein
　kinase） ………………………………… 342
MAPキナーゼカスケード（MAP kinase cascade）
　……………………………………… 340, 341
MAPキナーゼキナーゼ（MAP kinase kinase）
　…………………………………………… 342
MCM複合体（mini-chromosome maintenance
　complex） ……………………………… 298
methionine（Met, M） ………………… 33
Molybdoferredoxin …………………… 251
mRNA（messenger RNA） ………… 90, 304
mRNA前駆体（mRNA precursor） …… 311

411

索引

Na$^+$/K$^+$-ATPアーゼ ……………… 160
Na$^+$チャンネル ……………………… 161
NAD ……………………………………… 123
NAD$^+$ (nicotinamide adenine dinucleotide, oxidized form) ……………… 149
NADH (nicotinamide adenine dinucleotide, reduced form) ………… 166, 182, 188, 196, 197
NADH-ユビキノンレダクターゼ複合体 ……… 149
NADH-CoQ オキシドレダクターゼ ………… 197
NADP$^+$ (nicotinamide adenine dinucleotide phosphate) ……………………… 149
NADP-リンゴ酸酵素 …………………… 223
NADPH …………………………………… 182
NADPH 産生 …………………………… 180
NDP (nucleoside diphosphate) ……… 98
NER (nucleotide excision repair) …… 301
NHEJ (non-homologous end joining) ……… 303
NMP (nucleoside monophosphate) ……… 98
NMR (nuclear magnetic resonance) …… 41
NO (nitric oxide) …………………… 331
Nod Factor ……………………………… 252
NTP (nucleoside triphosphate) ……… 98
NURF 複合体 …………………………… 321
N 結合型糖鎖 (N-glycan) …………… 68
N-結合型糖タンパク質 (N-linked glycoprotein) ……………………………… 68
N 末端 (N-terminus) ………………… 38
N 末端塩基性領域 (N-terminal basic region) ………………………………………… 320

O-結合型糖タンパク質 (O-linked glycoprotein) ……………………………… 68
OAA ……………………………………… 223
OMP (orotidine monophosphate) …… 274
ORC (origin recognition complex) …… 298
ORF (open reading frame) …………… 313

P-site …………………………………… 315
PAF (platelet-activation factor) …… 114
PCR (polymerase chain reaction) …… 124, 296
PDGF (platelet-derived growth factor) ……………………………………… 338, 343
PE (phosphatidylethanolamine) …… 111

PEP ……………………………………… 223
PEP カルボキシキナーゼ ……………… 176
PFK (phosphofructokinase) ………… 169
PG (prostaglandin) …………………… 113
PGA ……………………………………… 219
PGI ……………………………………… 169
PGK (phosphoglycerate kinase) …… 170
PGly ……………………………………… 221
PGM (phosphoglycerate mutase) …… 171
pH ………………………………………… 15
phenylalanine (Phe, F) ……………… 32
PH 領域 (pleckstrin homology) ……… 338
pI (isoelectric point) ………………… 35
PI (phosphatidylinositol) …………… 109
PI-3 キナーゼ (PI-3 kinase, PI-3K) …… 341
PIC (preinitiation complex) ………… 311
PI レスポンス (PI response) ………… 333
PK (pyruvate kinase) ………………… 171
pK_a ……………………………… 16, 35, 134
PKC ……………………………………… 333
PLA$_2$ (phospholipase A$_2$) …………… 113
PLC (phospholipase C) ……………… 333
pleckstrin homology 領域 …………… 338
PLP ……………………………………… 152
Pol I …………………………………… 296
Pol II …………………………………… 296
Pol III ………………………………… 296
Pol IV ………………………………… 296
Pol V …………………………………… 296
Pol α ……………………………… 296
Pol β ……………………………… 296
Pol γ …………………………… 296
Pol δ ……………………………… 296
Pol ε ……………………… 296
Pol ζ ……………………………… 296
Pol η ……………………………… 296
Pol θ …………………………… 296
Pol ι ……………………………… 296
Pol κ …………………………… 296
Pol λ ………………………… 296
Pol μ ……………………………… 296
pre-RC (pre-replication complex) … 298
proline (Pro, P) ……………………… 32

Index

PRPP (5-phosphoribosyl 1-pyrophosphate) ············ 258, 268
PS (phosphatidylserine) ············ 111
PTEN (phosphatase and tensin homolog deleted from chromosome 10) ············ 344
PUFA (polyunsaturated fatty acids) ············ 240
PUFA 製剤 (EPA) ············ 247
P 部位 (P-site) ············ 315

Q サイクル ············ 159

R5P (ribose-5-phosphate) ············ 182
Ras-MAP キナーゼ系 (Ras-MAP kinase system) ············ 340
Rho ············ 339
RISC (RNA-induced silencing complaex) ············ 322
RNAP I ············ 307
RNAP II ············ 307
RNAP III ············ 307
RNA ウイルス ············ 99
RNA 干渉 (RNA interference, RNAi) ············ 91, 318, 322
RNA の三次構造 ············ 90
RNA プロセシング (RNA processing) ············ 311
RNA ポリメラーゼ (RNA polymerase, RNAP) ············ 45, 309
RNA ワールド仮説 ············ 99
ROS (reactive oxygen species) ············ 202
rRNA (ribosomal RNA) ············ 305, 314
rRNA 遺伝子 (rRNA gene) ············ 307
RS 表示法 ············ 53
Ru5P (ribulose-5-phosphate) ············ 182
RuBisCO (ribulose bisphosphate carboxylase/oxygenase) ············ 219
RuBP ············ 219
R 型菌 ············ 290

SAH ············ 254
SAM ············ 254
SCID (severe combined immunodeficiency disease) ············ 281
SDS ············ 13
serine (Ser, S) ············ 33
SH2 領域 (Src homology 2) ············ 338
SH3 領域 (Src homology 3) ············ 338
siRNA (short interfering RNA) ············ 322
SI 単位系 (International System of Units) ············ 133
SM (sphingomyelin) ············ 111
SOD (superoxide dismutase) ············ 202
sp^3 混成軌道 ············ 8
SUMO (small ubiquitin-related modifier) ············ 318
S-アデノシルホモシステイン (SAH) ············ 254
S-アデノシルメチオニン (SAM) ············ 254
S 型菌 ············ 290
S 字型 (sigmoid) ············ 50, 140

TATA ボックス (TATA box) ············ 308
TBP の三次構造 ············ 41
TCA サイクル ············ 188
TF II ············ 310
TF IID ············ 311
TG (triacylglycerol) ············ 107, 241
TGFβ 受容体 (TGFβ receptor) ············ 340
THF ············ 253
threonine (Thr, T) ············ 33
thromboxane (TX) ············ 113
thymine (T) ············ 82
TKT (transketolase) ············ 183
T_m (melting temperature) ············ 94
TPA (TPA) ············ 334
TPI (triose phosphate isomerase) ············ 169
TPP ············ 152, 255
tRNA (transfer RNA) ············ 90, 305, 313
tRNA 遺伝子 (tRNA gene) ············ 307
tryptophan (Trp, W) ············ 32
tyrosine (Tyr, Y) ············ 32

UCE (upstream control element) ············ 309
UMP ············ 275
uracil (U) ············ 82
UTP ············ 276, 307
UV スペクトル (ultraviolet absorption spectrum) ············ 93

索　引

U6 snRNA ……………………………………… 307

valine（Val, V）……………………………… 32
VLDL（very low-density lipoprotein）……… 115

XMP ……………………………………………… 282
X線結晶構造解析（X-ray crystallography）
　……………………………………………………… 41

Z型構造（Z form structure）………………… 87

その他

α-1,4結合（α-1,4 bond）………………… 64, 67
α-1,6結合 …………………………………… 67
α1→β2結合 ………………………………… 65
αヘリックス（α-helix）………………… 39, 122

β-1,4結合（β-1,4 bond）………………… 64, 67
β-カロテン（β-carotene）……… 108, 156, 211
β-グリコシド結合（β-glycosidic linkage）
　……………………………………………………… 64
β構造（β-structure）……………………… 39
β酸化（β-oxidation）……………………… 230
β酸化サイクル ……………………………… 232
βシート（β-sheet）………………………… 40
βストランド（β-strand）………………… 39
βターン（β-turn）………………………… 41
βプリーツシート（β-pleated sheet）…… 40

γアミノ酪酸（γ-aminobutyric acid, GABA）
　……………………………………………………… 327
γ-グルタミルカルボキシラーゼ …………… 157

$\Delta G^{\ddagger}$ ……………………………………………… 125

ρ因子（ρ factor）…………………………… 310

σ因子（σ factor）…………………………… 307
σサブユニット ……………………………… 307

2′,3′環状リン酸 ……………………………… 96
2Fe-2Sクラスター …………………………… 213

3′-UTR（3′-untranslated region）………… 312
3′-非翻訳領域（3′-untranslated region, 3′-UTR）
　……………………………………………………… 312
3′→5′エキソヌクレアーゼ活性 …………… 296

4Fe-4Sクラスター …………………………… 213

5′-UTR（5′-untranslated region）………… 312
5′-非翻訳領域（5′-untranslated region, 5′-UTR）
　……………………………………………………… 312
5S RNA遺伝子（5S RNA gene）……………… 307

−10領域（−10 region）…………………… 308
−35領域（−35 region）…………………… 308

- 本書の内容に関する質問は，オーム社ホームページの「サポート」から，「お問合せ」の「書籍に関するお問合せ」をご参照いただくか，または書状にてオーム社編集局宛にお願いします．お受けできる質問は本書で紹介した内容に限らせていただきます．なお，電話での質問にはお答えできませんので，あらかじめご了承ください．
- 万一，落丁・乱丁の場合は，送料当社負担でお取替えいたします．当社販売課宛にお送りください．
- 本書の一部の複写複製を希望される場合は，本書扉裏を参照してください．

[JCOPY]＜出版者著作権管理機構 委託出版物＞

ベーシックマスター　生化学

2008 年 11 月 10 日　　第 1 版第 1 刷発行
2025 年 1 月 20 日　　第 1 版第17刷発行

監 修 者　大　山　　　隆
編　　　者　西　川　一　八
　　　　　　清　水　光　弘
発 行 者　村　上　和　夫
発 行 所　株式会社　オ ー ム 社
　　　　　郵便番号　101-8460
　　　　　東京都千代田区神田錦町 3-1
　　　　　電話　03(3233)0641(代表)
　　　　　URL　https://www.ohmsha.co.jp/

© 大山　隆・西川一八・清水光弘 2008

印刷　広済堂ネクスト　　製本　協栄製本
ISBN978-4-274-20604-7　Printed in Japan

トコトンわかる 図解 基礎生化学

◎ 池田和正 著　　◎ A5判・420頁

生命を支える化学反応は、生物の奥深さを反映して、わかりにくく複雑です。

そこで本書は、項目ごとに基本となる考え方・用語を、図や表を多用してわかりやすく解説しました。また、初心者が陥りやすいウィークポイントに的確に応える書籍として、高校レベルの生物学、化学まで遡った記述をしています。さらに、現在の学習が将来どのように役立つのか、例えば、疾患や産業応用に関しても言及しています。

● 主要目次

序　章	生化学とはどんな学問か？	第6章	蛋白質関連物質の代謝
第1章	糖質の構造	第7章	酵　素
第2章	糖質の代謝	第8章	脂質の構造と性質
第3章	核酸の構造	第9章	脂質の代謝
第4章	核酸関連物質の代謝	第10章	ビタミン
第5章	蛋白質の化学構造		

● 本書の特長

・ストーリーを追って理解する
→ 無味乾燥になりがちな内容（化学反応ばかりでつまらない!?）に文章の流れを付け、興味をもって読み進めることができます。

・図を用いて理解する
→ なぜ生化学はわかりにくいのか？　それは眼に見えない現象を扱っているので、イメージしにくいことにあります。そこで500点以上の図を用いてイメージがわくようにまとめてあります。

・基礎に立ち返る
→ 生化学を長年講義している著者の経験から、読者が理解しにくいところは、高校レベルの化学、生物学に遡って記述してあります（コラムを見てください）。

・具体的にイメージする
→ 生化学の成果がどのように利用されているのか、疾患や産業応用に関する記述が豊富にあるので、将来の発展的な学習に応用が利くようにしています。

もっと詳しい情報をお届けできます。
◎書店に商品がない場合または直接ご注文の場合は右記宛にご連絡ください。

ホームページ http://www.ohmsha.co.jp/
TEL／FAX TEL.03-3233-0643　FAX.03-3233-3440

好評発売中！◆これだけは知っておきたい 図解 シリーズ

　基本的な知識から最新のトピックスまでをQ&A方式で，図表を多数用いて解説し，本質的な知識を手軽に習得できる書籍としてまとめてあります．
　次の特長を持たせて，類書との差別化をはかり全体像が把握できるようにしました．

① 素朴な疑問に対する平易な解説と，全体像を把握するための一歩踏み込んだ解説を併記する．
② 基本の用語をなるべく網羅し，日本語と英語の両方を示す．
③ 各分野の研究における基本的な実験手法・技術を示す．

▼▽▼ このような方におすすめ ▼▽▼
生物学・農学・医学・薬学系の入門者・学生

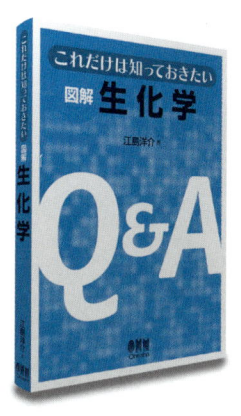

これだけは知っておきたい 図解 生化学

江島 洋介（県立広島大学）著
A5判・276頁

**生化学とは何か？
生化学の基本がわかる！**

主要目次
- 第1章　生化学の基礎
- 第2章　糖の生化学
- 第3章　脂質の生化学
- 第4章　アミノ酸とタンパク質の生化学
- 第5章　ヌクレオチドと核酸の生化学
- 第6章　生化学から見た細胞と生体の基本機能
- 第7章　生化学の基本技術と応用技術

これだけは知っておきたい 図解 分子生物学

江島 洋介（県立広島大学）著
A5判・224頁

**分子生物学とは何か？
分子生物学の基本がわかる！**

主要目次
- 第1章　DNA
- 第2章　RNA
- 第3章　タンパク質
- 第4章　細胞の分子生物学
- 第5章　生体の分子生物学
- 第6章　分子生物学の基本技術とモデル生物

もっと詳しい情報をお届けできます．
◎書店に商品がない場合または直接ご注文の場合も右記宛にご連絡ください．

ホームページ　http://www.ohmsha.co.jp/
TEL/FAX　TEL.03-3233-0643　FAX.03-3233-3440